"十四五"职业教育国家规划教材

"十三五"职业教育国家规划教材

高等职业教育农业农村部"十三五"规划教材

浙江省普通高校"十三五"新形态教材

蔬菜生产技术

SHUCAI SHENGCHAN JISHU

第二版

胡繁荣 主编

中国农业出版社
北 京

内容简介

本教材以蔬菜生产的基本原理与方法为基础，采用“任务资讯—相关链接—计划决策—组织实施—拓展知识”的结构形式编写，满足行动导向教学的课程开发要求。

本教材分蔬菜作物与生长发育、蔬菜种子与育苗、蔬菜田间管理、茄果类蔬菜生产、瓜类蔬菜生产、豆类蔬菜生产、白菜类蔬菜生产、根菜类蔬菜生产、薯芋类蔬菜生产、葱蒜类蔬菜生产、绿叶菜类蔬菜生产、水生蔬菜生产、多年生及杂类蔬菜生产等13个项目，每个项目有学习目标、任务布置和若干任务组成，每个任务列有任务资讯、相关链接、计划决策、组织实施、拓展知识等。

本教材以“用心种菜”为思政育人主线，将质量、科技、领先和生态4种意识贯穿始终，培养学生强农兴农的初心、团结协作的齐心、永不松懈的进取心和不容错失的责任心，引导学生爱党报国，敬业奉献，服务人民。

本教材内容丰富，理论与实践融为一体，实用性、针对性和操作性强，可作为高等职业院校园艺技术、现代农业技术、绿色食品生产与检验、设施农业与装备、生态农业技术等专业的教材，也可作为高素质农民和农业科技人员的培训教材和参考书籍。

第二版编审人员名单

主　编　胡繁荣
副主编　陈素娟　杜庆平
编　者（以姓氏笔画为序）
　　韦海忠　朱隆静　任永源
　　汤伟华　杜庆平　张尚法
　　陈文胜　陈素娟　胡繁荣
　　颜志明
审　稿　朱祝军　胡美华

第一版编审人员名单

主　编　胡繁荣

副主编　陈素娟　杜庆平

编　者（以姓氏笔画为序）

韦海忠　卢　明　朱隆静

汤伟华　杜庆平　陈文胜

陈素娟　胡繁荣　颜志明

审　稿　朱祝军　赵建阳

第二版前言

自2012年初次尝试编写《蔬菜生产技术（南方本）》工学结合特色教材以来，得到了同仁的肯定和鼓励，教材也先后入选“十二五”职业教育国家规划教材、高等职业教育农业农村部“十三五”规划教材、浙江省普通高校“十三五”新形态教材，得到中华农业科教基金会资助并获“全国农业教育优秀教材”等荣誉。

随着居民对农产品品质要求的提升，蔬菜产业必须加快构建新发展格局，提升产业科技水平和组织化程度，提高蔬菜质量安全水平，着力推动高质量发展。为此，在本次教材的修订中坚持问题导向，聚焦生产实践遇到的新问题，守正创新，将真正解决问题的新理念、新品种、新方法融入教材。

为了引导学生爱党报国，敬业奉献，服务人民，在教材修订中，深挖蔬菜生产中的思政元素，以“用心种菜”为育人载体，将质量、科技、领先和生态4种意识贯穿始终，尝试创设教学情境、研制生产方案、优化生产技艺、开展小组竞赛等方式激发学生学习兴趣，培养学生强农兴农的初心、团结协作的齐心、永不松懈的进取心和不容错失的责任心，引导学生树立为“农业强、农村美、农民富”而奋斗的信念，始终胸怀“国之大者”，确保中国人的饭碗牢牢端在自己手中。

近年来，现代教学模式正从“线下”走向“线上”，信息技术与教学的融合正在产生巨大的变化。教材如何适应未来发展的需要？我们在前几年教学实践的基础上，想尝试通过互联网技术和教学模式结合创新教材形态，实现线上与线下融合、教材与课堂融合，力求资源的丰富性和学习的实效性，使之成为师生互动的桥梁。为此，我们进行了本次教材的修订，一方面着重对教材中蔬菜生产的一些过时技术、旧的品种进行了修改；另一方面，针对蔬菜栽培的关键技术开发了若干动画类资源和将每个任务中的拓展知识以二维码的形式呈现给大家，供学生进行选择性学习。为了更好地评价学生学业掌握情况，我们将第一版中每个主题的检查评估、情境练习单和课外思与做等内容进行重新整合、编辑，单独成册

（《蔬菜生产技术练习与评价》）与本教材配套使用。

浙江省教育厅、金华职业技术学院和中国农业出版社为本教材的修订出版做了大量工作，在此一并致谢。

《蔬菜生产技术（南方本） 第二版》新形态教材的编写是初次尝试，由于编者水平有限，加之时间仓促，教材中不妥或疏漏之处在所难免，敬请各位专家、学者及师生提出宝贵意见。

编 者

2019 年 8 月

第一版前言

中国蔬菜生产历史悠久，品种繁多，近年来，随着农业产业结构的调整，蔬菜栽培面积和产值大幅度提高，已成为现代农业的主导产业，发展蔬菜生产不仅可以满足城乡居民的消费需要，而且可以增加农民的收入，是农民致富的重要途径之一。

目前高职院校植物生产类专业积极开设了蔬菜生产技术课程，蔬菜生产技术方面的教材虽然版本较多，但是真正按照工学结合人才培养模式要求，让学生成为学习的主体，在做中学、在学中做，学做一体、反映当前主流蔬菜生产技术的教材却很少。近年来，我们尝试以行动导向为原则的教学方法，根据学生的认知水平和蔬菜生产岗位需要设计学习任务，按照蔬菜生产过程设计学习过程，以模拟股份制公司为切入点，建立工作任务与知识、技能的联系，从教学流程和形式上体现学习和工作的紧密结合，使学习内容充分体现蔬菜生产实际需要，让学生在生产任务实施中训练操作技能、团队合作和沟通等社会能力和方法能力，体验蔬菜生产的工作过程和氛围，重构知识。几年来，这种教学方法受到学生的普遍欢迎，学生学习主动性、积极性明显增强，教学效果也取得了显著的提高。

为了提升蔬菜生产技术课程的教学质量和教学效果，提高学生分析问题和解决问题的能力，培养学生开展蔬菜生产的工作能力和创新能力，我们在教材编写时采用与“六步法”教学相适应的结构形式，蔬菜生产技术的相关知识和技能分布在全书的 13 个单元 39 个主题中，每个主题就是一个工作任务，分为任务资讯、相关链接、计划决策、组织实施、检查评价、拓展知识、情境练习单和课外思与做 8 个部分，力求达到学习目标工作化、课程内容职业化、学习过程导向化，评价反馈过程化的目标。

因我国地域辽阔，地形和气候类型的差异悬殊，加上地区性消费习惯的不同，蔬菜生产技术很难统一概括；同时，蔬菜生产技术课程又是一门理论和实际结合十分紧密的课程，因此诚恳希望使用本教材的各位教师，能紧密结合当地的实际情况，以取得最佳的教学效果。

本教材由金华职业技术学院胡繁荣为主编，苏州农业职业技术学院陈素娟、扬州环境资源职业技术学院杜庆平为副主编，全书分工如下：陈素娟负责番茄生产、辣椒生产、茭白生产和莲藕生产的编写，杜庆平负贵蔬菜田间管理、葱蒜类蔬菜生产的编写，台州科技职业学院韦海忠负责蔬菜种子与育苗、茄子生产的编写，福建农业职业技术学院陈文胜负责大白菜生产、结球甘蓝生产、花椰菜生产、根菜类蔬菜生产的编写，温州科技职业学院朱隆静负责薯芋类蔬菜生产的编写，丽水职业技术学院汤伟华负责芦笋生产、竹笋生产的编写，广西农业职业技术学院卢明负责豆类蔬菜生产、茎用芥菜生产的编写，江苏农林职业技术学院颜志明负责绿叶菜类蔬菜生产的编写，胡繁荣负责蔬菜作物与生长发育、瓜类蔬菜生产、草莓生产、菱生产的编写，并负责全书的统稿。教材编写过程中，全体编写人员付出了辛勤的劳动，参阅了大量的学术著作、科技书刊，凝聚了许多专家、学者和蔬菜工作者的劳动成果，特别是承蒙浙江农林大学朱祝军教授、浙江省农业厅蔬菜首席专家赵建阳推广研究员认真、细致地审阅了教材的全部内容，并提出了许多宝贵意见，浙江省教育厅、金华职业技术学院和中国农业出版社为教材出版做了大量的工作，在此一并致谢。

编写《蔬菜生产技术》工学结合特色教材还是初次尝试，限于编者水平有限，加之编写时间仓促，难免有不足之处，敬请老师、同学和蔬菜业界的广大朋友提出宝贵意见。

编　者

2012年2月

目　录

项目一

XIANGMU 1

蔬菜作物与生长发育

学习目标

▶专业能力

(1) 能够设计蔬菜作物识别方案。

(2) 认识常见蔬菜作物的种类和品种。

(3) 能够根据蔬菜不同生育时期植株的形态特征，总结其生长发育特性。

(4) 能够根据蔬菜对环境条件的要求，适时进行环境调控。

(5) 能够评定产品质量。

▶方法能力

(1) 具有信息采集、处理的能力。

(2) 具有独立使用各种媒介完成学习任务，并有自主学习的能力。

(3) 具有分析解决问题、接受应用新技术的能力。

(4) 具有综合和系统思维，并有完成典型工作任务的能力。

(5) 具有撰写技术报告、学习迁移的能力。

▶社会能力

(1) 具有吃苦耐劳、诚实守信、爱岗敬业的职业精神。

(2) 具有团队合作、沟通、语言表达能力。

(3) 能够公正地自我评价和评价他人。

(4) 具有环保意识、社会责任感、参与意识及自信心。

任务布置

本项目的学习任务包括蔬菜的含义与分类、蔬菜的生长与发育和蔬菜生产与环境。在组织教学时为了增强学生的学习积极性和主动性，全班组建两个模拟股份制公司，开展竞赛，每个公司又可分成若干小组，每个小组自主完成相关知识准备，研讨制订蔬菜作物识别、蔬菜生长发育特性观察和蔬菜环境条件调控的学习方案，按照修订后的学习方案进行试验。

建议本项目为20学时，其中18学时用于蔬菜的含义与分类、蔬菜的生长与发育和蔬菜生产与环境的学习，另2学时用于各“公司”总结、反思、向全班汇报学习经验与体会，实现学习迁移。

具体工作任务的设置：

(1) 根据相关信息制订、修改和确定蔬菜作物的识别方案。

(2) 根据相关信息制订、修改和确定蔬菜物候期观察和植株性状考查的试验方案。

(3) 根据相关信息制订、修改和确定蔬菜生产环境条件的调控方案。

(4) 识别常见蔬菜作物的种类。

(5) 观察蔬菜生长发育特性。

(6) 根据蔬菜作物对环境条件的要求，开展环境调控。

(7) 调查当地蔬菜的质量现状，并分析污染的原因。

(8) 对每一个完成的工作步骤进行记录和归档，并提交技术报告。

任务一　蔬菜的含义与分类

任务资讯

一、蔬菜的含义

蔬菜是可供佐餐的草本植物的总称，主要指具有多汁的产品器官，可以食用的一、二年及多年生的草本植物。这些产品器官中，有的是柔嫩的叶片（叶球）、有的是新鲜的果实或种子，有的是膨大的肉质根或茎（块茎、鳞茎、球茎），还有的是嫩茎、花球或幼芽等。蔬菜也包括少数木本植物的嫩茎、嫩芽（如竹笋、香椿、枸杞的嫩茎叶等），蘑菇、香菇、猴头菌、草菇、木耳、紫菜、海带等菌、藻类植物的子实体或其他产品器官；还包括黄豆、绿豆、豌豆、苜蓿、荞麦等许多作物种子萌发的芽和幼苗，驯化和半驯化的野生蔬菜等。

作为蔬菜重要起源地之一的中国，蔬菜栽培的历史可以追溯到6 000年前的仰韶文化时期，甲骨文中的园、圃就是当时栽培蔬菜的地方。远在南北朝成书的《齐民要术》、西汉成书的《汜胜之书》就已总结和记载了许多蔬菜作物的栽培技术。数千年来，我国广大劳动人民培育了诸如章丘大葱、益都银瓜、北京心里美萝卜、福山包头大白菜、莱芜生姜、荔蒲芋、兰州百合、四川榨菜、南湖无角菱、武汉紫菜薹、汉中雪韭等大量举世闻名的优良蔬菜品种；在种植蔬菜的生产实践中，总结和掌握了菜地土壤选择与改良、蔬菜作物的种植、排灌、施肥、田间管理、病虫防治、采收、贮藏和采种等系统的栽培技术和耕作制度，为人类的物质文明和社会发展做出了巨大的贡献。

二、蔬菜的分类

我国蔬菜的种质资源十分丰富，据统计，全世界的蔬菜种类大约有860多种，我国各地栽培的蔬菜（含食用菌和西瓜、甜瓜）至少有298种（含亚种、变种），分属于50余个科，按照商品名统计，在大中城市日常生产供应的蔬菜有70～80种；每种蔬菜都有许多品种，许多蔬菜还包括若干变种，每个变种又有许多生态类型。为了学习和研究，必须对蔬菜进行系统科学的分类。

蔬菜分类是根据蔬菜栽培、育种和利用等的需要，对蔬菜作物进行归类排列的方法。现已形成了植物学分类、食用器官分类和农业生物学分类等多个蔬菜分类系统。

（一）植物学分类法

植物学分类法是根据蔬菜作物的形态特征，按照科、属、种（亚种）、变种进行分类。目前我国栽培食用的蔬菜涉及红藻门、褐藻门、蓝藻门（藻类植物）、真菌门（菌类植物）、蕨类植物门和被子植物门等6个门。其中，绝大多数属于被子植物门的高等植物，既有双子叶植物又有单子叶植物，在双子叶植物中，以十字花科、豆科、茄科、葫芦科、伞形科、菊科为主，单子叶植物以百合科、禾本科为主。

植物学分类的优点是蔬菜作物不同科、属、种间，在形态、生理、遗传，尤其是系统发生上的亲缘关系十分明确；而且双名命名的学名世界通用，不易混淆。明确蔬菜作物亲缘关系的远近，是进行蔬菜育种、提高栽培技术（包括轮作和病虫害的防治）的重要依据。例如结球甘蓝与花椰菜，虽然前者利用它的叶球，后者利用它的花球，但都是同属于一个种，有共同的病虫害，不宜轮作，彼此容易杂交，制种时要相互隔离。植物学分类法也有缺点，如番茄和马铃薯同属茄科，而在栽培技术上相差很大。认识每一种蔬菜在植物分类上的地位，对于一名蔬菜生产者及科学工作者，都是很有必要的。

（二）食用器官分类法

对属于被子植物门的蔬菜，根据蔬菜作物食用器官的不同来进行分类，分为根、茎、叶、花、果等5类。因为蔬菜生产必须满足其食用器官生长发育所需要的环境条件才能获得高产，而相同器官的形成，如萝卜和胡萝卜，虽分别属于十字花科和伞形科，但对环境条件的要求非常相近，所以这种分类方法对掌握栽培关键技术有一定的意义。但食用器官分类也有一定的局限性，即不能全面反映同类蔬菜在系统发生上的亲缘关系，部分同类的蔬菜，如根状茎类的莲藕和姜，不论在亲缘关系上还是生物学特性及栽培技术上，均有较大的差异。

具体分类如下：

1. 根菜类 以肥大的肉质根（短缩茎、下胚轴及主根上部膨大）为产品的蔬菜作物，可分为直根类和块根类。

（1）直根类。以肥大的主根为产品，如萝卜、芜菁、胡萝卜、根用甜菜、根用芥菜等。

（2）块根类。以肥大的直根或营养芽发生的根为产品，如葛、牛蒡、豆薯等。

2. 茎菜类 以肥大的茎部为产品的蔬菜作物，可分为地下茎类蔬菜和地上茎类蔬菜两种类型。

（1）地下茎类蔬菜分为以下几种。

①块茎类。以肥大的地下茎为产品，如马铃薯、菊苣、山药等。

②根茎类。以地下肥大的根茎为产品，如姜、莲藕。

③球茎类。以地下的球茎为产品，如慈姑、荸荠、芋等。

④鳞茎菜类。以肥大的鳞茎（形态上是叶鞘基部膨大而成）为产品，如大蒜、洋葱、百合等。

（2）地上茎类蔬菜分为以下两种。

①肉质茎类。以肥大的地上茎为产品，如茭白、莴笋、球茎甘蓝、茎用芥菜等。

②嫩茎类。以嫩茎（芽）为产品，如芦笋、竹笋等。

3. 叶菜类 以叶片、叶柄、叶球、叶丛、变态叶为产品的蔬菜。可分为普通叶菜类、结球叶菜类和香辛叶菜类3种。

（1）普通叶菜类。如普通白菜、菠菜、茼蒿、苋菜、散叶莴苣等。

（2）结球叶菜类。如结球甘蓝、结球白菜、结球莴苣、包心芥等。

（3）香辛叶菜类。如葱、薄荷、韭菜、芫荽、茴香等。

4. 花菜类 以花器或肥嫩的花枝为产品的蔬菜。

（1）花器类。如黄花菜、朝鲜蓟等。

（2）花枝类。如花椰菜、西蓝花、菜薹等。

5. 果菜类 以果实和种子为产品的蔬菜，可分为以下几种。

（1）瓠果类。如黄瓜、西瓜、南瓜、冬瓜、瓠瓜等。

（2）浆果类。如番茄、茄子、辣椒等。

（3）荚果类。如菜豆、长豇豆、蚕豆、豌豆、刀豆等。

（4）杂果类。如甜玉米、菱等。

（三）农业生物学分类法

农业生物学分类法是将蔬菜作物的生物学特性和栽培技术基本相似的蔬菜作物归为一类，综合了植物学分类法和食用器官分类法的优点，比较适合蔬菜生产上的要求。

1. 根菜类 以肥大的直根为产品，均为二年生作物，除辣根用根部不定根繁殖外，其他都用种子繁殖，不宜移栽，生长中要求冷凉的气候和疏松的土壤。第一年形成肉质根，贮藏大量的水分和糖分，土壤深厚、肥沃有利于形成良好的肉质根，秋冬低温通过春化阶段；第二年长日照通过光照阶段，开花结实。如萝卜、芜菁、芜菁甘蓝、辣根、胡萝卜、根芹菜、美洲防风、根用甜菜、牛蒡、婆罗门参等。

2. 白菜类 以柔嫩的叶片、叶球、肉质茎或花球（薹）为产品，多为二年生植物，喜冷凉、湿润的气候。第一年形成产品器官，低温下通过春化阶段，长日照通过光照阶段，第二年开花结实。异花授粉，同种间极易杂交而引起变异，留种须注意隔离，均以种子繁殖，适于育苗移栽。在栽培上，除采收花球或菜薹（花茎）外，要避免未熟抽薹。如大白菜、白菜、乌塌菜、薹菜、结球甘蓝、花椰菜、西蓝花、球茎甘蓝、芥蓝、芥菜等。

3. 绿叶菜类 均以幼嫩叶片、叶柄和嫩茎为产品，这类蔬菜生长期较短，生长迅速，植株矮小，适于间套作，种子繁殖为主，除芹菜外，一般不进行育苗移栽，要求肥水充足，尤以速效氮肥为主。对温度的要求差异较大，其中蕹菜、落葵、苋菜等较耐热，其他则较耐寒或喜温，如菠菜、芹菜、芫荽、莴苣、茼蒿等。

4. 葱蒜类 以鳞茎或叶、假茎为产品，二年生植物，低温通过春化，长日照下形成鳞茎，耐寒性、适应性强，用种子或鳞茎繁殖。如洋葱、大蒜、韭菜、葱等。

5. 茄果类 以果实为产品，要求深厚肥沃的土壤、温暖的气候、充足的阳光，不耐霜冻，对日照长短要求不严，种子繁殖，适宜育苗移栽。如番茄、茄子、辣椒、酸浆等。

6. 瓜类 以果实为产品，属葫芦科植物，雌雄同株异花，要求温暖气候和光照充足，茎蔓性，要求支架栽培并进行整枝，种子繁殖。如黄瓜、西瓜、瓠瓜、南瓜、丝瓜等。

7. 豆类 以荚果或种子为产品，豌豆、蚕豆要求冷凉气候，其余为喜温或耐热蔬菜，种子繁殖，根系发达，有固氮能力。如菜豆、长豇豆、豌豆、蚕豆、毛豆、扁豆等。

8. 薯芋类 以含淀粉丰富的块茎、块根为产品，多无性繁殖。除马铃薯不耐炎热外，其余都喜温、耐热，要求湿润、疏松、肥沃的土壤环境。如马铃薯、芋、姜、山药等。

9. 水生蔬菜类 这类蔬菜作物一般都生长在沼泽地区及河、湖、塘的浅水中，为多年生植物，多无性繁殖。根系欠发达，但体内具有发达的通气系统，能适应水下空气稀少的环境。每年在温暖或炎热的季节生长，到气候寒冷时，地上部分枯萎。如茭白、莲藕、慈姑、荸荠、莼菜、芡实、豆瓣菜、菱等。

10. 多年生及杂类蔬菜类 为多年生植物，繁殖一次可连续收获产品多年，在温暖季节生长，冬季休眠。对土壤条件要求不太严格，一般管理较粗放。如笋用竹、黄花菜、香椿、芦笋等。

杂类蔬菜分属不同的科，食用器官、对环境条件的要求均不相同，因此栽培技术差异较大。如菜用玉米、黄秋葵、菜蓟（朝鲜蓟）等。

11. 食用菌类 以子实体为产品的一类蔬菜。如香菇、蘑菇、草菇、木耳等。

12. 芽苗菜类 利用植物的种子或其他营养贮存器官，在遮光或不遮光条件下，直接生长出可供食用的幼芽、芽苗、幼梢、幼茎等。在生产过程中，一般无需施肥。种芽菜的生长期一般较短，适宜工厂化周年生产。其中在遮光条件下生产的产品为软化产品，其色泽金黄或黄白、翠绿，质地柔嫩，有的风味独特。如黄豆芽、绿豆芽、豌豆芽、芽球菊苣、香椿芽等。

13. 香草类蔬菜 含有特殊芳香物质、可作蔬菜食用的一年生或多年生草本植物群。一般可凉拌、炒食、作馅、烧烤等，具有一定消毒杀菌、提神醒脑、疏压助眠、安抚情绪及料理调味等作用，还可作加工食品、化妆品、药品的主料或辅料，在工艺装饰、绿化等方面也有广泛的用途。如罗勒、薄荷、香蜂草、薰衣草、迷迭香、百里香、琉璃苣等。

相关链接

蔬菜的营养

蔬菜是人类的主要食物来源之一，关于蔬菜的营养作用，早在公元前3世纪中国古代医书《素问》一书中就提出“五谷为养、五果为助、无畜为益、五菜为充”的较为朴素的食物营养学概念。随着现代营养学的发展，蔬菜对人体的营养功能有了更加深入的了解，蔬菜除有刺激食欲、促进消化、维持体内酸碱平衡等作用外，并且供给人体所必需的多种维生素、矿物质、微量元素、酶及具有保健和医疗功能的其他成分。此外，薯、芋、豆类等蔬菜含有较多的糖类和蛋白质等，也可以补充人体对热量和蛋白质的需要。

1. 多种维生素的来源 蔬菜含有对人体极为重要的多种维生素，人体食用后可维持正常的新陈代谢，增强免疫能力，如果缺乏则会引起各种疾病。维生素C在蔬菜中普遍存在，含量较高的有辣椒、芹菜、花椰菜、番茄及各种绿叶菜；胡萝卜素含量较高的蔬菜有木耳菜、菠菜、胡萝卜等；维生素 B_1 含量较高的蔬菜有豌豆、芡实、黄花菜等；维生素 B_2 含量较高的蔬菜有香菇、花椰菜等。

2. 矿物质的来源 蔬菜中含有钙、铁、磷、钾、镁等矿物质，是人体矿物质元素的主要来源。例如黄花菜、芹菜、菠菜及胡萝卜等铁含量较高，而花椰菜、蚕豆、香椿、马铃薯、芋、芫荽、辣椒、姜、葱等磷含量较高，白菜、芫荽、扁豆、萝卜、芹菜等钙含量较高。

3. 膳食纤维含量丰富 蔬菜含有丰富的膳食纤维，膳食纤维包括非水溶性纤维（纤维素、半纤维素、木质素）和水溶性纤维（果胶、植物分泌胶等）两大类。纤维虽不能被人体消化，但它有助于预防多种疾病；可加快食物通过速度，减少致癌物与肠组织的接触时间；

有刺激结肠蠕动通便的作用，能预防和治疗便秘，减少肠癌发病率。纤维还有解毒作用。

4. 维持体内的酸碱平衡 人体对肉类和米、面等食物消化后会产生酸性反应，而蔬菜因钙、镁、钾等矿物质含量较高，呈碱性反应，可以中和酸性物质。所以，蔬菜能维持人体内的酸碱平衡。

5. 其他营养保健功能 不少蔬菜还含有一些特殊的具有生理调节和保健功能的元素，如番茄红素是一种较强的抗氧化剂，能帮助人体细胞免遭自由基的伤害，长期食用番茄及其制品，可降低患某些癌症和心脏病的风险；茄子、萝卜、紫甘蓝、花椰菜、西蓝花、洋葱、大蒜、马铃薯、辣椒等蔬菜中含有极丰富的生物类黄酮，黄酮类化合物具有保护心肌的作用；南瓜中的果胶具有固定胆固醇的作用，可预防和辅助治疗动脉硬化等。

总之，蔬菜是人们生活中所必需的食物，与其他食物互相配合又不可代替，是人体中不可缺少的营养物质的重要来源。

计划决策

以小组为单位，获取蔬菜作物的相关信息后，研讨并获取工作过程、工具清单、材料清单，了解安全措施，填入工作任务单（表1-1、表1-2、表1-3），制订蔬菜作物识别学习方案。

（一）材料计划

表1-1 蔬菜作物识别所需材料单

序 号	材料名称	规格型号	数 量

（二）工具使用

表1-2 蔬菜作物识别所需工具单

序 号	工具名称	规格型号	数 量

（三）人员分工

表1-3 蔬菜作物识别所需人员分工名单

序 号	人员姓名	任务分工

(四)识别方案制订

(1)所需的材料与用具。当地各种类别的蔬菜植株或食用器官的鲜活标本、多媒体课件、彩色图片或标本、挂图等,解剖用具、放大镜、卷尺、植物分类检索表。

(2)识别方案制订。

①蔬菜作物形态特征观察。

②确定蔬菜的科和种。

③确定蔬菜种类。

(3)资金预算。植株或食用器官的鲜活标本、多媒体课件、彩色图片或标本、挂图等费用,用具费用,管理费用等。

(4)讨论、修改、确定识别方案。

(5)购买蔬菜植株等材料及用具。

组织实施

以小组的形式在学习工作单的引导下,完成专业知识学习,开展蔬菜作物识别演练,并记录实施过程中出现的特殊情况或调整情况。

(一)蔬菜作物形态特征观察

观察蔬菜作物的形态特征并记录。

根:根系特点(类型)____________

茎和分枝:株高____________ 茎色____________ 茎粗____________

质地____________ 表面附属物____________ 分蘖和分枝____________

叶:种类____________ 组成____________ 形状____________

颜色____________ 叶脉____________ 叶序____________

花:单生或花序类型____________________

果实:类型____________

种子:形状____________ 颜色____________

(二)确定蔬菜的科与种

在生产田或蔬菜标本园观察所给蔬菜的形态特征,利用植物分类检索表确定其所属科、种。以常见科、种为例。

1. 十字花科 草本;叶互生,基生叶常呈莲座状,无托叶,叶全缘或羽状深裂;花两性,辐射对称,常排成总状花序;萼片、花瓣均为4片,花冠“十”字形;雄蕊6枚,4长2短(四强雄蕊),雌蕊2心皮,被假隔膜分为2室;侧膜胎座,角果。如白菜、萝卜、甘蓝等。

2. 豆科 草本;叶多为羽状或三出复叶,常互生,具托叶,叶柄基部常有叶枕;花两性,萼片和花瓣均为5片,蝶形或假蝶形花冠;雄蕊10枚,多成2体雄蕊,少有单体或分离;单心皮,子房上位,胚珠1至多数;边缘胎座,荚果。如菜豆、长豇豆等。

3. 茄科 茎直立;单叶,无托叶,互生;花萼合生,宿存,花冠轮状;雄蕊5枚,着生在花冠基部,并与之互生;浆果或蒴果,种子肾形或圆盘形,胚乳丰富,胚直或弯曲成钩状、环状或螺旋状。如茄子、辣椒、番茄、马铃薯等。

4. 葫芦科 具卷须的草本藤木;叶掌状分裂;花单性,雌雄同株或异株,单生、簇生或集合成各式花序，花托漏斗状、钟状或筒状，花萼及花冠裂片 5 片；雄蕊 3 或 5 枚，分离或各式合生；子房下位或半下位，由 3 心皮组成，1 室、不完全 3 室或 3 室，胚珠多数或稀少数至 1 枚；花柱 1 或稀 3，柱头膨大，2 裂；侧膜胎座，瓠果，种子多数、稀少或 1 枚，无胚乳。如南瓜、西瓜、冬瓜、黄瓜、丝瓜、西葫芦等。

5. 伞形科 草本；叶基成鞘；伞形或复伞形花序；双悬果。如芹菜、胡萝卜。

6. 菊科 常草本；叶互生；头状花序，有总苞；合瓣花冠，聚药雄蕊，瘦果顶端常有冠毛或鳞片。如菊芋等。

7. 百合科 多草本；单叶；具各式地下茎；花被 6 片，排成 2 轮，雄蕊 6 枚与之对生；子房上位，蒴果或浆果。如葱、洋葱、大蒜、金针菜等。

8. 禾本科 多草本；单叶；互生，叶鞘开放，常具叶舌、叶耳；花两性，有内、外稃，雄蕊 3 枚或 6 枚；子房上位，颖果。如竹笋。

（三）确定蔬菜种类

根据各种蔬菜作物的产品器官特征，结合食用器官分类，识别其种类，并指出是否属于变态根、变态茎、变态叶、变态花器等，并明确属于哪一种变态（如变态茎是鳞茎、块茎还是根状茎等，变态根属于直根还是块根等）。注意使用准确、规范的名词术语。

（四）农业生物学分类

分析、讨论各种蔬菜的分类，依据农业生物学分类法，确定蔬菜种类。

（五）比较

在所观察的蔬菜中，有哪些蔬菜在植物分类上是属同一科，而食用器官形态也属同一类？有哪些不是同一类的？通过填表加以比较。

表 1-4 萝卜、胡萝卜、大白菜、甘蓝、菠菜、芹菜的分类比较

蔬菜名称	植物学分类	食用器官分类	农业生物学分类
菠菜			
芹菜			
胡萝卜			
萝卜			
大白菜			
甘蓝			

拓展知识

蔬菜的经济地位

蔬菜产业面临的问题

蔬菜生产发展的主要目标任务

任务二　蔬菜的生长与发育

任务资讯

蔬菜作物良好的生长发育必须要有适宜的环境，而为了满足这一要求，栽培措施基本上离不开对环境的创造与改变。栽培措施与环境的变化均对蔬菜的生理活性有一定的影响。蔬菜栽培，就是应用蔬菜生态学与蔬菜生理学、遗传学原理，采用一系列的栽培措施控制或促进蔬菜的生长与发育，达到高产、优质的目的。

一、蔬菜作物的生长发育特性

生长、分化、发育是植物最基本且十分复杂的过程，是植物生命活动的外在表现，主要包括两个方面：一是由于细胞数目的增加和细胞体积的扩大而导致的植物体积和质量的增加；二是由于新器官的不断出现带来的一系列可见的形态变化，即形态建成，包括从种子萌发，根、茎、叶的生长，直到开花、结实、衰老、死亡的全过程。人们把生物体从发生到死亡所经历的过程称为生命周期。

了解植物的生长、分化和发育，对于园艺生产是十分重要的。如果以营养器官为收获对象（蔬菜），则营养器官的生长就直接关系到产量的高低；如果以生殖器官为收获对象（果实或种子），则营养器官的强弱将直接关系到生殖器官形成和膨大。因此，只有了解植物生长的规律，才能更好地调控植物的生长与发育，使之朝着我们需要的方向发展，从而提高作物的产量，改善产品的品质。

（一）生长与分化

生长是由植物细胞数量的增多和细胞体积的增大以及细胞原生质等内含物的增加而实现的，是相同类型细胞的增加而直接产生与其相似器官的现象，其结果是引起体积和质量不可逆的增加。生长是一个量的变化，蔬菜根、茎、叶、花、果实和种子体积和质量的增加是典型的生长过程。

无论是植物叶面积的变化还是果实等器官和植株总干物质的变化都是一个“慢—快—慢”的过程，其变化规律呈S形曲线，并服从于所谓的“复利”法则，这个过程总合起来称生长大周期。如果一个器官的初始质量为 W_0，其复利率为 r，经过 t 时间后的质量为 W_t，其变化可用 $W_t=W_0\ (1+r)^t$ 来表示。

值得指出的是，生长过程中的每一时期的长短及其速度，一方面受生理机能的控制；另一方面又受到外界环境的影响，温度高低和光照强弱均会影响生长的速度。因此，可以通过栽培措施来调节环境与蔬菜的生理状态，从而调控植物的生长发育，达到优质、高产的目的。

分化是指来自同一合子或遗传上同质的细胞转变为形态、机能和化学构成上异质细胞的过程。分化是一般变化的特殊现象，它可在细胞水平、组织水平和器官水平上表现出来，如茎和根的分化、茎上的叶和侧芽的分化、根上的侧根及根毛的分化、各种器官中各种组织的分化（茎和根都可以分化出表皮、皮层、中柱和维管束等）。正是这些不同水平的分化，使得植物的各个部分具有异质性，即具有不同的结构与功能。

（二）发育

发育是指经过一系列的构造和功能的质变后产生与其相似个体的现象，它是个体生命周期中植物体的构造和机能从简单到复杂的质变过程，是植物体各部分、各器官相互作用并在整体水平上表现出来的结果。发育中最明显而突出的形态与功能的变化，发生在植物从营养生长转向生殖生长的时期。所谓营养生长是指营养器官的生长，生殖生长则是指生殖器官的生长。在这个时期中，在一定的外界条件诱导下，顶端分生组织分化形成花原基，花原基转变为花蕾，花蕾开花，即花的发育。因此，我们一般狭隘地把发育限定在营养体转向生殖体即开花这一过程。事实上，发育还广泛地包括根、叶、果实等的发育。从叶原基长成一张成熟的叶片，是叶的发育；从侧根的形成长成完整的根系，则是根的发育；受精后的子房膨大、果实的形成和成熟则是果实的发育。特别值得注意的是：发育的某一阶段并不一定出现形态上的外部表现，例如白菜种子在通过春化阶段前后，在形态上没有变化，但经过种子春化以后内部发生了质的变化，在一定的光周期条件下可以开花。

（三）生长、分化和发育的相互关系

生长、分化和发育虽然性质有所不同，但密切相关。生长是量变，是基础；分化是局部的质变；发育则是整体的内在质变，是在生长和分化的基础上进行的更高层次的变化，即植物必须开始生长以后才能进行发育质变，并且是通过生长和分化而实现的。例如，没有长出一定叶数的甘蓝幼苗不能感受光周期的作用而通过光照阶段。另一方面，生长和分化又受到发育的制约，植物某些部分的生长和分化又必须通过一定的发育质变以后才能开始，不同的发育阶段有不同的生长数量和分化类型，这又可以说生长和分化是发育的特性。例如，白菜、萝卜等在抽薹前后有完全不同形态的叶片，表明在发育进程中，生长的方式也会发生变化。

阶段发育学说只能说明起源于亚热带及温带蔬菜作物的发育条件及过程。因为这些蔬菜如白菜、芥菜、甘蓝和各种根菜类，是在一年中的温度及日照长度有明显差别的条件下发育的，都要求低温通过春化，而在较长的日照下，通过光照阶段。对许多二年生蔬菜来说，春化及光周期的作用是主要的，而且是不可替代的。如甘蓝必须长到一定大小的幼苗时通过低温春化，在长日照作用下才能抽薹开花；白菜、萝卜等，其花芽分化和抽薹开花则要求在萌动的种子时期通过低温春化，长日照作用下才能抽薹开花。然而，即使是二年生植物，也不是生长发育初期都要求低温通过春化，如莴笋、芥菜和菠菜的某些品种，生长初期处在高温条件下，才能促进提早开花。至于起源于热带的植物，如番茄、茄子、辣椒、菜豆、长豇豆等，由于热带地区全年温度较高，一年四季日照长短差别不大，都在12h左右，应用阶段发育理论就难以说明其花芽分化、开花、结果与温度及日长的关系，因为这些蔬菜并非一定要有低温才能进行发育，对日照的长短反映也不敏感，它们的花芽分化受营养水平的影响很大，如氮、磷、钾等养分充足，植株的生长加快，其花芽分化则显著提早，这一类蔬菜，可以称为发育上的“营养感应型”。可见，不应把一种学说如阶段发育理论套在每种蔬菜上，即使同一种蔬菜作物，不同品种之间，其发育所要求的条件也有一定的甚至明显的差别。

由此可见，蔬菜作物生长发育的另一个主要特点就是它们在栽培条件上要求的多样性。对于二年生的叶菜类、根茎类蔬菜等，在生长的第一年不要很快地通过春化和光照阶段，以免影响产品器官的形成；对于果菜类蔬菜，则应在一定的营养生长后，及时地进行花芽分化，为果实生长奠定良好的基础，这类蔬菜的花芽分化一般对温度及光周期的要求并不严

格，而对营养基础的要求较高，所以其产量的高低与土、肥、水的关系更为密切。

二、蔬菜作物的生长发育时期与类型

（一）生长发育时期

蔬菜作物生长与发育过程是指从种子发芽到重新获得种子的整个过程，可分为种子期、营养生长期和生殖生长期。

1. 种子期

（1）胚胎发育期。从卵细胞受精开始到种子成熟为止。由胚珠发育成为种子，有显著的营养物质的合成和积累过程。在这个过程中，应使母体有良好的生长发育条件，以保证种子健壮发育。

（2）种子休眠期。不少蔬菜种子成熟后，都有不同程度和不同长短的休眠期，有的营养繁殖器官如块茎、块根等也是一样。处于休眠状态的种子，代谢水平很低；如果将种子保存在冷凉而干燥的环境中，也同样可以降低其代谢水平，强迫其休眠，保持更长的种子寿命。

（3）发芽期。经过休眠期后，若遇到适宜的温度、水分和氧气等环境，种子就会吸水发芽。发芽时呼吸旺盛，其所需的能量靠种子本身贮藏的物质提供。所以，种子的大小及饱满程度，对于发芽的快慢及幼苗生长关系很大。

2. 营养生长期

（1）幼苗期。种子发芽后，就进入营养生长期的幼苗期。对于子叶出土的瓜类、茄果类及十字花科等蔬菜，子叶与幼苗的生长关系很大。幼苗期间，生长迅速，代谢旺盛，生长速度快，但光合合成的营养物质较少，应创造适宜的苗期生长环境，增强光合作用，减少呼吸消耗，保证供给新生的根、茎、叶正常生长所需要的营养。幼苗生长得好坏，对后期的生长及发育影响很大。

（2）营养生长旺盛期。幼苗期结束后，即进入营养生长的旺盛时期。无论对那一种蔬菜作物，根系及地上部茎、叶的营养生长都是后期产品器官形成的基础，营养生长的基础好，就为以后开花结实、叶球或地下块茎、鳞茎等的形成创造良好的营养基础。

一些以养分贮藏器官为产品的蔬菜如结球叶菜、洋葱、马铃薯等，在这个时期结束后，即转入养分积累期，也即产品器官的形成期。栽培上应把这一时期安排在最适宜的生长季节或栽培环境中。

（3）营养休眠期。对二年生及多年生蔬菜，在产品器官形成后，有一个休眠期，有的是生理休眠，多数则是强制休眠。它们休眠的性质与种子休眠有所不同。但对于一年生的果菜类或二年生蔬菜中不形成叶球或肉质根的蔬菜如菠菜、芹菜、大白菜等，则没有营养休眠期。

3. 生殖生长期

（1）花芽分化期。花芽分化是指叶芽的生理和组织状态向花芽的生理和组织状态转化的过程，是蔬菜作物由营养生长过渡到生殖生长的形态标志。对于二年生的叶、根、茎菜类蔬菜，通过一定的发育阶段后，其生长点开始花芽分化，然后现蕾、开花。除了采种外，应控制其通过发育阶段的条件，防止花芽分化与抽薹、开花；而果菜类蔬菜，则应创造良好的环境，促进花芽正常形成，为高产、优质奠定基础。

（2）开花期。从现蕾开花到授粉、受精，是生殖生长的一个重要时期。这一时期，对外界环境的（温度、光照及水分）的反应敏感，抗性较弱，环境不适会妨碍授粉、受精，引起落蕾、落花。

（3）结果期。从授粉、受精后子房膨大到果实成熟是结果期。这是果菜类形成产量的主要时期，在结果期，多次采收的瓜果、豆类蔬菜营养生长与生殖生长同时进行，调节好二者生长的关系是果菜栽培的关键。但对于叶菜类、根菜类等蔬菜，营养生长期和生殖生长期则有着明显的区别。

上述是蔬菜作物的一般生长发育过程，并不是所有蔬菜都具备这些阶段。例如用营养器官繁殖的蔬菜，一般不经过种子时期。值得注意的是，蔬菜作物的生命周期并非一成不变，而是随着环境条件、栽培技术等改变，会有较大的变化。例如结球白菜、萝卜等，秋播时是典型的二年生植物，早春播种时，受低温影响，营养器官未充分膨大即抽薹开花，成为一年生植物。

（二）生长发育类型

由于蔬菜种类的多样性，因而产生了特性各异的不同生育类型。

1. 一年生蔬菜 指播种的当年开花、结果，并可以采收果实或种子的蔬菜，如茄果类、瓜类及喜温的豆类等。这些蔬菜在幼苗期很早就开始花芽分化，开花、结果期较长，除了很短的基本营养生长期外，营养生长与生殖生长几乎在整个生长周期内都同时进行。

2. 二年生蔬菜 指在播种的当年为营养生长，经过一个冬季，到第二年才抽薹、开花与结实。在营养生长期中形成叶球、鳞茎、块根、肉质根等，如茎用芥菜、萝卜、胡萝卜、芜菁以及一些耐寒的叶菜类蔬菜（大白菜、甘蓝等）等。其特点是营养生长与生殖生长有着明显的界线。

3. 多年生蔬菜 在一次播种或栽植后，可以采收多年，不需每年繁殖，如黄花菜、芦笋、食用大黄、辣根、菊芋、韭菜等。

4. 无性繁殖蔬菜 马铃薯、山药、姜、大蒜等在生产上用营养器官（块茎、块根或鳞茎等）进行繁殖。这些蔬菜的繁殖系数低，但遗传性比较稳定，产品器官形成后，往往要经过一段休眠期。无性繁殖的蔬菜一般也能开花，但除少数种类外，很少能正常结实。即使有的蔬菜作物可以用种子繁殖，但不如用无性器官繁殖生长速度快、产量高，因此，除了作为育种手段外，一般都采用无性器官来繁殖。

三、蔬菜作物的生长相关性与产品器官的形成

（一）蔬菜作物的生长相关性

生长相关性是指同一植株的一部分或一个器官与另一部分或另一器官在生长过程中的相互关系。蔬菜作物的生长相关性普遍存在，如营养器官与结实器官之间、幼嫩果与成熟果之间的相关性等，其主要生理基础是营养物质的运转与分配以及与之有关的内源生长物质的种类、数量及比例关系等方面的变化。各器官生长得到平衡，经济产量就可能提高；反之，经济产量就会降低。掌握蔬菜的生长相关性及其内在物质的变化规律，就可以通过环境与栽培措施的调控，如土壤、肥料及水分的管理，温度及光照的控制以及整枝、整蔓、疏花、摘叶、打顶等植株调整，来调节生长，提高产量与改善产品质量。

1. 地上部与地下部的生长相关性 地上部茎、叶只有在根系供给充足的养分与水分时，才能生长良好；而根系的生长又依赖于地上部供给的光合有机物质。所以，一般来说，根冠

比大致是平衡的，根深叶茂就是这个道理。但是，茎、叶与根系生长所要求的环境条件不完全一致，对环境条件变化的反应也不相同，因而当外界环境变化时，就有可能破坏原有的平衡关系，使根冠比发生变化。另外，在一棵植株总的净同化生产量一定情况下，由于不同生长时期的生长中心不同或由于生长中心转移的影响，也会使地上部与地下部的比例发生改变。同时，一些栽培措施如摘叶及采果等也会影响根冠比的变化。例如，把花或果实摘除，可以使根的营养供给更为充裕从而增加其生长量；如果把叶摘除一部分，会减少根的生长量，因为减少了同化物质对根的供给。施肥及灌溉也会大大影响地上部与地下部的比例。如果氮肥及水分充足，则地上部的枝、叶生长旺盛，消耗了大量的糖类，相对来说，根系的比例有所下降。反之，如土壤水分较少时，根系会优先利用水分，所受的影响较小，而地上部分的生长则受影响较大，根冠比便有所增大。蹲苗就是通过适当控制土壤水分以使蔬菜作物根系扩展，同时控制地上茎、叶徒长的一种有效措施。

在蔬菜栽培中，培育健壮的根系是蔬菜植株抗病、丰产的基础，然而，健壮根系的形成也离不开地上茎、叶的作用，二者是相辅相成的。因此，根冠比的平衡是很重要的，但是，不能把根冠比作为一个单一指标来衡量植株的生长好坏及其丰产性，因为根冠比相同的两个植株，有可能产生完全不同的栽培结果。

2. 营养生长与生殖生长的相关性 对于果菜类蔬菜，营养生长与生殖生长相关性研究比叶菜类更为重要，因为除了花芽分化前很短的基本营养生长阶段外，几乎整个生长周期中二者都是在同步进行的。从栽培的角度来看，调节好二者的关系至关重要。

（1）营养生长对生殖生长的影响。营养生长旺盛，根深叶茂，果实才有可能发育得好，产量高，否则会引起花发育不全、花数少、落花、果实发育迟缓等生殖生长障碍。但是，如果营养生长过于旺盛，则将使大部分的营养物质都消耗在新的枝、叶生长上，也不能获得果实的高产。营养生长对生殖生长的影响，因作物种类或品种不同而有较大的差异。例如同为番茄，有限生长型营养生长对生殖生长制约作用较小，而无限生长型则制约作用较强。生产上，无限生长型番茄坐果前肥水过多容易徒长，但生殖生长对营养生长的控制作用较小，这种差异主要与结果期间，特别是结果初期二者的营养生长基础大小不同有关。

（2）生殖生长对营养生长的影响。生殖生长对营养生长的影响表现在两个方面：一是由于植株开花、结果，同化作用的产物和无机营养同时要输入营养体和生殖器官，从而生长受到一定抑制，因此，过早地进入生殖生长，就会抑制营养生长，受抑制的营养生长，反过来又制约生殖生长，生产上适时地摘除花蕾、花、幼果，可促进植株营养生长，对平衡营养生长与生殖生长的关系具有重要作用；二是由于蕾、花及幼果等生殖器官处于不同的发育阶段，对营养生长的反应也不同，授粉、受精不仅对子房的膨大有促进作用，而且对营养生长也有刺激作用。

（二）生长发育与产品器官形成

从以上也可看出，蔬菜作物的生长相关性与产量形成的关系极为密切，实际上，所同化的全部干物质量，并不都形成有经济价值的产品器官（经济产量），而只有其中一部分形成产品器官。因此在整个蔬菜生产过程中，都应不断地采取技术措施调整器官之间的相互关系，使植株生长良好，以达到高产、优质的目的。

不论是一年生还是二年生蔬菜，在它们生活周期中的不同生长发育时期，各有其不同的生长中心，当生长中心转移到产品器官的形成时，即是构成产量的主要时期。

蔬菜作物的种类不同，所形成产品器官的类型也不同。

1. 以果实及种子为产品的一年生蔬菜 如瓜类、茄果类、豆类蔬菜的产品器官（果实或嫩种子）的形成与高产，要有足够的同化器官供给有机营养和强大根系供给水分和无机营养为基础。如果枝、叶徒长，以致较多的同化产物都运转到新生的枝、叶中去，则难以获得果实和种子的高产。

2. 以地下贮藏器官为产品的蔬菜 如薯芋类、根菜类及鳞茎类蔬菜等，在营养生长到一定的阶段，而又有适宜的环境时，才形成地下贮藏器官。例如马铃薯块茎的形成要求有较短的日照和较低的夜温，而洋葱鳞茎的形成要求较长的日照及较高的温度。如果产品器官形成条件已经具备，但地上茎、叶生长量不足，产品器官生长因营养供应源的匮乏也不可能很好。如果地上部茎、叶生长过旺，也会适得其反，因为地下块茎或鳞茎等迅速膨大生长时，形成新的生长中心，如果这时地上部的生理活性仍然很强，即会限制营养物质向地下生长中心转运。应采取措施对地上部生长进行必要的控制，以保证产品器官的形成。

3. 以地上部茎、叶为产品器官的蔬菜 如白菜、甘蓝、茎用芥菜、绿叶蔬菜等，其产品器官为叶丛、叶球、球茎或一部分变态的短缩茎。对于不结球的叶菜类蔬菜，在营养生长不久以后，便开始形成产品器官；而对于结球的叶菜类蔬菜，其营养生长要到一定程度以后，产品器官才能形成。不论是果实、叶球、块茎、鳞茎等都要首先生长出大量的同化器官，没有旺盛的同化器官的生长，就不可能有贮藏器官的高产。应该指出，同化器官与贮藏器官生长所要求的外界环境条件不完全一致，如在凉爽而具有较大昼夜温差且光照充足的气候条件下，更有利于叶球的形成和充实。因此，在安排播种期时应考虑到产品器官形成的气候条件。

相关链接

植物生长调控

蔬菜作物的生长发育受体内激素的调节。植物体内的激素种类有生长素（IAA）、赤霉素（GA）、细胞分裂素（CTK）、脱落酸（ABA）和乙烯（ETH）等五大类。人工合成的具有植物激素活性的有机物称之为植物生长调节剂。利用植物生长调节剂调控蔬菜生长发育是蔬菜生产特别是设施蔬菜生产上的一项重要技术措施。植物生长调节物质在蔬菜上应用的浓度与方法可参考表1-5。

表1-5 植物生长调节物质在蔬菜生产上的应用

名称	蔬菜种类	使用目的	使用浓度（mg/L）	使用时期与方法	注意事项
乙烯利	黄瓜	增加雌花	100～150	在第一片真叶展开时施用，喷洒叶片，喷施1～2次	喷后必须增施肥料，供给瓜生长充足营养，处理适温15～25℃
	南瓜	促进早生和增加雌花	100	在4片真叶期前后喷施1～2次	
	西葫芦	促进早熟增加早期产量	650	3叶期喷第一次，以后每隔10～15d喷施1次，共喷施3次	喷后加强肥水管理，雌花过多时要适当疏花

（续）

名称	蔬菜种类	使用目的	使用浓度（mg/L）	使用时期与方法	注意事项
乙烯利	番茄	加速果实成熟着色	500～2 000	在绿熟期用500～1 000mg/L药液涂果，或采后用1 000～2 000mg/L药液浸后置于25℃下催熟	温度高于25℃，乙烯利迅速分解放出乙烯，易产生药害，温度低于15℃效果不好
防落素	番茄	防止落花落果和促进果实肥大	10～50	当1个花序中有半数花朵开放时，对着花和花蕾一起喷施，以喷湿花器为度	严格控制使用浓度
	西瓜		20～30		
	瓠瓜、西葫芦		40～50		
增产灵（4-碘苯氧乙酸）	大白菜	促进包心增产	40～50	包心期喷洒叶部	用药后6h内如降雨要补喷1次，最好在15:00以后用药，药液稀释后如有沉淀，可加少量纯碱，促进其溶解
	黄瓜	加速幼瓜生长	30～40	用药液涂幼瓜，涂后4d可比对照增重10%	
	萝卜	促进直根膨大，增产	30～60	直根开始膨大以后喷洒叶部	
青鲜素	洋葱	抑制贮藏期发芽	2 000～5 000	收获前10～15d喷洒叶部	经处理的洋葱在贮藏期腐烂率有增加的趋势，及时挑选上市，留种不要处理，葱蒜类叶片有蜡质，吸收慢，喷后24h遇雨要重喷
	大蒜	抑制贮藏期发芽	2 500～3 000	收获前15d左右喷洒叶部	
	马铃薯	延长休眠，抑制发芽	2 500～3 000	收获前15～20d喷洒叶部	
	萝卜、胡萝卜	促进肉质膨大，抑制贮藏期发芽	1 000～1 500	收获前15～20d喷洒叶部	
矮壮素	马铃薯	防止徒长，壮苗增产	500～2 000	初花期喷洒叶部，每667m² 用量40～50kg，或用20 000mg/L药液拌薯块（药液与薯块质量比为1∶10）	喷洒切忌药液入口和接触皮肤病喷药不宜过早、过晚，处理后加强肥水管理，不能与强碱性农药混用
	番茄	促进早熟，增产	1 000	花期喷洒叶片	
	辣椒	提早结果，增产	4 000～5 000	花期喷洒叶片	
	茄子	壮苗，增产	4 000～5 000	花期喷洒叶片	
B_9	马铃薯	抑制茎的生长，促进块茎膨大	3 000	茎高50cm左右或开花初期喷2～3次，间隔7～10d	不能与含铜药剂混合用或连用，药液随配随用，如变红褐色不能用
	胡萝卜	促进肉质根生长	3 000	播后15d（间苗后）喷药	

（续）

名称	蔬菜种类	使用目的	使用浓度（mg/L）	使用时期与方法	注意事项
赤霉素	菠菜	加速生长，提早收获，增产	10～30	收获前15d左右喷洒全株，若喷2次间隔7d	喷药要配合追肥灌水，肥水不足易提早抽薹
	芹菜	同菠菜	40～100	收获前10d左右喷施叶部1～2次	加强肥水管理，不要喷早，以免叶柄太细弱
	芫荽	加速生长，增产	10～20	收获前10d左右喷施1次	要在露水干后喷洒水不能与碱性物混作
	黄瓜	加速瓜条生长，提早收获，增产	20～40	雌花开放时喷花	经处理的瓜不能留种，浓度不宜太高
	马铃薯	作打破种薯休眠	0.5	浸薯块，易发芽的品种浸10～30min，休眠期长的浸50～60min	药液用量要按质量计算，药液与薯块为1∶1
	韭菜	增产	30	高10cm时喷药	
	莴苣	增产	10	13～14片叶时喷药，喷洒2～3次	
萘乙酸	大白菜、结球甘蓝	促进生根	2 000	快速浸蘸	施药后应洗手洗脸
	番茄	促进生根	50	用6～12cm侧枝作插条，伤口愈合后浸在药液中约10min	
环烷酸钠	叶菜类	增产	500	施肥时或收获前20d喷洒	
	西瓜	增加坐果率，早熟、味甜	500	涂抹或点滴幼果	
	马铃薯	增产	100～200	幼薯期喷茎、叶	
苄氨基腺嘌呤（BA）	花椰菜	保鲜	10～20	采后沾花球或采前喷花球	
	芹菜	保鲜	5～10	采后沾叶柄	
三十烷醇	马铃薯	促进早出苗	1	整薯浸30min	
	瓠瓜、丝瓜	促进根系生长	0.5～1	浸种	
	黄瓜	增加雌花	0.5	浸种和幼叶喷施，9:00—15:00喷施	在25℃时喷效果好

计划决策

以小组为单位，获取蔬菜作物的相关信息后，研讨并获取工作过程、工具清单、材料清单，了解安全措施，填入工作任务单（表1-6、表1-7、表1-8），制订蔬菜作物植株性状及物候期观测学习方案。

（一）材料计划

表1-6 蔬菜作物植株性状及物候期观察所需材料单

序 号	材料名称	规格型号	数 量

（二）工具使用

表1-7 蔬菜作物植株性状查及物候期观察所需工具单

序 号	工具名称	规格型号	数 量

（三）人员分工

表1-8 蔬菜作物植株性状及物候期观察所需人员分工名单

序 号	人员姓名	任务分工

（四）学习方案制订

（1）所需的材料与用具。处于产品器官收获期不同品种的萝卜（或白菜等白菜类、胡萝卜等根菜类）株、结果期不同品种的黄瓜（或番茄、辣椒等果菜类）株、几种主要蔬菜的开花种株（如白菜、番茄、黄瓜、洋葱等），卷尺、台秤、阿贝折光仪、铅笔、烘箱、记录表、菜刀等。

（2）蔬菜植株性状及物候期观测方案制订。

①萝卜植株性状观察。

②黄瓜植株性状观察。

③蔬菜开花习性观察。

④物候期观察。

（3）资金预算。土地、设施租金，农资费用，劳动力费用，管理费用等。

（4）讨论、修改、确定学习方案。

（5）购买蔬菜植株等材料。

组织实施

以小组的形式在学习工作单的引导下，完成专业知识学习，开展蔬菜作物植株性状及物候期观测演练，并记录实施过程中出现的特殊情况或调整情况。

（一）萝卜植株性状观察

1. 叶

（1）最大叶的长、宽。量取代表性植株的最大叶片的叶长和叶宽。

（2）叶柄长。量取最大叶丛叶片基部至叶柄基部的长度。

（3）叶形。长倒卵形、卵形、心脏形及其他形，斑叶、花叶等。

（4）叶色。浅绿、绿、深绿、黄绿，正、背面有无区别（其他蔬菜相同，下略）。

（5）叶缘。全缘、波状、齿状，叶缘有无裂刻（其他蔬菜相同，下略）。

2. 肉质根

（1）根纵横径。纵径量是从叶丛基部至肉质根基部（不包括细尾根）的长，横径量是其最大膨大部分的直径。先单个量，后算取平均值。

（2）入土部分比率。入土部分长度与根全长之比。

（3）根鲜重。收取10株除去地上部叶丛和细尾根后的平均质量。

（4）形状。长、短圆锥形，长、短圆筒形，椭圆形、扁圆形、圆球形及其他形。

（5）外皮色。深绿、绿、浅绿、浅紫绿、红、浅红、黄白、白、橙红、橙黄、紫红及其他色。

（6）肉色。浅绿、绿、黄白、白、浅红、浅紫、紫红、橙黄、橘黄。

（7）可溶性固形物的测定。从供试各不同类型萝卜的同一部位（一般中部）取一小块肉质根，挤出汁液用阿贝折光仪测定可溶性固形物的含量。

（8）质地及风味。取同一部位，口尝鉴定。质地分脆、硬、糠心、不糠心；风味分甜、微辣、淡、浓。

（9）干物质含量。每个品种取3个萝卜的同一部位肉质根20g，分别放入小铝盒，做好标记，放入105℃烘箱内烘干，计算干物质含量。

（二）黄瓜植株性状观察

1. 植株

（1）生长习性。蔓性。

（2）分枝性。强、中、弱。

（3）主蔓长。主蔓第一真叶至蔓先端的长度。

2. 叶

（1）叶形状。掌状五角形、心脏形。

（2）叶色。绿、浅绿、深绿。

（3）叶大小。最大叶长、宽。

3. 茎

（1）茎粗。主茎3～4节节间的横径。

（2）附生物。茎表面刺毛等。

（3）横断面形状。五棱形、圆形、椭圆形及其他形。

4. 果实

（1）果实的商品性。瓜的纵径、横径，单瓜质量，有无棱沟、刺毛、瘤，果实颜色，果把长短。

（2）果实解剖性。果肉及胎座的比例、果肉质地（脆、韧、中）、果肉色泽（分绿、白、淡黄等）。

（3）可溶性固形物的测定。从供试果中部同一位置取一小块，榨取液汁，用阿贝折光仪测定可溶性固形物的含量。

（4）质地及风味。取同一部位，口尝鉴定。质地分脆、韧、中；风味分苦、微苦、微甜、清香、涩、清淡。

（5）干物质含量。从果实的相同部位各取果肉 20g，分别放入小铝盒，做好标记，放入 105℃烘箱内烘干，计算干物质含量。

（三）蔬菜开花习性观察

1. 花器结构观察（室内进行） 实验台上放有各种蔬菜的花或花序，仔细观察不同蔬菜的花器结构，按从外到内的次序进行，并将有关项目做记录。

（1）科名、种类及品种名。

（2）完全花、不完全花。

（3）单性花中雌花与雄花有何形态上的区别。

（4）花萼的数目、离合、色泽。

（5）花冠的形态。类型、大小、花瓣数目、排列、色泽。

（6）雄蕊。数目、长或短于柱头、花药开裂的时期和方式。

（7）雌蕊。子房的大小和形状，花柱、柱头的特征。

2. 开花动态观察 在蔬菜基地众多的蔬菜种类中选择 4 种以上，观察蔬菜单株（每种至少 2 株）从初花至终花的情况，填写下有关项目。

（1）初花期。

（2）盛花期及持续天数，每天开放的花数。

（3）终花期。

（4）整个植株及每个花序的开花顺序。

3. 传粉媒介观察（室外进行） 结合开花动态，观察、记录虫媒花的传粉昆虫种类、来访的时间及次数。

（四）物候期观察

1. 根菜类蔬菜物候期观察

（1）播种期。实际播种的日期。

（2）出苗期。50%小苗出土的时期。

（3）定苗期。最后一次间苗的日期。

（4）肉质根膨大始期。50%以上苗根开始破肚的时期。

（5）收获期。实际收获的日期。

（6）种株定植期。种株移栽定植的日期。

（7）开花期。50%植株开花的时期。

（8）种子成熟采收期。实际采收的日期。

2. 大白菜物候期的观察

（1）播种期。实际播种的日期。

（2）出苗期。50％小苗出土的时期。

（3）定植期。实际移植的日期。

（4）结球期。50％植株心叶向内互相包合或卷合的时期。

（5）结球紧实期。50％植株叶球已坚实的时期。

（6）种株定植期。种株移栽定植的日期。

（7）开花期。50％植株开花的时期。

（8）种子成熟采收期。实际采收的日期。

3. 茄果类蔬菜物候期观察

（1）播种期。实际播种的日期。

（2）出苗期。50％小苗出土的时期。

（3）定植期。实际移植的日期。

（4）采收始期。30％植株的果实达到商品成熟的采收日期。

（5）采收末期。最后一次果实采收日期。

4. 瓜类蔬菜物候期观察

（1）播种期。实际播种的日期。

（2）出苗期。50％小苗出土的时期。

（3）定植期。实际移植的日期。

（4）始花期。30％植株的第一雌花开放的日期。

（5）食用嫩瓜始收期。30％植株开始第一次采收日期。

（6）种瓜成熟期。种瓜成熟采收的时期。

拓展知识

蔬菜的产量和质量

任务三　蔬菜生产与环境

任务资讯

蔬菜的生长发育，一方面决定于植物本身的遗传特性；另一方面决定于外界环境条件。影响植物生长发育的环境条件可概括为3类：物理因子、化学因子和生物因子。因此，生产上通过育种技术来获得具有优良遗传性状的品种的同时，也要对环境因素进行控制和调节，为蔬菜作物的生长发育创造适宜的环境条件，从而达到优质、高产的目标。

一、蔬菜作物的生长发育与温度

（一）蔬菜作物对温度的要求与反应

温度是影响蔬菜生长发育最敏感的环境因子。各种蔬菜的生长发育对温度都有一定的要求，而且都有各自的最高温度、最适温度和最低温度，称为温度的“三基点”。虽然不同蔬菜的最适温度有所不同，但是它有一定的范围，在这个范围内，蔬菜的生长发育最好、产量最高，品质也最佳。最低温度和最高温度是生长发育过程中对温度的极限。在栽培上均应设法避开最低、最高温度在蔬菜生长季节发生，或者将蔬菜生长发育最重要的时期安排在温度条件最适合的季节。

根据蔬菜对温度的不同要求，可分为以下 5 类。

1. 耐寒的多年生宿根蔬菜　地上部分耐高温，但到了冬季，地上部枯死，以地下的宿根越冬，能耐 0℃以下甚至－10℃的低温，生长最适温度 12～24℃。如金针菜、芦笋、韭菜、茭白、辣根等。

2. 耐寒的蔬菜　能耐－2～－1℃的低温，或短期的－10～－5℃，生长最适温度 15～20℃，在黄河下游地区可以越冬。如菠菜、大葱、大蒜、白菜类中的某些耐寒品种。

3. 半耐寒的蔬菜　可抗霜，但不耐长期的－2～－1℃低温，生长最适温度为 17～20℃，在长江以南，均能露地越冬。如根菜类、白菜类、芹菜、豌豆、蚕豆、莴苣、荸荠、莲藕。

4. 喜温的蔬菜　最适同化温度 20～30℃，超过 40℃生长几乎停止，低于 10～15℃授粉不良，引起落花落果，不耐 0℃以下低温。如番茄、茄子、辣椒、菜豆、黄瓜等。

5. 耐热的蔬菜　在 30℃左右同化作用最高，在 40℃高温下仍能生长，总是安排在当地温度最高的季节种植。如冬瓜、南瓜、丝瓜、苦瓜、西瓜、长豇豆、芋和苋菜等。

以上分类并非绝对的，原因有三：其一，蔬菜作物的不同器官对温度的反应不完全相同；其二，同一种蔬菜作物的不同品种对温度反应不同，如大白菜，有的品种耐热性强，可在炎热的夏季种植，有的品种则需在冷凉的季节种植；其三，即使同一种蔬菜作物的同一品种，其不同生育期对温度的要求差异也很大，如喜温蔬菜发芽温度以 25～30℃最适，幼苗期最适温度比种子发芽期要低些，否则幼苗容易徒长，营养生长期要求温度高于幼苗期，一些结球蔬菜和根菜类蔬菜在叶球及肉质根形成时要求较低温度，而生殖生长期（抽薹、开花、结实）则要求较高的温度。

此外，土壤温度对蔬菜根系的生长也有直接影响。通常土温比气温变化小，所以土温对根生长的影响不像气温对地上部生长那样明显。例如越冬的多年生蔬菜，地上部已受冻，而根系仍正常生长。

（二）高温和低温危害

限制蔬菜分布地区和栽培季节的主要因素是温度，因此，过低或过高的温度都会对蔬菜产生危害。

1. 高温危害　当蔬菜作物所处的环境温度超过其正常生长发育所需温度的上限时，引起蒸腾作用加强，水分平衡失调，发生萎蔫或永久萎蔫。同时，蔬菜作物光合作用降低而呼吸作用增强，同化物积累减少。高温所引起的危害包括日伤（灼）、落花落果、雄性不育、生长瘦弱，严重的还会导致死亡。

2. 低温危害　低温危害有冷害与冻害之分。冷害又称寒害，是指植物在 0℃以上的低温环境中所受到的损害。喜温蔬菜和耐热蔬菜如番茄等在苗期遇到10℃以下的低温，就会导致花芽分化异常，并在以后形成畸形果。冻害是指0℃以下的低温造成植物组织内的细胞间隙水分结冰而引起的部分细胞或全株死亡。不同蔬菜作物，甚至同种蔬菜作物在不同的生长季节及栽培条件下，对低温的适应性不同，因而抗寒性也不同。一般处于休眠期的植物抗寒性增强。例如芦笋、黄花菜等宿根越冬植物，地下根可忍受－10℃低温，但如果正常生长季节遇到0～5℃低温时，就会发生低温伤害。利用自然低温或人工方法进行抗寒锻炼可有效地提高植物的抗寒性。例如生产上将喜温蔬菜作物刚萌动露白的种子置于稍高于0℃的低温下处理，可大大提高其抗寒性；番茄、黄瓜、甜椒等定植前进行低温锻炼，可以提高幼苗抗寒性，促进定植后缓苗，这是生产上常用的方法，也是最经济有效的技术措施。

（三）温周期的作用

温度并不是一成不变的，而是呈周期性的变化，这称为温周期。温周期现象是作物生长发育对日夜温差周期性变化的反应。白天较高的温度有利于光合作用，夜晚较低的温度有利于光合产物的转化储存和降低呼吸消耗。但不同植物适宜的昼夜温差范围不同，通常热带植物要求3～6℃，温带植物要求5～7℃，沙漠植物要求10℃以上。

此外，在果实生长后期，昼夜温差是影响果实品质的一个重要因素。例如新疆、甘肃等地由于昼夜温差较大，西瓜、甜瓜含糖量高，品质优良，是我国著名的西瓜、甜瓜生产基地。

（四）春化作用

春化作用主要指低温对蔬菜作物发育所引起的诱导作用。感受低温影响的部位是茎顶端的生长点。根据作物对低温的需要，可用人工施加低温处理来代替，这种处理称作春化处理。白菜、萝卜、菠菜、莴苣等种子处在萌动状态时（1/3～1/2种子露胚根），在一定的低温下处理10～30d就能感受低温的诱导而通过春化阶段，称为种子春化型。例如白菜在0～8℃就有春化效果，萝卜在5℃左右效果最好，处理时间为10～30d，菜薹的栽培品种，处理5d就有春化效果。种子春化型的植物在幼苗时往往对低温非常敏感。

有些植物如甘蓝、洋葱、大蒜、大葱、芹菜等，要求植株长到一定大小时，才能感受低温的诱导，通过春化阶段，称为绿体春化型。但是不同种类与品种之间，通过春化阶段对植株大小的“最小限度”要求不同，有要求严格的，也有要求不严格的；即使同一种类不同品种之间也有差异，如甘蓝必须达到一定生理年龄即茎粗0.6cm、叶宽5cm以上，才能通过春化。至于对低温范围及时间的要求，绿体春化大体上与种子的春化相似。绿体春化要求具有完整的植株。据试验，甘蓝植株生长53d以后，在3～5℃下春化70d，带叶的植株会抽薹，不带叶的则不会抽薹。芹菜属于绿体春化型，其植株越大，低温处理（8℃以下，4周）对开花的促进作用也越大。如果植株的年龄相同，而低温处理时的植株大小不同，则抽薹时期没有区别。而其他的绿体春化型蔬菜，植株的年龄相同，低温处理时的植株大小不同，则对抽薹的时期及能否抽薹均有很大的影响。

二、蔬菜作物的生长发育与光照

光照是蔬菜作物生长发育的重要环境条件。光照度、日照时间和光质影响光合作用及光合产物，从而影响植物的生长发育、产量和品质。

（一）光照度对蔬菜作物生长发育的影响

光的强弱通过影响叶片的光合作用、蒸腾作用等从而影响植物的生长。按照对光照度的要求不同，可把蔬菜分为 3 类。

1. 要求强光照的蔬菜作物 如瓜类、茄果类和某些耐热的薯芋类，其光饱和点一般都在 5 万 lx 以上。光照不足，产量及产品品质就会下降。

2. 对光强要求中等的蔬菜作物 主要是一些白菜类、根菜类和葱蒜类等。其光饱和点约为 4 万 lx。

3. 对光强要求较小的蔬菜作物 如莴苣、菠菜、茼蒿、芹菜、姜等。此类作物不能忍受强烈的直射光线，要求较弱光照，须在适度荫蔽下才能生长良好。生产上栽培此类植物，常常采用合理密植或适当间套作，以提高产量、改善品质。

在蔬菜栽培上，光照必须与温度相互配合，才有利于植株的生长及器官的形成。光照增强，温度也相应地增加，才有利于光合产物的积累；而在弱光环境下，温度过高会引起呼吸作用的增强，以及能量消耗加快，在低温下，植物在较弱的光强下便发生光饱和现象。因此，设施栽培黄瓜或番茄过程中，如遇阴天或下雪时，设施中的温度必须适当降低，才有利于其生长和结实。

（二）光周期对蔬菜作物生长发育的影响

光周期指日照长短的周期性变化，指一天中从日出到日落的理论日照时数。日照长短周期性变化对植物生长发育的影响称为光周期现象。

1. 对蔬菜作物光周期现象的基本认识

（1）蔬菜作物按照其对日照长短反应不同的分类。

①长日照植物。指在 24h 昼夜周期中，日照长度长于一定时数才能成花的植物。对这些植物延长光照可促进或提早开花；相反，如延长黑暗则推迟开花或不能成花。如白菜类、萝卜、胡萝卜、芹菜、菠菜、莴苣、蚕豆、豌豆、大葱、大蒜等在春季长日照下抽薹开花的植物，它们多起源于亚热带及温带。

②短日照植物。指在 24h 昼夜周期中，日照长度短于一定时数才能成花的植物。对这些植物适当延长黑暗或缩短光照可促进或提早开花；相反，如延长光照则推迟开花或不能成花。如长豇豆、扁豆、茼蒿、苋菜、蕹菜等起源于热带的蔬菜作物。

③日中性植物。这类植物的成花对日照长度不敏感，只要其他条件满足，在任何长度的日照下均能开花。如番茄、甜椒、黄瓜等只要温度适宜，一年四季均可开花结实。

④中日照植物。这类植物在一定的日照长度范围内才能开花，日照长些或短些都不能开花。如菜豆中的一些野生菜豆只能在日照 12～16h 才开花。

（2）光周期质的反应与量的反应。对不同植物光周期反应的研究认为，真正的“质的光周期反应”的蔬菜作物极少，多数属于“量的光周期反应”，即日照长短都开花，只是促进或延迟而已。品种之间对日照长度的反应差异很大，因而长日照与短日照之间的临界时数是会互相交叉的。在生产上可利用品种间对光周期要求的不同，而选育出早、中、晚品种。

（3）温度对光周期的影响。如果温度过低，植株生长缓慢，会延迟开花时期。对短日照植物在黑暗期间，如果温度过低，则对其基本没有影响。如果日照长度相同，在一定范围内，温度升高可促进开花。在光周期效应中，温度是一个重要的环境因素，许多长日照植物，如白菜、菠菜、芹菜、萝卜等，如果温度很高，即使处在长日照下也不开花，或其开花期大大延迟。在生产上应把光周期与温度结合起来考虑。

（4）植株年龄对光周期的影响。植株年龄也是影响光周期反应的一个因素，不论是长日照植物还是短日照植物，都不是在其种子发芽以后即对光周期有反应，而是要生长到一定程度。一般来说，植株年龄愈大，对光周期反应愈敏感。例如，就大多数白菜品种而言，当植株年龄很大时，在 8h 以下的短日照条件下，也能现蕾、开花。光周期刺激的接收器官是叶子，而叶子的年龄不同，对光周期的反应也不一样，一般以充分展开的叶片最有效果，种子阶段不可能接受感应。

2. 光周期对蔬菜作物的效应 光周期的作用首先是对生殖发育的诱导作用，不同蔬菜作物在这方面的反应不完全相同。白菜类蔬菜通过春化后，抽薹开花的迟早与日照长短有关，更决定于当时的温度；甘蓝花芽分化基本上不受光照时间的影响，长日照仅对花芽分化后的抽薹开花稍有促进作用；日照长短是芹菜花芽分化和抽薹的重要因素之一，低温长日照处理比低温短日照处理容易形成花芽，至于花芽分化后的抽薹，日照越长抽薹越早，温度越高抽薹越快；菠菜是典型的长日照植物，花芽分化与抽薹的温度及和日照长度范围都很广，但长日照有促进菠菜花芽分化及抽薹的作用。

光周期也影响蔬菜营养生长与产品器官的形成。马铃薯、芋、菊芋及许多水生蔬菜，都要求在较短的日照下形成贮藏器官，而洋葱、大蒜等鳞茎类蔬菜则要求在较长的日照时数和一定的温度条件下形成鳞茎。不同品种对光周期的反应差异很大，一般早熟品种对日照时数要求不严，南方品种要求较短日照，而北方品种则要求较长日照。

（三）光质对蔬菜作物生长发育的影响

光质即光的组成，指具有不同波长的太阳光谱成分，其中波长为 380～760nm 的光（即红、橙、黄、绿、蓝、紫光），是太阳辐射光谱中具有生理活性的波段，称为光合有效辐射。植物吸收最多的是红光，其次为黄光，蓝紫光的同化效率仅为红光的 14%。红光不仅有利于植物糖类的合成，还能促进长日照植物的发育；蓝紫光则有利于短日照植物发育，并促进蛋白质和有机酸的合成。

以 660nm（红光 R）和 730nm（远红外 FR）为中心的两个波带光通量比值大时，茎、叶有缩小和矮化的倾向；比值小时，有伸长的倾向。除了白炽灯，所有照明光源的 R/FR 都比自然光的大，如果作为补充光源，易引起植株矮化，而白炽灯的 R/FR 比自然光的小，如果作为补充光源，易引起茎的伸长。我国已制造出类似于自然光，适合设施栽培的四波长荧光灯。紫外光和红光组合有利于茄子、草莓等花色素的形成；紫外光有利于维生素 C 的形成；红光（600～700nm）促进叶用莴苣种子发芽，远红外（700～800nm）则抑制发芽。

三、蔬菜作物的生长发育与水分

水对蔬菜的生长主要有以下六方面作用：第一，水分是蔬菜的重要组成部分，蔬菜的含水量一般都在 90%以上；第二，水对维持蔬菜的固有形状起重要作用；第三，水为蔬菜输送各种养分；第四，水可以维持细胞的活性；第五，水是蔬菜进行光合作用的原料；第六，水可以维持蔬菜植株的温度。

（一）蔬菜的需水特性

蔬菜作物的需水特性主要取决于根系的吸水特性和叶片的水分消耗特性，详见表 1-9。

表 1-9 蔬菜种类的需水特性

特　性	抗旱能力	种　类
根系强大、吸水能力强	强	西瓜、甜瓜
根系中等、吸水能力中等	中等	茄果类、豆类
叶面积大、蒸腾作用强、根系不强大	中等	黄瓜、白菜类、绿叶菜类等
根系不发达、吸水能力弱	弱	水生蔬菜

此外，主要蔬菜对空气相对湿度的要求见表 1-10，对土壤湿度的要求及水分管理见表 1-11。

表 1-10 蔬菜对空气相对湿度的要求

蔬菜种类	所适宜空气湿度类型	空气相对湿度（%）
瓜类（西瓜、甜瓜、中国南瓜除外）、绿叶菜类、水生蔬菜	较高	85～95
白菜类、根菜类（胡萝卜除外）、甘蓝类、马铃薯、豌豆、蚕豆	中等	75～80
茄果类、豆类（豌豆、蚕豆除外）	较低	55～65
南瓜、西瓜、甜瓜、胡萝卜、葱蒜类、中国南瓜	较干燥	45～55

表 1-11 主要蔬菜种类对土壤湿度的要求及水分管理

蔬菜种类	根群特点	叶面蒸腾量	需水量	对土壤温度的要求	水分管理
茄果类、豆类、马铃薯、胡萝卜、印度南瓜、西葫芦	发达、分布较深	很大	多	适中	经常浇水
黄瓜、大白菜、结球甘蓝、莴笋、芥菜、萝卜、叶菜类	分布浅	大	多	较高	经常浇水
葱蒜类、芦笋	不发达、分布浅	少	少	较高	经常浇水
西瓜、甜瓜、中国南瓜	发达、分布深	较少	少	较低	浇水应较少
藕、茭白、慈姑、荸荠等	不发达、吸水能力弱	特大	极多	水田栽培	

（二）蔬菜作物不同生育期对水分要求的变化

同种蔬菜作物不同生育期对水分的需求量也不同。种子萌发时，需要充足的水分，以利胚根伸出；幼苗期因根系弱小，在土壤中分布较浅，抗旱力较弱，须经常保持土壤湿润，如果水分过多，幼苗长势过旺，易形成徒长苗。生产上蔬菜作物育苗常适当蹲苗，以控制土壤水分，促进根系生长，增强幼苗抗逆能力；如果蹲苗过度，控水过严，易形成“小老苗”，即使定植后其他条件正常，也很难恢复正常生长。大多数蔬菜作物旺盛生长期均需要充足的水分，此时如果水分不足，叶片及叶柄皱缩下垂，植株呈萎蔫现象；如果水分过多，由于根系生理代谢活动受阻，吸水能力降低，易导致叶片发黄等症状。开花结果期，要求较低的空气湿度和较高的土壤含水量，一方面满足开花与传粉所需的空气湿度，另一方面充足的水分又有利于果实发育。

四、蔬菜作物的生长发育与土壤营养

多数蔬菜对土壤的要求是：“厚”，即熟土层深厚；“肥”，即养分充足、完全；“松”，即土壤松软通气；“温”，即温度稳定，冬暖夏凉；“润”，即保水性好，不旱不涝。要满足以上条件，必须在逐年深耕的基础上，结合施用大量有机肥，改善排灌条件。前作收后要立即翻耕休闲，经霜冻或晒白风化，以提高肥力、改善土壤透气性、消灭病虫害，再种植后一茬。

蔬菜作物与其他植物一样，最重要的营养元素为氮、磷、钾，其次是钙、镁。微量元素虽需要量较小，但也为蔬菜作物所必需。蔬菜作物种类繁多，对营养元素需求也存在一定的差异。即使同一种类、同一品种，因生育期不同，对营养条件要求也各异。因此，了解各种蔬菜作物的生理特性，采取相应的措施是栽培成功与否的关键。

具体蔬菜种类的适宜土壤酸碱度见表1-12，抗旱性和耐湿性见表1-13，对土壤溶液含盐量的适应性见表1-14，土壤特性与适宜种植的蔬菜种类见表1-15。

表1-12 主要蔬菜作物对土壤酸碱度的适应范围（pH）

种　类	适宜范围	种　类	适宜范围
结球甘蓝	5.5~6.7	黄瓜	5.5~6.7
大白菜	6.0~6.8	番茄	5.2~6.7
草莓	5.5~6.5	南瓜	5.0~6.8
韭菜	6.0~6.8	马铃薯	4.8~6.0
莴笋	5.5~6.7	甜瓜	6.0~6.7
西瓜	5.0~6.8	花椰菜	6.0~6.7
辣椒	6.0~6.6	球茎甘蓝	5.0~6.8
芥菜	5.5~6.8	茄子	6.8~7.3
结球莴苣	6.6~7.2	菠菜	6.0~7.3
芹菜	5.5~6.8	芥蓝	5.0~6.8
芦笋	6.0~6.8	洋葱	6.0~6.5
葱	5.9~7.4	萝卜	5.2~6.9
蒜	6.0~7.0	胡萝卜	5.5~6.8
芜菁	5.2~6.7	菜豆	6.0~7.0
芋	4.1~9.1	毛豆	6.0~6.8
长豇豆	6.2~7.0	蚕豆	7.0~8.0
豌豆	6.0~7.2	牛蒡	6.5~7.5
防风	6.0~7.0		

表1-13 各种蔬菜的抗旱性和耐湿性

类　别		种　类
抗旱性	强	西瓜、甜瓜、南瓜、西葫芦等
	中等	茄果类等
	弱	叶菜类、黄瓜、大白菜

（续）

类别		种类
耐湿性	强	芫荽、芋、长豇豆、茭白、莲藕等
	中等	茄子、黄瓜、豌豆、洋葱、胡萝卜、茼蒿等
	弱	大白菜、甘蓝、萝卜、菜豆、甜椒、西瓜、南瓜、菠菜等

表 1-14　各种蔬菜对土壤溶液含盐量的适应性

所适应的蔬菜种类（均指能良好地生长）	土壤溶液含盐量（%）
菜豆	<0.1
茄果类、豆类（蚕豆、菜豆除外）、大白菜、黄瓜、萝卜、大葱、胡萝卜、莴苣等	0.1～0.2
洋葱、韭菜、蒜、芹菜、白菜、茼蒿、茴香、马铃薯、蕹菜、芥菜、芋、菊芋、蚕豆等	0.2～0.25
芦笋、菠菜、甘蓝类、瓜类（黄瓜除外）等	0.25～0.3

表 1-15　土壤特性与适宜种植的蔬菜种类

土壤名称	土壤特性	肥培方法	适宜蔬菜种类
黏土	含细沙20%左右，含黏粒80%左右；黏重，湿则泥泞，干则板结，通透性差	深翻，增施有机肥；掺施一定量的筛细的炉灰、粉煤灰、含磷土等	韭菜、大蒜、葱等
黏壤土	含细沙40%左右，含黏粒60%左右；较黏重，保水保肥能力较强，通气性较差	深翻、增施有机肥	大白菜、结球甘蓝、菠菜、番茄、辣椒、芹菜、球茎甘蓝、芥菜、芫荽、蒜、芜菁等
壤土	含细沙、黏粒各约50%，一般肥力较高，保水力较强	深翻、增施有机肥	黄瓜、茄子、西葫芦、长豇豆、菜豆、洋葱等
沙壤土	含沙粒约80%，细沙多，粗沙少，含黏粒约20%，透气性好，保水保肥能力较差	增施含有机质多的肥料，沙层薄的可深翻，将沙和下层黏土掺在一起，施用河泥	马铃薯、南瓜、冬瓜、胡萝卜、菜豆、结球甘蓝、萝卜等
沙土	含沙90%以上，含黏粒5%～10%，肥力低，保水保肥能力差	增施大量有机肥，掺土改良，大量施用河泥	南瓜、冬瓜、马铃薯、西瓜、甜瓜
微碱性土	一般土质较黏，有机质含量低，土性冷，不发小苗	增施有机肥，黏性土铺沙压碱	菠菜、莴苣、胡萝卜、茄子、洋葱、豌豆

五、蔬菜作物的生长发育与气体

（一）有益气体

1. 二氧化碳　二氧化碳是光合作用的原料之一。一般光合作用最适宜的二氧化碳浓度为0.1%，而大气中的平均含量仅0.03%。因此，在温度、光照、水分条件适宜及矿质营养充足时，适当补充二氧化碳是保护地提高产量的一个有效措施。大田中微风可促进二氧化碳流动，增加蔬菜群体内的二氧化碳浓度。根系中过多的二氧化碳对蔬菜的生长发育反而会产生毒害作用。在土壤板结的情况下，二氧化碳含量若长期高达1%～2%，会使蔬菜受害。

2. 氧气 蔬菜叶面呼吸作用所需氧气来自空气，但土壤中氧气往往得不到满足。如果土壤水分过多或土壤板结而缺氧，根系呼吸窒息，新根生长受阻，地上部萎蔫，生长停止。因此，栽培上要及时中耕、松土，改善土壤中氧气状况。

（二）有害气体

在工矿区附近，常有二氧化硫、三氧化硫、氮氧化物、氰化氢、乙烯、氯气等气体存在。在保护地中化肥施用不当有氨气挥发，明火加温也会放出一氧化碳、二氧化硫等有害气体。有害气体主要通过气孔，也可通过根部进入植物体中，其危害程度取决于其浓度大小，植物本身表面的保护组织及气孔开闭的程度，细胞有无中和气体的能力和原生质的抵抗力等因素。一般在白天光照强、温度高、湿度大时较严重。可以通过环境保护，减少有毒气体的产生；采用正确的施肥方法；施用生长抑制剂提高蔬菜抗性等措施来减轻或避免有害气体的危害。

六、蔬菜作物的生长发育与生物因子

植物的生长环境是一个复杂的生态体系，它同其他植物、动物和微生物之间有着各种各样的关系，如共生、寄生、竞争以及相克等，因此了解这些关系有助于我们科学合理地进行蔬菜生产。例如土壤中有各种各样的微生物，如真菌、细菌、放线菌等，一些微生物和害虫在危害蔬菜等植物的同时，也有一些有益微生物或昆虫如蜜蜂等对蔬菜生长产生有益的影响。植物与植物之间的相互作用主要表现在两个方面：一是相互竞争，对环境生长因素如光、肥、水的竞争，如高秆植物对矮秆植物生长的影响等；二是相生相克（也称他感作用），即通过分泌化学物质来促进或抑制周围植物的生长，这些次生代谢物对植物生理代谢及生长发育均能产生一定的影响。

豆科植物的根瘤菌与豆类蔬菜的共生是典型的共生关系，这种共生产生了互利互惠的关系，双方的生长均受到促进。而在寄生的情况下，寄生物有时能抑制寄主植物的生长，如菟丝子寄生在大豆上会抑制大豆植株的生长。

相关链接

（一）无公害蔬菜、绿色食品蔬菜、有机蔬菜的关系

无公害蔬菜、绿色食品蔬菜、有机蔬菜都是与蔬菜质量安全和生态环境相关的概念。

1. 无公害蔬菜 无公害蔬菜是指蔬菜中有害物质（如农药残留、重金属、亚硝酸盐等）的含量，控制在国家规定的允许范围内，人们食用后对人体健康不造成危害的蔬菜。无公害蔬菜应具备下列条件。

（1）产地环境必须符合无公害蔬菜生产环境质量标准。

（2）生产必须符合相关无公害生产技术操作规程。

（3）产品必须符合相关无公害蔬菜产品标准。

（4）产品包装、贮运必须符合无公害食品包装贮运标准。

2. 绿色食品蔬菜 绿色食品蔬菜是指按照绿色食品特定生产方式组织生产，经专门机构认定，许可使用绿色食品标志，无污染的安全、优质、营养类蔬菜产品。按照特定生产方式生产指蔬菜生产、加工过程中按照绿色食品的标准，禁止或限制使用化学合成的农药、肥料等生产资料及其他可能对人类健康和生产环境产生危害的物质。

我国绿色食品分为两类，即A级绿色食品和AA级绿色食品。

（1）A级绿色食品蔬菜。A级绿色食品蔬菜指产地符合规定《绿色食品产地环境质量》（NY/T 391—2013）的要求，生产过程中严格按照绿色食品生产资料使用准则和生产操作规程要求，限量使用限定的化学合成生产资料，产品质量符合绿色食品产品标准的蔬菜产品。

（2）AA级绿色食品蔬菜。AA级绿色食品蔬菜指产地符合规定《绿色食品产地环境质量》（NY/T 391—2013）的要求，在生产过程中不使用化学合成的肥料、农药、植物生长调节剂等其他有害于环境和健康的物质，按有机农业生产方式生产，产品质量符合绿色食品产品标准的蔬菜产品。

绿色食品蔬菜产品质量包括两方面：一是内在品质优良；二是营养价值和卫生安全指标高。

3. 有机蔬菜 有机蔬菜指来自有机农业生产体系，根据国际有机农业的生产技术标准生产出来的，经独立的有机食品认证机构认证允许使用有机食品标志的蔬菜。有机蔬菜应具备下列条件。

（1）在整个生产过程禁止使用化学合成的农药、化肥、生长调节剂等物质以及转基因产物。

（2）基地必须有转换期。由常规生产系统向有机生产转换需要2年时间，其后播种的蔬菜收获后才可作为有机产品；多年生蔬菜在收获之前需要经过3年转换时间才能成为有机作物。转换期的开始时间从向认证机构申请认证之日起计算，生产者在转换期间必须完全按有机生产要求操作，经1年有机转换后的田块中生长的蔬菜，可以作为有机转换作物销售。

（3）有机蔬菜必须通过合法的有机食品认证机构的认证。

（二）无公害蔬菜生产环境要求

无公害蔬菜产地环境空气质量应符合表1-16的规定，无公害蔬菜产地灌溉水质应符合表1-17的规定，无公害蔬菜产地土壤环境质量应符合表1-18的规定。

表1-16 环境空气质量指标

项目	浓度	
	日平均	1h平均
总悬浮颗粒物（标准状态）	≤0.30mg/m³	
二氧化硫（标准状态）	≤0.15mg/m³	≤0.50mg/m³
二氧化氮（标准状态）	≤0.12mg/m³	≤0.24mg/m³
氟化物（标准状态）	≤7μg/m³ ≤1.8μg/(dm²·d)	≤20μg/m³

注：日平均指任何一日的平均浓度；1h平均指1h的平均浓度。

表1-17 灌溉水质量标准

项目	浓度
pH	≤5.5～8.5mg/L

（续）

项　目	浓　度
化学需氧量	⩽150mg/L
总汞	⩽0.001mg/L
总镉	⩽0.005mg/L
总砷	⩽0.05mg/L
总铅	⩽0.10mg/L
铬（六价）	⩽0.10mg/L
氟化物	⩽2.0mg/L
氰化物	⩽0.50mg/L
石油类	⩽1.0mg/L
粪大肠菌群	⩽10 000个/L

表1-18　土壤环境质量指标（mg/kg）

项目	含　量		
	pH<6.5	pH6.5～7.5	pH>7.5
镉	⩽0.30	⩽0.30	⩽0.60
汞	⩽0.30	⩽0.50	⩽1.0
砷	⩽40	⩽30	⩽25
铅	⩽250	⩽300	⩽350
铬	⩽150	⩽200	⩽250
铜	⩽50	⩽100	⩽100

注：以上项目均按元素量计算，适用于阳离子交换量>5cmol（+）/kg的土壤，若⩽5cmol（+）/kg，其标准值为表内数值的半数。

计划决策

以小组为单位，获取蔬菜作物的相关信息后，研讨并获取工作过程、工具清单、材料清单，了解安全措施，填入工作任务单（表1-19、表1-20、表1-21），制订温度及光照对蔬菜生长发育的影响学习方案。

（一）材料计划

表1-19　温度及光照对蔬菜生长发育的影响所需材料单

序　号	材料名称	规格型号	数　量

（二）工具使用

表 1-20 温度及光照对蔬菜生长发育的影响所需工具单

序 号	工具名称	规格型号	数 量

（三）人员分工

表 1-21 温度及光照对蔬菜生长发育的影响所需人员分工名单

序 号	人员姓名	任务分工

（四）学习方案制订

（1）所需的材料与用具。我国不同城市的不同季节的日照时间及月平均温度书面资料，温度计、照度计、冰箱、培养皿、烧杯、纱布等，白菜、甘蓝种子各 50g。

（2）温度及光照对蔬菜生长发育的影响方案的制订。

①观察不同蔬菜种类的生长发育过程与温度及光照的关系。

②观察种子春化和绿体春化。

（3）资金预算。土地、设施租金，农资费用，劳动力费用，管理费用等。

（4）讨论、修改、确定学习方案。

（5）购买蔬菜种子等材料。

组织实施

以小组的形式在学习工作单的引导下，完成专业知识学习，开展温度及光照对蔬菜生长发育的影响观察演练；记录实施过程中出现的特殊情况或调整情况。

（一）观察不同蔬菜种类的生长发育过程与温度及光照的关系

（1）根据气象资料把南方主要地区及本试验所在地区的日照时数及月平均温度，按季节及月份绘成年变化曲线图。

（2）调查记载田间观察的白菜类、豆类、茄果类、根菜类或薯芋类的生长过程，每一类选择典型的 1～2 种蔬菜将其播种期、发芽期、幼苗期、抽薹开花期及产品收获期用直线及符号画在日照时数及月平均温度年变化曲线图上。

（3）根据日照时数和温度年变化曲线图讨论不同蔬菜种类的生长发育过程与温度及光照的关系。哪些蔬菜属于长日照植物，哪些属于短日照植物，哪些属于中日照植物。

（二）观察种子春化和绿体春化。

（1）取白菜及甘蓝种子各 2～3g，分别放入 50mL 烧杯中，用 3%福尔马林液消毒 10～15min。消毒后随即用蒸馏水冲洗 3 次，以除去药液，然后放入 20～25℃恒温箱中催芽，经

24～36h，当有1/3的种子的种皮破裂时，可开始春化。此时种子已进入萌动状态。将此种子（放入杯中）移到0～5℃冰箱中进行春化处理；春化期间要维持种子含水量达到干种子质量的80%～90%，烧杯口盖以湿纱布，用橡皮圈套紧，以减少水分蒸发。在冰箱中春化20～30d，然后取出播在苗床中，等苗长大后栽到露地，观察其生长状态及现蕾开花日期。

（2）讨论白菜和甘蓝经过同样的春化处理，抽薹、现蕾、开花有什么不同。

拓展知识

有机食品认证程序

项目二

XIANGMU 2

蔬菜种子与育苗

学习目标

▶专业能力

(1) 能够根据蔬菜种子的形态结构，进行蔬菜种子的识别。

(2) 能够根据蔬菜的生物学特征特性，培育壮苗。

(3) 能够根据生产需要选择适宜的方式，对种子进行消毒。

(4) 能够进行蔬菜种子的质量检测。

(5) 能够进行营养土的配制与消毒。

(6) 能够制作电热温床。

(7) 能够根据蔬菜种子的类别选择适宜的播种技术。

(8) 能够根据季节需要进行合理的苗期管理。

(9) 能够掌握蔬菜嫁接育苗、扦插育苗和工厂化穴盘育苗的方法。

▶方法能力

(1) 具有信息采集、处理的能力。

(2) 具有独立使用各种媒介完成学习任务，并有自主学习的能力。

(3) 具有分析解决问题、接受应用新技术的能力。

(4) 具有综合和系统思维，并有完成典型工作任务的能力。

(5) 具有撰写技术报告、学习迁移的能力。

▶社会能力

(1) 具有吃苦耐劳、诚实守信、爱岗敬业的职业精神。

(2) 具有团队合作、沟通、语言表达能力。

(3) 能够公正地自我评价和评价他人。

(4) 具有环保意识、社会责任感、参与意识及自信心。

任务布置

该项目的学习任务为蔬菜种子和播种育苗，在教学组织时全班组建两个模拟股份制公司，每个公司再分3个小组，每个小组分别实施两个项目，以小组为单位，自主完成相关知识准备，研讨制订蔬菜种子普通育苗的实施方案，按照修订后的实施方案进行育苗（嫁接、扦插等）任务。

建议本项目为30学时，其中28学时用于蔬菜种子和播种育苗的学习，另2学时用于各“公司”总结、反思、向全班汇报种植经验与体会，实现学习迁移。

具体工作任务的设置：

（1）获得针对工作任务的厂商资料和农资信息。

（2）根据相关信息制订、修改和确定蔬菜种子与育苗的实施方案。

（3）制订有关蔬菜种子与育苗的技术操作规程。

（4）根据实施方案，购买种子、肥料等农资。

（5）观察蔬菜种子的形态特征。

（6）根据分配的任务进行相应工作（种子质量检验、种子播前处理、营养土配制与消毒、电热温床设置）。

（7）根据分配的任务采取适宜的时期与方法进行育苗工作（设施、嫁接、扦插、穴盘、无土栽培等）。

（8）根据蔬菜幼苗持长势，加强苗期管理（环境调控、肥水管理、植株调整、化控处理）。

（9）识别常见蔬菜病虫害，并组织实施综合防治。

（10）培育各育苗方式下的壮苗。

（11）进行成本核算（农资费用、工资和总费用），注重经济效益。

（12）对每一个所完成工作步骤进行记录和归档，并提交技术报告。

任务一　蔬菜种子

任务资讯

一、蔬菜种子的分类和使用寿命

种子是蔬菜生产的基础，优良的种子是获得蔬菜高产、优质的前提。

（一）蔬菜种子的分类

蔬菜作物的种类很多，从蔬菜栽培的角度上看，所谓的种子，泛指在蔬菜作物栽培上用作播种材料的任何器官、组织等，包括以下5类。

1. 植物学上的种子　由胚珠受精后形成，种子由胚、胚乳和种皮构成。如瓜类、豆类、茄果类、白菜类等。

2. 果实　由胚珠和子房构成，种皮是由子房形成的果皮，真正的种皮为薄膜状，如芹菜、菠菜种子等，或被挤压破碎黏于果皮的内壁，如莴苣种子。

3. 营养器官　有鳞茎（如蒜、百合）、球茎（芋头、荸荠、慈姑）、根状茎（姜、莲藕）、块茎（马铃薯、山药）作为播种材料。

4. 菌丝体和孢子　如食用菌类和蕨类等的繁殖体。

5. 人工种子　即以人工制作手段，将植物离体细胞产生的胚状体或其他组织、器官等包裹在一层高分子物质组成的胶囊种皮内所形成的种子，具有类似植物自然种子的功能，也称合成种子、无性种子。

（二）蔬菜种子的使用寿命

蔬菜种子是有生命的活体，因此也有寿命。个体种子的寿命是指种子在一定的环境条件下，能保持生命力的期限。该种子群体的寿命是指从种子收获到种子群体有50%左右个体丧失生命力所经历的时间。蔬菜种子寿命的长短，首先取决于本身的遗传特性、种子个体的生理成熟度及种子的结构、化学成分等因素，同时也受到贮藏环境条件的影响。在自然贮藏条件下，不同蔬菜种子的寿命有很大的差异（表2-1）。如果能合理调节种子贮藏的条件、改善贮藏方法，则可以显著地延长种子寿命。

表2-1　一般贮藏条件下蔬菜的种子寿命与使用年限（年）

蔬菜名称	寿　命	使用年限	蔬菜名称	寿　命	使用年限
大白菜	4～5	1～2	番茄	4	2～3
结球甘蓝	5	1～2	辣椒	4	2～3
球茎甘蓝	5	1～2	茄子	5	2～3
花椰菜	5	1～2	黄瓜	5	2～3
芥菜	4～5	2	南瓜	4～5	2～3
萝卜	5	1～2	冬瓜	4	1～2
芜菁	3～4	1～2	瓠瓜	2	1～2
根芥菜	4	1～2	丝瓜	5	2～3
菠菜	5～6	1～2	西瓜	5	2～3
芹菜	6	2～3	甜瓜	5	2～3
胡萝卜	5～6	2～3	菜豆	3	1～2
莴苣	5	2～3	豇豆	5	1～2
洋葱	2	1	豌豆	3	1～2
韭菜	2	1	扁豆	3	2
葱	1～2	1	蚕豆	3	2

二、蔬菜种子质量

蔬菜种子质量的优劣直接影响蔬菜的生长及产量和产品质量。因此，应用优质的种子对蔬菜生产来说是十分重要的。蔬菜种子质量指蔬菜种子的品种品质和播种品质能够满足既有规定或潜在需要的程度，因此品种品质和播种品质是科学评价种子质量高低的两个主要方面。我国蔬菜种子质量国家质量标准主要以纯度、净度、发芽率、水分含量等指标来评判种子的质量，并以纯度、净度、发芽率等作为种子分级的依据。

（一）评价种子质量的指标

1. 品种品质　种子的品种品质是指品种的种性和一致性，即种子种性的真实性和品种纯度，它所表明的是种子的内在价值。种子真实性指一批种子所属品种、种或属与所附文件的记载是否相同，是否名实相符。品种纯度指品种的植物学和生物学典型性状的一致性程度，是种子质量分级的一项主要指标。常以供试样品中具有纯正种性的本品种植株数占供检样品数的百分率表示。一个优良品种，其特征特性应具有高度的一致性，才能最充分地表现其品种优势。如果品种纯度很低，要想获得好的效果是不可能的。

2. 播种品质 播种品质是指种子的净度、发芽率、水分含量、千粒重（饱满度）、生命力和病虫害感染率等指标，其表明的是种子的外在价值。其中，种子净度、种子发芽率是种子质量分级不可缺少的重要指标。

（1）种子净度。即种子的干净、清洁程度，指种子样品除去各种杂质和废种子以后所留下的本品种好种子的质量占样品总质量的百分率。蔬菜种子的净度要求达到98%以上。

$$种子净度=\frac{供试样本总质量-杂质质量}{供试样本总质量}\times 100\%$$

（2）种子发芽率。指样本种子中发芽种子的百分数。发芽率是种子生命力强弱的标志。

$$种子发芽率=正常发芽的种子粒数/供试种子粒数\times 100\%$$

（3）种子发芽势。指在规定时间内供试样本种子中发芽种子的百分数，是反映种子发芽速度和发芽整齐度的指标。不同蔬菜有不同的测定发芽势的规定天数（如瓜类、白菜类、甘蓝类、根菜类、莴苣为3～4d，葱、韭菜、菠菜、胡萝卜、芹菜、茄果类等为6～7d），在规定天数内发芽种子数占供试种子数的百分率即该蔬菜种子的发芽势。

$$种子发芽势=\frac{规定测定发芽势天数内正常发芽的种子粒数}{供试种子粒数}\times 100\%$$

（4）种子水分。指种子中所含水分的质量占种子总质量的百分率，即种子的干湿程度。它是种子安全贮藏、安全运输及种子分级的指标之一。

（5）种子饱满度。种子饱满度通常用千粒重表示。绝对质量越大，则种子越饱满、充实，播种质量越好。

（6）种子生命力。指种子发芽的潜在能力。测定时休眠的种子应先打破休眠，再用快速方法鉴定种子的生命力，如化学染色法。常用的化学试剂染色法有四唑染色法（2，3，5-氯化三苯基四唑，TTC）、靛红（靛蓝洋红）染色法，也可用红墨水染色法等。用四唑染色法，其有生命力的种子染色后呈红色，死种子则无这种反应。靛红、红墨水等染色则相反，可依此判断种子生命力的有无（未染色或染色）或生命力的强弱（染色浅深）。

（二）影响种子质量的因素

1. 影响种子品种品质的因素 蔬菜种子种性的真实性差、品种纯度不高，除某些人为因素外，主要是由于混杂退化和不正确的选择留种方法等。防止蔬菜种子品种品质下降的主要措施是建立、健全良种生产体系，改进采种技术，严格选择亲本或原种，注意隔离留种，坚持田间去杂，认真执行蔬菜种子收获加工技术操作规程等。

2. 影响种子播种质量的因素 主要因素一是采种植株生长发育状况及环境条件；二是收种时间；三是种子收获后清选、加工和贮藏过程中的环境条件。

三、蔬菜种子休眠与发芽

（一）种子休眠

种子休眠是指种子在温度、湿度及氧气都适于生长的条件下而不能萌发的状态。许多蔬菜的种子在成熟以后，都要经过一定时间的休眠期。休眠的原因主要有以下几种。

（1）厚种皮阻止了水分与氧气进入种子内部。

（2）种子内含化学物质，阻止了种子发芽。

（3）胚胎在种子采收后尚未发育完全。

处于休眠状态的种子，虽具生命力，但不会发芽，而需经过一段时间，待休眠解除以后，才能在适宜的温度、水分及氧气的条件下发芽。

种子休眠分为自发休眠和被动休眠。自发休眠是指种子收获后，无论发芽条件如何适宜，在一定时间内都不发芽。随着种子收获后放置时期的延长，发芽能力增强。造成种子自发休眠的原因，一是由于胚本身未成熟，需要一段时间后熟；二是由于种子中贮藏物质未成熟以及抑制萌芽物质的存在。被动休眠是指在不适宜的环境条件下，表现为休眠，一旦遇到适宜的发芽条件，立即发芽。

（二）打破休眠的方法

1. 打破种皮限制　由于种皮较厚，限制了氧气的供给和水分的吸收，因而不能发芽，如豆类蔬菜种子。为增加坚硬种皮的透性，可以采用低温、干燥、振荡、热水处理等方法打破种皮限制。

2. 后熟　一些蔬菜从植株上采收后，需要有一段后熟时期，即经过一段时期的贮藏才能发芽。

3. 低温与沙藏　为了打破休眠及加速发芽，可把种子放在潮湿而低温（1～10℃）的条件下处理一段时期，通常为几个星期。沙藏的具体做法是：把种子一层一层地放在湿沙中，保持冷凉，种子在这样的条件下进行后熟，然后移到适宜温度下，可较快发芽。水生蔬菜以及用块茎、球茎和根状茎繁殖的蔬菜，可以用沙藏方法催芽。

（三）蔬菜种子的发芽特性

各种蔬菜种子的发芽温度见表 2－2。

表 2－2　蔬菜种子的发芽温度（℃）

蔬菜种类	最低温度	最适温度	最高温度
大白菜	4～5	20～25	35
结球甘蓝	2～3	20～23	35
花椰菜	2～3	20～25	35
球茎甘蓝	2～3	15～30	35
葱	3～5	13～20	30
韭菜	2～3	15～20	30
蒜	3～5	12～16	—
洋葱	3～5	15～20	30
菠菜	4	15～20	35
芹菜	4	20～25	35
莴苣	4～5	15	30
茼蒿	—	15～20	35
萝卜	2～3	20～25	35
胡萝卜	4～6	20～25	30

（续）

蔬菜种类	最低温度	最适温度	最高温度
芜菁	2～3	15～25	40
白菜	4～6	20～25	30
马铃薯	5～7	14～18	30
番茄	10～12	25～30	35
茄子	15	25～30	35
辣椒	15	25～30	35
黄瓜	15	25～30	40
南瓜	13	25～30	40
西葫芦	15	25～30	40
冬瓜	15	25～30	40
菜瓜	15	25～30	40
瓠瓜	15	30～35	40
丝瓜	15	30～35	40
苦瓜	15	30～35	40
西瓜	16～17	30	—
甜瓜	15	28～32	—
菜豆	8～10	20～25	40
豌豆	—	18～25	35

注：“—”表示未发现可靠数据，余同。

部分蔬菜种子的发芽特性见表2-3。

表2-3 部分蔬菜种子的发芽特性

科别	类别	适宜发芽温度（℃）	备注
茄科	番茄、辣椒、茄子	20～30	变温条件下种子发芽好
葫芦科	瓠瓜、南瓜、黄瓜、西葫芦	25～30	播种前宜浸种催芽
豆科	蚕豆、豌豆	15～25	播种前宜进行种子消毒，防止烂种
	菜豆、长豇豆	20～30	
百合科	洋葱、葱	15～25	高于25℃条件下发芽不良，宜采用当年采收的新鲜种子
伞形科	胡萝卜	20～25	低于10℃或高于30℃条件下，种子发芽不良。夏季播种要遮阳降温，如用冷冻处理能促进发芽
	芹菜	15～20	
菊科	莴苣	15	夏季播种时先在5～10℃下低温处理1～2d可促进发芽

相关链接

种子萌发

蔬菜种子的发芽过程本质上就是把种子内所贮备的营养，供给幼胚生长发育的过程，所以，发芽过程，就是在适宜的温度、水分和氧气条件下，种子内的胚器官利用所贮存的营养进行生长的过程。

1. 种子萌发的过程 蔬菜种子的萌发需经历吸水膨胀、萌动和发芽的过程。

（1）吸水膨胀。种子经休眠后，在一定的温度、水分和空气等条件下吸水膨胀，这是种子发芽的第一个阶段。种子吸水膨胀是一种纯物理作用，而不是生理现象，种子吸胀能力的强弱，主要取决于种子的化学成分。吸水量占种子发芽所需的1/2～2/3。此后，进入吸水的完成阶段，即依靠胚的生理活动吸水。只有有生命力的种子，才有胚器官吸水的功能。各阶段水分进入种子的速度和数量，取决于种皮构造、胚及胚乳的营养成分和环境条件。种子吸水需要的环境条件，在初始阶段是温度，在完成阶段是温度和氧气，这就要求在浸种过程中保证水温和换水补氧。

（2）萌动。有生命力的种子，随着水分吸收，酶的活性加强，贮藏的营养物质开始转化和运转，胚部细胞开始分裂、伸长，胚根首先从发芽孔伸出，俗称露白或露根，便完成种子的萌动。萌动的种子对环境条件敏感，萌动时的环境条件不适宜，会延迟萌动的时间，甚至不能发芽。

（3）发芽。种子露白后，胚根、胚轴、子叶、胚芽的生长加快，胚轴顶着幼芽破土而出，幼芽出土有两种不同情况：子叶出土，如白菜类、瓜类、根菜类、豆类中的长豇豆、菜豆等；子叶不出土，由于下胚轴不伸长，而由上胚轴伸长把幼芽顶出土面，子叶则留在土壤中，直到养分耗尽解体，如豆类中的蚕豆、豌豆等。当子叶出土展开后，发芽阶段便结束。种子发芽期间，氧气要比较充足，否则因缺氧呼吸而产生乙醇，造成胚芽的窒息甚至死亡。不饱满的种子因营养物质不足，子叶较难出土，或出土也是弱苗。

2. 种子发芽的环境条件 水分、温度、空气是种子发芽必不可少的3个基本条件。此外，光、二氧化碳以及其他因素对种子发芽也有不同程度的影响。

（1）水分。水分是种子发芽的重要条件，种子萌发的第一步就是吸水。种子吸水过程与土壤溶液渗透压及水中气体含量有密切关系。土壤溶液浓度高、水中氧气不足或二氧化碳含量增加，可使种子吸水受抑制。种皮的结构也会影响种子的吸水，如十字花科种皮薄，浸种4～5h可吸足水分，黄瓜需4～6h，葱、韭菜需12h。

（2）温度。不同蔬菜种子发芽要求的温度不同。喜温蔬菜种子发芽要求较高的温度，适温一般为25～30℃；耐寒、半耐寒蔬菜种子发芽适温为15～20℃。在适温范围内，发芽迅速，发芽率也高。

（3）氧气。种子发芽需氧气浓度在10%以上，无氧或氧不足，种子不能发芽或发芽不良。

（4）光。光能影响种子发芽，按照种子发芽时对光的要求，将蔬菜种子分为需光种子、嫌光种子和中光种子3类。需光种子发芽需要一定的光，在黑暗条件下发芽不良，如莴苣、紫苏、芹菜、胡萝卜等；嫌光种子要求在黑暗条件下发芽，有光时发芽不良，如苋菜、葱、韭菜及其他一些百合科蔬菜种子，茄果类及瓜类如番茄、茄子及南瓜等也基本属于这一类；

中光种子发芽时对光的反应不敏感，在有光或黑暗条件下均能正常发芽，如豆类等蔬菜种子。

计划决策

以小组为单位，获取蔬菜种子的相关信息后，研讨并获取工作过程、工具清单、材料清单，了解安全措施，填入工作任务单（表2-4、表2-5、表2-6），制订蔬菜种子识别实施方案。

（一）材料计划

表2-4 蔬菜种子识别所需材料单

序 号	材料名称	规格型号	数 量

（二）工具使用

表2-5 蔬菜种子识别所需工具单

序 号	工具名称	规格型号	数 量

（三）人员分工

表2-6 蔬菜种子识别所需人员分工名单

序 号	人员姓名	任务分工

（四）实施方案制订

（1）所需的材料与用具。各种休眠的蔬菜种子、吸胀的蔬菜种子、同品种蔬菜的新鲜种子和陈旧种子、发芽的蔬菜种子，解剖镜、放大镜、解剖针、卡尺、镊子、刀片等。

（2）种子识别的具体内容制订。

①形态观察。蔬菜种子的形态包括外形，大小，颜色，表面的光洁度、沟、棱、毛刺、网纹、蜡质、突起物等特征，种子边缘及种脐情况，种子构造，气味等。

a. 种子外形。有球形、扁卵形、盾形、心脏形、肾形、披针形、纺锤形、棱柱形及不规则形等。

b. 种子大小。分大粒、中粒、小粒3级，可用千粒重表示。如大粒种子有豆科、葫芦科等；中粒有茄科、藜科等；小粒种子有十字花科、百合科等。

c. 种子颜色。指果皮或种皮色泽，有黄、褐、黑、紫、灰、红、白、紫色等。

d. 种子表面特征。表面是否光滑、有无茸毛或刺毛、呈瘤状突起或凹凸不平、是否呈棱状或网状细纹、有无蜡质等。

e. 种子边缘情况及种脐正生或歪生。

f. 种子构造。种子由种皮、胚和胚乳 3 个部分组成，也有无胚乳的种子，它们只有种皮和胚两个部分，但其子叶非常肥大。

g. 有无芳香味或特殊气味。

用肉眼和放大镜观察各种蔬菜的外部形态，绘图记录其特征，如颜色、形状、表面特征等。仔细观察新、陈种子在颜色、气味等方面的区别（表 2－7）。

表 2－7　蔬菜新种子与陈种子的感官比较

蔬菜名称	新种子	陈种子
白菜、萝卜等十字花科	表皮光滑，有清香味，用指甲压后成饼状，油脂较多，子叶呈浅黄色或黄绿色	表皮发暗无光泽，常有一些“白霜”，用指甲压易碎而且种皮易脱落，油脂少，子叶呈深黄色，如多压碎一些，可闻出“哈喇”味
瓜类蔬菜（黄瓜除外）	种仁黄绿色或白色，油脂多，有香味	种仁深黄色，油脂少，有“哈喇”味
黄瓜	表皮有光泽，乳白色或白色，种仁含油分，有香味，尖端毛较尖，将手插入种子袋内，拿出时手上挂有种子	表面无光泽，常有黄斑，顶端刺毛钝而脆，用手插入种子袋内，拿出时手上不挂有种子
茄子	表皮为乳黄色，有光泽，如用牙齿咬种子易碎	表皮为土黄色，发红，无光泽，如用牙齿咬种子易咬住
辣椒	辣味大，有光泽	辣味小，无光泽
芹菜	表皮呈土黄色稍带绿，辛香味较浓	表皮呈深土黄色，辛香味较淡
胡萝卜	种仁白色，有香味	种仁黄色或深黄色，无香味
菠菜	种皮黄绿色，清香，种子，内部淀粉为白色	种皮为土黄色或灰黄色，有霉味，种子内部淀粉为浅灰色到灰色
豆类蔬菜	种皮色泽光亮，脐白色，子叶为黄白色，子叶与种皮紧密相连，从高处落地声音实	种皮色泽发暗，色变绿，不光滑，脐发黄，子叶为深黄色或土黄色，子叶与种皮脱落，从高处落地声音发空
葱、韭菜、洋葱等葱蒜类	种皮色泽亮黑，胚乳白色	种皮乌黑，胚乳发黄

②结构观察。

a. 取菜豆、黄瓜、番茄、葱、莴苣、菠菜、白菜、芫荽等蔬菜浸泡过的种子，用刀片横切及纵切，用放大镜等观察各部分结构，并绘图说明各部位名称，如种皮、胚根、胚轴、胚芽、子叶及胚乳。

b. 观察甘蓝类几个变种的种皮结构，并绘图示其区别。

（3）资金预算。种子、药品、水电费等费用。

（4）讨论、修改、确定学习方案。

（5）购买蔬菜种子等材料。

组织实施

以小组的形式在学习工作单的引导下，完成专业知识学习，开展蔬菜种子识别演练，并记录实施过程中出现的特殊情况或调整情况。

（1）仔细观察记载各蔬菜种子的形状、颜色以及表面花纹、棱、凹沟、茸毛等特征。

（2）通过观察，牢记各蔬菜种子的特征。

（3）重点区分难识别的种子。

①韭菜、葱、洋葱种子的比较（表2－8）。

表2－8 韭菜、葱、洋葱种子的比较

种类	种子形状	表皮皱纹	脐部凹洼	千粒重（g）	每克粒数
韭菜	盾状、扁平	皱纹多而细密	无	4.15	227
葱	盾状、有棱角，稍扁平	皱纹少而整齐	浅	2.9	315
洋葱	盾状、簇角	皱纹稍多而不规则	很深	4.6	210

②三种南瓜种子的区别（表2－9）。

表2－9 3种南瓜种子的区别

种类	种子大小（mm）			种子形状	喙的形状（发芽孔与脐组成喙）	种子边缘	千粒重（g）	每克粒数
	长	宽	厚					
印度南瓜	17.1	10.2	3.1	种子大而厚，长宽差距小，近圆形	喙大而呈倾斜状	与种皮色泽相仿，无黄色镶边	341.7	2.92
中国南瓜	15.2	8.4	2.3	介于两者之间	喙小而平直	较种皮色深，有金黄色镶边	245.0	4.08
美洲南瓜	13.7	7.3	2.1	种子小而薄，长宽差距大，种子披针形	介于两者之间		165.0	6.06

（4）区分种子的大小。

①大粒种子。平均每粒种子在1g以上，如佛手瓜、蚕豆、莲子、刀豆等；平均每克种子含有1～10粒种子，如扁豆、菜豆、印度南瓜、豌豆、毛豆、中国南瓜、美洲南瓜、长豇豆、苦瓜、普通丝瓜、大籽西瓜等。

②较大粒种子。平均每克种子含有11～150粒，如冬瓜、小籽西瓜、蕹菜、节瓜、甜瓜、落葵、黄瓜、芦笋、牛蒡、根用甜菜、叶用甜菜、萝卜、菠菜、芫荽等。

③中粒种子。平均每克种子含有151～400粒，如甜椒、茄子、辣椒、芜菁、甘蓝、冬寒菜、洋葱、结球甘蓝、花椰菜、大白菜、番茄、小茴香、美洲防风、球茎甘蓝、葱、不大白菜、韭葱等。

④较小粒种子。平均每克种子含有401～1 000粒，如樱桃番茄、苦苣、茼蒿、胡萝卜、莴苣等。

⑤小粒种子。平均每克种子含有1 000粒以上，如芥菜、苋菜、芹菜、豆瓣菜等。

（5）区分新种子与陈种子。

①凡果皮或种皮色泽新鲜、有光泽的为新种子，反之为陈种子。

②凡胚部色泽浅、充实饱满、富有弹性的为新种子，胚部色泽深、干枯、皱缩、无弹性的为陈种子。

③凡在种子上不易黏附水汽，且不表现出特殊光泽的为新种子，反之为陈种子。

④豆科、十字花科、葫芦科、伞形科等蔬菜种子含油量较高，剥开种子发现两片子叶色泽深黄、无光泽、出现黄斑，农民称为“走油”，这样的种子为陈种子。

根据观察将蔬菜的种子形态特征填入表 2-10。

表 2-10　蔬菜种子的形态特征

科名	种名	种子外形	表面特征	大小	颜色	种子边缘、种脐	气味（味道）

拓展知识

人工种子

蔬菜种子质量检测

任务二　播种育苗

任务资讯

一、播　　种

（一）播种期的确定

播种期要根据当地的气候条件、蔬菜种类、栽培技术、茬口安排、病虫害发生情况及市场需要等条件决定。首先要确定适宜的定植期，如黄瓜、西葫芦、番茄、茄子、辣椒、菜豆等喜温性蔬菜，终霜后露地定植。喜冷凉的甘蓝、莴笋、芹菜等蔬菜，可在终霜前 20～30d 露地定植。设施早熟栽培，因有防寒保温设备，可比露地栽培提前播种。其次还要考虑各种蔬菜的适宜苗龄，一般酿热温床育苗条件下，番茄苗龄为 100～110d，茄子、甜椒为 120～130d，黄瓜为 60～70d；用电热温床育苗，黄瓜的苗龄为 40～45d，番茄为 65～80d，茄子为 100～110d，甜椒为 95～105d。确定定植期后，以适宜苗龄的天数向前推算出播种期。一般由定植期减去秧苗的苗龄，推算出的日子即适宜的播种期，如果苗龄为 10d，定植期在 3 月 10 日，则播种期宜定在 3 月 1 日。确定播种期时，要考虑蔬菜的生育特点、育苗设备及技术水平等条件，灵活掌握，不可盲目提早播种。

（二）播种量的计算

播种量取决于栽培面积、蔬菜种类、种子使用价值、育苗技术和栽培密度等因素。为了保证苗数，需有30%～50%的安全系数。

播种前可根据种子纯度和发芽率，求出种子的使用价值。具体可按下式进行计算：

$$种子使用价值（\%）=纯度（\%）\times发芽率（\%）$$

然后按下式计算播种量：

$$每667m^2播种量(g)=\frac{种植密度(穴数)\times每穴粒数}{每克粒数\times种子使用价值(\%)}\times[1+(30\%\sim50\%)]$$

各种蔬菜种子的千粒重、每克粒数参考值见表2-11。

表2-11 蔬菜种子的千粒重、每克粒数参考值

蔬菜种类	千粒重（g）	每克粒数	蔬菜种类	千粒重（g）	每克粒数
大白菜	2.8～3.2	313～357	韭菜	2.8～3.9	256～357
白菜	1.5～1.8	556～667	茄子	4～5	200～250
结球甘蓝	3.0～4.3	233～333	辣椒	5～6	167～200
花椰菜	2.5～3.3	303～400	番茄	2.8～3.3	303～357
球茎甘蓝	2.5～3.3	303～400	黄瓜	25～31	32～40
小型萝卜	7～8	125～143	冬瓜	42～59	17～24
大型萝卜	8～10	100～125	南瓜	140～350	3～7
胡萝卜	1～1.1	909～1 000	西葫芦	140～200	5～7
芹菜	0.5～0.6	1 667～2 000	丝瓜	100	1 667～2 000
芫荽	6.85	146	西瓜	60～140	7～17
小茴香	5.2	192	甜瓜	30～55	18～33
菠菜	8～11	91～125	菜豆（矮）	500	2
茼蒿	2.1	470	菜豆（蔓性）	180	5～6
莴苣	0.8～1.2	800～1 200	长豇豆	81～122	8～12
结球莴苣	0.8～1.0	1 000～1 250	豌豆	125	8
葱	3～3.5	286～333	蚕豆（小粒种）	735	1.3
洋葱	2.8～3.7	272～357	苋菜	0.73	1 380

主要蔬菜每667m² 用种量见表2-12。

表2-12 主要蔬菜每667m² 用种量

蔬菜种类	每667m² 用种量	蔬菜种类	每667m² 用种量
白菜	撒播1kg，育苗100g	菜薹	500～800g
大白菜	15～20g	萝卜	撒播1.5～2.5kg，育苗50～100g
松花菜	10～15g	胡萝卜	1～2kg
西蓝花	15～25g	瓠瓜	150～250g
结球甘蓝	25～50g	南瓜	60～150g
花椰菜	25～50g	黄瓜	100～150g
球茎甘蓝	40～50g	苦瓜	150～250g

（续）

蔬菜种类	每667m² 用种量	蔬菜种类	每667m² 用种量
西葫芦	100～200g	长豇豆	1～1.5kg
丝瓜	100～200g	豌豆	5～10kg
冬瓜	100～200g	蚕豆	4～6kg
佛手瓜	15～20kg/600个	毛豆	4～6kg
芫荽	2～3kg	菜豆	1.5～2.5kg
芹菜	撒播1kg，育苗250g	刀豆	2.5～5kg
落葵	5～10kg	扁豆	直播3.5～4kg，育苗1～2kg
蕹菜	5～10kg	慈姑	80～100kg
莴苣	25～50g	菱	25～30kg
莜麦菜	撒播250～300g，育苗25g	莲藕	150～250kg
茼蒿	1.5～4kg	荸荠	20～40kg
菠菜	撒播3～5kg	蒜	100～200kg
叶用芥菜	撒播750～1kg，育苗150g	葱	100～150g
茎用芥菜	50～100g	洋葱	150～200g
番茄	20～25g	韭菜	0.75～1.5kg
茄子	25～50g	百合	直播250～300kg
辣椒	25～50g	苋菜	撒播2～5kg，育苗1kg
马铃薯	150～250kg	紫苏	700g
芋	150～200kg	芥蓝	500g
山药	120～200kg	苦荬菜	250g
姜	200～500kg	根用芥菜	100g
结球莴苣	直播500，育苗25g	芜菁	50g

（三）播种前的种子处理

为了提高种子的生命力，促进种子发芽和幼苗出土后苗全、苗齐、苗壮，提高植株抗性，并获得蔬菜的早熟和丰产，栽培上常在播种前对种子进行各种不同的处理。

1. 浸种、催芽 浸种、催芽是为了达到出苗快、齐、全而采用的措施，但是播种前是否进行浸种、催芽，要根据播种时的天气情况和苗床设备条件等来决定，如果播种时天气正常、晴朗，或苗床中温度较高，宜先行浸种和催芽以后再播种，以促进出苗，否则仍以播干种子为宜，以防在不良条件下因出苗进程受阻而遭害（干种子可等到条件适宜时发芽）。

（1）浸种。浸种是保证种子在有利于吸水的温度条件下，在短时间内吸足从种子萌动到出苗所需的全部水量的主要措施。浸种时的浸泡水温和浸泡时间是重要条件。浸种时间为：番茄3～4h，茄子、辣椒4～6h，黄瓜3h，甘蓝2h，芹菜12～24h。

（2）催芽。催芽是保证种子在吸足水分后，促进种子中的养分迅速分解运转，供给幼胚生长的措施。经过浸种的种子，洗净后包以湿润的纱布等，直接置入容器内，放在温暖处催芽。催芽期间的管理主要掌握一定的温度、湿度和通气条件。催芽期间使种子保持湿润状态，每隔4～5h松动包内种子，换气1次，并使包内种子换位。种子量大时，每隔20～24h用温热水洗种子1次，清除黏液，以利于种皮进行气体交换。洗完种子后甩干，松散装包，继续进行催芽。主要蔬菜种子催芽适宜温度和催芽时间见表2-13。

表2-13 主要蔬菜种子催芽适宜温度和催芽时间

蔬菜类别	催芽适宜温度（℃）	催芽时间
白菜类	20	12h
菠菜	21	—
芹菜	20	2～3d
莴苣	22	16h
胡萝卜	27	—
萝卜	25	—
葱、韭菜	18～25	—
黄瓜	30	1d
冬瓜	32	3d
南瓜、丝瓜	32	17～20h
西瓜	35	2～3d
番茄	25～27	3d
辣椒、茄子	25～30	4～5d
结球甘蓝、花椰菜	18～20	1.5d

2. 变温或低温锻炼 把萌动的种子每天在－5～－1℃温度条件下处理12～18h，再在18～22℃温度条件下处理6～12h，如此经过1～10d或更长时间，可提高种胚的耐寒性。处理期间应保持种子湿润，避免温度骤变。

某些耐寒或半耐寒的蔬菜在炎热的夏季播种时，往往有出芽不齐的现象，可在播前采用低温处理数小时或十余小时后，置于冷凉处催芽，即可解决。

3. 种子消毒

（1）温汤浸种。用55℃的温汤对种子进行消毒20min。种皮坚硬而厚、难以吸水的种子（如西瓜、苦瓜、丝瓜等），可将胚端的种壳打破，以助种子吸水。

（2）热水烫种。一般适用于难于吸水的种子，用70～85℃热水对种子进行消毒。

（3）干热处理。一些瓜类和茄果类等种子，经干热空气处理后，有促进后熟、增加种皮透性、促进萌发和种子消毒等作用。例如番茄种子经短时间干热处理，可提高发芽率，黄瓜、西瓜和甜瓜种子经4h（间隔1h）50～60℃干热处理，有明显的增产作用，经70℃处理2d，有防治绿斑花叶病毒病的良好效果，黄瓜种子用70℃处理3d，对黑星病、角斑病病菌的杀灭作用良好。

（4）药剂处理。用药剂处理种子常分为浸种和拌种两种方式。一是药水浸种，把种子浸到一定浓度的药剂中，以达到杀菌消毒的目的。药液量一般以液面浸过种子5～10cm为宜，大致为种子质量的2倍。浸种的药剂主要有福尔马林、磷酸三钠、硫酸铜、高锰酸钾等。例如防治番茄病毒病，可先将种子用清水浸3～4h，再浸入10%磷酸三钠水溶液中。浸种消毒后，必须注意用清水将种子的药液冲洗干净，以免发生药害。二是药粉拌种。一般取种子质量的0.3%杀虫剂和杀菌剂，在浸种后把药粉与种子充分拌匀便可，也可与干种子混合拌匀。

4. 种子包衣 种子包衣是利用杀菌剂、颜料和少量黏着剂等混合物，使其包黏在种子表面，并使种子的形状和大小一致。此法不仅有消毒效果，而且能使种子适用于精量播种。但包衣种增加贮藏容积和运输质量，也较难长期保存。

5. 射线处理 用伽马装置照射黄瓜和西葫芦种子，在0.020 64C/（kg·min）条件下，黄瓜种子的照射剂量为0.258C/kg，西葫芦为0.206 4C/kg。照射后的种子发芽势及出苗率均有所提高，比对照采收期延长1.5～2周，黄瓜增产16%，西葫芦增产14%。

6. 化学处理 化学处理常用于打破休眠、促进发芽、增强抗性和种子消毒等。

（1）打破休眠。过氧化氢、硫脲、硝酸钾、赤霉素等对打破种子休眠有效。例如黄瓜种子用0.3%～1%过氧化氢浸泡24h，可显著提高刚采收的种子发芽率与发芽势；0.2%硫脲对促进莴苣、萝卜、芸薹属、牛蒡、茼蒿等种子发芽均有效；赤霉素对茄子（100mg/L）、芹菜（66～330mg/L）、莴苣（20mg/L）以及深休眠的紫苏（330mg/L）均有效，用0.5～1mg/L赤霉素处理可打破马铃薯休眠。

（2）促进萌发。用0.25%聚乙二醇（PEG）处理辣椒、茄子、冬瓜等蔬菜种子，可在较低温度下使种子出土提前，出土百分率提高，且幼苗健壮。0.02%～0.1%微量元素如硼酸、钼酸铵、硫酸铜、硫酸锰等用于浸种，有促进种子发芽及出土的作用。

（四）蔬菜播种技术

1. 播种形式 根据播种的形式不同，蔬菜播种可分为撒播（图2-1）、条播和穴播3种方式。

（1）撒播。在平整好的畦面上，均匀地撒上种子，然后覆土镇压（图2-2）。撒播多适用于绿叶菜类、韭菜等。

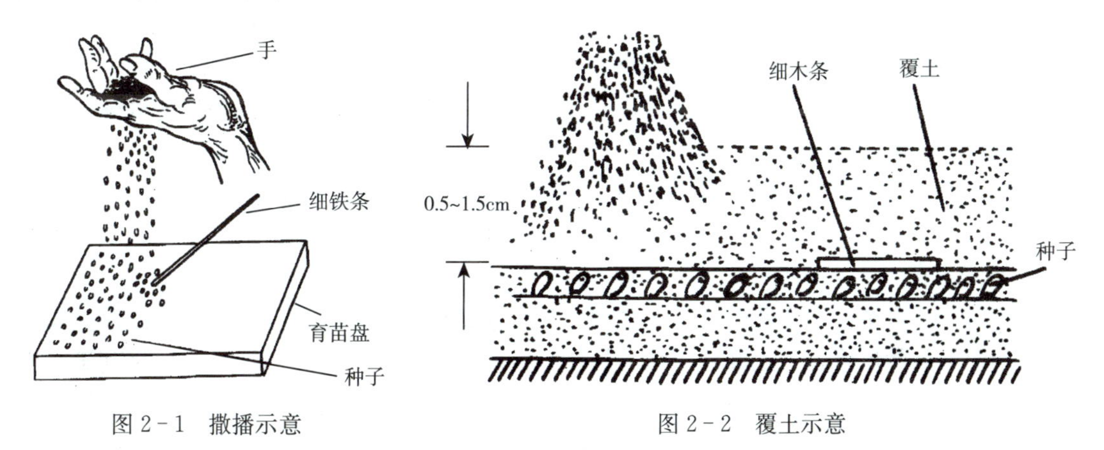

图2-1 撒播示意　　图2-2 覆土示意

（2）条播。在平整好的土地上按一定行距开沟播种，然后覆土镇压。撒播一般用于生长期较长和营养面积较大的蔬菜，如胡萝卜、大蒜等。

（3）穴播。又称点播，按一定行距开穴点播，然后覆土镇压。穴播多用于生长期较长的大型蔬菜以及大粒种子，如瓜类、豆类、白菜类、薯芋类等。

2. 播前浇水与否 根据播种前是否浇水可分为干播和湿播两种方式。

（1）干播。播种后覆土镇压。这种方式适于播种时湿润的土壤。凡是经过浸种催芽的种子都不能用于干播。

（2）湿播。播种前先灌水，待水渗下后播种，再覆盖干土。这种方式适于生长条件较好的季节及种子发芽速度较快的蔬菜种类，如菜豆、秋播白菜、萝卜等。

（五）播种深度

播种深度也是覆土厚度，主要依据种子大小、土壤质地及气候条件而定。种子小宜浅播，大粒种子可深播；疏松的土壤宜深播，黏重的土壤播种宜浅；高温干燥时播种宜深，天气阴湿时宜浅。此外，也要注意发芽种子的性质，如菜豆种子发芽时子叶出土，较其他同样大小的种子宜浅播；瓜类种子播种时除将种子平放外，还要保持一定的深度。

二、育　苗

蔬菜育苗指移植的蔬菜在苗床中从播种到定植的全部作业过程。蔬菜育苗的实质是使蔬菜提前生长发育，即由于气候或茬口等原因，或为了增加复种茬次而无法在定植的地块按计划时间栽培的情况下，创造可以提前或按时栽培的条件，以达到能按正常期栽培或提早栽培的目的。蔬菜育苗的基本要求是培育数量充足的壮苗，为蔬菜早熟、高产打好基础。

壮苗的标准有两个：一是生态的，即长相；二是生理的，即适应力。

（1）生态标准。根系发育好，侧根多呈白色；子叶完整、肥大、无病虫害；茎粗壮、节间短；叶色深绿，生长健壮。

（2）生理标准。根、茎、叶中含有丰富的营养物质，束缚水含量多；对露地环境（低温、霜冻、病害、干热风）的适应性、抗性强；生理活动旺盛，定植大田后能迅速恢复生长。

（一）育苗方式

育苗是蔬菜生产的重要环节，我国蔬菜的育苗方式经历了6个阶段：①完全依赖自然环境、利用园土进行露地育苗阶段；②利用营养土进行简易设施育苗阶段；③利用营养土、容器（草钵、纸钵、泥块）、保温或降温设施育苗阶段；④利用营养土、营养钵，具备加温或降温条件的设施育苗阶段；⑤利用穴盘、基质，在具备保（加）温或降温条件的设施育苗阶段；⑥集约化育苗阶段。

目前，适合集约化育苗的蔬菜主要采用3种育苗方式：利用营养钵（营养块）设施育苗、利用穴盘（以及基质）设施育苗、集约化育苗，其中将前两者称为常规育苗。

1. 常规育苗

（1）营养钵育苗。制作营养钵前，先调整营养土的湿度，不要过干或过湿，以手捏起来不易散开即可；然后将营养土灌注于营养钵内，并将装满营养土的营养钵整齐地排列于苗床内。温度低时，苗床下面铺设电加温线。待秧苗具有2片子叶时定植于营养钵中。搭秧前隔天要浇足水分，搭秧后浇上搭根水，随后保温。缓苗活棵后，逐渐通风降温，加强秧苗锻炼。当秧苗开始相互搭叶时，应及时放宽苗距，拉稀囤苗。拉稀后营养钵间隙要填充营养土，保温保湿，以促进根系继续生长。定植前一天，秧苗要浇透水，促进营养土吸收水后收缩，以便脱钵称栽。移栽后要做好营养钵的收回工作，便于今后继续使用，降低成本。

穴盘育苗

（2）穴盘育苗。用草炭、蛭石、珍珠岩等轻基质为育苗基质，利用专用的分格式育苗穴盘，采用人工或机械方式装基质、播种、覆盖、镇压、浇水，然后放在催芽室和温室等设施内进行环境调控和培育，是一次成苗的现代化育苗技术体系。成苗的根系与基质紧密缠绕在一起，苗坨呈上大下小的塞子状，国外称为“塞子苗”。

穴盘育苗的优点：更有效地利用种植空间，提高成苗率；移植时不易伤根；移植后缓苗期短；可使植株开花提前、生长整齐；减少土壤病害的传播；操作简单易行；节约劳动力。

适宜进行穴盘育苗的蔬菜种类有西蓝花、花椰菜、结球甘蓝、大白菜、芹菜、芫荽、茄子、番茄、辣椒、西瓜、甜瓜、西葫芦、葱、洋葱、芦笋、叶用莴苣等。

（1）穴盘。育苗穴盘是按照一定的规格制成的带有很多小型钵状穴的塑料盘。目前国内常用的穴盘有 50 孔、72 孔、128 孔、200 孔和 288 孔的，可根据不同作物种类和不同季节，选择适宜的穴盘育苗。例如，春季番茄、茄子育成苗时可选用 72 孔穴盘 7～8 叶期出售；甘蓝、花椰菜选用 128 穴盘育苗，5～6 叶期出售；芹菜苗可选用 200 穴的育苗盘，5～6 叶期出售；夏播的茄子、花椰菜、大白菜等可选用 128 孔的穴盘育苗，待长至 4～5 叶时出售。

（2）育苗基质。用作穴盘育苗的基质必须具备较高的阳离子交换量、不含活的病菌和虫卵、不含有毒物质、容重小、便于运输等特性。目前理想的基质有草炭、蛭石、珍珠岩、炭化稻壳、棉籽壳、锯末等。基质配比一般为草炭 50%～60%、珍珠岩 10%、蛭石 30%～40%。

（3）育苗设备。穴盘育苗的关键设备主要有基质消毒机、基质搅拌机、育苗穴盘（钵）自动精播生产线装置、恒温催芽设备及育苗设施内的喷水系统、二氧化碳增施机等。

（4）恒温催芽室。恒温催芽室是一种能自动控制温度的育苗催芽设施。标准的恒温催芽室是具有良好隔热保温性能的箱体，现内设加温装置和摆放育苗穴盘的层架。一个 $30m^2$ 催芽室，可叠放 5 000～6 000 个穴盘。

（5）育苗温室。应选用塑料大棚、连栋大棚或铝合金玻璃温室。在冬季加强保温或采用加温措施，保证室内极限温度不低于 5℃，对培育喜温性植物秧苗来说，最好不低于 12℃。夏季利用遮阳网覆盖、室外喷淋降温等，使室内温度最好不超过 33℃，这样有利于培育壮苗。

2. 集约化育苗 集约化育苗是指利用先进的育苗设施和装备，在人工控制、尽可能最佳的环境条件下，充分利用自然资源，采用科学化、标准化的技术措施及机械化、自动化的生产手段，实现优质、快速、低成本、高效率、批量化生产优质秧苗的育苗方式。

集约化育苗的内涵体现在集中、集约、节约 3 个方面。其中，集中指育苗产地的集中，是将零散农户单独进行的育苗改为规模化、批量化、商品化的育苗方式；集约指育苗技术的集成，是集种子处理、基质配制、种子播种、光温水气肥药（含化学调控）技术为一体的育苗方式；节约指育苗资源的节约，将传统育苗中的高耗、低效、高风险转变为低耗、高效、低风险。

集约化育苗具有以下优点：①节能、省资，占地空间小，且可节省种子 20%左右，省电 2/3 以上；②许多作业环节可以采用机械化、自动化，具有明显的省工省力作用；③有效减少土壤传染病害发生，降低育苗风险；④可以培育高质量的秧苗；⑤商品秧苗适于长距离运输，利于集约化生产、规模化经营。

在现有的育苗水平下，有性繁殖的蔬菜理论上均适合进行集约化育苗。但是，适合集约化育苗并不等于适宜采用集约化育苗，一些育苗方便、栽培面积较小、技术要求相对较低或秧苗经济价值较低的蔬菜，如芥菜类、葱蒜类、秋季栽培的大白菜等不建议采用集约化育苗。

目前适合集约化育苗的蔬菜主要是茄果类（包括番茄、茄子嫁接苗）、瓜类、甘蓝类（主要是结球甘蓝、花椰菜、西蓝花）、春大白菜等。

3. 嫁接育苗 将一植物的芽或枝条接到另一植物体的适当部位，使之成为新的植物体的技术称为嫁接。利用这一技术培育的蔬菜幼苗称嫁接苗。嫁接育苗是有效防治蔬菜土传病害的技术措施。嫁接育苗采用具有抗性的植株作砧木，用栽培品种作接穗。

番茄的嫁接技术

嫁接育苗的目的是防治土壤传染病害的发生，则嫁接苗必须采用地膜覆盖栽培，嫁接口应在地膜之上，不能埋入土壤中，否则其防病效果可能会不理想。另外，嫁接苗在嫁接初期生长缓慢，所以，其播种期应比一般育苗方法适当提早。

主要蔬菜常用的嫁接方法及嫁接适期见表 2-14。

表 2-14 主要蔬菜的嫁接方法

蔬菜种类	嫁接方法	砧 木	嫁接适期
黄瓜	靠接	黑籽南瓜、杂种南瓜、多刺黄瓜	砧木接穗子叶全展至第一真叶半展
	插接	黑籽南瓜、杂种南瓜	砧木子叶展平第一片真叶半展，接穗子叶全展，第一片真叶显露
	断根插接	杂种南瓜	砧木第一片真叶半展，接穗第一片真叶显露
西瓜	靠接	南瓜、葫芦、多刺黄瓜、共砧	砧木第一片真叶显露，接穗第一片真叶显露至半展
	插接	葫芦、杂种南瓜、中国南瓜、冬瓜	砧木第一片真叶出现至半展，接穗子叶全展
	断根插接	葫芦、杂种南瓜、冬瓜、共砧	砧木第一片真叶出现至半展，接穗子叶全展
	劈接	葫芦、杂种南瓜、冬瓜	砧木第一片真叶出现至半展，接穗子叶全展
甜瓜	靠接	中国南瓜、杂种南瓜、共砧	砧木接穗子叶全展至第一真叶半展
	插接	中国南瓜、杂种南瓜	砧木子叶展平第一片真叶半展，接穗子叶全展，第一片真叶显露
	劈接	共砧	砧木第一片真叶出现至半展，接穗子叶全展
番茄	靠接	兴津 101、KNVF. PFN	砧木 3～4 片真叶，接穗 3 片真叶
	插接	兴津 101、KNVF. PFN	砧木 3 叶 1 心，接穗 2 叶 1 心
	劈接	兴津 101、KNVF. PFN	砧穗均约 5 片真叶
茄子	靠接	托鲁巴姆、赤茄、VF 茄、黑铁 1 号	砧木 5～6 片真叶，接穗 4～5 片真叶
	插接	托鲁巴姆、赤茄、VF 茄、黑铁 1 号	砧穗均 2～3 片真叶
	劈接	托鲁巴姆、赤茄、VF 茄、黑铁 1 号	砧木 2～3 片真叶，接穗 2 片真叶

（二）育苗设施及其特性

1. 电热温床 指在床底按一定的间距铺上电加温线，通电后使苗床温度升高的温床。

在夏菜育苗中功率以 80～120W/m² 为宜。为节约电能，在铺电加温线之前，尽可能铺设隔热层，以防止热量向土壤深处散失，用控温仪进行控温则效果较理想。

电热温床由保温层、散热层、床土和覆盖物 4 部分组成。隔热层是铺设在床孔底部的一层厚 5cm 的秸秆或碎草，主要作用是阻止热量向下层土壤中传递散失。散热层是一层厚约 5cm 的细沙，内铺设有电热线。沙层的主要作用是均衡热量，使上层床土均匀受热。床土厚度一般为 10～15cm。育苗钵育苗不铺床土，而是将育苗钵直接排列到散热层上。覆盖物分为透明覆盖物和不透明覆盖物两种。透明覆盖物的主要作用是白天利用光能使温床增温，不透明覆盖物用来保温，减少耗电量，降低育苗成本。

2. 潮汐式苗床 指一种从栽培容器底部进行灌溉的苗床。营养液涨潮时，植物利用毛细作用进行水分和营养的吸收；营养液退潮后被回收，经过滤和消毒后可以被循环利用，达到节水、省肥的目的。

潮汐式育苗系统从结构组成上分为 4 个部分：幼苗生长部分、植床部分、循环管路部分和控制部分。幼苗生长部分主要包括拟培养植物种类及品种、生长基质和育苗容器。植床部分基本功能是潴留 1～5cm 高度的肥料溶液，并维持 5～30min，满足基质对水肥的吸收，要求不渗漏，水肥能同时均匀地到达每个育苗容器的底部，保证株间基质吸收水肥的均匀性、一致性，进而确保幼苗生长的整齐性。目前，国际上常用的植床形式有 5 种：固定式植床、移动式植床、槽式植床、地面式植床、全移动式植床（图 2-3）。循环管路部分由储水池、肥料罐、施肥机、消毒装置、回液池、水泵、输水管路等组成。工作流程是水泵从储水池吸水，经施肥机 pH、EC 值检测和调制，形成一定养分含量的肥料溶液，沿输水管路通过快开阀和床箱入水口，进入潮汐床箱，保持 5～30min，停止灌水，床箱内基质吸收剩余的肥料溶液又通过快开阀经排水管路自然回流入回液池，再经消毒装置，进入储水池，用于下次灌溉，如此反复，循环利用。控制部分涉及两方面的控制，一是灌溉时间，如每次灌溉时长和灌溉频启时间，前者决定灌溉量，后者决定灌溉频次和启动时间，由集成控制元器件和电磁阀联合完成；二是肥料浓度，如养分配比、pH、EC 值，由施肥机自带程序设定。除了以上 4 个基本组成，根据育苗实际需要，还可以加装辅助性设备，如弥雾增湿降温等设备。

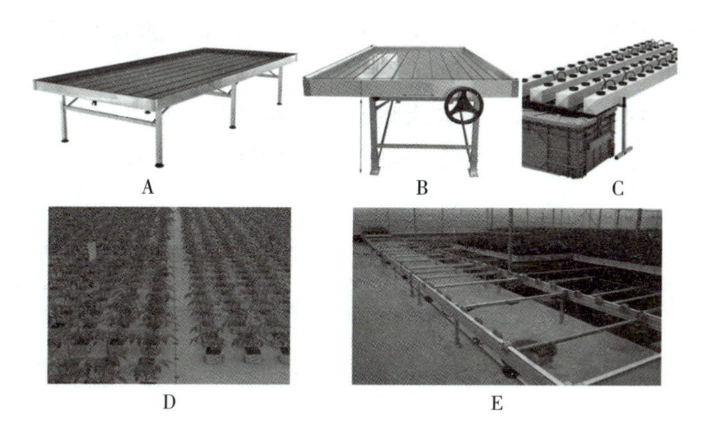

图 2-3 5 种形式潮汐式苗床结构示意

A. 固定式植床 B. 移动式植床 C. 槽式植床 D. 地面式植床 E. 全移动式植床

相关链接

育苗的环境条件

育苗期间的环境条件包括温度、光照、水分及营养条件等，直接影响到幼苗的生长速度。同时，由于多数果菜类在幼苗期间已形成花芽，因此环境条件影响到花芽分化的时间、花芽的多少和开花的迟早。

1. 温度的影响 温度的高低与幼苗的生长速度有很大的关系。温度过低，生长缓慢或停滞，易造成僵苗；温度过高，生长过快，易造成徒长。各种蔬菜苗期温度控制标准见表2-15。

表2-15 蔬菜苗期温度控制标准（℃）

蔬菜种类	出苗期地温	出土后至子叶展开时气温		子叶展开后至定植前1周气温						定植前1周气温	
				不移苗		移苗缓苗期		移苗缓苗后			
		昼	夜	昼	夜	昼	夜	昼	夜	昼	夜
黄瓜	23～25	20～22	15	20～25	12～15					18～20	9～12
西葫芦	22～24	20	15	20～25	9～14					18～20	7～12
冬瓜	24～25	20～22	15	22～28	12～15					20	10～12
辣椒	24～25	25	17			25～30	17	20～25	15～17	18～20	10～14
番茄	22～23	20	12～14			25	15	20～22	10～15	18	8～10
茄子	24～25	22	17			25	17	20～25	15～17	18～20	9～14
甘蓝类	20～22	10～15	10			20	15	15～18	10	15	5～8
菜豆	20～22	18～22	14～16	18～20	12～15					16	9～12
洋葱	12～20			20～22	10～12					15～20	0～7
芹菜	20～22	20～22	10～12	20	10					15～20	2～7

2. 光照的影响 植物的光合作用，在饱和照度以下时，光照度增加，光合作用也加强。因此，在冬季育苗时，要尽可能地让幼苗多见日光。

3. 湿度的影响 保持适宜的土壤含水量和空气相对湿度对秧苗正常生长和减少病害有重要作用。苗期适宜的土壤相对含水量和空气相对湿度见表2-16。

表2-16 苗期适宜的土壤相对含水量和空气相对湿度（%）

蔬菜种类	土壤相对含水量	空气相对湿度	蔬菜种类	土壤相对含水量	空气相对湿度
番茄	60	60～70	甘蓝类	70～80	80～90
辣椒	80		葱	70～80	60～70
茄子		70～80	菜豆	60～70	65～75
黄瓜	80～90	70～80	马铃薯	种薯催芽	50～60
大白菜	85～95	65～70	姜	块茎催芽	

4. 苗期移栽对蔬菜幼苗的影响 苗期移栽又称假植。假植可节约用种量，充分利用苗床设备，管理较方便；有利于保持适当的温度和湿度、改进光照条件、减少病虫害发生。随着幼苗的长大，调整幼苗位置，逐步增加其营养面积，培育壮苗，假植次数视蔬菜种类及育苗环境而不同。根据蔬菜移植成活的难易，一般可将蔬菜分为以下3类。

（1）移植易成活的蔬菜。如番茄、甘蓝、白菜、芥菜等。

（2）移植成活比较困难的蔬菜。如各种豆类、南瓜、黄瓜等。

（3）不宜移植的蔬菜。如萝卜、胡萝卜、西瓜、甜瓜等。

不是所有的蔬菜在育苗期间都需要移植。大多数根菜类及豆类都用直播方法栽培；一般叶菜类及洋葱等，在露地育苗时也不必经过多次移植；茄果类在育苗过程中可以移植2～3次；瓜类只移植1次或不进行移植；对于露地育苗的甘蓝、花椰菜等，一般也只移植1次。

一般而言，移植对幼苗生长的抑制作用随着苗龄的增大而加剧，但因种类而异。对于移植容易成活的种类，如甘蓝、白菜、番茄等，苗龄稍大，移植对植株生长的抑制作用较轻；对于移植有困难的种类如甜瓜等，苗龄越大，移植后对植株生长的影响越大。

5. 苗龄 表示功苗的年龄有两种方法：一是绝对苗龄（或称日历年龄），即用自播种至大田移植的时间来表示，如30d；二是生理年龄，即以幼苗的生长状态来表示，如子叶苗、三叶苗等。一般幼苗绝对年龄越大，生理状态也越大。但是由于育苗环境条件不同，有时两者并不一致。为了正确地表示幼苗的年龄，可同时采用绝对年龄和生理年龄表示。

适龄幼苗要求大田定植时地上部和地下部发育相适应，移植时根系损伤少，定植后能不停顿地生长。不同苗龄的幼苗，定植时的株高差异虽然很大，但由于还苗能力的不同，短龄壮苗的生长有可能超过长龄的大苗。

蔬菜苗龄最长应控制在蔬菜苗期的临终期（如番茄的现蕾、瓜类的抽蔓、叶菜的团棵等）以内，否则秧苗的生长量过大，又受到育苗条件的限制，秧苗的质量必然下降，定植后缓苗与发棵缓慢。定植时的蔬菜秧苗苗龄可参考表2-17。

表2-17 穴盘育苗适龄壮苗标准

蔬菜作物	日历苗龄（d）	生理苗龄（叶片数）
冬、春季茄子	70左右	6～7
冬、春季甜（辣）椒	70左右	8～10
夏季甜（辣）椒	35左右	3～4
冬、春季番茄	60左右	6～7
夏季番茄	20左右	3叶1心
黄瓜	15～25	2～3
甜瓜	30～35	3～4
西葫芦	20左右	2叶1心
西瓜	30左右	3～4
冬、春季甘蓝	60左右	5～6
冬、春季西蓝花	40左右	3叶1心
夏季西蓝花	25左右	3叶1心

（续）

蔬菜作物	日历苗龄（d）	生理苗龄（叶片数）
冬、春季花椰菜	60 左右	5～6
芹菜	50～55	5～6
叶用莴苣	35～40	4～5
大白菜	15～20	3～4
芦笋	40～45	3～5（分蘖数）

计划决策

以小组为单位，获取蔬菜播种的相关信息后，研讨并获取工作过程、工具清单、材料清单，了解安全措施，填入工作任务单（表 2－18、表 2－19、表 2－20），制订蔬菜播种育苗方案。

（一）材料计划

表 2－18 蔬菜播种所需材料单

序 号	材料名称	规格型号	数 量

（二）工具使用

表 2－19 蔬菜播种所需工具单

序 号	工具名称	规格型号	数 量

（三）人员分工

表 2－20 蔬菜播种所需人员分工名单

序 号	人员姓名	任务分工

（四）蔬菜播种育苗方案制订

（1）所需的农业生产资料。种子、肥料、农药、生产工具、农膜、电热线、控温仪、竹竿架、绳等。

（2）蔬菜播种育苗的具体内容制订。蔬菜种子的播前处理、营养土的配制与消毒、苗床的制作、播种技术、苗期管理、穴盘育苗和嫁接育苗等。

①蔬菜种子的播前处理。种子消毒、种子浸种催芽、变温处理及其他处理等播种前的种子处理措施。

②基质的配制与消毒。按照蔬菜种类选择适宜的穴盘，不同基质按比例进行配制并消毒、装盘。

③温床制作。苗床制作、电热线的铺设、控温仪的连接等。

④播种。确定播种时间、播种密度、播种量、播种方式及所用生产资料的准备。

⑤苗期管理。间苗、肥水管理、环境调控、病虫害防治、低温炼苗措施等。

⑥穴盘育苗。穴盘选择、基质配制、播种。

⑦嫁接育苗。黄瓜嫁接、番茄嫁接。

（3）资金预算。农业生产资料费用、水电费用、管理费用、设施费用等。

（4）讨论、修改、确定播种方案。

（5）购买种子、肥料等农资。

组织实施

以小组的形式在学习工作单的引导下完成专业知识学习，开展蔬菜育苗演练，并记录实施过程中出现的特殊情况或调整情况。

（一）蔬菜种子的播前处理

1. 种子处理

（1）温汤浸种。

①将种子放入55℃的温水中，水量为种子量的5～6倍，浸种时不断搅拌并补充温水，在55℃的水温下保持10～15min，然后降温，喜凉蔬菜的水温降至20～22℃，喜温蔬菜的水温降至25～28℃。

②搓洗种皮上的果肉、果皮、黏液等，不断换水，除去浮在水面的瘪籽（辣椒除外），直至洗净。

③用25～30℃的清水浸泡种子。种皮坚硬而厚、难以吸水的种子（如西瓜、苦瓜、丝瓜等），可将胚端的种壳打破，以助种子吸水。

④浸泡过程中，每5～8h换1次水。

⑤种子浸至见干心时，捞出种子。豆类种子浸泡过程中，当种皮由皱缩变鼓胀时，即表明吸足了水，应立即捞出；遇到天气变化而不能立即播种的情况，可把种子摊晾开，待天气转晴时再播种。

（2）热水烫种。一般适用于难于吸水的种子。

①把充分干燥的种子放在洁净、无油的盆内，倒入凉水浸润种子，然后倒出水。

②往盛有种子的盆内，加入不超过种子量5倍的70～85℃热水，温度甚至可以更高些（如冬瓜可用100℃热水烫种，但种皮薄的喜凉类如白菜、莴苣的水温宜70℃）。烫种时可用两个容器，将热水来回倾倒，最初几次动作要快而猛，使热气散发并提供氧气，一直倾倒到水温降到55℃时，再改为不断搅动，并保持这样的温度7～8min。以后的步骤同常规的浸种法。

（3）催芽。

①将处理过的种子平铺在有潮湿滤纸的培养皿中，或是先将纱布用清水浸湿，拧到不滴水的程度，然后将种子摊在纱布上，厚度以不超过1.5cm为宜，并用湿纱布包好，种子包

呈松散状态，置于25～30℃恒温箱中催芽。

②每天用25～30℃的清水投洗1～2次，翻动2～3次，直至小粒蔬菜种子的芽长达到种子长度的1/3～1/2，大粒蔬菜种子的芽长不超过1cm时，结束催芽。

浸种后的种子若不进行催芽，于浸完洗净后使水分稍蒸发至互不黏结时即可播种，或加入一些细沙、草木灰以助分散。另外，经过浸种的种子必须播在湿度适宜的土壤中，若播在干燥土壤中反而不如不浸种。

2. 电热温床设置 电热温床是利用电流通过电加温线将电能转换成热能来进行土壤加温的。为了节约电能，在铺电加温线之前，尽可能铺设隔热层，以防止热量向土壤深处散失，如能用控温仪则效果较理想。

（1）识别、熟悉电热加温设备。观察不同规格的电热加温设备，参照说明书了解各项主要的技术参数及正确的使用方法。观察并熟悉控温仪，参照说明书了解控温仪的正确使用方法。

（2）确定功率密度。根据季节、设施的环境条件及蔬菜种类，确定合理的功率密度。早春育苗时铺线的功率密度为80～120W/m^2，对环境温度要求较高的甜椒、茄子等铺线功率密度为100～120W/m^2，对环境温度要求较低的番茄等铺线功率密度为80～100W/m^2。一般用于移植床时，铺线功率较低，为50～70W/m^2。

（3）计算。按育苗的面积，计算出总功率、电热加温线的根数、布线道数及布线间距。

$$\text{总功率}=\text{育苗总面积}\times\text{功率密度}$$

$$\text{所需电热线根数}=\frac{\text{总功率}}{\text{每根电热线的额定功率}}$$

$$\text{一根电热线的铺床面积（m}^2\text{）}=\frac{\text{一根电热线的额定功率}}{\text{蔬菜铺线功率密度}}$$

$$\text{布线道数（往返次数）}=\frac{\text{一根电热线长度}-\text{床宽}}{\text{一根电热线的布线长度}}$$

为了使电热加温线两端电源线处于同一地方，以便接线方便，布线道数（往返次数）应取偶数。

$$\text{电热线布线间距}=\frac{\text{苗床宽度}}{\text{一根电热线布线道数}+1}$$

（4）建造电热温床。

①挖床孔。挖深20～30cm的床孔，由于电热线发热均匀，所以床底是平的。如果在大棚或温室内建造电热温床，可直接作畦，畦宽一般1～2m，长度可根据需要来确定。

②设隔热层。可先在温床底部铺一层废旧薄膜隔潮，其上铺设约10cm厚的秸秆、稻草、细炉渣等，以阻止热量向下层传递，利于保持土壤温度的稳定。铺平后用脚踩实再铺散热层。

③铺散热层。铺一层厚度为5cm左右的床土或细沙，内设电热线。铺细沙时，应先铺约3cm厚整平踩实，等布完线后再铺余下的2cm。

④铺设电热线。根据计算好的布线间距，在苗床两端用竹棍固定电加温线。为了保证床面温度的一致性，在平均间距不变的前提下，布线可以中间稀两边密。布线时应在靠近固定桩处的线稍用力向下压，边铺边拉紧，以防电热线脱出。最后对两边的固定桩的位置进行调整，以保证电热线两头的位置适当。布完线后覆土约2cm。布线方法见图2-4。

图 2-4 电热温床布线方法示意

⑤铺床土。根据用途铺上相应厚度的床土。采用穴盘或营养钵育苗则不用铺床土，可直接将穴盘或营养钵放在散热层上。

(5) 接控温仪和电源。按照说明书，在教师的指导下连接控温仪和电源，要充分考虑所使用电热线的总功率。完成电热温床制作后将相关数据填入表 2-21。

表 2-21 电热温床制作试验结果

试验地点： 小组名称： 时间：

项目	实验结果
电加温线型号	
控温仪型号	
交流接触器型号	
苗床长（m）	
苗床宽（m）	
基础地温（℃）	
设定地温（℃）	
功率密度（W/m^2）	
电加温线根数（根）	
电加温线往返道数（道）	
布线平均间距（cm）	

(6) 注意事项。

①电加温线的功率是固定的，使用时只能并联，不能串联，不能接长或剪短，否则温度不能升高或烧毁。

②为减少土壤向下层传热，可在电热线下层设隔热层。

③由于苗床四周散热快，温度低，电热线布线时靠边缘要密，中间稀，总量不变，使温床内温度均匀。

④电热线使用时要放直，电热线不得弯曲，不能交叉、重叠和打结，接头要用胶布包好，防止漏电伤人。

3. 穴盘选择

（1）根据蔬菜的种类选择穴盘。一般十字花科的用128孔穴盘或200孔穴盘，茄果类用72孔穴盘或50孔穴盘。

（2）根据季节选择穴盘。春季育小苗选用288孔穴盘，夏播番茄、芹菜选用288孔穴盘或200孔穴盘，其他蔬菜如夏播茄子、秋花椰菜等均用128孔穴盘。

（3）根据苗态选用穴盘。育4～5叶苗选用128孔穴盘，育6叶苗选用72孔或50孔穴盘，夏季育3叶1心苗选用200孔或288孔穴盘。

新穴盘用洁净的自来水冲选数遍，晾晒干后即可使用；旧穴盘一定要进行清洗和消毒，其方法是：先清除穴盘中的杂物，用洁净的自来水将穴盘冲选干净，再用70～80℃的高温蒸汽消毒30min，然后用洁净的自来水冲洗，晾晒，使附着在穴盘上的水分全部蒸发。

4. 基质准备 草炭、蛭石、珍珠岩、废菇料等是蔬菜理想的育苗基质材料，适合冬春蔬菜育苗的基质配方为草炭：蛭石＝2∶1，或草炭∶蛭石∶废菇料＝1∶1∶1，覆盖料一律用蛭石。适合夏季育苗的基质配方为草炭∶蛭石∶珍珠岩＝（1～2）∶1∶1。一般每1 000盘288孔穴盘备用基质2.76m^3，128孔穴盘备用基质3.65m^3，72孔穴盘备用基质4.65m^3。目前，国内有不少厂家针对蔬菜育苗配制了专用的基质。

（二）播种技术

1. 选择适宜的播期 根据田间栽培的时间要求进行播种，一般出苗圃不超过5d。冬季育苗，茄果类60～70d，十字花科类40～50d；夏季育苗，茄果类30～45d，十字花科类28～30d。

2. 装盘 将准备好的基质先进行预湿，调节基质的相对含水量至40%左右，然后将预湿好的基质装入穴盘中，装盘时应注意不要用力压基质，用木板从穴盘的一端刮向另一端，刮掉盘面上多余基质，使穴盘上每个孔口清晰可见。

3. 压穴摆盘 把装有基质的穴盘摆在一起，4～5个为1组，上放一个空穴盘，两手均匀下压穴盘，压至穴深1.0～1.5cm为止。然后搬入育苗棚中，排放于铺有地膜的场地上，排时以顺育苗棚宽度竖放穴盘，每排横放4张穴盘，宽度1.32m，便于在两边进行操作管理，两排之间相隔20cm，既节约场地，也可方便走动。

4. 播种 72孔穴盘播种深度应大于1cm，128孔穴盘和288孔穴盘播种深度为0.5～1.0cm。浇水后各格室清晰可见。每穴放入1粒饱满种子，干播或催芽刚露白的种子、瓜类等种子须平放。播种后用蛭石覆盖穴盘，覆土厚度可根据种子的籽粒大小覆盖，厚度以0.5～1.0cm为宜。刮掉穴盘上面多余的基质，以露出格室为宜，整齐排放。

5. 淋水 在播有种子的穴盘面上用喷壶喷水，且一定要浇透，以从穴盘底渗水口看到水滴为宜，为了不将基质冲出，应用细孔喷壶将水向上仰喷，使水如降雨般缓缓落下。

（三）蔬菜苗期管理技术

1. 浇水管理 播种覆盖作业完毕后，将育苗盘基质充分浇透水，以穴盘底部渗出水为宜。子叶展开至2叶1心，基质含水量控制在最大持水量的70%～75%，3叶1心至苗出圃前，基质含水量控制在最大持水量的65%～70%。

装盘前要将基质拌湿，要求播后的水一定要浇透。冬、春季幼苗出土前可加小拱棚保温保湿，出苗前不用再浇水；夏季要小水勤浇，保持基质湿润，但水也不能过多，浇水于下午或傍晚进行，但以夜间叶面没有水珠为宜，并加强通风、防水、遮阳、防虫。冬季于午前进行喷水并通风排湿，夜间提前盖草帘或补充加温。起苗前一天要浇一次透水。

防止子叶“戴帽”出土（图 2-5）。“戴帽”出土是指子叶出土时种皮没有完全脱掉，一片子叶或两子叶的尖端被种皮夹住，不能展开。这会使子叶畸形（扭曲、叶缘缺刻等），影响光合作用的顺利进行，造成幼苗徒长。子叶“戴帽”出土主要是由播种后覆土太薄所致。

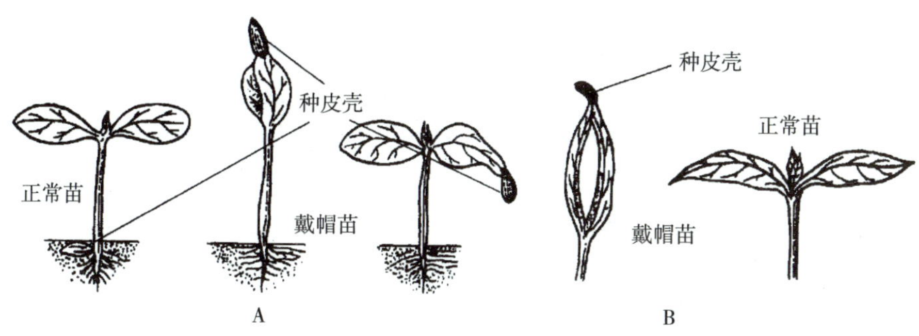

图 2-5 黄瓜、番茄的正常苗和戴帽苗

A. 黄瓜苗 B. 番茄苗

出苗初期发现有“戴帽”出土的幼苗，可向尚未出苗的地方均匀地撒些床土。对“戴帽”苗应先向种皮喷点水，使其湿润，然后轻轻摘除套在子叶上的种皮；或在傍晚盖草帘之前，轻轻喷水，让种皮夜间自行脱落。

2. 温度管理 育苗期间的温度条件应尽可能满足蔬菜秧苗生长发育的需要（表 2-22），但应该掌握以下原则：前高后低，即播种至出苗时高，以后逐步降低，到定植前进行适当的低温锻炼，以适应定植后的环境；分苗后要适当增温，以促进缓苗；夜间要保温防冻害，在小拱棚上加盖草片等保温材料。此外，在晴朗的白天，太阳辐射较强，棚内温度升至 30℃时，应及时揭开棚降温，防止烧苗。

表 2-22 主要蔬菜苗期生长的适宜温度（℃）

蔬菜种类	昼 温	夜 温
番茄	22～25	10～15
茄子	30	20
甜椒	25～30	15～17
黄瓜	25	15～18
南瓜	25	18～20
西瓜	25～30	20

3. 光照管理 光照管理是培育壮苗的重要环节。光能使苗床温度升高，满足秧苗生长发育对温度的要求；光能使秧苗正常进行光合作用，制造生长所需的养分。所以，在整个育苗期，必须让秧苗充分接受阳光的照射，才能保证秧苗成长。夏、秋季育苗，光照过强，需用遮阳网遮阳降温；冬、春季育苗又需尽可能地加强光照，通过适时揭开草帘，选用防尘、无滴、消雾多功能覆盖材料，定期冲刷膜上灰尘，苗床上部配置 LED 灯，冬季遇连阴雨天时开启补光系统等措施增加光照度。

4. 肥水管理 对于日历苗龄较短的幼苗，基质中的养分足够幼苗生长所需，一般不需追肥。日历苗龄较长的幼苗（35d 以上），幼苗真叶充分展开后，每隔 10～15d 随浇水施入有机营养液肥，施肥、浇水要匀，该浇透的一定要浇透。在定植前 2～3d 可追肥 1 次，喷施相应农药，做到带药定植。

5. 病虫害控制 基质温度长期低于 12℃，再加上浇水量过大或遇到连阴天气时，可能发生沤根现象。可采用电加热线加温，保持基质温度在 18℃以上；根据天气好坏，正确掌握浇水与放风的时间、次数。育苗期害虫主要有蚜虫、白粉虱、潜叶蝇等，可采用黄板、蓝板等诱杀。前期病害主要是猝倒病和立枯病，中后期主要有早疫病、灰霉病、炭疽病和枯萎病等。

6. 补苗和分苗 一次成苗的需要在第一片真叶展开时，尽快将缺苗孔补齐。用 72 孔育苗盘育苗，大多先播在 288 孔穴盘内，当小苗长至 1～2 片真叶时，移至 72 孔穴盘内。

7. 通风降湿 冬、春季阴雨天较多，空气湿度较大，要特别注意棚内的湿度。除棚四周开深沟排水降低苗床的地下水位外，还应经常通风换气，降低棚内的湿度，以防止秧苗的徒长和病害的发生。中棚通风时要注意，不能让冷风直接吹到秧苗。

8. 移盘倒苗 出苗后夏季每 3～5d、冬季每 5～7d 进行 1 次移盘，即将穴盘向前或向后移动 20cm，防止根系下扎；若根下扎，可以拉断，起到抑制旺长的作用。冬季若棚内前后温度、光照相差较大，应进行整排穴盘的前后位置倒动。苗期定期喷施准用药剂，防止病害。苗出棚前 5～7d 应移动穴盘防止根往外扎，或使断根愈合，适当控水并加强通风炼苗，使苗更适应定植的环境条件。

9. 成苗贮运 当幼苗已达到成苗标准，但由于气候等原因无法及时出圃，需要在圃中存放时，应将育苗设施内的温度降至 12～15℃，将光照度控制在 25klx 左右，灌水量以保证幼苗不萎蔫为宜。达到定植期的幼苗可直接将穴盘带苗一起运到地里，但要注意防止穴盘的损伤，也可用专用的运苗车辆进行运输。

（四）蔬菜穴盘育苗参数（表 2-23、表 2-24）

表 2-23 蔬菜穴盘育苗参数表（1）

种类	第一阶段			第二阶段		
	介质温度（℃）	湿度	时间（d）	介质温度（℃）	湿度	时间（d）
西蓝花	18～21	中等	2	18～21	干	5～8
结球甘蓝	18～21	中等	3	18～21	干	5～8
花椰菜	18～21	中等	3	18～21	干	5～8
芹菜	21～24	湿润	5～10	21～24	湿润	14～21
黄瓜	24～25	中等	2	21～24	干	5～7
茄子	24～25	中等	5～6	21～24	干	5～10
叶用莴苣	18～21	中等	3～4	18～21	中等	4～8
甜瓜	24～25	中等	2～3	24～25	干	3～7
洋葱	21～24	中等	4～8	21～24	中等	5～7
辣椒	24～25	中等	5～7	24～25	干	5～10
南瓜	24～25	中等	2	24～25	干	3～6
番茄	24～25	中等	3～4	21～24	干	4～7
西瓜	27～29	干	1～2	24～27	干	3～4

（续）

种类	第三阶段					第四阶段				
	介质温度（℃）	施肥量（mg/kg）	施肥（次/周）	湿度	时间（d）	介质温度（℃）	施肥量（mg/kg）	施肥（次/周）	湿度	时间（d）
西蓝花	17～18	100	2	中等	2	17～18	100	1～2	干	5～8
结球甘蓝	17～18	100	2	中等	3	17～18	100	1～2	干	5～8
花椰菜	17～18	100	2	中等	3	17～18	100	1～2	干	5～8
芹菜	18～21	200	2	湿润	5～10	18～21	200	1～2	湿润	14～21
黄瓜	18～21	75	1～2	中等	2	18～21	75	1	干	5～7
茄子	21～24	100	2	中等	5～6	20～21	100	1～2	干	5～10
叶用莴苣	18～21	75	1～2	中等	3～4	17～18	75	1	中等	4～8
甜瓜	21～24	75	1～2	中等	2～3	18～21	75	1	干	3～7
洋葱	18～21	100	2	中等	4～8	18～21	100	1～2	中等	5～7
辣椒	21～24	100	2	中等	5～7	20～21	100	1～2	干	5～10
南瓜	21～24	75	1次	中等	2	18～21	不施肥	0	干	3～6
番茄	18～21	100	2	中等	3～4	17～18	100	1～2	干	4～7
西瓜	21～24	100	2	干	1～2	20～21	100	1～2	干	3～4

表 2-24　蔬菜穴盘育苗参数表（2）

种类	穴盘类型（穴数/盘）	苗期（d）	播后是否覆盖
西蓝花	72	18～20	是
结球甘蓝	72	18～20	是
花椰菜	72	18～20	是
黄瓜	50	15～18	是
西瓜	50	15～18	是
甜瓜	50	15～18	是
南瓜	50	15～18	是
茄子	72	25～30	是
叶用莴苣	128	22～25	是
芹菜	128	40～50	是
洋葱	128	25～30	是
辣椒	72	25～30	是
番茄	72	22～25	是

（五）蔬菜嫁接育苗

1. 瓜类插接与断根嫁接

（1）播种期。瓠瓜砧木比接穗早播 6～7d，南瓜砧木比接穗早播 3～4d。

（2）插接方法。当瓠瓜第一片真叶展开时，接穗子叶也已展开，此时进行嫁接。嫁接时去掉砧木的真叶和生长点，将竹签从心叶处斜插入 1cm 左右深，并使砧木下胚轴表皮划出轻微裂口，然后将接穗斜削一刀，长度 1cm 左右，将接穗插入砧木，接穗创伤面和砧木大斜面相互密接。选择的竹签斜面粗度应与接穗下胚轴粗度一致。

（3）断根嫁接方法。将砧木苗沿基部切断，如果下胚轴过高，也可根据植株的高度，将地上部的茎多切除一些，然后除去砧木的真叶和生长点，用与接穗茎粗细一致的竹签从心叶处向下斜插一深 1cm 左右的斜面，将接穗斜削一刀，长度 1cm 左右，将削好的接穗插砧木，接穗创伤面和砧木大斜面相互密接，然后插入预先准备好的 50 孔穴盘。

（4）嫁接后管理。嫁接苗应立即放入苗床内，嫁接后的 2～3d 苗床应保持高湿状态，床温白天保持 25～30℃，夜间保持 23℃，中午适当遮阳。嫁接 10d 后，秧苗的接口处已愈合，即可进行一般管理，约 1 个月后定植。

2. 瓜类劈接

（1）播种期。砧木比接穗早播 6～7d。

（2）劈接方法。取健壮砧木苗，除去其真叶和生长点，沿纵轴一侧垂直下劈 1～1.5cm 深。将接穗胚轴削成楔形，插入砧木中，使接穗和砧木创伤面紧密结合。用嫁接夹固定，成活后去掉嫁接夹。

（3）嫁接后管理同瓜类插接。

3. 瓜类靠接

（1）播种期。砧木比接穗晚播 4～6d。

（2）靠接方法。当砧木和接穗子叶发足，真叶露出时进行靠接。取大小、粗细相近的砧木、接穗苗，除去砧木的真叶和生长点，在砧木下胚轴子叶下 1cm 处向下斜切一刀，深及胚轴的 2/5～1/2，然后在接穗相应部位斜向上切一刀，将接穗和砧木结合部用嫁接夹固定。嫁接后，砧木、接穗同时移入穴盘，相距约 1cm，成活后切除接穗的根。接口应距地面约 3cm，以免接穗发生自根。嫁接后 10～15d 后去掉嫁接夹。

（3）嫁接后的管理。嫁接后愈合期的管理是嫁接苗成活的关键，应加强保温、保湿、遮光等管理。一般嫁接后的 4～5d，苗床内应保持较高温度，白天保持在 25～30℃，夜间18～20℃；空气相对湿度应保持在 95%以上或接近饱和状态，不能通风。嫁接后 1～2d 应遮阳防晒，2～3d 后逐渐见光，4～5d 全部去掉遮阳物，5d 后可逐渐降温 2～3℃；8～9d 后接穗已明显生长时，可开始通风降温、降湿；10～12d 除去固定物，进入苗床的正常管理。育苗期间及定植前，应随时抹去砧木侧芽，以利接穗的正常生长。

4. 辣椒劈接

（1）播种期。砧木和接穗同时播种。

（2）劈接方法。当砧木长到 5～7 片真叶、接穗长到 4～6 片真叶时即可嫁接。在砧木第二片真叶上方平切一刀，然后在砧木茎中间垂直下切 1cm 深。当接穗茄苗保留 2～3 片真叶，削成 1cm 长的楔形，楔形大小与砧木切口相当，随即将接穗插入砧木的切口中，将接穗和砧木结合部用嫁接夹固定。

（3）嫁接后的管理。嫁接后嫁接苗及时移入密闭的小拱棚内，嫁接愈合时的温度控制在白天 25～26℃，夜间 20～22℃，相对湿度 95%以上。为防止高温和保持棚内湿度稳定，需在小拱棚外面覆盖遮阳网，嫁接后的前 5d 全部遮光，以后两侧见光、通风，此同时为了保持较高的湿度，每天中午喷雾 1～2 次。随着伤口愈合逐渐撤掉覆盖物，至完全成活后转入正常管理。

5. 番茄插接

（1）播种期。砧木应比接穗早播 7d。

（2）插接方法。在砧木 1～2 片真叶时，假植于 8～10cm 营养钵中，当砧木 4 叶 1 心、接穗 2 叶 1 心时为嫁接适期。将砧木苗第一片真叶以上的部分斜切，切去一部分，并用竹签在砧木苗断口处，朝第一真叶方向向下斜插，使竹签的尖端从第一片真叶叶柄基部下面穿出，然后立即将接穗苗子叶下的胚轴切成楔形。如果接穗较大，也可在子叶上部将接穗苗切成楔形。砧木和接穗准备好后，快速将竹签从砧木苗中拔出，并立即将接穗插入，然后用夹子固定。

（3）嫁接后管理。嫁接后，将嫁接苗放入苗床内，用草帘遮阳。在嫁接后 1d 内即使接穗出现萎蔫也不可浇水或喷水，否则接口处容易积水而腐烂，2d 后可以喷水，10d 后接穗开始生长，以后的管理与一般育苗。

6. 茄子靠接

（1）播种期。砧木提前 7～10d 播种

（2）靠接方法。在砧木和接穗 1～2 片真叶时假植，砧木苗宜假植于直径为 8～10cm 的营养钵内，接穗苗可假植于苗床内（苗距 6～8cm）。在砧木苗具有 5～6 片真叶、接穗苗具有 2～3 片真叶时进行嫁接。先将砧木苗在第二片真叶上面平切，再从切口处一侧自上而下垂直切一刀，切口深度掌握在 1.5cm 左右，切口宽度掌握在茎粗的 1/2～4/5。接穗苗保留 2 片真叶，在生长点后将其茎用锋利的双面刀削成楔形，楔形长 1～1.3cm。然后立即把接穗插入砧木中，用夹子固定。

（3）嫁接后管理。嫁接后的前 3d，要求每天遮光 6h，空气相对湿度保持在 85%～90%，白天温度控制在 25～30℃，夜间 18～23℃，3d 后逐渐延长日照时间，要逐渐透光换气，4d 后早晚要多见太阳弱光，换气也要逐渐加大。8～10d 后，待嫁接苗全部成活后，可剪断接穗切口下部的根、茎，再撤去遮阳棚和小拱棚，按正常茄子苗管理。

拓展知识

育苗时的常见问题及原因　　辣椒漂浮育苗

项目三

XIANGMU 3

蔬菜田间管理

学习目标

▶专业能力

(1) 能够进行菜地的整地作畦。

(2) 能够对不同种类的蔬菜进行配方施肥。

(3) 能够根据蔬菜植株生长要求进行植株调整。

(4) 能够对不同种类的蔬菜进行合理的灌溉。

(5) 能够根据蔬菜生物学特性科学设计种植制度。

▶方法能力

(1) 具有信息采集、处理的能力。

(2) 具有独立使用各种媒介完成学习任务，并有自主学习的能力。

(3) 具有分析解决问题、接受应用新技术的能力。

(4) 具有综合和系统思维，并有完成典型工作任务的能力。

(5) 具有撰写技术报告、学习迁移的能力。

▶社会能力

(1) 具有吃苦耐劳、诚实守信、爱岗敬业的职业精神。

(2) 具有团队合作、沟通、语言表达能力。

(3) 能够公正地自我评价和评价他人。

(4) 具有环保意识、社会责任感、参与意识及自信心。

任务布置

该项目的学习任务为整地定植、施肥、灌溉、植株调整等蔬菜田间管理技术，在教学组织时全班组建成两个模拟股份制公司，每个公司再设 3 个小组，公司间开展竞赛，以小组为单位，自主完成相关知识准备，制订蔬菜田间管理技术的操作规程和要求，然后按照要求实际操作一遍，每个小组完成 $200m^2$ 左右的田间管理任务。

建议本项目为 20 学时，其中 18 学时用于蔬菜田间管理技术的学习、操作，另 2 学时用于各“公司”总结、反思、交流。

具体工作任务的设置：

(1) 根据不同地区、不同种类蔬菜的要求进行整地作畦。

(2) 设计一般蔬菜的种植制度。

(3) 制订常规蔬菜的配方施肥方案，并实际操作。

(4) 根据天气、土壤和蔬菜的生长状况制订灌溉的方案，并实施灌溉。

(5) 根据不同蔬菜种类采用不同的植株调整方法。

(6) 对每一个所完成的工作步骤进行记录和归档，每个小组提交一份技术报告，每人提交一份工作报告。

任务一　整地定植

任务资讯

一、菜畦的主要类型

为了控制土壤中的含水量，便于排灌和农事操作，达到改善土壤温度、空气条件及减轻病虫害发生的目的，在土壤翻耕后、蔬菜栽植前，应整地作畦。菜畦主要有平畦、高畦、低畦和垄几种形式。

(一) 平畦

畦面与畦间通道相平，地面平整后不需要筑成畦沟和畦埂，适宜于排水良好、气候干燥的地区或季节。平畦的主要优点是减少畦沟所占面积，提高土地利用率。长江流域及以南地区雨水多，地下水位高，不宜采用平畦。

(二) 高畦

畦面高于田间通道。在降水多，地下水位高或排水不良的地方宜采用高畦。一般畦面高15～30cm、宽100～200cm，沟深20～30cm、宽约40cm。

高畦的主要优点：一是加厚耕层；二是排水方便，土壤透气好，有利于根系发育；三是地温高，有利于早春蔬菜生产；四是灌水不超过畦面，可减轻通过流水传播的病虫害蔓延；五是南方夏季采用深沟高畦栽培，沟内存水，有利于降低地温。

(三) 低畦

畦面低于畦间通道，有利于蓄水和灌溉。适宜于地下水位低、排水良好、气候干燥的地区或季节。

(四) 垄

垄是一种较窄的高畦，表现为底宽上窄，一般垄底宽60～70cm，顶部稍窄，高约15cm。垄间距根据蔬菜种植的行距而定。垄用于春季栽培时，地温容易升高，利于蔬菜生长；用于秋季蔬菜生长时，有利于雨季排水，且灌水时不直接浸泡植株，可减轻病害传播。灌水时，水从垄的两侧渗入，土壤湿度较高畦充足而均匀。

二、作畦技术

作畦一般跟土壤耕作结合起来进行，在土壤耕翻后，根据栽培需要确定合理的菜畦类型及走向，按照栽培畦的基本要求作畦。

（一）畦向

畦向是指畦的延长方向。畦向直接影响植株的受光、通风、热量、地表水分等情况，应根据地形、地势及气候条件确定合理的畦向。在风力较大地区，畦向应与风向平行，利于行间通风及减少台风危害；地势倾斜的地块，应以有利于保持土壤水分和防止土壤冲刷为原则来确定畦向。当植株的行向与栽培畦的走向平行时，冬、春季栽培应采用东西向，植株受光好，冷风危害较轻，有利植株生长；夏季则多采用南北向作畦，可使植株接受更多的阳光和热量。

（二）作畦的基本要求

1. 土壤要细碎 整地作畦时，保持畦内无垃圾、石砾、薄膜等各种杂物，土壤必须细碎，从而有利于土壤毛细管的形成和根系的吸收。

2. 畦面应平坦 畦面要平整，否则浇水或雨后湿度不均匀，导致植株生长不整齐。

3. 土壤松紧要适度 为了保持良好的保水保肥性及通光状况，作畦后应保持土壤疏松透气，但在耕翻和作畦过程中，也需适当镇压，避免土壤过松，浇水时造成塌陷，从而使畦面高低不平，影响蔬菜生长。

三、定植技术

在露地或设施培育的蔬菜幼苗长到一定大小后，将其从苗床中移到菜田的作业称为定植（移栽）。蔬菜生产中为了争取农时、增加茬口、发挥地力、增加根数、扩大根的吸收面积等，可进行蔬菜的育苗移栽。

（一）定植前的准备

整地作畦后，按照确定的行株距开沟或挖定植穴，施入适量腐熟的有机肥和复合肥，与土拌匀后覆一层细土，选择适龄的壮苗，分级摆放，准备定植。

（二）定植时期

由于各地气候条件不同，蔬菜种类繁多，各地应根据气候与土壤条件、蔬菜种类、产品上市时间及栽培方式等来确定适宜的播种期与定植期。设施栽培的定植时期主要考虑产品上市的时间、幼苗大小及设施保温性能等。在露地栽培时，影响蔬菜定植期的主要因素是温度。喜温暖的蔬菜春季应在10cm地温稳定在10～15℃时定植；秋季则以初霜期为界，根据蔬菜栽培期长短确定定植期；喜冷性蔬菜春季当土壤解冻、地温达5～10℃时即可定植。在早春露地蔬菜定植时，为了防止低温对秧苗的危害，定植时间应在上午10时左右开始，到14时结束；在夏、秋季定植时，为了减少高温对秧苗的危害，定植时间以选在傍晚为好。

（三）定植方法

用锄头在畦内开定植穴，取苗定植。营养钵育苗的，用一只手压住营养钵中的土坨，翻转营养钵的底部，取出土坨后定植。根据定植时浇水的先后，定植方法可分为明水定植和暗水定植两种。

1. 明水定植 明水定植时，按定植蔬菜种类的株行距大小开穴或开沟，把秧苗栽植在定植沟或定植穴中，覆土压紧，种植完及时浇水。明水定植省工省时，浇水量大，地温降低明显，适于高温季节定植。

2. 暗水定植 暗水定植也称水苗稳法，定植时先在定植沟或定植穴中浇水，把秧苗放在定植沟或定植穴内，待水渗下后，覆土栽苗。暗水定植可防止土壤板结，有保湿、促进幼苗发根、减少土壤降温、加速缓苗等作用。

（四）定植密度

定植密度因蔬菜的种类、品种、栽培方式、管理水平和气候条件的不同而异。在保证蔬菜正常生长发育的前提下，应尽量做到合理密植，以提高产量和品质。一般来说，爬地生长的蔓生蔬菜定植密度应小，直立生长或支架栽培蔬菜的密度应大；丛生的叶菜类和根菜类密度宜小；早熟品种或栽培条件不良时密度宜大，晚熟品种或适宜条件下栽培的蔬菜密度应小。

（五）定植深度

秧苗栽植的深度，与定植时间、地下水位的高低和蔬菜种类有一定的关系，一般早春地温较低，定植宜浅；地下水位较高时，定植也不宜过深；黄瓜、洋葱宜浅一些，大葱、番茄、茄子可深一些。定植深度一般以子叶以下，畦面与土垅相平为宜。

（六）定植时注意事项

（1）尽量多带土，减少伤根。

（2）栽植深浅适宜，一般以子叶下为宜。

（3）选择合适的定植时间。一般寒冷季节选晴天，炎热季节选阴天或午后进行定植。

相关链接

（一）蔬菜标准园的选择原则

蔬菜赖以生长发育的环境因素很多，但影响其质量安全的环境要素主要是空气、水分和土壤。标准化蔬菜生产对影响质量安全的环境要素有着严格的要求。选择和建立适宜的基地是进行标准化蔬菜生产的首要条件，在开展标准化蔬菜生产之初应认真做好此项工作。

（1）蔬菜标准园应选择在生态条件良好，远离污染源，并具有可持续生产能力的农业生产区域。

（2）选择蔬菜标准园必须考虑到一定地域内生产资源的合理有效配置，使其生产蔬菜的经济效益高于其他种植业。

（3）蔬菜标准园要建在自然气候特点与主栽蔬菜作物的生物学特性相吻合，并具有一定规模和较大发展空间的商品菜生产区，为其产地市场的形成奠定基础。同时，蔬菜标准园创建地域的农民科学文化素质、蔬菜生产技术基础以及经济发展水平和道路交通状况等，也都要有利于蔬菜标准园创建和蔬菜产业的可持续发展。

（二）蔬菜标准园的环境条件要求

（1）蔬菜标准园要远离废气、废渣、废水等污染源，保证有良好的灌溉条件和清洁的灌溉水源等。还要避开重金属、滴滴涕、六六六等污染物本底值高的地区。

（2）蔬菜标准园的盛行风向上方应无工业废气污染源，空气清新洁净；蔬菜标准园所在区域无酸雨。

（3）蔬菜标准园灌溉用水质量稳定达标，如果用江、河、湖水灌溉，则要求水质达标、输水途中无污染。

（4）蔬菜标准园要求土壤肥沃，有机质含量高，酸碱度适中，矿质元素背景值在正常范围以内，无重金属、农药、化肥、石油类残留物、有害生物等污染。

总之，蔬菜标准园应选建在交通方便、地势平坦、土壤肥沃、排灌条件良好的蔬菜主产区、高产区或独特的生态区；基地的土壤、灌溉水和大气等环境均未受到工业“三废”及城市污染水、废弃物、垃圾、污泥及农药、化肥的污染，基地周边 2km 以内无污染源，基地距主干公路 500m 以上。

计划决策

以小组为单位，获取菜田耕作与定植的生产的相关信息后，研讨并获取工作过程、工具清单、材料清单，了解安全措施。填写工作任务单（表 3-1、表 3-2、表 3-3），制订生产方案。

（一）材料计划

表 3-1 整地定植生产所需材料单

序　号	材料名称	规格型号	数　量	备　注

（二）工具使用

表 3-2 整地定植生产所需工具单

序　号	工具名称	规格型号	数　量	备　注

（三）人员分工

表 3-3 整地定植生产所需人员分工名单

序　号	人员姓名	任务分工

（四）生产方案制订

（1）所需的农业生产资料与工具。肥料、农药、农膜、锄头、钢卷尺、绳等。

（2）整地作畦。整地作畦的时间，作畦的规格、要求、所用工具、工作顺序等。

（3）定植。定植的时间、方法和技术要求。

（4）资金预算。

（5）讨论、修改、确定生产方案。

组织实施

以小组的形式在学习工作单的引导下，完成专业知识学习，开展蔬菜作物整地作畦和定植；并记录实施过程中出现的特殊情况或调整情况。

（一）整地作畦

1. 净地 除去草、作物秸秆、石块等杂物。

2. 施肥 根据所要栽培的作物的要求及土壤肥力，确定施肥量，将腐熟有机物均匀撒开，并清除杂物。

3. 翻地 蔬菜作物根系多数集中在5～25cm土层中，菜地耕作要求深耕细锄，一般耕深25～30cm，土块力求细碎。掘菜地要来回两遍，头遍深掘，二遍细锄粉碎土块。深耕可以加厚土层，同时可将杂草种子与病虫原埋入土层深处，减轻危害。但土层浅薄的土地，耕作时须避免将底土翻到耕作层而引起土地肥力下降。在翻地过程中要使土与肥料充分混合，并使土壤表面基本达到水平。

4. 作畦 整好地后，按定植蔬菜的种类做好大小适宜的定植畦，必须深沟高畦，做到排水畅通，一般畦宽（连沟）1.2～1.5m，用锄头把畦面做成龟背状。

（二）定植

1. 浇水 为了减少起苗时伤根，起苗前4～6h往苗床上用喷壶浇水，水量以能使在起苗时刚好淹透秧苗的根际为准，切忌水量过大，使起苗后幼苗不易分开，而且水量过大时泥易沾在苗上、手上，影响操作，降低移苗质量。

2. 起苗 在浇好水的苗床上，一只手拿小铲挖苗，另一只手在上面捡苗，再将苗按大小分级集中，准备移苗。

3. 开穴（沟） 按照蔬菜株行距开穴或开一条上口宽约5cm、深6～8cm（主要根据幼苗的大小确定深浅）的小沟，且深浅一致，土均匀地放在靠近操作者的一侧。

4. 摆苗 将大小分级后的幼苗摆放在穴内，或按要求的株行距均匀地摆放在所开沟的远离操作者的一侧。定植深浅要根据幼苗的大小和种类而定。一般瓜类移苗早，幼苗的子叶基部应高出畦面1～1.5cm，茄果类、甘蓝等则子叶基部比畦面略高或齐平即可，而叶片丛生的叶菜类，注意叶丛一定要在畦面以上，以免浇水后，泥水灌到苗心叶上，破坏生长点。另外，如果是徒长苗，可适当深一些。

5. 推土压根 摆完苗后，用开穴时取出的土推入穴内将幼苗有根部埋上，目的是为了不让幼苗在浇水时浮起来或倒向一边。

6. 浇水 定植后浇点根水，水量以湿透根际为准。

7. 覆土 水下渗后，将剩余的土完全填回穴（沟）内，并将畦面整平。

完成以上操作后填写生产记载表（表3-4）。

表3-4 生产记载表

试验地点		生产小组名称		备注
蔬菜种类		品种名称		
定植畦类型		畦宽度（cm）		
畦长度（m）		基肥种类		
基肥量（kg）		基肥使用方法		
定植的品种		定植行距（cm）		
定植株距（cm）		定植面积（m^2）		

拓展知识

地膜覆盖技术

蔬菜的轮作、连作、间作、混作、套种

任务二 施 肥

任务资讯

一、蔬菜干物质累积特点

许多蔬菜品种的生物产量高，生长速度快，在其生长发育过程中对水分和养分供给的要求也相对较高。绝大多数蔬菜的干物质积累呈S形曲线，即在其生长的前期生物量累积速度很慢，进入生育中期生长速度明显加快，而到末期接近成熟采收时生长速度又下降。各种蔬菜在整个生育期都存在一个迅速生长阶段，此时的水肥供应对蔬菜的正常生长起到十分关键的作用。

不同种植季节、种植模式、茬口类型，植株干物质累积规律和养分吸收数量有较大差异。因此，对蔬菜进行合理的灌溉施肥，必须首先考虑蔬菜作物的栽培模式、栽培季节、目标产量以及在该目标产量水平下的干物质累积及养分吸收规律，以确定不同生育时期养分分配施用的比例。

二、蔬菜养分需求特点

1. 需肥量大 蔬菜作物产量高，茎、叶及食用器官中氮、磷、钾等营养元素含量均比大田作物高，与大田作物相比，其需肥量要大很多。同时，由于蔬菜的生育期较短，一年中复种茬数多，许多蔬菜如大白菜、萝卜、黄瓜、番茄等产量常高达75t/hm^{2}以上，一般蔬菜氮、磷、钾、钙、镁的平均吸收量比小麦分别高4.4、0.2、1.9、4.3和0.5倍。

2. 吸收强度大 蔬菜作物根部的伸长区（根毛发生区）在整个植株中的比例一般高于大田作物，该部位是根系中最活跃的部分，其吸收能力和氧化力强。植物根系盐基代换量是根系活力的主要指标之一，蔬菜作物根系盐基代换量较大田作物高。

3. 多为喜硝态氮作物 多数蔬菜在完全硝态氮条件下，产量最高，而对铵态氮敏感，铵态氮占全氮量超过一定比例后，生长受阻，产量下降。一般蔬菜生产中硝态氮与铵态氮的比例以7∶3较为适宜。

4. 需硼量高 蔬菜作物多属于双子叶植物，所以其需硼量也较多，如根菜类蔬菜比麦类高8～20倍。

5. 需钙量高 蔬菜作物需要吸收钙的数量较多，主要原因是许多豆科作物需钙量大，另一个原因可能是钙能中和作物代谢过程中所形成的有机酸。

三、不同种类蔬菜对营养元素的要求

1. 叶菜类蔬菜 小型叶菜生长全期需要氮最多；大型叶菜需要氮也较多，但到生长盛期则需增施钾肥和适量磷肥。

2. 根茎类蔬菜 幼苗期需较多的氮，适量的磷和少量的钾；根茎肥大期则需要多量的钾，适量的磷和少量的氮。如果后期氮素过多，而钾供应不足，则植株地上部容易徒长；前期氮肥不足，则生长受阻，发育迟缓。

3. 果菜类蔬菜 幼苗期需氮较多，磷、钾相对较少些；生殖生长期对磷的需要量激增，而氮的吸收量则略减。如果后期氮过多而磷不足，则茎、叶徒长，影响结果；前期氮肥不足则植株矮小，磷、钾不足则开花晚，产量和品质也随之降低。

四、蔬菜根系发育特点

根系是植物吸收养分最主要的器官，但是与大田作物相比，蔬菜作物根系普遍分布较浅，根长密度低，养分吸收能力相对较弱，而在设施条件下，移栽蔬菜时温度的高低、土壤的紧实度、土传病害、高强度的养分供应有限、生长空间有限以及土壤的次生盐渍化等因素都限制了蔬菜根系的生长。一般来说，根系越浅和根长密度越低，作物的耐肥及耐旱性越差。与大田作物相比，蔬菜作物的根长密度要低得多，根长密度可能和养分消耗能力有关，如果某一土层的根长密度水平很低，该层根系吸收的氮素在作物吸收的氮素总量中占有的比例相对就低，相应地要提高土壤氮素供应的强度。

相关链接

（一）有机肥的选择与施用

1. 氮、磷总量养分控制原则 有机肥施用为蔬菜作物生产提供了全面的养分和丰富的有机质。目前国内蔬菜生产中盲目施用有机肥的问题非常突出，一方面由于很少考虑养分均衡供应，因过量施用而导致菜田土壤氮、磷等养分累积并带来土壤质量和环境问题；另一方面，一些有机肥含有重金属或病菌微生物而直接施用可能会影响蔬菜品质。

有机肥必须通过堆肥处理杀死大部分的杂草种子和病原菌、钝化重金属活性后才能施用。同时，必须限制盲目施用粪肥的习惯，建议设施蔬菜生产以每季通过粪肥带入的总氮数量以每 667m^2 不超过 15kg 氮为宜，露地蔬菜每季通过粪肥带入的总氮数量以每 667m^2 不超过 10kg 氮为宜。鼓励施用 C/N 高的有机肥，如通过秸秆还田等措施，提高土壤有机质水平和微生物活性。

2. 有机肥料中养分的有效性取决于 C/N 有机氮肥施入土壤后，只有非常小的一部分是以无机形态存在，大部分氮以有机态存在，有机氮必须通过微生物降解，将其转化为铵态氮和硝态氮后才能吸收。随着有机肥料中 C/N 的增加，其矿化分解的比例逐渐下降，当季有效性的比例逐渐降低。

3. 选用不同种类的有机肥 新菜田可适当以粪肥为主，主要是通过粪肥的施用迅速改善菜田土壤的理化性状，提高菜田土壤养分供应；老菜田土壤养分累积水平较高，再加上连年种植蔬菜，可能导致土壤 C/N 很低、微生物活性不高、土传病害严重等问题，施用秸秆类有机肥、生物有机肥等可避免养分继续过量累积、增加土壤微生物多样性、提高土壤生物肥力、减少作物土传病害、提高作物产量。

（二）尿素施用

尿素可作基肥和追肥，一般不作种肥。

1. 基肥 尿素与少量有机肥混匀撒施畦面，应随即耕翻到湿润的土层中，以利于尿素的转化。基肥用量为每 667m^2 施用 15kg 左右。

2. 追肥 采用沟施或穴施，施肥深度 7～10cm，施后覆土。追肥量为每 667m^2 施用 10kg 左右。

3. 根外追肥 各种蔬菜喷施尿素的适宜浓度见表 3－5。喷肥时间以无风的傍晚为宜。

表 3－5 各种蔬菜喷施尿素的适宜浓度

蔬菜种类	适宜浓度（%）
黄瓜、白菜、菠菜、甘蓝	1
西瓜、茄子、马铃薯	0.4～0.8
温室茄子、黄瓜	0.2～0.3

（三）过磷酸钙施用

1. 集中施用

（1）基肥。施在 10cm 左右的土层中，每 667m^2 用量为 5～8kg。

（2）种肥。直接施入播种沟、穴中或直接与种子混拌施用。每 667m^2 拌种用量为 3～4kg，与 1～2 倍腐熟的有机肥或干细土混匀，然后与种子混拌，随拌随施。

（3）追肥。宜早，沟施或穴施，施入根系密集的土层，每 667m^2 用量为 10～15kg。

2. 与有机肥混合施用 过磷酸钙与有机肥一起堆沤后再施用。

3. 分层施用 将磷肥用量的 2/3 作基肥深施，满足作物生育中后期对磷的需要，另 1/3 作种肥施用。

4. 与石灰配合施用 一般先施石灰，隔数天后再施过磷酸钙。

5. 根外追肥 喷施时先将过磷酸浸泡于几倍的水中，充分搅拌约 10min，放置澄清，取上清液稀释后喷施。喷施浓度为 0.5%～1%，在作物开花期前后，每 667m^2 用量为 50～60kg，喷 1～2 次。

计划决策

全班组建成两个模拟股份制公司，获取施肥技术信息后，研讨并获取工作过程、工具清单、材料清单，了解安全措施，填写工作任务单（表 3－6、表 3－7、表 3－8），制订配方施肥方案。

（一）材料计划

表 3－6 施肥所需材料单

序 号	材料名称	规格型号	数 量	备 注

（二）工具使用

表3-7 施肥所需工具单

序 号	工具名称	规格型号	数 量	备 注

（三）人员分工

表3-8 施肥所需人员分工名单

序 号	人员姓名	任务分工

（四）生产方案制订

（1）施肥类别。肥料种类、施肥面积和数量。

（2）设施、设备与用具。土铲、布袋、标签、扩散皿、恒温箱、分光光度计、往返式振荡机、火焰光度计、肥料及其他生产工具。

（3）配方施肥的具体内容的制订。

①划定配方区域和蔬菜作物种类。

②计划施肥量的计算、确定参数。

③制订配方施肥处方卡，施肥方法的确定。

（4）资金预算。肥料费用、劳动力费用、水电费、药品费用等。

（5）讨论、修改、确定施肥方案。

（6）购买肥料等农资。

组织实施

以小组的形式在学习工作单的引导下，完成专业知识学习，开展蔬菜作物配方施肥技术演练，并记录实施过程中出现的特殊情况或调整情况。

（一）划定配方区域和作物种类

依据土壤类型、土壤肥力水平、气候条件、作物种植种类和品种，将其划成若干配方区。同一配方区的土壤类型、土壤肥力水平、气候条件、生产条件、作物品种应一致。配方区的面积可大可小，根据实际情况而定。

（二）计划施肥量的计算

根据养分平衡法即作物需肥量与土壤供肥量之差来计算计划施肥量，即：

$$\text{每 } 667m^2 \text{ 计划施肥量（kg）} = \frac{\text{目标产量} \times \text{单位产量养分吸收量} - \text{土壤养分供给量}}{\text{肥料养分含量（\%）} \times \text{肥料利用率（\%）}}$$

（三）确定参数

1. 目标产量的确定 以当地前3年作物的平均产量为基础，增加10%～15%的产量作为目标产量。

2. 单位产量的养分吸收量 查阅资料，掌握配方施肥作物吸收量，填写表3-9。

表3-9 供试蔬菜的主要生物学特性和养分吸收量

植物种类	生育期天数（d）	养分吸收量（kg/t）		
		N	P_2O_5	K_2O

3. 土壤养分供应量

每667m² 土壤供肥量（kg）＝土壤养分测定值（mg/kg）×0.15×校正系数

（1）土壤养分测定值（mg/kg）的确定。

①土壤样品的采集。划定配方区域后，进行土壤样品采集，并处理好待测样本。

②土壤样品的处理。风干、去杂、磨细、过1mm孔径筛、混匀、装瓶。

③测定土壤养分含量。测定土壤氮、磷、钾养分含量，掌握配方区域土壤养分供应数量，填表3-10。

表3-10 土壤养分测定项目、测定方法和测定结果

测定项目	测定方法	养分含量测定结果（mg/kg）	备注
土壤有效氮	碱解扩散法	氮（N）	
土壤速效磷	钼锑抗比色法	磷（P_2O_5）	
土壤速效钾	火焰溶解度法	钾（K_2O）	

（2）土壤养分换算系数（0.15）的计算。每667m² 耕层土重按150 000kg计，若速效养分含量为1mg/kg，则每667m² 配方区域耕层土壤含该速效养分为：

$$150\,000 \times 1/1\,000\,000 = 0.15\ (\text{kg})$$

（3）校正系数。设置缺乏某一元素（该元素为计划配方施肥养分）的田间实验，获得的产量即为无肥区作物产量。校正系数计算方式如下：

$$\text{校正系数} = \frac{\text{无肥区作物养分吸收量}}{\text{土壤测定量}} = \frac{\text{无肥区作物产量} \times \text{作物单位养分吸收量}}{\text{养分测定值（mg/kg）}} \times 0.15$$

（4）肥料中养分含量。测定其有效养分含量，才能作为计算的依据。

（5）肥料利用率。

$$\text{某元素肥料利用率（\%）} = \frac{\text{施肥区作物吸收的养分量} - \text{无肥区作物养分的吸收量}}{\text{所施肥料中养分的含量}} \times 100\%$$

（四）制订配方施肥处方卡

将取得的各项参数及计算结果填入表3-11，制订配方施肥处方卡。

表 3-11 配方施肥处方卡

蔬菜种类	前 3 年每 667m² 平均产量（kg）		
每 667m² 目标产量（kg）			
每 667m² 目标产量养分需求量（kg）	氮（N）	磷（P_2O_5）	钾（K_2O）
每 667m² 土壤供肥量（kg）	氮（N）	磷（P_2O_5）	钾（K_2O）
每 667m² 计划施肥量（kg）	氮（N）	磷（P_2O_5）	钾（K_2O）
施肥种类、施肥环节和方法			

（五）施肥方法

1. 有机肥施用方法 有机肥施用量依土壤肥力水平而定，新建大棚（1～3 年）肥力较低，每 667m² 施优质腐熟有机肥 7t 左右为宜；种植 3～7 年的大棚，每 667m² 施优质腐熟有机肥 6t 左右为宜；种植 8～20 年的大棚，每 667m² 施优质腐熟有机肥 5～6t 为宜。有机肥于定植前撒施后翻入耕作层。

2. 化肥施用方法 首先将施入的有机肥总量代入的氮、磷、钾有效数量计算出来，然后用配方施肥得出的氮、磷、钾需求量减去有机肥代入的氮、磷、钾量，即需要通过施用化肥来补充的氮、磷、钾量。

磷肥和钾肥的一半与有机肥混施，另一半与氮肥总量的 1/4 于定植时作基肥；氮肥总量的 3/4 于初期和后期作追肥施入。

（六）施肥建议

依据作物营养特性和计划施肥量写出计划施肥的肥料种类、施肥环节和方法建议。

（七）注意事项

（1）目标产量应在充分调查当地蔬菜生产、产量和土壤基础肥力基础上确定。

（2）确定化肥施用量时应将有机肥带入的有效养分从计划施肥量中减去。

拓展知识

二氧化碳施肥

各种蔬菜形成 1t 商品菜所需养分量

蔬菜营养缺乏症状

蔬菜营养元素缺乏的补肥方法

任务三 灌 溉

任务资讯

一、合理灌溉的依据

（一）根据蔬菜的需水特性进行灌水

1. 根据蔬菜种类合理灌溉 需水量大的蔬菜应多灌水，耐旱性蔬菜少灌水。

2. 根据蔬菜的生育阶段合理灌溉 一般来说，幼苗出土前不宜浇水，出土后灌水要少，保持畦面半干半湿；产品器官形成前一段时间，应控水蹲苗，防止旺长；产品器官盛长期，应勤灌水，保持地面湿润；产品收获期，要少灌水或不灌水，提高产品耐贮性。

3. 根据秧苗长相进行灌水 蔬菜长相是体内水分状况的外部表现。叶片的姿态变化、色泽深浅，茎节的长短、蜡粉的厚薄等都可作为判断蔬菜是否需要灌水的依据。

（二）根据气候变化进行灌水

寒冷季节灌水要少，并且应在晴暖天中午前后灌水。高温季节灌水要勤，并且要在早晨或傍晚灌水。越冬蔬菜入冬前要浇封冻水，防冻防旱。

（三）根据土壤类型合理灌水

沙性土的保水性差，要增加灌水次数；黏性土的保水力强，灌水量及灌溉次数要少；盐碱地应勤灌水、灌大水，防止盐碱上移；低洼地要小水勤灌，防止积水。

（四）结合栽培措施进行灌水

定植前浇灌苗床，有利于起苗带土；追肥后灌水，有利于肥料的分解和吸收利用；分苗、定植后灌水，有利于缓苗；间苗、定苗后灌水，可弥缝、护根；秋菜播种后，地温高不利于出苗，应多灌井水，降低地温。

二、灌溉方法

蔬菜种类繁多，其栽培方式、栽培时期及各地气候土壤等条件也不同，所采用的灌溉方式也不一样。目前，生产上灌溉的方法主要有以下几种。

（一）地面灌溉（明水灌溉法）

地面灌溉是我国蔬菜灌溉的主要形式，主要有畦灌、沟灌、漫灌等几种形式，其优点是投资小，易实施，适用于大面积蔬菜生产，但费工费水，易使土壤板结。

地面灌溉系统由水源（井、河、塘）、抽水机械（水泵、水车）、输水渠道（干渠、毛渠）和灌溉渠组成，各个组成部分的配套因各地条件而异。

进行地面灌溉的菜地，其灌水（排水）沟渠有一定的倾斜度（坡降），倾斜度的适宜范围是0.002～0.003（即每1 000m高层下降2～3m），以利灌溉和排水。地面灌溉中，畦的长度通常以6～10m为标准长度。

（二）滴灌

滴灌是将具有一定压力的灌溉水，通过管道以水滴状态，均匀滴入蔬菜作物根系附近的土壤中的一种灌溉方式。其特点是：①滴灌的蒸发损失很少，是最省水的灌溉方法，同时比地面灌溉省工；②滴灌主要是借助毛管力作用湿润土壤，不破坏土壤结构，使土壤内部水、肥、气、热能经常保持适宜蔬菜作物生长的良好状况；③滴灌比喷灌耗能少，可低压力运行，同时便于自动控制；④为防止滴头堵塞，对水质和过滤设备的要求较高；⑤蔬菜作物生育效果好，劳动效率高。

（三）泼浇

泼浇即用人工引水到菜畦边或注入畦沟间，用木勺逐棵泼浇。

相关链接

水肥一体化技术

水肥一体化是按照蔬菜生长过程中对水分和肥料的吸收规律和需要量，进行全生育期的需求设计，在一定的时期把定量的水分和肥料养分按比例直接提供给作物。实际运作时将灌溉与施肥融为一体，借助压力灌溉系统，将可溶性固体肥料或液体肥料配兑而成的肥液与灌溉水一起均匀、准确地输送到作物根部土壤的一项新技术，是根据根层调控原理实现精确施肥与精确灌溉相结合的技术。水肥一体化技术可控制由于盲目过量施肥造成的地下水及土壤环境污染，减少农药残留污染，有效改善农田生态环境，改善水资源短缺现状，对促进农业可持续发展意义重大。

根层养分水分供应是水肥一体化的理论基础，蔬菜对水分要求比较严格，保证水分和养分在根区内供应十分关键。在旱地土壤适宜温度环境下，铵态氮肥在1周以后就很快通过硝化作用转化为硝态氮，带负电荷的土壤颗粒不能像吸持带正电荷的铵离子那样有效地吸持硝酸根离子，因此过量灌溉降低根层硝态氮的浓度，硝酸根离子会很容易地被淋洗到土壤剖面中根系分布区以下的土层。例如，对设施果菜类来说，如果在沙壤土上每667m^2每次的灌溉量超过40m^3，则表层土壤中的硝态氮可能平均下移20～30cm，在这种情况下，设施果菜的幼苗就很难利用这部分养分。

计划决策

全班组建成两个模拟股份制公司，获取某种蔬菜的灌水相关信息后，研讨并获取工作过程、工具清单、材料清单，了解安全措施，填入工作任务单（表3－12、表3－13、表3－14），制订某种蔬菜的灌溉方案。

（一）材料计划

表3－12　灌溉所需材料单

序　号	材料名称	规格型号	数　量	备　注

（二）工具使用

表 3-13 灌溉所需工具单

序 号	工具名称	规格型号	数 量	备 注

（三）人员分工

表 3-14 灌溉所需人员分工名单

序 号	人员姓名	任务分工

（四）生产方案制订

（1）灌溉的蔬菜种类、灌溉的面积、灌溉的方式等。

（2）所需的农业生产资料。肥料、农药、生产工具等。

（3）田间操作过程的制订。

①灌溉时间的确定。早晨、傍晚、中午前后等。

②灌溉方式。浇灌、沟灌、漫灌、喷灌、滴灌等。

③灌水量的确定。

④灌水的操作程序。

（4）资金预算。水电费用、机械费用、劳动力费用等。

（5）讨论、修改、确定灌水方式。

组织实施

以小组的形式在学习工作单的引导下，开展现代菜田灌溉技术演练，并记录实施过程中出现的特殊情况或调整情况。

（一）蔬菜灌溉生理生态指标的确定

土壤水分应保持在使蔬菜作物能够进行正常生育的有效水分范围内，即经重力自然排水后 24h 的田间持水量降到使蔬菜作物生育、产量受阻的临界水分点之间的土壤水分含量范围。为了准确地判定土壤的供水能力和蔬菜作物对水分的需求，常采用以下指标：

1. 土壤水势 大部分作物的土壤水势保持在－35～－25kPa 的范围内，就能保证其高产稳产。可采用真空表负压计的方法监测土壤水分，以确定灌溉时间。具体方法是在滴头或滴孔正下方 20cm 深处埋设一支真空表负压计，观察负压计的指针读数。对于大部分设施栽培的蔬菜来说，读数在 5～25kPa 表示土壤水分适宜，不需要灌溉；指针读数到 25～35kPa 时就该灌溉了。实际操作中，可根据天气情况和蔬菜生育时期适当减少或者增加灌溉量，或者根据经验来判断。表 3-15 为利用土壤吸力值指导灌溉的指标。

表 3-15 主要蔬菜的灌溉制度

土壤类型	蔬菜种类	每次灌水定额（mm）	
		苗期	中后期
沙土	黄瓜、大白菜、甘蓝、萝卜及绿叶菜类	8～12	15～20
	番茄、甜椒、茄子、胡萝卜	15～20	25～30
壤土	黄瓜、大白菜、甘蓝、萝卜及绿叶菜类	16～34	27～45
	番茄、甜椒、茄子、胡萝卜	16～34	27～45

2. 土壤溶液电导率（EC） 土壤溶液电导率在土壤养分一定条件下，其数值的大小可反映出土壤水分的多少。当土壤水分高时 EC 值相对较小。但由于土质不同，栽培蔬菜作物的生育临界 EC 值也有很大变化（表 3-16）。

表 3-16 蔬菜在不同土质下的生育临界 EC 值

土壤种类	生育受阻临界点（mS/cm）			枯死临界点（mS/cm）		
	黄瓜	番茄	辣椒	黄瓜	番茄	辣椒
沙土	0.3	0.4	0.6	0.7	1.0	1.0
沙壤土	0.5	0.8	0.8	1.5	1.6	1.8
黏壤土	0.8	0.8	1.0	1.6	1.8	2.4

（二）蔬菜作物的灌溉量及灌水量的确定

蔬菜作物整个栽培期内的灌水总量称灌溉量，其单位可用 mm、t/hm^2 或 kg/m^2 表示。蔬菜的灌溉量与蔬菜作物种类、降水量、栽培季节及灌水次数等因素有关，一般为 200～450mm（相当于 2 000～4 500t/hm^2）。

蔬菜作物的灌水量是指每次灌水的量。灌水量的大小随蔬菜种类、根系分布层深度、生育阶段、土壤质地及含水量等因素的变化而不同。中国菜农的经验灌水量指标是 33mm、66mm 及 99mm，分别相当于 33kg/m^2，66kg/m^2 及 99kg/m^2。一般可用下列公式计算：

$$m = 10rh(P_1 - P_2)\eta^{-1}$$

式中，m 为灌水量（g/cm^2）；r 为土壤容重（g/cm^3）；h 为根系分布层的土壤厚度（cm）；P_1 为灌水后要求达到的土壤含水量上限（占土干重的百分率，%）；P_2 为灌水前土壤含水量下限（占土干重的百分率，%）；η 为灌溉水有效系数（0.7～0.9）。

$$灌溉量(t/hm^2) = 10 \times m\ (绝对值)$$

拓展知识

滴灌和微喷技术

任务四 植株调整

任务资讯

在蔬菜作物的生长发育过程中，进行植株调整可平衡营养器官和生殖器官的生长，使产品个体增大并提高品质；使通风透光良好，提高光能利用率；减少病虫和机械的损伤；增加单位面积的株数，提高单位面积的产量。

蔬菜的植株调整包括搭架、整枝、摘心、打叶、引蔓、压蔓、吊蔓、防止落花、疏花疏果与坐果节位选择等。

一、搭架技术

搭架的主要作用是使植株充分利用空间，改善田间的通风、透光条件。架子一般分为单杆架、人字架、四角架、小型联架、拱架等几种形式（图 3-1）。搭架必须及时，宜在倒蔓前进行。浇灌定植水、缓苗水及中耕管理等应在搭架前完成。

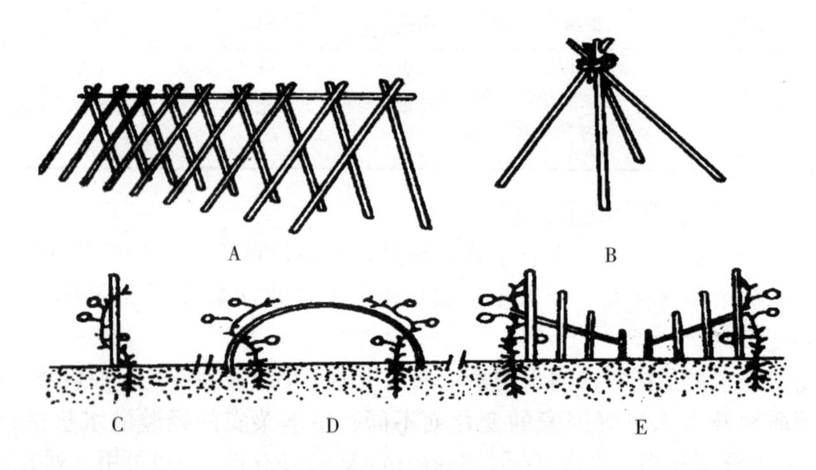

图 3-1 支架的形式

A. 人字架 B. 四角架 C. 单杆架 D. 拱架 E. 小型联架（篱架）

二、引蔓、绑蔓、落蔓技术

（一）引蔓

引蔓时期为果菜类（如黄瓜、西瓜、甜瓜、番茄等）株高约 30cm 时。

（二）绑蔓

对搭架栽培的蔬菜需要进行人工引蔓和绑扎，使其固定在架上。攀缘性和缠绕性强的豆类蔬菜，通过一次绑蔓或引蔓上架即可；攀缘性和缠绕性弱的番茄，则须多次绑蔓。瓜类蔬菜长有卷须可攀缘生长，但由于卷须生长消耗养分多，攀缘生长不整齐，所以一般不予采用，仍以多次绑蔓为好。绑蔓松紧要适度，不使茎蔓受伤或出现缢痕，又不能使茎蔓在架上随风摇摆磨伤。最好采用 8 形扣绑蔓（图 3-2），使茎蔓不与架竿发生摩擦。绑蔓材料要柔软坚韧，常用稻草、塑料绳等。绑蔓时要注意调整植株的长势，如黄瓜绑蔓时，若使茎蔓直立上架，有助于其顶端优势的发挥，增强植株长势；若使茎蔓弯曲上升，则可抑制顶端优势，促发侧枝，且有利于叶腋间花的发育。

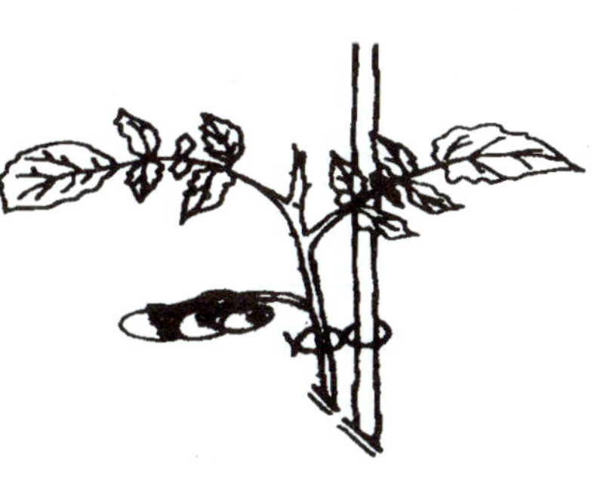

图 3-2 番茄 8 形绑蔓

（三）落蔓

保护设施栽培的黄瓜、番茄等蔬菜，生育期可长达 8～9 个月，甚至更长，茎蔓长度可达 6～7m，甚至 10m 以上。为保证茎蔓有充分的生长空间，需于生长期内进行多次落蔓。当茎蔓生长到架顶时开始落蔓。落蔓前先摘除下部老叶、黄叶、病叶，将茎蔓从架上取下，使基部茎蔓在地上盘绕或按同一方向折叠，使生长点置于架上适当高度后，重新绑蔓固定。

三、压蔓、摘心技术

（一）压蔓

压蔓就是待蔓长到一定长度时用土将一段蔓压住，并使其按一定方向和分支方式生长。压蔓能促进发生不定根，增加植株的养分吸收能力，增加防风能力。

压蔓宜在下午进行。主、侧蔓一起压，每隔 4～6 节压 1 次。在结果处前后 2 个叶节不能压，以免影响果实发育。主蔓宜瓜前压 3 次，以后压 2 次，一次比一次重，土块也由小到大。瓜后第一次不要离幼瓜太近，至少有 10cm 距离，群众经验是“瓜前一次压得狠，瓜后一次压得紧”。侧蔓每隔 3～4 节压 1 次，共压 3～4 次。压到开始坐果前，每 3～4d 压 1 次。南方有些地区，在畦面只铺草，也可起到压蔓作用。引蔓时可用土块压蔓。

（二）摘心

除去顶芽，控制茎蔓生长称摘心（或打顶）。当无限生长类型的果菜类蔬菜生长到一定果穗数目时，可在顶穗果的上方留 2～3 片叶真叶，除去生长点。掐尖作业完成后，应及时喷一次杀菌剂。摘心时间应掌握稍早勿晚的原则。

四、摘叶、束叶技术

（一）摘叶

蔬菜不同成熟度（叶龄）的叶片，其光合效率是不相同的，植株下部的老叶片，光合效率很低，对这样的叶片应摘除。黄瓜生长到 45～50d 的叶片，对植株生长和果实的生长有害而无益。番茄植株高度长到 50cm 以后，下部叶片已变黄和衰老，及时将其摘除有利于果实的生长，也可以改善植株的通风透光条件，减轻病虫害。

摘叶的适宜时期是在其生长的中后期，摘除基部色泽暗绿、继而黄化的叶片，以及严重患病、失去同化功能的叶片。摘叶宜选择晴天的上午进行，留下一小段叶柄用剪子剪除。操作中也应考虑到病菌传染问题，剪除病叶后须对剪刀做消毒处理。摘叶不可过重，即便是病叶，只要其同化功能还较为旺盛，就不宜摘除。

（二）束叶

束叶技术适合于大白菜和花椰菜，可以促进叶球和花球软化，同时也可以防寒，增加株间空气流通，防止病害。在生长后期，大白菜已充分灌心、花椰菜花球充分膨大后，或温度降低，光合同化功能已很微弱时，进行束叶。过早束叶不仅对包心和花球形成不利，反而会因影响叶片的同化功能而降低产量，严重时还会造成叶球、花球腐烂。

相关链接

（一）中耕、除草

中耕是蔬菜生长期间于播种出苗后，或定植后在株、行间进行的土壤耕作。中耕多与除草同时进行，可以消灭杂草，同时可以改善土壤的物理性质，增强通气和保水性能，促进根系的吸收和土壤养分的分解。冬季和早春中耕有利于提高土温，促进作物根系的发育，减少土壤水分的蒸发。

中耕的深度根据蔬菜根系的分布特点和再生能力而定，如黄瓜、葱蒜类根系较浅，再生能力弱，应进行浅中耕；番茄、南瓜根系较深，再生能力强，宜深中耕。最初与最后的中耕宜浅，中间的中耕宜深；距植株远宜深，近则宜浅。一般中耕的深度在5～10cm。中耕的次数则依据蔬菜种类、生长期长短及土壤性质而定，但必须在植株未全部封顶之前进行。

（二）培土

培土是植株生长期间将行间土壤分次培于植株基部，一般结合中耕、除草进行。培土对不同种类的蔬菜有不同的作用，葱、芹菜、韭菜、石刁柏等培土可以促进植株软化，提高产品品质；马铃薯、芋、姜等培土可促进地下茎的形成与膨大；番茄、瓜类等培土则可促进不定根的形成，促进根系对土壤养分和水分的吸收。此外，培土还有防止植株倒伏、防寒、防热作用，有利于加深土壤耕层，增加空气流通，减少病虫害发生。

计划决策

以小组为单位，获取茄果类、瓜类蔬菜植株调整等相关信息后，研讨并获取工作过程、工具清单、材料清单，了解安全措施，填写工作任务单（表3-17、表3-18、表3-19），制订茄果类、瓜类蔬菜的植株调整方案。

（一）材料计划

表3-17 植株调整所需材料单

序号	材料名称	规格型号	数量	备注

（二）工具使用

表3-18 植株调整所需工具单

序号	工具名称	规格型号	数量	备注

（三）人员分工

表 3-19 植株调整所需人员分工

序　号	人员姓名	任务分工

（四）生产方案制订

（1）植株调整的蔬菜种类。种类、品种、种植面积等。

（2）农业生产资料。竹竿、绳及其他生产工具等。

（3）田间生产的具体内容制订。打杈的时间、要求、工作顺序、所用工具等。

（4）资金预算。农资费用、劳动力费用。

（5）讨论、修改、确定生产方案。

（6）购买农资。

组织实施

以小组的形式在学习工作单的引导下，完成专业知识学习，开展茄、豆、瓜类的植株调整训练，并记录实施过程中出现的特殊情况或调整情况。

为了控制植株生长，促进果实发育，人为地使每一植株形成最适的果枝数目的措施称为整枝。整枝的方式和方法应以蔬菜的生长和结果习性为依据。一般以主蔓结果为主的蔬菜（如早熟黄瓜、西葫芦等），应保护主蔓，去除侧蔓；以侧蔓结果为主的蔬菜（如甜瓜、瓠瓜等），则应及早摘心，促发侧蔓，提早结果；主、侧蔓均能正常结果的蔬菜（如冬瓜、西瓜、丝瓜、南瓜等），大果型品种应留主蔓除去侧蔓，小果型品种则留主蔓，并适当选留强壮的侧蔓结果。

（一）番茄整枝（图 3-3）

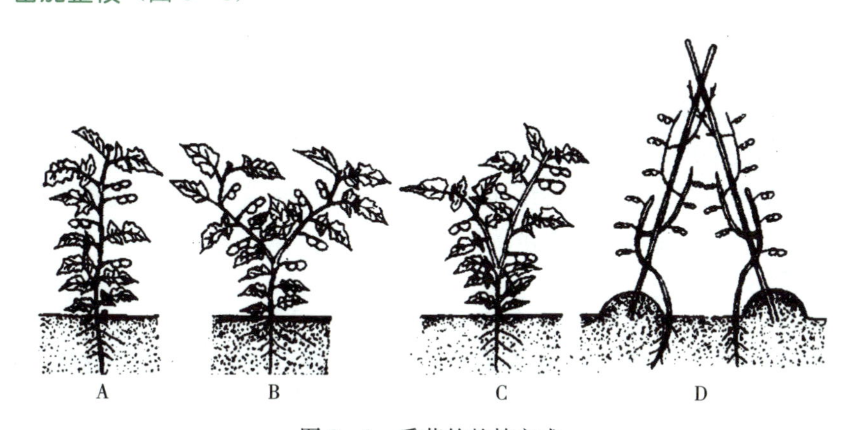

图 3-3 番茄的整枝方式

A. 单干整枝 B. 双干整枝 C. 改良单干整枝 D. 换头整枝

1. 单干整枝

第一步，保留主干，陆续除掉所有侧枝。

第二步，主干上保留3～4穗果，顶穗果上方留2～3叶摘心。

第三步，对整枝后的植株立即喷杀菌剂防病。

2. 双干整枝

第一步，除保留主干外，再留下第一花序下第一个侧枝。

第二步，除掉其余侧枝。

第三步，主干保留4～5穗果，侧枝留3～4穗果，在顶穗果上方各留2～3叶摘心。

第四步，对整枝后的植株立即喷杀菌剂防病。

3. 改良单干整枝

第一步，除保留主干外，还保留第一花序下的第一侧枝。

第二步，主干留3～4穗果，侧枝留1～2穗果，顶穗果上面再各留2片真叶摘心。

第三步，其余侧枝陆续摘除。

第四步，对整枝后的植株立即喷杀菌剂防病。

4. 换头整枝

第一步，主干留3穗果后上面留2片真叶摘心。

第二步，保留主干第二花穗下的侧枝。

第三步，侧枝上也留3穗果，再留2片真叶摘心。

第四步，再保留侧枝的第二花穗下的副侧枝。

第五步，每个侧枝上都保留3穗果摘心。如此继续重复，直到栽培结束。

第六步，每次摘心后都要扭枝，使果枝向外开张80°～90°。

第七步，每个果枝番茄采收后，把枝条剪掉。

第八步，对整枝后的植株立即喷杀菌剂防病。

5. 大棚番茄老株更新整枝法

第一步，春早熟番茄采用单干或改良单干整枝。

第二步，其余侧枝一律摘除。

第三步，每株番茄只留3穗果，加强管理，促进早熟高产。

第四步，番茄第二穗果采收后开始留杈，选择节位低、无病虫害、长势强的侧枝进行秋茬延后更新。

第五步，对整枝后的植株立即喷杀菌剂防病。

第六步，新侧枝采用单干整枝，仍留3穗果，顶部留2片叶摘心。

第七步，其余侧枝全部打掉。继续加强管理，促进成熟高产，提高经济效益。

第八步，对整枝后的植株立即喷杀菌剂防病。

（二）西瓜整枝

1. 单蔓整枝 只保留主蔓，侧蔓全部去除，多用于早熟栽培。

2. 双蔓整枝 除保留主蔓外，从茎基部3～5节叶腋再选留1条长势健壮的侧枝，其余侧枝全部去掉，适于中熟和早熟品种。

3. 三蔓整枝 除保留主蔓外，从茎基部3～5节叶腋再选留2条长势健壮的侧枝，其余侧枝全部去掉，适于大果型的晚熟品种。

（三）甜瓜整枝

1. 双蔓整枝 在幼苗3片真叶时进行母蔓摘心，然后选留2根健壮子蔓任其自然生长不再摘心。

2. 三蔓整枝 在幼苗4片真叶时主蔓摘心，选留3条健壮子蔓任其自然生长不再摘心。

3. 四蔓整枝 在幼苗5片真叶时进行主蔓摘心，然后选留4个健壮子蔓任其自然生长不再摘心。

（四）注意事项

（1）整枝最好在晴天的上午露水干后进行，以利整枝后伤口愈合，防止感染病害。

（2）整枝或摘心时，双手一旦接触了病株，应立即消毒，然后再操作。

（3）整枝方式根据蔬菜种类、品种、栽培方式、栽培目的、生产管理水平等综合确定。

（4）打杈的时间为第一果穗以下的侧枝在长到3～6cm时，其余侧枝要打小，选在晴天的下午打杈。

（5）打杈的方法提倡“推杈”或“掰杈”，避免用剪刀剪或指甲掐，防止传播病毒病。

（6）打杈的顺序是先打健壮株，再打轻病株，最后再打重病株。

拓展知识

杀虫灯使用技术

性诱剂使用技术

防虫网覆盖技术

项目四

XIANGMU 4

茄果类蔬菜生产

学习目标

▶专业能力

（1）能够设计番茄、辣椒、茄子生产方案。

（2）能够根据市场需要选择品种，培育壮苗。

（3）能够根据生产需要选择适宜的种植方式，进行整地作畦，并适时定植。

（4）能够根据番茄、辣椒、茄子长势，适时进行环境调控、肥水管理、植株调整和化控处理。

（5）能够及时诊断番茄、辣椒、茄子病虫害，并进行综合防治。

（6）能够采用适当方法适时采收番茄、辣椒、茄子，并能进行采后处理。

（7）能够组织实施生产计划，并制订无公害、绿色、有机番茄、辣椒、茄子生产技术规程。

（8）能够评定产品质量。

▶方法能力

（1）具有信息采集、处理的能力。

（2）具有独立使用各种媒介完成学习任务，并有自主学习的能力。

（3）具有分析解决问题、接受应用新技术的能力。

（4）具有综合和系统思维，并有完成典型工作任务的能力。

（5）具有撰写技术报告、学习迁移的能力。

▶社会能力

（1）具有吃苦耐劳、诚实守信、爱岗敬业的职业精神。

（2）具有团队合作、沟通、语言表达能力。

（3）能够公正地自我评价和评价他人。

（4）具有环境意识、社会责任感、参与意识及自信心。

任务布置

该项目的学习任务为番茄、辣椒、茄子生产，在教学组织时为了增强学习积极性和主动性，全班组建两个模拟股份制公司，开展竞赛，每公司再分成3个种植小组，每个小组分别种植1种蔬菜。

建议本项目为30学时，其中28学时用于番茄、辣椒、茄子生产的学习，另2学时用于各“公司”总结、反思并向全班汇报学习经验与体会，实现学习迁移。

具体工作任务的设置：

（1）获得相关资料与信息。

①熟悉番茄、辣椒、茄子的生物学特性。

②熟悉不同品种的特性。

③熟悉生产设施、环境条件。

④熟悉番茄、辣椒、茄子生产的整个生产过程（生产方案的制订，种子、肥料等农资的准备，土地、设施设备的准备，播种育苗，整地作畦、施基肥，定植，田间管理，病虫防治，采收及采后处理）。

⑤熟悉培育壮苗、整地作畦、定植、田间管理、病虫防治、采收等各环节的质量要求。

⑥熟悉番茄、辣椒、茄子的栽培制度。

⑦了解番茄、辣椒、茄子的市场价格。

⑧了解番茄、辣椒、茄子生产的新技术。

（2）制订、讨论、修改生产方案。

（3）根据生产方案，购买种子、肥料等农资。

（4）实施生产方案。

①培育壮苗。

②深沟高畦，施足基肥。

③适时定植（地膜覆盖）。

④加强田间管理（环境调控、肥水管理、植株调整）。

⑤及时防治病虫害。

⑥适时采收并采后处理。

⑦观察番茄（辣椒、茄子）的生物学特性（植物学特征、对环境条件的要求）。

（5）成果展示，并评定成绩。

（6）讨论、总结、反思学习过程，撰写技术报告，各小组汇报学习体会，实现学习迁移。

（7）提交产品工作记录、小组评分单、个人考核单、小组工作总结、技术报告、材料归档并整理。

茄果类蔬菜包括番茄、茄子、辣椒、枸杞、酸浆、香艳茄等，其食用部分为浆果。番茄、茄子、辣椒由于适应性强、产量高、供应季节长，南北各地普遍栽培，不但可以露地栽培，而且也适于设施栽培。枸杞的果实主要供药用，在广东、广西等地，其嫩叶也作为蔬菜食用。酸浆也有少量栽培。香艳茄在哥伦比亚、厄瓜多尔、秘鲁和智利等国家的市场上是普通果菜，有淡黄和紫色等颜色，并有甜瓜的香味，但不很甜，以鲜食为主，目前在我国许多地方有少量引种。

茄果类蔬菜含有丰富的维生素、矿物盐、糖类、有机酸及少量的蛋白质等人体必需的营养物质。茄果类蔬菜果实中的糖类以葡萄糖及果糖为主，淀粉和蔗糖的含量很少。辣椒和番茄果实中的维生素C的含量很高，辣椒每100g鲜重含维生素C 75～185mg，而番茄一般为20～30mg；番茄果实中含有的番茄红素和辣椒果实中含有的辣椒素都具有良好的保健作用。

茄果类蔬菜生产有以下特点：

（1）适应性广。茄果类虽属短日照植物，但对光周期的反应不敏感，只要温度适宜，均能开花结果。其生长以排水良好的肥沃的沙质壤土为适宜。南方各地雨水多，均宜用深沟高畦，以利于排水及提高土温，促进根系发育。

（2）需肥量大。茄果类的生长季节长，结果期也长，对肥水的需要量大；不但要有充足的氮肥及一定数量的磷、钾肥作为基肥，而且要早施及多次施追肥。

（3）培育壮苗。培育壮苗是茄果类栽培的一个特点。定植时幼苗不宜过大，试验证明，苗龄过长，幼苗过大，对定植后的生长发育不一定有利，反而会带来移栽及管理上的不便。

（4）植株调整。植株调整是茄果类栽培的又一个特点。辣椒及茄子植株较矮，茎秆直立，整枝程度较轻或不整枝；番茄的主茎带蔓性，需搭架栽培，并进行整枝摘心。

（5）病害严重。病害中大部分是寄生性的，包括青枯病、早疫病、晚疫病、褐斑病及各种病毒病；同时也有各种各样的生理病害，如卷叶、断梢、脐腐、褐心、裂果、日灼及畸形果等，这样不仅影响果实的产量，也影响果实的品质。这些都是茄果类栽培上的主要问题。

任务一　番茄生产

任务资讯

番茄是茄科番茄属中以成熟多汁浆果为产品、全株生黏质腺毛、有强烈气味的草本植物，它在热带是多年生，而在温带是一年生作物。番茄又称西红柿、番柿、洋柿子，原产于南美洲的秘鲁、厄瓜多尔、玻利维亚，在安第斯山脉还有番茄的野生种。番茄在16世纪传入欧洲，美国直到1781年有番茄的记录，在中国最早见于明朝朱国祯《涌幢小品》（17世纪前期）。番茄最初被当作观赏植物，到现20世纪30年代才开始有种植并供应市场，到50年代，中国栽培番茄才迅速发展起来。番茄因具有适应性强、栽培容易、产量高、营养丰富、用途广泛等优点，成为各地主要蔬菜之一。

走近番茄

一、番茄的植物学特征

番茄植物学特征

1. 根　番茄为一年生草本植物，根系发达，分布广而深，主要分布在30cm的耕作层内，最深可达150cm。根的再生能力强，故适宜育苗移栽。

2. 茎　番茄的茎基部带木质，易生不定根，因此可进行扦插繁殖。茎的生长习性可分为两大类，即直立类型和蔓生类型。直立类型的品种茎秆粗壮，节间短，枝丛密集，但一般果小，品质差；蔓生类型的品种节间长，茎较软，叶较稀疏，呈半匍匐生长状态，需搭架栽培。番茄的茎分枝性强，叶腋内的芽可抽生侧枝，侧芽也可生长出新的侧枝及开花结果。

3. 叶 番茄的叶为羽状复叶或羽状深裂复叶，互生，每叶有小叶 5～9 片。小叶卵形或椭圆形，边缘有深裂或浅裂的不规则锯齿或裂片。番茄的茎、叶上密被腺毛，分泌汁液，散发特殊气味，对某些昆虫，尤其是蚜虫，有驱避作用，所以这种腺毛的多少，与害虫危害的程度有一定的关系。其大小、形状、颜色等视品种及环境而异。

番茄的叶形主要有 3 种。

（1）普通叶型（又称裂叶型、花叶型）。叶片大，小叶之间距离大，缺刻深，绝大多数品种属于这一类型。

（2）皱缩叶型。叶片较短、宽厚，叶面多皱缩，小叶之间排列较紧密，色深绿，直立型品种多属于这一类型。

（3）大叶型（又称薯叶型）。叶片大，小叶少，叶缘无缺刻，似马铃薯叶。

4. 花 番茄的花为两性花。花冠黄色，自花授粉，天然杂交率在 4%以下。在低温下形成的花，花瓣数目多，柱头粗扁，容易形成畸形花及畸形果。花为总状花序或复总状花序，一个花穗有 6～10 朵花，小果品种花数更多。

5. 果实 番茄的果实为多汁的浆果，食用部分包括果皮及胎座组织。果形有圆球、扁圆、椭圆及洋梨形等。果实的大小相差很大，野生番茄单果仅 1～3g，在栽培品种中，加工类番茄一般为 50～100g，鲜食番茄为 70～250g，个别甚至达 400～600g。成熟的果实呈红、粉红或黄色。果实的外观颜色由果实表皮颜色与果肉的颜色相衬而成，如果果肉和果实表皮都是黄色的，果实外表就成为橙黄色；如果肉为红色，果实表皮是无色的，则果实外表为粉红色；如果果肉为红色，果实表皮为黄色，则果实为大红色。红色的果实是由于果实含有大量茄红素；黄色的果实不含茄红素，只含有各种胡萝卜素。

6. 种子 番茄的种子呈扁圆卵形，颜色为灰黄色或淡黄白色，种皮有茸毛，有胚乳。番茄的种子在果实中有一层胶质包围，这是其与茄子、辣椒的种子不同的地方。番茄的种子比果实成熟早，授粉后 35d 具有发芽力，50～60d 完熟，种子的发芽年限可达 3～4 年，千粒重 2.7～3.3g。

二、番茄生长发育对环境条件的要求

1. 温度 番茄喜温暖，不耐炎热，对温度有较强的适应能力，能在 10～30℃温度下生长，番茄的适宜温度为 20～25℃，在 15℃以下不能开花，10℃时生长停止，－1℃时植株受冻而死亡，如果长期处于 35℃以上的高温，不仅生长停止，并易衰亡。

番茄各生长发育期对温度的要求如表 4-1 所示。

番茄生长环境

2. 光照 番茄为喜光植物，生长发育要求充足的光照，其光饱和点为 7 万 lx，光补偿点为 2klx。一旦光照不足，就造成番茄徒长，开花数少，营养不良，引起落花、落果，还使各种生理障碍和病害增多。因而，有必要根据光照度来进行温度管理，白天如果光合成进行得充分，夜间的温度就可以提高一些，如果白天光合成不充分，夜间的温度一定要稍低一些，以避免能量的消耗。

表 4-1 番茄各生育期对温度的要求

生长发育期	气温	地温	备注
发芽期	最适温度 20～30℃，最低温度 11℃	根系生长适温度为 20～23℃，幼根从 6℃开始伸长，8℃开始发生根毛，30℃以上发育缓慢	低于 15℃导致落花落果，低于 10℃生长缓慢，5℃停止生长，高于 30℃影响养分积累
幼苗期	昼温 20～25℃，夜温 10～15℃		
开花期	昼温 20～30℃，夜温 15～20℃，最低 15℃		
果实发育和着色期	昼温 24～27℃，夜温 12～15℃		

3. 水分 番茄植株叶片多，营养面积大，蒸腾作用强烈，且果实为浆果，结果数多，所以需水量大。同时，番茄根系发达，吸水力较强，因此对水分的要求表现为半耐旱性。

番茄在不同生长发育时期对水分的要求不同。其幼苗期土壤湿度为 60%，结果期为 80%，果实成熟时，如果土壤水分过多或干湿变化剧烈，易引起裂果，降低商品价值。所以番茄在结果期时应经常保持土壤湿润，防止时干时湿。番茄不耐涝，田间积水 24h 时，易使根部缺氧，窒息死亡，所以应深沟高畦，防止田间积水，做到雨停田干。

4. 土壤与营养 番茄对土壤的适应能力较强，但以土层较厚、排水良好、富含有机质的肥沃壤土为适，pH 以 6.0～7.0 为宜。番茄在沙壤土中栽培则早熟性较好，在黏壤土中栽培则产量较高，但不宜栽培在黏土或低洼地中。

番茄生长期长，需肥量大，尤其对钾肥需要量大。施肥原则是前期重施氮、磷肥，中后期增施钾肥和微量元素，三要素的配合比例应为 1∶1∶2。此外，番茄对钙的吸收量也很大，番茄缺钙易得脐腐病及引起生长点坏死。

三、番茄的生长发育周期

1. 发芽期 从种子萌发到子叶充分展开为番茄的发芽期，一般为 3～5d。发芽期最适温度为 25～30℃，且要求土壤水分充足，含氧量为 10%左右。

2. 幼苗期 从真叶始出到第一花穗显蕾的时期为幼苗期，需 40～50d。当幼苗具有 2～3 片真叶时，生长点开始分化花芽。

幼苗期又可细分两个阶段：从第一片真叶出现至幼苗具有 2～3 片真叶为营养生长阶段，需 25～30d，此时期根系生长快，形成大量侧根；之后进入花芽分化阶段，此时营养生长和生殖生长同时进行。番茄花芽分化的特点是早而快，并具有连续性，每 2～3d 分化 1 个花朵，每 10d 分化 1 个花穗，第一花穗分化未结束时即开始分化第二花穗，第一花穗现大蕾时，第三花穗已分化完毕。花芽分化的早晚、质量和数量与环境条件有关，日温 20～25℃、夜温 15～17℃条件下，花芽分化节位低，小花多，质量好。

3. 开花结果期 从第一花穗显蕾到果实采收完毕为开花结果期。

开花结果期又可分为以下两个阶段。

（1）始花结果期。从第一花穗现蕾到坐果为始花结果期，这是番茄由以营养生长为主向生殖生长为主的过渡阶段，须适当控制茎、叶生长，促进第一花穗坐果。开花前后对环境条件反映比较敏感，温度低于 15℃或高于 35℃都不利于花器官的正常发育，易导致落花落果或出现畸形果。

（2）开花结果盛期。从第一花穗坐果到果实采收完毕为开花结果盛期。此时茎、叶生长与开花坐果同时进行，开始转向以开花坐果为主，是产量形成的主要时期。此期既要防止营养生长过剩造成徒长，又要防止生殖生长过旺而坠秧，主要任务是调节秧果关系。一般从开花授粉到成熟需要40～50d。

相关链接

（一）番茄的类型

较多分类学家认为，番茄属包括秘鲁番茄、智利番茄、多毛番茄、醋栗番茄、契斯曼尼番茄、小花番茄、克梅留斯基番茄、潘那利番茄及普通番茄等9个种，而普通番茄又可分为5个变种，即普通番茄、大叶番茄、樱桃番茄、直立番茄、梨形番茄。目前，绝大部分的栽培品种属于普通番茄这一变种。番茄品种数目繁多，在园艺学上大体可分为以下几种类型。

番茄的类型和品种

1. 按植株生长习性分　可分为无限生长型和有限生长型（包括自封顶、高封顶）两类。

（1）有限生长型。主茎生长6～8片真叶后，开始着生第一个花穗，此后每隔1～2片叶着生个花穗。主茎着生2～3个花穗后，花穗下的侧芽变成花芽，故假轴不再伸长并自行封顶。叶腋或花穗下部抽生侧枝生长1～2个花穗后，顶端又变成花芽而封顶，故称有限生长，或称自封顶。这种类型植株较矮小，开花结果早而集中，供应期较短，早期产量较高，适于作早熟栽培，如合作903等。

（2）无限生长型。主茎生长7～9片叶后，开始着生第一个花穗，以后每隔2～3片叶着生一花穗，其茎能不断向上生长，成为合轴（假轴），生长高度不受限制。因此，这一类型的植株高大，开花结果期长，总产量高，如毛粉802等。

2. 按叶形分　可分为普通叶型（裂叶型）、薯叶型（大叶型）、皱缩型3种。绝大多数番茄品种的叶属于普通叶型。薯叶型的小叶较大，小叶数较少，一般无小小叶，叶似马铃薯叶片。皱缩型的叶片紧凑，小叶皱缩，这种类型的茎秆粗壮且节间短，株型较矮，多为直立番茄。

3. 按果实大小或颜色分　按果实大小可分为大果型（150g以上）、中果型（100～149g）、小果型（100g以下）；按果实颜色可分为大红（火红）果、粉红果、黄色果（橙黄、金黄、黄、淡黄）。

（二）番茄的品种

1. 浙杂205　由浙江省农科院蔬菜所育成。中早熟，无限生长，长势中等，植株开展度较小，叶柄和茎秆的夹角较小，叶片较小。坐果性佳，平均单株结果16～18个（6穗果）；果实光滑圆整，无果肩，大小均匀，无棱沟，果洼小，果脐平，心室3～4个；成熟果大红色，色泽鲜亮，着色一致，商品果率高，果实口感好、品质佳；单果160～180g；果实较硬，果皮韧性好，果肉厚，不易裂果，耐贮运。该品种田间表现抗番茄花叶病毒病，高抗枯萎病，中抗叶霉病；每667m^2产量达5t以上；可作为冬春、早春或秋延后大棚栽培，单干整枝，栽培密度为每667m^2栽2 800～3 000株，一般5～6穗果打顶，每花序留3～4果。

2. 玛瓦　由瑞克斯旺（青岛）有限公司育成。无限生长型品种，中熟，丰产性好，周年栽培每667m^2产量20t以上；适合于秋冬和早春季节温室和大棚栽培。果实扁圆形、大红色，口味好，中大型果，单果200～230g，果实硬，耐运输，耐贮藏；抗烟草花叶病毒病菌、黄萎病和枯萎病。

3. 百利 由瑞克斯旺（青岛）有限公司育成。无限生长型品种，早熟，生长势旺盛，坐果率高，丰产性好；耐热性强，在高温高湿下也能正常坐果，适合于早秋、早春日光温室和大棚越夏栽培；果实大红色，微扁圆形，中型果，单果200g左右，色泽鲜艳，口味佳，正常栽培条件下无裂纹，无青皮现象，质地硬，耐运输，耐贮藏，适合于出口和外运；抗烟草花叶病毒、筋腐病、黄萎病和枯萎病。

4. 以色列R-144 无限生长型，晚熟。植株生长旺盛，耐低温，高产，抗病性强，适应性广泛；单果耐储藏，耐运输，果肉厚，品质优异；对黄萎病、枯萎病1号、枯萎病2号、烟草花叶病毒（TMV）有抗性。

5. FA-189 又称阿乃兹，由以色列海泽拉有限公司育成。无限生长型，长势旺盛；叶片稀少，单果130～200g，颜色亮红，番茄红素含量极高，萼片大且不易萎蔫，口感好，耐储运；抗黄萎病、枯萎病1号、枯萎病2号、烟草花叶病毒。

6. FA-516 又称爱莱克拉，由以色列海泽拉有限公司育成。无限生长型，中早熟品种，全生育期可达8～10个月，熟期75～85d；植株生长旺盛，株型高大；单果180～240g，果实圆球形，果色鲜红，保险期长。极具高产品质，高温下也坐果良好；对黄萎病1号、枯萎病1号、枯萎病2号和烟草花叶病毒有抗性。

7. 钱塘旭日 由勿忘农种业有限公司选育。无限生长型，中晚熟，植株生长势强，第一花序着生于第7～8节；成熟果大红色，果面光滑，无棱沟，果实圆形，果形指数0.89，单果180g左右，口感好，果肉厚，耐贮运性好；抗灰斑病，中抗叶霉病和早疫病；单干整枝，每667m^{2}种植2 000株左右，每穗选留3～4果，每667m^{2}产量为6t。

8. 黄妃 无限生长类型。早熟品种，生长势强，第一穗果节位于第七节左右，以后每隔3叶长1个花序，每个花序视节位不同可开花10～100朵不等，单穗自然坐果数多的可达50果以上，生产中节位不同一般坐果4～35果。果实椭圆形，黄色，单果平均12～14g；果实硬度中等，可溶性固形物含量9%～11%，风味浓，口感特佳；较抗灰霉病，适应性好。春季栽培采收时间为4月下旬至6月中旬，每667m^{2}产量一般为1.5t～2t。

9. 夏日阳光 由以色列海泽拉公司选育的一代杂交种。无限生长型，长势强，中早熟。平均第一穗果节位于第七节。单果15～20g，果实外观呈正圆球形，果色亮黄，剔透晶莹；果皮硬度适中，肉质稍紧实，口感甜爽，较耐储运；抗黄萎病、枯萎病，但易感番茄病毒病，特别是黄化卷叶病，耐低温弱光能力稍弱；每667m^{2}产量一般为3～4t。

（三）番茄的栽培季节和方法

1. 特早熟栽培 9月中下旬前后育苗，11月中旬前后定植，翌年2月中旬至5月下旬采收。

2. 大棚栽培 11月中旬育苗，翌年1月下旬至2月中旬定植，4月上旬至7月上旬采收。

3. 春季早熟栽培 12月中旬育苗，3月中旬定植，5月下旬至7月下旬采收。

4. 春季栽培 12月下旬至翌年1月中旬育苗，3月上旬至4月上旬定植，6月上旬至9月上旬采收。

5. 夏番茄栽培 4—6月上旬播种，夏、秋上市。长江中下流地区一般利用海拔600～

1 200m山区优越的自然生态环境进行夏番茄生产，能够在8—10月供应市场。

6. 秋季栽培 7月中下旬育苗，8月中旬至9月上旬定植，10月上旬至11月中旬采收。

7. 秋延后栽培 7月中旬至8月上旬育苗，8月下旬至9月中旬定植，10月中旬至翌年2月中旬采收。

8. 冬（秋冬）番茄栽培 在广东、广西及福建南部等地，秋冬番茄8月上旬至9月初播种，11月至翌年3月上市。秋冬番茄播种过早，易发生青枯病和病毒病并受高温、暴雨的影响，引致早期落花落果。云南省和海南省是我国在冬季可以露地栽培番茄的主要地区。

9. 长季栽培 长季栽培是利用番茄的无限生长特性，采取设施栽培，在大棚内延长番茄的生长期和采收期，实现一次播种移栽，周年开花结果的高产、高效、节本的生产技术。生长期在10个月以上。

计划决策

以小组为单位，获取番茄生产的相关信息后，研讨并获取工作过程、工具清单、材料清单，了解安全措施，填入工作任务单（表4-2、表4-3、表4-4），制订番茄生产方案。

（一）材料计划

表4-2 番茄生产所需材料单

序 号	材料名称	规格型号	数 量

（二）工具使用

表4-3 番茄生产所需工具单

序 号	工具名称	规格型号	数 量

（三）人员分工

表4-4 番茄生产所需人员分工名单

序 号	人员姓名	任务分工

（四）生产方案制订

（1）种类与种植制度。番茄类型与品种、种植面积、种植方式（露地、设施栽培类型等）。

（2）所需的农业生产资料。种子、肥料、农药、生产工具、农膜、嫁接夹、竹竿架、绳等。

（3）田间生产的具体内容制订。田间生产方案的内容包括番茄从种到收的全过程，具体包括以下几方面的内容。

①整地作畦。整地的时间、质量，作畦的规格、所用工具、工作顺序等。

②种子处理。按照种子特性，结合当地生产情况，确定播种前种子处理措施。

③播种。确定播种时间、播种密度、播种量、播种方式及所用生产资料的准备。

④田间管理。肥水管理、环境调控、植株调整、花果期调控。

⑤病虫草害防治。病虫害诊断、防治时期、防治方法、药品名称、药剂类型、药品用量、施用方法、所用工具等。

⑥采收。收获田块面积、产量、收获时期、收获方法、使用工具。

（4）资金预算。土地、设施租金，农资费用，劳动力费用，管理费用等。

（5）讨论、修改、确定生产方案。

（6）购买种子、肥料等农资。

组织实施

以小组的形式在学习工作单的引导下，完成专业知识学习，开展番茄生产演练，并记录实施过程中出现的特殊情况或调整情况。

（一）深沟高畦，施足基肥

1. 土壤处理 为了防止土壤连作障碍，番茄应实行3～5年轮作，不与茄子、辣椒、马铃薯等作物连作，最好水旱轮作。于前作收获后土壤翻耕前，每667m² 撒施生石灰150～200kg，提高土壤pH，使青枯病失去繁殖的酸性环境。

设施土壤次生盐渍化防治

2. 施基肥 先清除田间残株，深翻土壤，土壤翻耕后，每667m² 施腐熟有机肥3t、饼肥75kg、三元复合肥50kg，采用全耕作层施用的方法，即肥与畦土充分混合。

3. 作畦 土壤翻耕施肥后，立即整地作畦，要求深沟高畦，畦宽1.4m（连沟），沟深0.3m，畦面呈龟背形，然后覆盖地膜，整地施肥必须在定植前7～15d完成。

4. 棚室消毒 棚室在定植前要进行消毒，每667m² 用敌敌畏250g拌上锯末，与2～3kg硫黄粉混匀，分10处点燃，密闭一昼夜，放风后无味时定植。

（二）适时播种，培育壮苗

1. 品种选择 早春栽培应选用耐低温、耐弱光、对高湿度适应性强、分枝性弱、抗病性强、早熟丰产、品质佳、符合市场需求的品种，如浙杂205、玛瓦等；露地越夏栽培应选择耐热、耐强光、抗病毒能力强、抗裂、耐贮运、生长势强的中熟和中晚熟高产品种，如百灵、百利等；长季栽培应选择耐强光、耐高温、耐潮湿、抗病性强、耐贮运的品种，如R-144、FA-189和FA-516。樱桃番茄品种可选钱塘旭日、黄妃、夏日阳光等。

实地调查或查阅资料，了解当地番茄主栽品种、类型及特性，填入表4-5中。

2. 确定播期 可从适宜定植期起，按育苗天数往前推算适宜的播种期。

大棚早春栽培如果采用电热温床育苗可在12月中下旬播种，于2月中下旬定植大棚；如果采用冷床育苗在11月中下旬育苗。春番茄露地栽培可在12月上中旬播种；越夏露地栽培一般于3月中旬至4月下旬播种；越夏设施栽培在4月中旬至6月中下旬播种；大棚秋延后栽培一般在7月中旬播种。

表4-5 当地番茄主栽品种、类型及特性

栽培品种	栽培类型	品种特性

3. 基质配制 选择洁净、消过毒的混凝土地面或基质搅拌机，将草炭等有机物料和蛭石、珍珠岩、腐熟有机肥等按一定比例均匀混拌。

4. 播种

（1）种子处理。包衣种子和丸粒化种子直接播种，未包衣或丸粒化的种子可采用温汤浸种、热水烫种或药剂消毒。

（2）基质填装。向混拌好的基质加水，使其湿度达到30%～40%，然后均匀填装至穴盘每个孔穴，用刮板刮去穴格以上多余基质，使穴盘孔格清查晰可见。

（3）压穴。用穴盘规格相对应的打孔器，在填装有基质的穴盘每个孔穴中央打直径1cm、深度1cm的播种穴。

（4）播种。人工或机械方式将种子点播至穴盘的每个播种穴。

（5）覆盖。将蛭石或珍珠岩覆盖到播种后的每个穴盘上，用刮板去穴格上多余的蛭石，使穴盘孔格清晰可见。

（6）喷淋。用人工或喷淋设备对播种、覆盖后的穴盘洒水，直至穴盘底部排水孔有水渗出。

5. 催芽

（1）催芽室催芽。将穴盘运送至催芽室，穴盘放至催芽架穴盘隔板上，在设定环境条件下催芽，当60%种子的子叶拱出时，及时运送至育苗设施苗床。

（2）苗床催芽。将穴盘直接运送至育苗设施，摆放至苗床，覆盖白色地膜、微孔地膜、无纺布等材料保湿，当60%种子的子叶拱出时，及时揭去覆盖物。

6. 苗期管理

（1）环境调控。

①温度。冬、春季育苗，宜采用多层覆盖、热水加热系统、电加温系统等保温加温措施维持幼苗正常生长发育所需温度。夏、秋季育苗，宜采用遮阳网覆盖、湿帘风机系统等降温措施维持幼苗正常生长发育所需温度。出苗前，棚内保持昼温25℃以上，夜温18℃左右，4～6d即可出苗。出苗后，维持白天温度20～25℃，夜间温度10～15℃，超过28℃时要及时通气降温，防止小苗徒长。

②空气湿度。采用通风、加热等措施降低育苗设施内空气湿度，采用洒水、弥雾等措施增加育苗设施内的空气湿度，使设施内空气湿度保持在50%～60%，定植前1周，设施内空气湿度降低至40%。

③光照。采用清洁透明覆盖材料、悬挂反光膜、安装补光灯等措施，增加光照度和光照时间；采用遮阳网覆盖，降低光照度。光照度随幼苗发育阶段逐步提高，夏季出苗后为防止强光灼伤幼苗，宜加盖遮阳网，定植前1周应接近外界自然光照度。

④二氧化碳浓度。采用通风或开启二氧化碳发生器等措施，增加设施内二氧化碳浓度，

在幼苗发育阶段使设施内昼间二氧化碳浓度达到600～800mg/L。

（2）水肥管理。根据不同幼苗发育阶段，采用水溶肥料和灌溉施肥方法补充水分和矿质养分。常用的水溶肥料含微量元素，且其氮（N）、磷（P_2O_5）、钾（K_2O）的配比类型有20-20-20、20-10-20、12-2-14等，各种配比的肥料交替使用。施肥频率因幼苗发育阶段和育苗环境条件而异，前期因幼苗生长发育慢，需肥量小，宜选择低磷肥料，并适当延长施肥间隔期；幼苗生长旺期，育苗环境条件适宜，幼苗生长发育快，宜缩短施肥间隔期。育苗期若遇低温、连阴天气，施肥间隔期宜适当延长。

喷灌采用悬臂式喷灌机，也可人工将清水或配制好的肥料溶液从幼苗顶部喷洒灌溉。潮汐灌采用潮汐式育苗床，将清水或配制好的肥料溶液从穴盘底部灌溉。

（3）植株调控。结合降低温度、湿度、增加光照等管理措施，控制幼苗徒长。必要时采用植物生长调节剂进行植株调控。

（4）病害防治　苗期易发猝倒病和立枯病，除进行种子、床土消毒、加强苗期管理、合理控制苗床的温湿度外，还可采用药剂防治。

番茄猝倒病、立枯病的识别与防治

（5）其他管理。要及时发现、识别和拔除假杂种苗和机械混杂苗。有2～3片真叶时一次性移苗进钵。营养钵直径以8～10cm为好，预先填充营养土。小棚内维持白天温度20～25℃，夜间温度10～15℃，保持苗钵湿润和肥力充足。为了培养壮苗，定植前要适当降低温度和控制湿度，提高秧苗的抗逆能力。

7. 炼苗　定植前5～7d需进行炼苗，逐渐加大白天通风量，至昼夜通风，在不发生冷害的前提下，可昼夜去掉覆盖物，控制浇水。

番茄在育苗过程中要注意两点：①因为番茄生长的起点温度较低，容易发生徒长，所以，除控制苗床温度外，要增加光照和通风，降低湿度（60%～70%）；②在育苗后期常发生早疫病和灰霉病，可用0.2%～0.25%等量式波尔多液进行防治。

（三）适时定植

1. 定植时期　春季栽培应在10cm土温稳定在10℃以上后，选择在寒尾暖头的天气定植。

2. 定植方法　按照品种特性和栽培方式确定正确的行、株距和密度，每667m^2定植密度为早熟品种栽3 500株，中熟品种栽3 000株，晚熟品种栽2 500株，定植不宜太深，钵面与畦面持平。定植后即施点根肥，铺地膜的，要求破口尽量小，扶苗出膜要轻巧，盖膜要拉紧铺平，破口和各层膜都要用泥土压紧，以利于保温，同时搭小拱棚覆膜。

（四）田间管理

1. 缓苗期保温　白天适宜温度为25～28℃，夜间15～17℃，地温18～20℃，定植后3～4d一般不通风。

为保持较高的夜温，可在棚内加设塑料小拱棚，遇寒冷天气，加盖草帘、塑料薄膜等多层保温，有电加热线的，可进行通电加温，维持土温15℃。

2. 浇缓苗水　缓苗后视情况浇1～2次提苗水，一般不追肥，也可视生长情况轻施一次速效肥。

3. 缓苗后适当通风降温　随着气温升高，加大通风量，白天控制在20～25℃，夜间13～15℃；开花结果初期，白天23～25℃，夜间15～17℃，空气相对湿度60%～65%。低温阴雨天气，可于上午通电加温2～3h，维持土温在8℃以上。

4. 搭架绑蔓 番茄定植后到开花前要及时搭架绑蔓，防止倒伏。

（1）搭架。可搭人字架或篱架。

（2）绑蔓。要求随着植株的向上生长及时进行绑蔓，严防植株东倒西歪或茎蔓下坠，绑蔓要松紧适度。绑蔓要把果穗调整在架内，茎、叶调整到架外。

5. 保湿 始花到开始坐果，地不干不浇水。

6. 保花保果 引起落花落果的原因：一是肥水管理不当，棚膜透光差，光照不足，干旱、水渍等引起落花落果；二是早春的气温过低（夜温低于 15℃）和伏夏的温度过高（夜温高于 25℃）也会引起落花落果。

防止落花落果应采取改善肥水管理，更换新棚膜，采取保持土壤湿润和深沟排渍等措施。对于温度引起的落花落果可用植物生长调节剂处理用 10～20mg/kg 的 2，4 -滴做浸花和涂花处理，也可用 25～50mg/kg 对氯苯氧乙酸（PCPA）做喷花处理，温度高，浓度要低些，温度低，浓度要高些。

7. 第一次浇水追肥 待第一批果的直径长到 3cm 时，结合追肥浇一次水。

8. 植株调整 利用整枝，合理调节和控制营养生长和生殖生长的关系，早熟栽培一般采用单干整枝，自封顶类型番茄品种进行高产栽培和无限生长类型番茄稀植时可采用双干整枝、改良式单干整枝或连续摘心整枝法。

番茄整枝技术

整枝宜在侧芽长 6～10cm 时的晴天中午进行，同时摘去第一穗果以下的衰老病叶。

9. 留果 早熟品种单干整枝，留 2～3 穗果，晚熟品种留 5 穗果后摘心，注意果穗上方留 2 片叶。

10. 盛果期加强通风 保持白天 25～26℃，夜间 15～17℃，土温 20℃左右，空气相对湿度 45%～55%。外界最低气温超过 15℃，可把四周边膜或边窗全部掀开，阴天也要进行放风。

11. 第 2～4 次浇水追肥 盛果期后再浇 2～3 次壮果水，结合采收追肥 2～4 次，每 667m² 每次追施复合肥 10～15kg，还可结合喷药叶面追施 0.1%～0.3%的磷酸二氢钾。拉秧前 15～20d 停止追肥。

注意：灌水宜于上午进行，忌大水漫灌，防止忽干忽湿的水分管理，以免引起裂果。灌水后应加强通风，后期高温，应保持土壤湿润。膜下滴灌或暗灌，可降低棚内湿度，减少高湿型病害的发生。

12. 抗旱排涝 番茄春季栽培生长中后期会遇高温干旱，有时雨水多，要同时做好灌溉和排水工作，做到雨停沟干，畦内不积水。

（五）及时防治病虫害

1. 病害防治 番茄的主要病害有病毒病、灰霉病、早疫病、晚疫病、叶霉病、枯萎病、青枯病、根结线虫等。

2. 虫害防治 番茄的主要害虫有蚜虫、烟粉虱、潜叶蝇等。

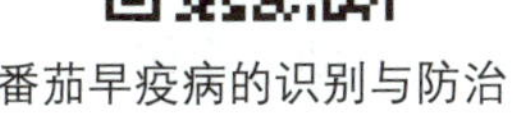

番茄早疫病的识别与防治

番茄“髓部坏死病”病害诊断与防治

番茄青枯病诊断与防治

番茄的采收与食用

（六）采收

番茄果实面积的 3/4 呈红色时营养价值最高，是作为鲜食的采收适期。通常第一、第二花穗的果实开花后 45～50d 采收，后期（第三、第四花穗）的果实开花后 40d 左右采收。一般每 667m^2 产量约 4t。

1. 采收 及时分批采收，减轻植株负担，以确保商品果品质，促进后期果实膨大。采收后，将残枝败叶和杂草清理干净，集中进行无害化处理，保持田间清洁。

2. 催熟 在番茄着色期可应用乙烯利促进果实成熟。

(1) 浸果法。在果肩开始转色时采收，用 2 000～3 000mg/kg 乙烯利进行浸果 1～2min，浸后沥干，放于 20～25℃温度下，经 5～7d 可转红。

(2) 植株喷雾法。约在采收前半个月，第 1～2 穗果进入转色期时，喷洒 500～1 000 mg/kg 乙烯利，隔 7d 后再喷 1 次，果实提早 6～8d 成熟。

拓展知识

番茄留种

番茄产品分级标准

番茄生理性病害诊断与救治

番茄生产施肥方案

越冬型番茄长季栽培“五改一换头”技术

任务二 茄子生产

任务资讯

茄子是茄科茄属中以浆果为产品的一年生草本植物，在热带为多年生植物，又称落苏，原产于东南亚、印度，早在公元 4—5 世纪就传入我国。食用幼嫩浆果，可炒、煮、煎食，干制和盐渍。茄子含有大量的蛋白质及钙、磷、铁等矿物质，有降低胆固醇的效果，紫茄的果皮部分还含有丰富的维生素 P，对高血压及紫癜症患者有辅助治疗作用。

一、茄子的植物学特征

1. 根 茄子根系发达，吸收能力强。主根能深入土壤达 1.3～1.7m，横向伸展达 1.2m 左右，主要根系分布在 35cm 耕层内。茄子根木质化较早，再生能力差，不定根的发生能力弱，育苗移栽应尽量避免伤根，并在栽培技术措施上为其根系发育创造适宜的条件，以促使其根系生长健壮。

2. 茎 茄子的茎在幼苗时期为草质，但生长到成苗以后便逐步木质化，长成粗壮能直立的茎秆。茄子茎秆的木质化程度越高，其直立性越强。茎的颜色与果实、叶片的颜色有相关性，一般果实为紫色的品种，其嫩茎及叶柄都带紫色。主茎分枝能力很强，几乎每个叶腋都能萌芽发生新枝。茄子的分枝习性为双杈假轴分枝。但是，其有一部分腋芽不能萌发，即使萌发也长势很弱，在水肥不足的条件下尤其明显。

茄子的分枝结果习性很有规律，早熟种 6～8 叶，晚熟种 8～9 叶时，顶芽变成花芽，紧接的腋芽抽生两个势力相当的侧枝，代替主枝呈丫状延伸生长，以后每隔一定叶位顶芽又形成一花，侧枝以同样方式分枝一次。这样，先后在第一、第二、第三、第四的分枝叉口的花形成的果实分别被称为门茄、对茄、四门斗、八面风，以后植株向上的分叉和开花数目增加，结果数较难统计，被称为满天星（图 4-1）。

图 4-1　茄子的分枝结果习性

3. 叶 茄子的叶为单叶互生，叶片肥大。叶面积大小因品种和它在植株上着生的节位不同而异。一般低节位的叶片和高节位的叶片都比较小，而自第一次分枝至第三次分枝的中部叶位的叶片比较大。茄子的叶形有圆形、长椭圆形和倒卵圆形，因品种而有差异。一般叶缘都有波浪式钝缺刻，叶面较粗糙而有茸毛，叶脉和叶柄有刺毛。叶色一般为深绿色或紫绿色，叶的中肋与叶柄的颜色与茎相同。

4. 花 茄子的花为两性花，紫色、淡紫色或白色，一般为单生，但有些品种为2～3朵至5～6朵簇生。茄子花较大而下垂。根据花柱头的长短，可分为长柱花、中柱花和短柱花3种类型。花药的开裂时期与柱头的授粉期相同。一般为自花授粉，花期可持续3～4d，自然杂交率3%～7%。短柱花不易坐果，短柱花的形成与营养条件密切相关，生长强健的植株长柱花多，反之则少。幼苗具有3～4片真叶时，开始花芽分化。第一朵花出现的节位，早熟品种始于5～6叶期，晚熟品种始于10叶期以后。

5. 果实 茄子的果实为浆果，心室几乎无空腔。它的胎座特别发达，形成果实的肥嫩海绵组织，用以贮藏养分，这是供人们食用的主要部分。果实的形状有圆球形、扁圆形、椭圆形、长条形与倒卵圆形等。果肉的颜色有白、绿和黄白色等，果皮的颜色有紫、暗紫、紫红、白色和绿色等。

6. 种子 茄子的种子扁平而圆，鲜黄色，表面光滑，粒小而坚硬。千粒重4～5g，一般寿命2～3年。

二、茄子生长发育对环境条件的要求

1. 温度 茄子喜温，不耐寒，对温度的要求高于番茄，耐热性较强。其生长适宜温度为25℃左右，当温度低20℃时，植株生长缓慢，授粉、受精和果实生长都会受到影响；当温度低于15℃时，茄子植株生长基本停止，出现落花落果现象；当温度低于10℃时，会引起植株新陈代谢的混乱；当温度低于5℃时，植株就会受到冻害；当温度高于35℃时，茄子花器发育不良，容易产生僵果或落果。根系生长的最适温度为28℃。花芽分化适宜温度为日温20～25℃，夜温15～20℃。

茄子在不同的生长发育阶段，对温度的要求不同，种子发芽期的适宜温度为25～30℃；出苗至真叶显露要求白天为20℃左右，夜间15℃左右；幼苗期，白天适温22～25℃，夜间适温15～18℃；结果期茎、叶和果实生长适温，白天为25～30℃，夜间为16～20℃。

2. 光照 茄子为喜光性蔬菜，对光周期的反应不敏感。茄子对光照度和光照时数要求较高，光饱和点为4万lx，补偿点为2klx。光照时数延长，则生长旺盛，尤其在苗期，如果在24h光照条件下，则花芽分化快，提早开花；相反，如果光照不足，则花芽分化晚，开花迟，甚至长柱花减少，中柱花和短柱花增多。弱光下光合作用速率降低，植株生长弱，产量下降，并且影响色素形成，果实着色不良，特别是紫色品种更为明显；光照强时，光合作用旺盛，有利于干物质的累积，植株生长迅速，果实品质优良，产量增加。因此，在栽培上要注意合理密植，以充分利用阳光。

3. 水分 茄子对水分的需求量大。首先，它要求生长环境的空气相对湿度要高，以保持植株根系吸收水分与叶面蒸腾之间的平衡。但是，如果空气相对湿度过高，长期超过80%，就会引起病害发生。其次，茄子对土壤含水量的要求也比较高，通常以田间持水量的70%～80%为宜。但是，茄子对水分的要求，又是随着生育阶段的不同而有所差异，在门茄“瞪眼”以前需要水分较少，不宜多浇水，防止秧苗徒长，根系发育不良和落花率增加；在门茄“瞪眼”以后需要水分较多，对茄收获前后需要水分最多，土壤水分中绝对含水量应达到14%～18%。茄子喜水，但又怕涝。茄子开花、坐果和产量的高低，与当时的降水量和空气相对湿度呈负相关。

4. 土壤与营养 茄子对土壤要求不太严格，一般宜选用土层深厚、保水性强、土壤 pH 为 6.8～7.3 的肥沃壤土或黏土种植，以利茄子根系发育，形成旺盛根群。地下水位高、排水不良的地块及耕层浅、土质黏重的土壤，不利茄子根系发育，均不宜选择用。

茄子是需肥较多的蔬菜，其生育期长，每生产 1t 果实需吸收氮 3.3kg、磷 0.8kg、钾 5.1kg、锰 0.5g。钙和镁对茄子的发育也非常重要，如缺钙，叶脉附近会变褐并出现“铁锈”状叶，可在整地时撒施石灰，以补充土壤中的钙含量。如果土壤中缺镁，会影响叶绿素的形成，使叶脉附近特别是主脉附近变黄，叶面喷施 0.05%～0.1%硫酸镁溶液 2～4 次，可矫治缺镁症。

三、茄子的生长发育周期

1. 发芽期 从种子萌动至第一片真叶出现为止，需 10～15d，播种后保持 25～30℃，出苗快。出苗后白天保持 20℃左右，夜间 15℃，此阶段需要控温控水，防止幼苗胚根徒长。注意提高地温。

2. 幼苗期 从第一片真叶出现至第一朵花现蕾，需 50～60d。白天适温 22～25℃，夜间 15～18℃，此阶段是茄苗生育的关键时期，幼苗于 3～4 片真叶时开始花芽分化，花芽分化之前，幼苗以营养生长为主，生长量很小；从花芽分化开始转入生殖生长和营养生长同时进行，这一阶段幼苗生长量大。分苗应在花芽分化前 2～3 片真叶时进行，以扩大营养面积，保证幼苗迅速生长和花器官的正常分化，到 7～8 片真叶展开时，幼苗已现蕾，四门斗的花芽已分化完毕。

整个幼苗期是奠定丰产基础的时期，创造适宜条件、培育适龄壮苗是茄子丰产的关键。

3. 开花结果期 门茄现蕾后进入开花结果期，茎、叶和果实生长的适温白天为 25～30℃，夜间为 16～20℃。在适宜条件下，果实迅速生长。温度低于 15℃时，果实生长缓慢；高于 35℃时，茎、叶虽能正常生长，但花器发育受阻，果实发生畸形或落花落果；低于 10℃时，生长停顿，遇霜则冻死。

从门茄到对茄为植株由旺盛的营养生长向营养生长和生殖生长并进过渡的时期，对茄到四门斗植株进入生长发育的旺盛时期，维持足够的叶面积有利于光合产物的制造，调节好恰当的果叶比是丰产的关键。进入八面风以后生长势减弱，果实的数量虽多，但单果质量减小，满天星时期植株已开始衰老。

相关链接

（一）茄子的类型

按植物学分类将茄子栽培种分为圆茄、长茄和矮茄 3 个变种，圆茄又可分为圆球型、扁圆球型和椭圆型。按成熟期分可分为早熟、中熟、中晚和晚熟种，茄子果实的颜色有黑紫色、紫色、紫红色、绿色和白色。

中国南北各地对茄子的消费习惯不尽相同，各地栽培的茄子类型品种各异，如黄河流域与华北地区以栽培圆茄为主，长江流域、华南地区及台湾地区以栽培长茄为主。

（二）茄子的品种

1. 农友长茄 由农友（中国）种苗有限公司选育。植株直立，适于密植，株高约

130cm，茎秆绿紫色，附着白色茸毛，叶绿色，叶脉紫色，叶边缘呈波浪状浅缺刻。始花着生于第9～10节，花紫红色，单花或多花序。果形呈长棒状，尾钝，皮紫红色，内乳白色。果长37.5cm，果径4.3cm，单果250g。较抗黄萎病。

2. 杭茄2010 由杭州市农科院蔬菜研究所选育。早熟，生长势强，根系发达，株型直立，株高75～80cm，始花位于第12～14节叶；果实长条形，果长35cm以上，果径2.5cm，单果95g；果色紫红亮丽，光泽度极好，果面光滑，商品性佳，果肉洁白嫩糯，口感好，粗纤维少，品质优；耐涝性强，再生结果率高，抗性强，持续采收期长达4～5个月。设施栽培每667m² 种植1 800～2 000株，山地栽培每667m² 种植1 000～1 500株，产量4.2t。

3. 浙茄3号 由浙江省农业科学院蔬菜所育成的一代杂种。生长势旺，株高100cm，开展度56cm；早熟，定植后63d始收，第9～10叶出现门茄花；结果性良好，果实长且粗细均匀，果长30～35cm，横径2.7～2.9cm，单果130g左右；畸形果少，商品果率达90%左右；果皮紫红色，光泽度好，皮薄，肉色白，品质糯嫩，不易老化，商品性好；抗黄萎病、中抗青枯病；冬、春季设施栽培每667m² 种植1 800～2 000株，产量3.8t左右。

（三）茄子的栽培季节和方法

1. 大棚茄子越冬栽培 9月初播种育苗，10月中下旬定植于塑料大棚内，12月下旬至翌年6月中旬采收。

2. 设施早春栽培 10月下旬育苗，翌年3月中下旬定植，5月上旬至9月中旬采收。

3. 露地栽培 11月中下旬育苗，翌年4月中下旬定植，6月上旬至10月中旬采收。

4. 山地夏季茄子栽培 海拔500m以上的山地，一般于4月上旬育苗，5月初定植，7月上旬开始采收上市。

5. 夏秋栽培 5月中旬至6月上旬育苗，6月下旬至7月中旬定植，8月上旬至12月底采收。

计划决策

以小组为单位，获取茄子生产的相关信息后，研讨并获取工作过程、工具清单、材料清单，了解安全措施，填入工作任务单（表4-6、表4-7、表4-8），制订茄子生产方案。

（一）材料计划

表4-6 茄子生产所需材料单

序号	材料名称	规格型号	数量

（二）工具使用

表4-7 茄子生产所需工具单

序号	工具名称	规格型号	数量

（三）人员分工

表 4-8 茄子生产所需人员分工名单

序　号	人员姓名	任务分工

（四）生产方案制订

（1）蔬菜种类与种植制度。茄子品种、种植面积、种植方式（间作、套种、是否换茬等）。

（2）所需的农业生产资料。种子、肥料、农药、生产工具、农膜、嫁接夹、竹竿架、绳等。

（3）田间生产的具体内容制订。田间生产方案的内容包括茄子从种到收的全过程，具体包括以下几方面的内容。

①整地作畦。整地的时间、质量，作畦的规格、所用工具、工作顺序等。

②种子处理。按照种子特性，结合当地生产情况，确定播种前种子处理措施。

③播种。确定播种时间、播种密度、播种量、播种方式及所用生产资料的准备。

④田间管理。肥水管理、环境调控、植株调整、花果期调控。

⑤病虫草害防治。病虫害诊断、防治时期、防治方法、药品名称、药剂类型、药品用量、施用方法、所用工具等。

⑥采收。收获田块面积、产量、收获时期、收获方法、使用工具。

（4）资金预算。土地、设施租金，农资费用，劳动力费用，管理费用等。

（5）讨论、修改、确定生产方案。

（6）购买种子、肥料等农资。

组织实施

以小组的形式在学习工作单的引导下，完成专业知识学习，开展茄子生产演练，并记录实施过程中出现的特殊情况或调整情况。

（一）整地作畦与施基肥

前茬出地后，立即翻耕，晒白，深度 25～30cm，每 667m^2 施腐熟有机肥 3.5t 或商品有机肥 0.5～1t 和蔬菜专用复合肥 50kg 作基肥，然后做宽 1.4m（连沟）的畦。

（二）适时播种，培育壮苗

1. 品种选择　选择各类抗病、优质、高产、耐贮运、商品性好适合市场（消费者）需求的品种。越冬栽培和设施早春栽培应选择耐低温和弱光、对病害多抗的品种，如浙茄 3 号；春季露地栽培、夏秋栽培宜选择高抗病、耐热的品种，如杭茄 2010。

实地调查或查阅资料，了解当地茄子主栽品种、类型及特性，填入表 4-9 中。

2. 育苗　培育壮苗是茄子丰产栽培的关键措施之一。壮苗标准是具有 6～8 片真叶，茎粗壮，株高 18～20cm，叶大而厚，颜色深绿，根系发达，花蕾含苞待放或开始开放，无病虫害，苗龄 90～100d。每 $667m^2$ 栽培面积用种量 30～40g，$1m^2$ 播种床播种量 15g 左右。

表 4-9 当地茄子主栽品种、类型及特性

栽培品种	栽培类型	品种特性

幼苗生长期要进行 1～2 次间苗，间去过密及过弱的苗。在播种后 30～50d，幼苗长至 2～3 片真叶时，分苗 1 次，苗距 7～10cm。

随着茄子保护地栽培面积的不断扩大和连作的不可避免，土传病害发病严重。选择抗病砧木，培育嫁接苗是一个有效的途径，嫁接用的砧木主要有托鲁巴姆、刺茄、赤茄等。

（三）定植

抢冷尾暖头的天气定植，深度以与营养块面相平，每畦栽 2 行，行距×株距为 75cm×（30～40）cm。

（四）田间管理

1. 保温防寒 特早熟栽培，定植后通常采用 5 层覆盖法，即地膜—小拱棚—无纺布—小拱棚上层膜—大棚天膜，根据天气和苗情等情况，适时揭盖。大棚栽培，定植后 3～4d 力求提高棚温，缓苗后开始通风，白天 25～30℃，夜间 15～18℃。小拱棚栽培，要尽可能延长塑料薄膜的覆盖时间。秋季栽培，最好在畦面铺稻草，降低地温，减少水分蒸发。

2. 水分管理 春季栽培，定植时浇足水后直到门茄幼果长到萼片之外（瞪眼）时开始浇水，根据土壤湿度情况一般每 4～5d 浇 1 次水。夏秋季栽培，土壤保持一定墒情（含水量 60%～70%），不足时补水，下雨时不积水。

3. 施肥 门茄幼果长到萼片之外（瞪眼）后应及时追肥 3～6 次，肥施在距茄子根部 7～10cm 处，每次每 $667m^2$ 穴施尿素和钾肥各 5～10kg。保护地栽培，追肥后加强通风，以防气害。

4. 整枝打叶 结果期应及时将门茄以下的侧枝和老叶及时打掉。门茄以上部分的整枝要遵循偶数开张型整枝法，即一分二、二分四、四分八的方法。

5. 保花保果 春季栽培，早期弱光、土壤干燥、营养不足、温度过低以及花器构造上的缺陷均可导致易落花落果。低温引起的落花可用浓度为 20～30mg/L 的 2，4-滴点花或 25～40mg/L 的 PCPA 喷花，防落果、促进早熟，每花只喷 1 次。

6. 中耕除草培土 定植后 7～10d，中耕除草 1 次。当植株生长到高 33cm 左右时，要结合中耕进行培土，把沟中的土培到植株根旁，以免须根露出土面，并可增强对风的抵抗力。

（五）病虫害防治

1. 主要病害 茄子的主要病害有病毒病、绵疫病、青枯病、灰霉病等。

病毒病应及时预防传病虫媒，定期使用速效性化学农药防治蚜虫、蓟马、烟粉虱等害虫。药剂可用 8%宁南霉素水剂 200～300 倍，每 5～7d 喷 1 次进行防治。灰霉病发病初期用 40%嘧霉胺悬浮剂 800～1 000 倍喷雾。越冬栽培、设施早春栽培茄子采收时雨水多、湿

度大、气温高，高温高湿易导致绵疫病发生。防治办法：及时清除病果，带出田间集中掩埋，减少病源；摘除植株下部老叶，增强通风透光；发病初期可选用72%霜脲·锰锌可湿性粉剂700倍液、72.2%霜霉威盐酸盐水剂700倍液等喷药防治，每7～10d喷1次，连续喷2～3次。

2. 主要虫害 茄子的主要虫害有烟粉虱、蚜虫、潜叶蝇、蓟马、红蜘蛛、茶黄螨等。在烟粉虱种群密度较低时早期用黄板进行色诱防治，虫口基数上来后，每5～7d施药1次，连续施药几次，药剂可用36%啶虫脒水分散粒剂3 000倍液和25%噻虫嗪3 000倍交替喷雾。潜叶蝇幼虫可用75%灭蝇胺3 000倍液防治，成虫可用2.2%甲氨基阿维菌素苯甲酸盐微乳剂2 500倍液或3.4%甲氨基阿维菌素苯甲酸盐乳剂3 000倍液喷雾防治。蚜虫、茶黄螨、蓟马、红蜘蛛可用2.2%甲氨基阿维菌素苯甲酸盐微乳剂2 500～3 000倍液、25g/L多杀霉素悬浮剂500～1 000倍液或3.4%甲氨基阿维菌素苯甲酸盐微乳剂2 000倍液喷雾防治。

（六）采收

茄子果实采收的标准是看萼片与果实相连接部位的白色（淡绿色）环状带（俗称茄眼），环状带宽，表示果实仍在快速生长；环状带不明显，表示果实生长转慢，应及时采收。低温时，茄子开花后50d左右可采收；气温在20℃以上时，茄子开花后15～25d就可采收，每667m^{2}产量4t左右。

拓展知识

茄子产品分级标准

茄子生理性病害

任务三 辣椒生产

任务资讯

辣椒原产于中南美洲热带草原地区，属茄科辣椒属中能结辣味或甜味浆果的一年生或多年生草本植物。辣椒于16世纪后期引至中国，是我国人民喜食的鲜菜和调味品。辣椒的果皮和胎座组织中含有辣椒素及维生素A、维生素C等多种营养物质，可促进食欲，帮助消化并具有医药效用。其青熟果可生食、炒食，老熟红果可干制、腌制和酱渍等。

一、辣椒的植物学特征

辣椒在温带地区是一年生蔬菜，在亚热带及热带地区可以越冬，成为多年生植物。

1. 根 辣椒的根系没有番茄、茄子发达，根量少，入土浅，根系多分布在30cm的土层内；根系再生能力弱于番茄、茄子，不易发生不定根，不耐旱，也不耐涝。

2. 茎 辣椒的茎直立，基部木质化，较坚韧，茎高30～150cm，分枝习性为双杈或三杈状分枝。当植株生长到8～15片叶时，主茎顶端出现花蕾，蕾下抽生出2～3个枝条，枝条长出一叶，其顶端又出花蕾，蕾下再生二枝，不断重复，形成了不同级次的分枝和花(果)。按辣椒的分枝习性，可分为无限分枝和有限分枝两类类型，大多数栽培品种属于无限分枝型；有限分枝型的植株矮小，簇生的朝天椒和观赏的樱桃椒属于此类型。

3. 叶 辣椒的子叶呈长披针形，初出土时呈黄色，以后逐渐转绿。辣椒的真叶为单叶，互生，全缘，卵圆形，先端渐尖，叶面光滑，微具光泽，南方栽培的辣椒叶色较深，叶片大小、色泽与果表的色泽、大小有相关性，甜椒叶片比辣椒叶片大，主茎下部叶片比主茎上部叶片小。

4. 花 辣椒的花为完全花，单生、丛生（1～3朵）或簇生，花冠白色、绿白色或紫白色，第一朵花出现在7～15节上，早熟品种出现节位低，晚熟品种出现节位高；虫媒花，辣椒自然杂交率为25%～30%，甜椒为10%，属于常异交蔬菜作物，采种时需注意隔离。

5. 果实 辣椒的果实为浆果，下垂或朝天生长，食用部分为果皮，果皮与胎座之间是一个空腔，由隔膜连着胎座，把空腔分为2～4个种室。果实形状有扁圆、圆球、四方、圆三棱或多纵沟、长角、羊角、线形、圆锥、樱桃等多种形状。青熟果有深绿色、绿色、浅绿色、淡黄色之分，老熟果有红色、黄色之分。辣椒果实内含有较多的茄红素和辣椒素，未成熟的果实辣椒素含量较少，成熟的果实辣味较浓。辣椒受精后至果实充分膨大约需30d，到转色老熟又需20d以上。

6. 种子 辣椒的种子短肾形，扁平微皱，略具光泽，淡黄色，种皮较厚实，故发芽不及茄子、番茄快，种子千粒重6～9g。

二、辣椒生长发育对环境条件的要求

1. 温度 辣椒喜温，不耐霜冻，对温度的要求类似于茄子，高于番茄。种子发芽的最适温度为25～30℃，在此温度下，3～4d发芽，低于15℃或高于35℃，均不利于发芽；幼苗期的适宜温度为20～25℃；初花期，植株开花、授粉要求的夜间温度以15.5～20.5℃为宜，低于10℃时，难于授粉，易引起落花落果，高于35℃时，花器发育不全或柱头干枯不能受精而落花，即使受精，果实也不发育而干枯；果实发育和转色要求温度在25℃以上；成株对温度的适应范围广，既能耐高温，也能耐低温。

2. 光照 辣椒对光照的要求因生育期而不同。种子在黑暗条件下容易发芽，而幼苗生长时期则需要良好的光照条件。甜椒光饱和点3万lx，光补偿点1 500lx，比番茄、茄子低，过强的光照对辣椒生长不利，特别是高温、干旱、强光条件下，生长不良易发病。所以辣椒适宜密植或在设施内种植。

辣椒为日中性植物，只要温度适宜，营养条件良好，不论光照时间的长或短，都能进行花芽分化和开花。但在较短的日照条件下，开花较早些。当植株具有1～4片真叶时，即可通过光周期的反应。

3. 水分 辣椒是茄果类蔬菜中较耐旱的蔬菜，一般大果型品种的需水量较大，小果型品种的需水量较小，辣椒在各生育期的需水量不同。因辣椒种子种皮较厚，种子发芽吸水较慢，在催芽前先浸种8～12h，可促进发芽。幼苗期植株尚小，需水不多，如果土壤水分过多，则根系发育不良，植株徒长纤弱。初花期植株生长量大，需水量随之增加，特别是果实膨大期，需要充足的水分。如果水分供应不足，果面发生皱缩，弯曲，膨大缓慢，色泽枯暗。空气湿度过大或过小，对幼苗生长和开花坐果影响较大，以 60%～80%为宜。幼苗期如果空气湿度过大，容易引起病害；初花期湿度过大会造成落花；盛果期空气过于干燥对于授粉、受精不利，也会造成落花落果。

4. 土壤与营养 辣椒对土壤的适应能力比较强，在各种土壤中都能正常生长，但以壤土最好。土壤 pH 以 6.2～8.5 为宜，辣椒对氮、磷、钾三要素均有较高的要求。幼苗期植株细小，需氮肥较少，但需适当的磷、钾肥，以满足根系生长的需要。花芽分化期受氮、磷、钾施用量的影响极为明显，施用量高的，花芽分化时期要早些，数量多些。单施氮肥、磷肥、钾肥，都会延迟花芽分化期。盛果期需大量的氮、磷、钾肥，一般每生产 1t 辣椒产品时，需氮（N）3.5～5.4kg、磷（P_2O_5）0.8～1.3kg、钾（K_2O）5.5～7.2kg，三者之间的比例为 1∶0.2∶1.4。

三、辣椒的生长发育周期

1. 发芽期 从种子播种到真叶显露为发芽期，此时期是培育壮苗的关键时期，一般需 7d 左右。栽培上应选饱满充实的种子作播种材料，并且要求土壤湿润、疏松透气、温度适宜。

2. 幼苗期 从第一片真叶露心到现蕾为幼苗期。辣椒幼苗一般在 3～4 片真叶时开始分化花芽，栽培上应给予充足的光照、适宜的温湿度条件，促进幼苗健壮生长，保证花芽发育的顺利进行。

3. 开花坐果期 从现蕾到门椒坐住为开花坐果期。此时期是植株以营养生长为主向以生殖生长为主过渡的转折时期，也是平衡营养生长和生殖生长的关键时期，直接关系到产品器官的形成及产量，特别是早期产量的高低。如果营养生长过旺，会引起开花结果延迟和落花落果，产生疯秧现象，反之，则出现花、果赘秧，植株生长缓慢，产量降低。

4. 结果期 从门椒坐住到采收结束为结果期。此时期是辣椒产量形成的关键时期，也是营养生长与生殖生长矛盾最突出的时期，辣椒连续结果，果、秧同时生长。保证充足的养分供应和养分在果实与茎叶、果实与果实间均衡分配是辣椒高产的生理基础，应通过环境调控、植株调整和肥水管理加以协调。

相关链接

（一）辣椒的类型

根据辣椒栽培种果实的特征分类，辣椒有以下 5 个主要变种。

1. 樱桃椒 株型中等或矮小，分枝性强；叶片较小，卵圆或椭圆形，先端渐尖；果实向上或斜生，圆形或扁圆形，小如樱桃，果色有红、黄、紫等色，果肉薄，种子多，辛辣味强。云南省建水县有大面积的樱桃椒。

2. 圆锥椒 也称朝天椒。株型中等或矮小，叶片中等大小，卵圆形；果实呈圆锥、短圆柱形，着生向上或下垂，果肉较厚，辛辣味中等，主要供鲜食青果。如南京早椒等。

3. 族生椒 株型中等或高大，分枝性不强；叶片较长大，果实簇生向上，果色深红，果肉薄，辛辣味强，晚熟，对病毒病抗性强；产量较低，主要供于制作调味用。如天鹰椒等。

4. 长辣椒 也称牛角椒。株型矮小至高大，分枝性强；叶片较小或中等，果实长，微弯曲似牛角、羊角形、线形，果长7～30cm，果肩粗1～5cm，先端渐尖；果肉薄或厚，辛辣味适中或强。

5. 甜椒 也称灯笼椒。株型中等或矮小，分枝性弱；叶片较大，长卵圆或椭圆形，果实硕大，圆球形、扁圆锥形，基部凹陷，果皮常有纵沟，果肉较厚，含水分多，单果可达200g以上；一般耐热和抗病力较差；老熟果多为红色，少数品种为黄色；辛辣味极淡或甜味，故名甜椒。

（二）辣椒的品种

1. 浙椒3号 由浙江省农业科学院蔬菜研究所等单位选育。中早熟，始花位于第九节；植株生长势强，耐热性好，株高98～106cm，开展度80～95cm，叶色浓绿；连续结果性好；果实细羊角形，青熟果深绿色，微辣，商品性好；果实长18cm左右，横径2.0cm左右，平均单果22.5g；高抗黄瓜花叶病毒病、烟草花叶病毒病，抗疫病；每667m^{2}栽植2 000株，产量约为3 900kg，适宜春季设施栽培或越夏栽培。

2. 衢椒1号 由浙江省衢州市农业科学研究所选育。早中熟，第一花序着生于第9～11节，植株长势和分枝性中等，株高75cm左右，开展度约70cm；植株连续坐果性和抗逆性强，果实羊角形，商品果黄白色，中辣，商品性佳，果实长17cm，横径2cm左右，单果约18g；较抗疫病和病毒病；每667m^{2}栽植2 000株，产量约为2 400kg；适宜大棚早春、秋延后和山地栽培。

3. 洛椒4号 由河南省洛阳市辣椒研究所选育的一种杂种。早熟，前期结果集中，果实生长速度快；抗病毒病；果实粗牛角形，浅绿色，单果60～80g，最大果可达120g。味微辣，风味好；适于保护地早熟栽培和春季露地栽培。

4. 九香 由农友（中国）种苗有限公司选育。生育强健，抗病性好，易栽培，株型半开展；叶浓绿稍大，茎中粗，结果多，幼果浓绿，果长约16cm，横径约1.8cm，单果约20g，肉厚硬耐贮运，果面光滑，果形端直，熟后鲜红，耐病，产量特高；辣味强，适于青采炒食、红采调味。

（三）辣椒的栽培季节和方法

辣椒在各地均有栽培，由于地理纬度不同，各地适宜的栽培季节有很大的差异。长江中下游地区多于11—12月利用设施育苗，3—4月定植，5—8月采收。华南地区一年四季能栽培，春季栽培于上年10—11月播种育苗，1—2月定植，4—6月采收；夏季播种期为1月下旬至4月上旬，定植期为3月中旬至6月上旬，采收期为6—9月。四川、云南、贵州、湖北、湖南、江西、陕西和重庆等省份是中国最大的辣椒产区和辣椒消费区。露地栽培一般在上年的11—12月播种，4月定植，5月下旬至10月中旬采收，收获期长达6个月。7—8月的高温对辣椒的生长发育有一定的影响，但只要栽培管理措施得当，仍能正常开花结果。

为了充分利用土地资源，提高单位面积的经济效益，中国菜农创造了辣椒多种间套作方式，如辣椒—春玉米套种、西瓜—晚辣椒套种、蒜—辣椒—结球白菜套种等。设施栽培可以周年供应辣椒，辣椒设施栽培方式主要有秋冬茬、冬春茬和早春茬。

计划决策

以小组为单位，获取辣椒生产的相关信息后，研讨并获取工作过程、工具清单、材料清单，了解安全措施，填入工作任务单（表 4－10、表 4－11、表 4－12），制订辣椒生产方案。

（一）材料计划

表 4－10　辣椒生产所需材料单

序　号	材料名称	规格型号	数　量

（二）工具使用

表 4－11　辣椒生产所需工具单

序　号	工具名称	规格型号	数　量

（三）人员分工

表 4－12　辣椒生产所需人员分工名单

序　号	人员姓名	任务分工

（四）生产方案制订

（1）蔬菜种类与种植制度。辣椒品种、种植面积、种植方式（间作、套种、是否换茬等）。

（2）所需的农业生产资料。种子、肥料、农药、生产工具、农膜、竹竿架、绳等。

（3）田间生产的具体内容制订。田间生产方案的内容包括辣椒从种到收的全过程，具体包括以下几方面的内容。

①整地作畦。整地的时间、质量，作畦的规格、所用工具、工作顺序等。

②种子处理。按照种子特性，结合当地生产情况，确定播种前种子处理措施。

③播种。确定播种时间、播种密度、播种量、播种方式及所用生产资料的准备。

④定植技术。分组整地、施肥、作畦、取苗、栽植、浇定根水。

⑤田间管理。肥水管理、环境调控、植株调整、花果期调控。

⑥病虫草害防治。病虫害诊断、防治时期、防治方法、药品名称、药剂类型、药品用量、施用方法、所用工具等。

⑦采收。收获田块面积、产量、收获时期、收获方法、使用工具。

（4）资金预算。土地、设施租金，农资费用，劳动力费用，管理费用等。

（5）讨论、修改、确定生产方案。

（6）购买种子、肥料等农资。

组织实施

以小组的形式在学习工作单的引导下，完成专业知识学习，开展辣椒生产演练，并记录实施过程中出现的特殊情况或调整情况。

（一）定植前准备

1. 土壤准备 辣椒栽培宜选择地势高燥、排水良好、有机质较高的肥沃壤土或沙壤土栽植，用于栽培辣椒的地块最好3年内未种过茄果类蔬菜，前茬以葱蒜类为最好。对于酸性土壤根据土壤pH确定石灰的施用量，一般每667m² 施70～150kg。

2. 整地作畦与施肥 南方地区雨水多，宜深沟高畦栽植。每667m² 施入腐熟优质有机肥3～4t和45%复合肥75kg作基肥。

（二）适时播种，培育壮苗

1. 品种选择 春季栽培宜选择抗病虫能力和抗逆性强、优质、高产、商品性好、适合市场需求的品种。甜椒可选用洛椒4号等品种，辣椒可选用浙椒1号、衢椒1号、九香等品种。

实地调查或查阅资料，了解当地辣椒主栽品种、类型及特性，填入表4-13中。

表4-13 当地辣椒主栽品种、类型及特性

栽培品种	栽培类型	品种特性

2. 育苗 先将种子播种在大棚的苗床内，出苗后，有1～2片叶时移栽到营养钵中。幼苗移入营养钵后置于大棚内，套好小拱棚保暖，同时加强温湿度的管理。育苗的播种期因栽培方式不同而异，大棚栽培的一般在11月初，小拱棚栽培的在11月中旬，露地栽培的在11月下旬至12月初，每667m² 用种量为30～50g。

壮苗标准：生理苗龄7～14片（秋延后栽培7～9片）真叶，日历苗龄90～120d（秋延后栽培苗龄30d左右）。直观形态表现为生长健壮，高度适中，茎粗节短；叶片较大，生长舒展，叶色浓绿；子叶大而肥厚，不过早脱落或变黄；根系发达，尤其是侧根多，色白；秧苗生长整齐，既不徒长，也不老化；无病虫害；用于春提早栽培的秧苗带有肉眼可见的健壮花蕾。

（三）适时定植，合理密植

原则上10cm深处的土温稳定在10℃左右即可定植，选择在寒流过后“冷尾暖头”的晴天定植。采用地膜、小拱棚、中拱棚和大棚多层组合覆盖的方式，可提早到1月中旬定植；地膜、小拱棚和大棚栽培在2月中旬定植；大棚套小棚栽培在2月下旬定植；小棚盖地膜栽培在3月上旬定植。一般密度为每667m² 栽植3 000～3 500穴，每穴1～2株，栽后灌足定根水。秋延后栽培注意遮阳、防暴雨。

（四）田间管理

1. 肥水管理 提倡滴灌、喷灌，不能漫灌。控制氮肥用量，增施磷、钾肥。定植到结果前应轻浇、勤浇，追肥由淡到浓。初花期可追施0.1%硼肥，每15d施1次，共施2次即可；开始结果后，重施挂果肥；中后期可用0.2%磷酸二氢钾加0.1%～0.2%尿素作根外追肥。秋延后栽培前期注意降温、保湿，随着气温下降（日平均气温在15℃左右），应及时扣棚膜，并逐渐减少浇水量。

2. 温度 辣椒定植后1周内要密闭大棚不通风，棚温维持在30～35℃，夜间棚外四周围草苫保温防冻，以加速缓苗。缓苗后开始通风，棚温降至28～30℃，高于30℃时放风降温。进入开花结果期，白天20～25℃，夜间15～17℃。夜间温度不低于15℃时，应昼夜通风。夏季应将棚膜四周卷起呈天棚状，或将薄膜取下进行露地栽培。进入秋季后，当日均气温20～22℃，夜间最低气温15℃时，应扣膜。当日平均气温下降至15℃时扣严薄膜，低于10℃时采取保温措施。当外界气温过低，棚内辣椒不能正常生长时，及时采收，以免果实受冻。

辣（甜）椒因温度过低或过高，在生产上容易发生低温障碍或高温障碍。低温障碍症状为辣椒幼果果皮呈紫色斑痕，植株生长缓慢，易落花，花芽分化障碍，产生畸形果，叶片呈浅褐色，少有新根和须根，茎基部处有腐烂，持续时间长，植株死亡。可通过选择种植耐寒、抗低温、抗弱光的品种，加强保温和喷施3.4%赤·吲乙·芸可湿性粉剂4 000倍液、55%益施帮水剂800倍液、50g红糖兑1喷雾器水加0.3%磷酸二氢钾等抗寒剂来防止其低温障碍的发生。

3. 植株调整与剪枝更新 及时整枝打杈，摘除枯黄病叶，中耕除草。为防倒伏可进行简易支架，并于封垄前结合中耕除草在根际培土，厚5～6cm。

进入高温期，植株结果部位上移，植株衰弱，生长处于缓慢状态，花、果易脱落。为使秋季多结果，可采取剪枝再生措施，把第三层果以上的枝条留2个节后剪去，重发新枝开花结果。

4. 保花保果 辣椒在栽培中落叶、落花、落果现象极为普遍，一般落花率可达40%～45%，落果可达10%～15%，保花保果对提高辣椒的产量具有极为重要的意义。

辣椒落叶落花落果的原因主要有：①营养不良。由于栽培密度过大或氮肥施用过多，造成辣椒植株徒长，使辣椒的花、果营养不足而脱落。②不利的环境条件。辣椒喜空气干燥而土壤湿润的环境，如果气温偏高或过低，影响授粉、受精，导致落花落果；遇到较长时间的阴雨天，光照不足，也会影响授粉及花粉管的伸长，导致落花；土壤干旱或过多，也会引起落花落果。③病虫危害。辣椒易发生病毒病、炭疽病、叶枯病等，易引起落叶、落花、落果。

保花保果方法：①加强栽培管理。主要是培育壮苗，适时定植，合理密植，科学施肥；定植后要通风排湿，棚内白天温度保持在25～28℃，晚上温度保持在15～18℃，开花期最低为15℃。②使用生长激素保花。可使用40～45mg/L防落素喷花或用10～20mg/L的2，4-滴点花。

（五）及时防治病虫害

辣椒常见的病害有病毒病、炭疽病、疫病等，虫害有棉铃虫、菜蚜、蝼蛄、蛴螬、白粉虱等。

辣（甜）椒主要生育期病虫防治历见表4-14。

表 4-14 辣（甜）椒主要生育期病虫防治历

生育期	易发病虫害	防治对策	栽培模式	绿色防控药剂救治
育苗/定植前	猝倒病、立枯病、炭疽病、根腐病	土壤消毒，采用一次性无菌基质土、生物农药按 1∶100 的比例施用	穴盘育苗	50kg 苗床土加 20g68%精甲霜灵·锰锌水分散粒剂 10mL、2.5%咯菌腈悬浮剂拌土过筛混匀，装穴盘；30 亿活芽孢/g 枯草芽孢杆菌可湿性粉剂 200 倍液淋盘
	寒害、肥害	保暖，除湿；肥料浓度降低至生长季节使用浓度的 1/2	越冬栽培、冬春定植、越冬栽培、育苗	30 亿活芽孢/g 枯草芽孢杆菌可湿性粉剂 200 倍、90%氨基酸复微肥 500 倍液喷施
移栽定植期	茎基腐病、根腐病	种植沟穴封闭土壤杀菌，降湿定植前沟施药剂	越冬栽培、冬春茬栽培、早春栽培	68%精甲霜灵·锰锌水分散粒剂 600 倍液、6.25%精甲霜灵·咯菌腈浮剂 800 倍液、72.2%霜霉威水剂 800 倍液浸盘或淋灌或喷施，30 亿活芽孢/g 枯草芽孢杆菌可湿性粉剂 300 倍喷淋
	寒害	多层膜保温，注意降低湿度		90%氨基酸复微肥 400 倍液喷施
	线虫病	定植前沟施药剂		10%噻唑膦颗粒剂每 667m² 用 1.5kg 沟施
	蚜虫、烟粉虱	药剂浸盘，土壤表层药剂处理，药剂淋灌	冬早春栽培、春提前栽培、春季栽培	35%噻虫嗪悬浮剂 3 000 倍液喷淋或淋根，设置防虫网，设置黄板诱杀
开花期	灰霉病	根施嘧菌酯整体防控，花期喷施药剂预防	越冬栽培、春季栽培、弱光露地栽培	50%咯菌腈可湿性粉剂 3 000 倍液、50%乙霉威可湿性粉剂 600 倍液、50%啶酰菌胺可湿性粉剂 1 000 倍液
	菌核病	根施嘧菌酯整体防控		25%嘧菌酯悬浮剂 1 500 倍液灌根，每 667m² 用药 60～100mL，或 50%啶酰菌胺可湿性粉剂 1 000 倍液、32%吡唑萘菌胺·嘧菌酯悬浮剂 1 200 倍液喷施
	疫病	早期整体防控，设施栽培的根施嘧菌酯及时喷药		68%精甲霜灵·锰锌水分散粒剂 600 倍液、72.2%霜霉威水剂 800 倍液、68.75%氟吡菌胺·霜霉威盐酸盐水剂 800 倍液喷施或喷淋
	病毒病、烟粉虱、蚜虫、蓟马	吊挂诱集黄、蓝板诱杀传毒害虫，培育壮苗	春季栽培	24.7%高效氯氟氰菊酯·噻虫嗪微囊悬浮剂 1 200 倍液、35%噻虫嗪悬浮剂 3 000 倍液、10%吡虫啉可湿性粉剂 1 000 倍液喷施
坐果期、盛果期	灰霉病	对灰霉病幼果表面进行病菌绝杀	冬春栽培、春季栽培、大棚栽培	50%咯菌腈可湿性粉剂 3 000 倍液、50%嘧菌环胺水分散粒剂 1 200 倍液、50%乙霉威可湿性粉剂 600 倍液、50%啶酰菌胺可湿性粉剂 1 000 倍液
	疫病	保健性防控，二次施用嘧菌酯灌根	任何种植模式	68%精甲霜灵·锰锌水分散粒剂 600 倍液、72.2%霜霉威水剂 800 倍液、68.75%氟吡菌胺·霜霉威盐酸盐水剂 800 倍液喷施或喷淋

（续）

生育期	易发病虫害	防治对策	栽培模式	绿色防控药剂救治
坐果期、盛果期	炭疽病、白粉病	用嘧菌酯灌根，早期防控	露地栽培、春季露地、越冬栽培后期	32.5%嘧菌酯苯醚甲环唑悬浮剂1 000倍液、32%吡唑萘菌胺嘧菌酯悬浮剂1 200倍液、10%苯醚甲环唑水分散粒剂1 000倍液喷施
	青枯病		露地、夏季套种栽培模式	25%嘧菌酯悬浮1 500倍液+47%春雷·王铜可湿性粉剂400倍液、25%嘧菌酯悬浮剂+30%噻唑锌可湿性粉剂400倍液、40%氢氧化铜可湿性粉剂800倍液喷施
	蚜虫、烟粉虱、鳞翅目害虫			14%高效氯氟氰菊酯·氯虫苯甲酰胺悬浮剂1 500倍液、30%噻虫嗪·氯虫苯甲酰胺悬浮剂1 500倍液喷施
	线虫病	定植前高温闷棚后撒施		10%噻唑磷颗粒剂每667m²用1.5kg撒施
收获期	疫病	喷施	春季栽培、大棚栽培、冬早春大棚栽培、露地栽培	68%精甲霜灵·锰锌水分散粒剂600倍液、72%霜脲·锰锌水分散粒剂700倍液、68.75%氟吡菌胺·霜霉威盐酸盐水剂800倍液喷施或喷淋
	白粉病			32%吡唑萘菌胺悬浮剂1 500倍液、10%苯醚甲环唑水分散粒剂800倍液喷施
	青枯病	雨前、雨后尽快喷施	露地	47%春雷·王铜可湿性粉剂400倍液、25%噻唑锌可湿性粉剂400倍液、40%氢氧化铜可湿性粉剂600倍液喷施
	淹害死秧	积水清除后尽快用生物激活剂灌根	露地、保护地栽培	每667m²根施海藻菌生物肥液1～2kg、55%氨基酸复微肥液500mL、6.25%精甲霜灵·咯菌腈悬浮剂150～200mL
	蚜虫、烟粉虱、鳞翅目害虫			14%高效氯氟氰菊酯·氯虫苯甲酰胺悬浮剂1 500倍液、30%噻虫嗪·氯虫苯甲酰胺悬浮剂1 500倍液喷施

（六）及时采收

根据市场需求和辣椒商品成熟度分批及时采收。采收过程中所用工具要清洁、卫生、无污染。辣椒一般在花凋谢20～30d后，果实充分长大，果皮稍变硬，采收上市。

拓展知识

辣椒留种技术

辣椒产品分级标准

辣（甜）椒易发生理性病害及其救治

项目五

XIANGMU 5

瓜类蔬菜生产

学习目标

▶专业能力

(1) 能够设计黄瓜、西瓜、甜瓜、苦瓜生产方案。

(2) 能够根据市场需要选择品种，培育壮苗。

(3) 能够根据生产需要选择适宜的种植方式，进行整地作畦，并适时定植。

(4) 能够根据黄瓜、西瓜、甜瓜、苦瓜长势，适时进行环境调控、肥水管理、植株调整和化控处理。

(5) 能够及时诊断黄瓜、西瓜、甜瓜、苦瓜病虫害，并进行综合防治。

(6) 能够采用适当方法适时采收黄瓜、西瓜、甜瓜、苦瓜，并能进行采后处理。

(7) 能够组织实施生产计划，并制订无公害、绿色、有机黄瓜、西瓜、甜瓜、苦瓜生产技术规程。

(8) 能够评定产品质量。

▶方法能力

(1) 具有信息采集、处理的能力。

(2) 具有独立使用各种媒介完成学习任务，并有自主学习的能力。

(3) 具有分析解决问题、接受应用新技术的能力。

(4) 具有综合和系统思维，并有完成典型工作任务的能力。

(5) 具有撰写技术报告、学习迁移的能力。

▶社会能力

(1) 具有吃苦耐劳、诚实守信、爱岗敬业的职业精神。

(2) 具有团队合作、沟通、语言表达能力。

(3) 能够公正地自我评价和评价他人。

(4) 具有环境意识、社会责任感、参与意识及自信心。

任务布置

该项目的学习任务为黄瓜、西瓜、甜瓜、苦瓜生产，在教学组织时为了增强学习的积极性和主动性，全班组建两个模拟股份制公司，开展竞赛，每个公司再分若干个种植小组，每个小组分别种植1种蔬菜。

建议本项目为30学时，其中28学时用于黄瓜、西瓜、甜瓜、苦瓜生产的学习，另2学时用于各“公司”总结、反思并向全班汇报学习经验与体会，实现学习迁移。

具体工作任务的设置：

(1) 获得针对工作任务的厂商资料和农资信息。

(2) 根据相关信息制订、修改和确定黄瓜、西瓜、甜瓜、苦瓜标准化生产方案。

(3) 制订设施黄瓜、西瓜、甜瓜、苦瓜绿色生产技术操作规程。

(4) 根据生产方案，购买种子、肥料等农资。

(5) 观察黄瓜、西瓜、甜瓜、苦瓜的植物学特征。

(6) 培育黄瓜、西瓜、甜瓜、苦瓜壮苗。

(7) 选择设施，整地作畦、适时定植。

(8) 根据黄瓜、西瓜、甜瓜、苦瓜的植株长势，加强田间管理（环境调控、肥水管理、植株调整、化控处理）。

(9) 识别常见的黄瓜、西瓜、甜瓜、苦瓜病虫害，并组织实施综合防治。

(10) 采用适当方法适时采收黄瓜、西瓜、甜瓜、苦瓜并按外观质量标准能进行采后处理。

(11) 进行成本核算（农资费用、劳动力费用和总费用），注重经济效益。

(12) 对每一个所完成的工作步骤进行记录和归档，并提交技术报告。

瓜类蔬菜属葫芦科一年生或多年生攀缘性草本植物，包括黄瓜、南瓜、西瓜、甜瓜、冬瓜、节瓜、丝瓜、苦瓜、瓠瓜、佛手瓜、蛇瓜等，主要以幼嫩或成熟的果实作为食用器官，少数瓜类植株的嫩梢及花也可食用。瓜类蔬菜在特征特性和栽培上有很多的共同点。

瓜类蔬菜除黄瓜外，其他种类都具有发达的根系，但根的再生能力弱，适于直播，若育苗移植，则需采用保护根系的措施。

瓜类蔬菜为蔓性植物，茎中空，需支架栽培，以提高土地利用效率；茎部可发生不定根，爬地栽培时可进行压蔓、盘蔓等，提高植株水分、养分吸收能力；侧枝生长能力强，应合理整枝。

瓜类蔬菜是雌雄同株异花植物，属天然异花授粉植物，采种时须进行隔离防杂。多数花在上午开放，葫芦在晚上开放，花芽分化早，且具有可塑性，生产上可采取措施促进雌花分化，争取早结瓜、多结瓜；具有连续开花结果特点，生育过程中应注意协调营养生长与生殖生长的关系，防止疯秧与坠秧。

瓜类起源于热带或亚热带，性喜温暖，不耐寒冷，喜较大昼夜温差，苗期适当的低温能促进雌花的形成；对温周期和光周期有不同程度的反应，育苗期间短日照和低夜温（12～14℃）有利于雌花形成，且着生节位较低；生长量大，水分蒸腾量也较大，水分需求较多；喜光照，光照条件较差时常造成产量降低、品质下降。

瓜类蔬菜同属葫芦科，有许多共同的病虫害，生产上忌连作，应注意轮作；瓜类适宜在中性沙壤土或黏壤土中生长，直播、育苗均可。

任务一 黄瓜生产

任务资讯

黄瓜是葫芦科甜瓜属中幼果具刺的栽培种，一年生攀缘草本植物，别名胡瓜、王瓜、青瓜。黄瓜原产于喜马拉雅山南麓的印度北部地区，印度在3 000年前开始栽培黄瓜，以后随南亚民族间的迁移和往来，由原产地传入中国南部、东南亚各国及日本等地，继而传入南欧、北非，进而传至中欧、北欧、俄罗斯及美国。

一、黄瓜的植物学特征

1. 根 黄瓜为浅根系，虽主根入土深度可达1m以上，但80%以上的侧根主要分布于表土下20～30cm的耕层中，并以水平分布为主。黄瓜的上胚轴于土壤中能分生不定根。根系好气性强，吸收水肥能力弱，在生产上要求土壤肥沃、疏松透气。黄瓜根系的维管束鞘易老化，除幼嫩根外，断根后难发新根，故黄瓜适宜直播，育苗移栽时应掌握宜早、宜小定植。

2. 茎 黄瓜的茎横切面为五棱形，中空，具刚毛；易折损，但输导性能良好；蔓性，苗期节间较短，能直立生长，5～6节后节间显著伸长，开始蔓生；叶腋着生卷须、分枝及雄花或雌花。绝大多数黄瓜品种的茎为无限生长类型，具顶端优势。茎的长度和侧枝多少取决于类型、品种和栽培条件。早熟品种或小黄瓜类型茎蔓较短而侧枝少；中晚熟品种或大果型品种茎蔓较长而侧枝多。土壤水肥充足，植株长势强时茎蔓较长、侧枝多；水肥条件较差，植株长势弱时，茎蔓较短、侧枝少。卷须一般自茎蔓的第三叶节处开始着生，以后每叶节均可出现卷须。

3. 叶 叶片分子叶和真叶两种，子叶长椭圆形、对生，是黄瓜生长发育初期养分积累的重要器官；真叶为单叶，掌状全缘，互生，两面被有稀疏刺毛，叶柄长，叶片大而薄，故蒸腾量大，再加上根系吸水能力差，因而黄瓜栽培过程中需水量大。叶缘具细锯齿，有水孔，水孔吐水作用明显。叶缘吐水和叶面结露为病菌孢子萌发创造条件，因此黄瓜易感染多种病害。

4. 花 黄瓜的花为退化型单性花，为腋生花簇。每朵花于分化初期都具有两性花的原始形态特征，但形成萼片与花冠之后，有的雌蕊退化，形成雄花，有的雄蕊退化，形成雌花，也有的雌、雄蕊都有所发育，形成不同程度两性花。根据植株上花的着生状况可将其分为7种类型。

（1）完全花型。植株上着生的花全部为完全花。

（2）雌性型。全株雌花，不生雄花，或基部出现雄花后再出现雌花。

（3）雄性型。植株上着生的花全为雄花。

（4）雌雄间生型。先出现雄花，以后雌、雄花交替出现。雌、雄花都可连生数节。

（5）混生雌性型。先出现雄花，继之出现雌、雄花混生节，然后连续出现雄花。

（6）两性雄性型。开始出现雄花，然后在雄花节上混生两性花，基本不生雌花。

（7）雌雄全同株。植株上着生的花为雌花、雄花和完全花。

黄瓜多数品种为雌雄间生型，部分品种雌花连续发生的能力强，表现为混生雌性型。

黄瓜依雌花的着生部位和数量大致可分为两类：一类是主蔓雌花多而集中，分枝少，以主蔓结果为主；另一类是雌花在主蔓少而较分散，侧枝多，以子蔓、孙蔓结果为主，采取摘心措施可以提早形成雌花。

黄瓜的花均为腋生，雌花和完全花常单生（除少数品种例外），而雄花则簇生，一般雄花发生于雌花之先，以后雌、雄花交替发生，雌花着生的节位及密度是品种熟性的重要形态标志。第一雌花着生节位越低、雌花比例越高，对于早熟、丰产有利。雌花、雄花均具蜜腺，虫媒花。品种间自然杂交率高达 53%～76%。黄瓜花多于黎明开放，开花前 1d 花粉已具有发芽能力，但以花冠完全开放、花药开药时的发芽能力最强，一般在开药后 4～5h 即失去活力。黄瓜具有单性结实性，进行授粉有助于提高坐果率。

5. 果实 黄瓜的果实为瓠果，由子房、花托共同发育而形成的假果。表皮部分为花托的外皮。皮层由花托皮层和子房壁构成，花托部分较薄。果实的可食部分主要为果皮和胎座，果实常为圆筒形或长棒形，一般长 15～60cm。嫩果呈绿色、深绿色、绿白色、白色等，果面光滑或具棱、瘤、刺；老熟果黄白色至棕褐色，外被蜡质，有棱品种果面有瘤状突起，瘤的顶端着生黑刺或白刺。黑刺品种的熟果黄白色至棕黄色，大多具网纹；白刺品种呈黄白色，无网纹。黄瓜单性结实能力强，进行授粉有助于提高坐果率。某些黄瓜品种的果实中具有苦味物质葫芦素，为显性基因所控制。果实通常于开花后 8～18d 达商品成熟，达生理成熟一般需 35～45d。

6. 种子 黄瓜的种子扁平，长椭圆形，黄白色，无胚乳，无明显生理休眠期，但需后熟 3 个月左右发芽整齐，种子千粒重 20～42g，发芽年限 4～5 年。

二、黄瓜生长发育对环境条件的要求

1. 温度 黄瓜是喜温作物，生长适温为 25～30℃，不耐寒，光合作用适温为 25～32℃。种子发芽的适温为 28～32℃，低于 15℃或高于 35℃发芽率显著下降，12℃以下不能发芽；幼苗期昼温 22～28℃，夜温 17～18℃；开花结果期昼温 25～29℃，夜温 18～22℃；昼温超过 30℃，果实生长快，植株长势渐弱，达到 35℃以上，则破坏光合与呼吸的平衡。采收盛期以后温度应稍低，以防止植株衰老，维持较长的采收时期。

黄瓜根系生长的适宜地温为 20～25℃，地温低于 20℃或高于 25℃根系生理活动能力明显降低，并可导致根系早衰，根系能耐受的最高温度为 38℃，根毛发生的最低温度为 12～14℃，10～12℃时根系生长停滞。土壤温度低于 12℃且持续时间较长时，常易于导致根系生理活动受阻，而使叶片发黄或产生沤根等症状。因此，冬、春季黄瓜育苗或生产时，地温的管理比气温管理更重要。

黄瓜生长发育还需要一定的昼夜温差，一般保持 10℃左右温差有利于物质积累。夜间温度适当偏低有利于降低植株体内养分的呼吸消耗，防止徒长和减少化瓜。

2. 光照 黄瓜喜光照充足，也能适应较弱的光照，叶片光合作用的饱和点为 55klx，光补偿点 2klx，光照不足，光合速率下降，同化物产量降低，常造成植株生育不良，引起化瓜等。同时，黄瓜光合强度具有明显的时段性。一般上午的光合量可占全天光合量的60%～70%，而下午光合量仅占 30%～40%，这是由于上午光照条件好、空气中二氧化碳浓度高、叶片夜间充分吸收水后受光姿态好等。春季露地或设施栽培叶片光合速率日间呈双峰曲线变化，有明显的午休现象。

不同叶龄的黄瓜叶片光合速率不同。据研究，叶片展开 10d 以内光合速率最高，完全展开 20d 后光合速率明显下降，就黄瓜植株叶片分布而言，一般以上部第 5～6 片展开叶光合速率最高；因此，黄瓜生产过程中必须注意及时绑蔓，确保叶片受光姿态良好，防止上部茎、叶下垂而影响光合作用。

黄瓜对光照周期有显著分化。野生黄瓜具有明显的短日性；华南型黄瓜对短日较为敏感，而华北型黄瓜则已表现为日中性植物。红光促进黄瓜茎、叶生长，利于发育，蓝光则抑制黄瓜的生长，促进性型分化。较短的日照有利于雌花的形成，但品种间对短日照反应不同。

3. 水分 黄瓜的叶面积大，蒸腾量大，而根系较浅，分布范围小，吸收能力弱，因此需要较高的土壤湿度和空气湿度。理想的空气相对湿度应该是苗期低，成株期高，夜间低，白天高，高达80%～95%，低到60%～70%。适宜土壤湿度为田间持水量的80%～90%，但苗期以控制在60%～70%为宜。植株对空气湿度的适应性是随着土壤湿度的增高而提高，但黄瓜对土壤湿度很敏感，如果土壤水分充足，即使空气相对湿度在70%以下，对植株的生育及产量也无较大影响。黄瓜的蒸腾系数因气候和栽培条件而异，露地栽培为400～800，保护地栽培为200左右。

4. 气体 黄瓜进行光合作用需要大量二氧化碳，通常合成1kg糖类约需二氧化碳1.45kg。黄瓜田间由地面到株冠每667m^2占有空间约为1 200m^3，其中二氧化碳含量为706.8g，如果全部吸收，才形成487.45g糖类或约12.186kg鲜黄瓜。黄瓜光合作用的二氧化碳饱和浓度为0.1%，在光照充足、高温、高湿环境中，二氧化碳的饱和浓度可达1%左右，当空气中二氧化碳浓度提高到0.1%时，可增产10%～20%，提高到0.63%，可增产50%。在栽培上，可采取增施有机肥料、加强通风、补充二氧化碳等方法提高空气中二氧化碳含量。

黄瓜根系最适宜的土壤含氧量为15%～20%，低于2%时生长不良。在生产中可通过多施有机物、中耕来改善土壤的通气性。若土壤黏重、通气不良、湿度过高，会形成多种有害物质，影响根系活动并导致病害发生。

5. 土壤与营养 黄瓜生长迅速，高产，需肥沃且结构良好的壤土，以克服黄瓜喜湿而不耐涝、喜肥而不耐肥的特性。施肥管理应注意掌握“少量多餐”的原则，黄瓜吸收量较大的矿质营养元素依次为钾、氮、钙、镁和磷等。黄瓜施肥管理以氮、磷、钾为主，每生产1t的黄瓜果实需吸收氮2～3kg、磷1kg、钾4kg，三者比例为（2～3）∶1∶4。因此，黄瓜施肥管理应注意平衡施肥问题。

黄瓜不同生育时期需肥量不同，幼苗期较少，初花期增加，结果期最多。幼苗期和初花期所吸收的氮、磷、钾的量约占全生育期的20%，而结果期约占80%。所以，结果期是黄瓜施肥管理的重点时期，施肥量不足或养分供应不均衡，常导致早衰、产量降低、畸形瓜增多等。

黄瓜以耕作层深厚、疏松、透气性良好的壤土种植为宜，在土壤pH5.5～7.6均能正常生长发育，但以pH6.5左右为适宜。黄瓜耐盐性差，生产上常由于过量使用化肥或连作等易造成土壤中盐类浓度增加而影响黄瓜的生育，采用黑籽南瓜作砧木嫁接后可提高黄瓜耐盐能力。

三、黄瓜的生长发育周期

1. 发芽期 黄瓜从种子萌发到2片子叶充分平展、真叶显露为发芽期，约需5d。这个时期消耗的主要是种子内贮藏的物质，因此播种时要选用充分成熟、籽粒饱满的种子。

2. 幼苗期 黄瓜从第一片真叶出现至第四片真叶充分开展为幼苗期，需20～40d。这个时期是培育适龄壮苗的关键时期，同时又是花芽分化的重要阶段，是产量形成的基础。管理应以花芽分化、保叶、促根、培育壮苗为重点，温度和水肥的管理应本着“保”“控”相结合的原则。

3. 抽蔓期 从第四片真叶展开到第一雌花坐果为抽蔓期，约15d。此期黄瓜植株由营养生长为主逐渐向营养生长与生殖生长并重。栽培中既要促进根系生长，又要扩大叶面积，确保花芽数量和质量，保证坐果，防止落花。在抽蔓期的后期应适当控制水肥，适当抑制秧苗的生长是管理的关键。

4. 开花结果期 从第一雌花坐果至生长结束为结瓜期。此期生长量占总生长量的80%左右。开花结果期的长短与产量关系密切，结果期越长，产量越高。结瓜期因栽培形式、环境条件、管理水平不同而异，春季露地栽培的结果期约60d，夏秋栽培黄瓜30～40d，越冬茬栽培可长达7～8个月。因此，生产上应加强温、光、水、肥、气的管理，防止病虫害的发生蔓延，尽量延长结瓜期以取得高产。

相关链接

（一）黄瓜的类型

根据品种的分布区域及其生态学性状可将黄瓜分为下列类型。

1. 南亚型黄瓜 分布于南亚各地。茎、叶粗大，易分枝，果实大，单果1～5kg，果短圆筒或长圆筒形，皮色浅，瘤稀，刺黑或白色；皮厚，味淡；喜湿热，严格要求短日照。地方品种群很多，如锡金黄瓜、中国版纳黄瓜及昭通大黄瓜等。

2. 华南型黄瓜 分布在中国淮河秦岭以南及日本各地。茎、叶较繁茂，耐湿、热，为短日照植物，果实较小，瘤稀，多黑刺；嫩果绿、绿白、黄白色，味淡；熟果黄褐色，有网纹；代表品种有昆明早黄瓜、广州二青、上海杨行、武汉青鱼胆、重庆大白及日本的青长、相模半白等。

3. 华北型黄瓜 分布于中国黄河流域以北及朝鲜、日本等地。植株生长势均中等，喜土壤湿润、天气晴朗的自然条件，对日照长短的反应不敏感；嫩果棍棒状，绿色，瘤密，多白刺；熟果黄白色，无网纹。代表品种有山东新泰密刺、北京大刺瓜、唐山秋瓜、北京丝瓜青以及杂交种中农1101、津研1～7号、津杂1号、津杂2号、鲁春32等。

4. 欧美型露地黄瓜 分布于欧洲及北美洲各地。茎、叶繁茂，果实圆筒形，中等大小，瘤稀，白刺，味清淡，熟果浅黄或黄褐色。有东欧、北欧、北美等品种群。

5. 北欧型温室黄瓜 分布于英国、荷兰。茎、叶繁茂，耐低温弱光，果面光滑，浅绿色，果长达50cm以上。有英国温室黄瓜、荷兰温室黄瓜等。

6. 小型黄瓜 分布于亚洲及欧美各地。植株较矮小，分枝性强，多花多果。代表品种有扬州长乳黄瓜等。

（二）黄瓜的品种

1. 津优405 由天津科润黄瓜研究所选育成。长势较强，叶片中等大小，主蔓结瓜为主；腰瓜长35cm左右，瓜把短，畸形瓜率低；瓜色油亮、刺瘤适中、无棱、口感脆甜；持续结瓜能力强，产量高；抗霜霉病、白粉病、枯萎病、病毒病等多种病害；耐早春低温和夏季高温，适合春、夏露地栽培。

2. 津春4号 由天津黄瓜研究所育成的华北型黄瓜一代杂种。抗霜霉病、白粉病、枯萎病；主蔓结瓜，较早熟，长势中等，瓜长棒形，瓜长35cm；适宜春、秋露地栽培。

3. 中农106 由中国农业科学院蔬菜花卉研究所育成的一代杂种。中熟，生长势强，分枝中等，瓜色深绿，把短，刺瘤密，白刺，瘤小，无棱，无黄色条纹；抗病毒病、白粉病、枯萎病和霜霉病等多种病害；耐热，适宜春、夏、秋露地栽培。

4. 津优358 植株生长势强，叶片中等大小；主蔓结瓜为主，单性结实能力强；瓜条商品性好，瓜长35cm左右，单果220g左右，瓜条顺直，刺瘤适中，果肉翠绿色，口感脆甜，无苦味，瓜皮深绿、油亮，光泽度不受环境条件影响，品质佳；抗霜霉病、白粉病，丰产性好，适宜大棚栽培。

5. 碧翠18 由浙江勿忘农种业科学研究院有限公司选育。植株长势强，主蔓结瓜为主，果实整齐；耐低温弱光，持续结瓜及丰产优势明显；单株可采瓜50条以上，瓜条较短、光皮、无刺、绿色，结果集中，商品瓜长13.5～15.5cm，横径2.5cm左右，单果75～85g，品质鲜嫩松脆，有清香味，口感微甜；抗白粉病和枯萎病，中抗霜霉病；每667m^2产量可达5.5t以上。

（三）黄瓜的栽培季节和方法

黄瓜的消费量大，栽培规模也比较大，应采取多种栽培方式，合理安排栽培季节，实现黄瓜周年生产和均衡供应的。

1. 大棚栽培 1月上中旬育苗，2月下旬定植，4月上旬至6月下旬采收。

2. 春季早熟栽培 1月下旬至2月上旬育苗，3月中下旬定植，4月中旬至6月中旬采收。

3. 春季露地栽培 3月中下旬育苗，4月下旬至5月上旬定植，5月下旬至6月中旬采收。

4. 夏季露地栽培 6月中旬至7月下旬播种，8月上旬至10月中旬采收。

5. 秋延后栽培 8月下旬至9月中旬播种，10月中旬至12月上旬采收。

6. 温室栽培 1月下旬育苗，2月中下旬定植，3月下旬至5月上旬采收，9月中下旬育苗，10月中下旬定植，11月中旬至翌年1月下旬采收。

计划决策

以小组为单位，获取黄瓜生产的相关信息后，研讨并获取工作过程、工具清单、材料清单，了解安全措施，填入工作任务单（表5-1、表5-2、表5-3），制订黄瓜生产方案。

（一）材料计划

表5-1 黄瓜生产所需材料单

序号	材料名称	规格型号	数量

（二）工具使用

表5-2 黄瓜生产所需工具单

序号	工具名称	规格型号	数量

(三) 人员分工

表 5-3 黄瓜生产所需人员分工名单

序 号	人员姓名	任务分工

(四) 生产方案制订

(1) 黄瓜品种与种植制度。黄瓜品种、种植面积、种植方式（间作、套种、是否换茬等）。

(2) 所需的农业生产资料。种子、肥料、农药、生产工具、农膜、嫁接夹、竹竿架、绳等。

(3) 田间生产的具体内容制订。田间生产方案的内容包括黄瓜从种到收的全过程，具体包括以下几方面的内容。

①整地作畦。整地的时间、质量，作畦的规格、所用工具、工作顺序等。

②种子处理。按照种子特性，结合当地生产情况，确定播种前种子处理措施。

③播种。确定播种时间、播种密度、播种量、播种方式及所用生产资料的准备。

④田间管理。肥水管理、环境调控、植株调整、花果期调控。

⑤病虫草害防治。病虫害诊断、防治时期、防治方法、药品名称、药剂类型、药品用量、施用方法、所用工具等。

⑥采收。收获田块面积、产量、收获时期、收获方法、使用工具。

(4) 资金预算。土地、设施租金，农资费用，劳动力费用，管理费用等。

(5) 讨论、修改、确定生产方案。

(6) 购买种子、肥料等农资。

组织实施

以小组的形式在学习工作单的引导下，完成专业知识学习，开展黄瓜生产演练，并记录实施过程中出现的特殊情况或调整情况。

(一) 品种选择

春黄瓜大棚促成栽培选择早熟性强、雌花节位低、适宜密植、抗寒性强、耐弱光和高湿的品种，如津优 405；春露地黄瓜栽培选择适应性强、苗期耐低温、雌花节位低，节成性好、生长势强、抗病、较早熟、优质、高产，满足当地栽培和市场要求的品种，如津优 1 号、津春 4 号；夏黄瓜露地栽培选用植株长势强、抗病、耐热、耐涝、丰产的品种，如津优 40 等；秋黄瓜露地栽培应选用适应性强，苗期较耐高温、结瓜期较耐低温、抗病性较强的品种；秋延迟大棚黄瓜栽培选择前期耐高温后期耐低温、雌花分化能力强、长势好、抗病力强、产量高、品质好的品种。

实地调查或查阅资料，了解当地黄瓜主栽品种、类型及特性，填入表 5-4 中。

表 5-4 当地黄瓜主栽品种、类型及特性

栽培品种	栽培类型	品种特性

（二）培育壮苗

1. 种子处理 将黄瓜种子倒出后，晒种 2～3h（避免在烈日下暴晒），同时剔除不饱满的种子，将选好的种子在温水中浸泡 2h，浸好后沥干水分待播。

2. 选择穴盘 采用规格为 26cm×52cm 的 72 孔穴盘，每一苗床横向排列 3 排。穴盘用 50%多菌灵可湿性粉剂 600 倍液浸泡 2～3h 消毒后备用。

3. 选择基质 选用瓜果蔬菜专用育苗基质，要求有机质含量 65%以上，腐殖酸含量 40%～55%，pH5.6～6.0，含氮、磷、钾总量 3%，其基质营养全面、配比合理，具有透气性能好、质轻、持水、有机质含量高等特点。

4. 基质装盘 将基质倒出，按 50kg 基质加 50g 多菌灵可湿性粉剂的比例混合，加水搅拌均匀，以手握成团、手指间有少量水滴但不落下为准。基质填满穴盘，相互叠加，垂直轻压，并用木板将盘口刮平，露出方格，便于播种。

5. 播种 用一粗 0.5cm、长约 15cm 的木棍，在每个穴盘方格的中央打一深 1.5cm 的孔，然后用镊子将浸种后的黄瓜种子点播其中，每穴播 1 粒，用潮湿的基质盖住洞口，再在穴盘上撒一层干蛭石。

6. 播后管理

（1）温度管理。播种至出苗阶段以促为主。播种到子叶出土，白天保持 28℃左右，夜间 18～20℃；子叶出土到破心（子叶展平，第一真叶显露）适当降低温度，白天 20～22℃，夜间 12～15℃，破心到成苗前 5～7d，白天 22～25℃，夜间 13～18℃；定植前 1 周，白天保持 16～20℃，夜间 10～15℃。

（2）光照管理。育苗穴盘应尽量多见光，长日照可有效控制黄瓜的徒长。

（3）肥水管理。黄瓜穴盘育苗周期短，基质中含有的养分，可以满足黄瓜苗的生长，一般不需追肥。黄瓜穴盘基质育苗水分蒸发量大，幼苗容易缺水，应及时补水；但水分过多，又会造成秧苗徒长，因此要适量浇水。一般选晴天的中午进行浇灌，子叶出土至破心阶段每 4～5d 浇 1 次，以后每 2d 浇水 1 次。

7. 苗期病虫害防治 苗期病害主要是猝倒病，应加强苗床管理，设法提高温度，降低湿度。苗床内发现个别幼苗染病，要及时拔除病苗，并喷洒 50%异菌脲可湿性粉剂 600～800 倍液或 75%百菌清可湿性粉剂 700～800 倍液。

8. 嫁接 黄瓜嫁接育苗可采用黑籽南瓜作砧木。采用靠接法，黄瓜比南瓜早播种 2～3d，在黄瓜有真叶显露时嫁接（插接时南瓜比黄瓜早播种 3～4d，在南瓜子叶展平有第一片真叶，黄瓜 2 叶 1 心时嫁接）。嫁接苗栽入直径 10cm 的营养钵中，覆盖小拱棚遮光 2～3d，提高温湿度，以利伤口愈合，7～10d 接穗长出新叶后撤掉小拱棚，靠接要断接穗根。

黄瓜嫁接技术

（三）定植前准备

1. 棚室消毒 处理的方法有高温闷棚、药剂熏蒸、药剂混土、大水漫灌等。

（1）太阳能高温闷棚。首先清园，彻底清除前茬病残体，其次均匀施入有机肥，然后翻地整平，最后灌水闭棚 15～20d。

（2）药剂熏蒸。可选用的药剂有氰氨化钙、威百亩、棉隆等。

2. 扣棚提温 早春栽培黄瓜应选择地势较高、向阳、富含有机质的肥沃土壤，并在定植前 20d，选择晴天扣棚以提高棚内温度。

3. 整地作畦 定植前 10d 作畦，要求深沟高畦，做成龟背状，畦宽为 1.6m（含沟），畦高 30cm。

4. 施基肥 根据土壤肥力和目标产量决定施肥总量。一般每 667m^2 施优质腐熟有机肥 4～5t、饼肥 60kg、三元复合肥 50kg。

（四）定植

当 10cm 最低土温稳定通过 12℃后可定植。每畦栽 2 行，株距 33cm，每 667m^2 定植 2 500 株。定植要选在晴好天气抢种。

（五）田间管理

1. 温度管理 缓苗期：白天 28～30℃，晚上不低于 18℃。缓苗后采用四段变温管理：8:00—14:00，25～30℃；14:00—17:00，25～20℃；17:00—24:00，15～20℃；24:00至日出，15～10℃。地温保持 15～25℃。

2. 光照管理 采用透光性好的多功能膜，保持膜面清洁，白天揭开保温覆盖物，尽量增加光照度和时间。夏、秋季节适当遮阳降温。

3. 肥水管理 黄瓜根系对土壤溶液浓度反应敏感，追肥浓度高，易引起伤害和高盐胁迫。生长期间的追肥宜分次薄施，着重在开花结果期施用，可在开花以后，每 10d 左右每 667m^2 施用复合肥 10～15kg，盛果期增至 15～20kg。雨天宜干施，晴天可湿施、沟施或穴施，施后覆土。

黄瓜需水量大，但对土壤湿度敏感，土壤不宜过湿。长江流域及其以南各地，雨量充足又常采取湿施肥料，除定植后需浇水促返青外，坐果前应适当控制水分，促进根系和花芽分化，结果期间则应保持土壤相对湿度 70％～80％。

（六）植株调整

一般在蔓长 30cm 时，搭架绑蔓，应摘除根瓜以下的侧蔓，适当选留根瓜以上的侧蔓，侧蔓雌花节以上 1～2 片真叶后摘心，主蔓具 25～30 片真叶后摘心，以增加结果。中后期根据生长情况摘除基部黄叶、病叶等，以改善生长环境。

黄瓜看叶管理

黄瓜出现弯瓜的原因分析及防治方法

黄瓜“花打顶”发生原因及防治

（七）病虫害防治

1. 病害防治 危害黄瓜的主要病害有霜霉病、细菌性角斑病、炭疽病、黑星病、白粉病、疫病、枯萎病等。防治霜霉病、疫病可选用70%代森锰锌·霜脲氰可湿性粉剂800～1 000倍液、52.5%恶唑菌酮·霜脲氰可分散粒剂2 000～3 000倍液、50%烯酰吗啉可湿性粉剂1 000～1 500倍液均匀喷雾；白粉病、炭疽病可选用20%苯醚甲环唑微乳剂1 000～2 000倍液、25%嘧菌酯悬浮剂1 000～1 500倍液喷雾防治。

2. 虫害防治 危害黄瓜的虫害有蚜虫、红蜘蛛、烟粉虱、茶黄螨、潜叶蝇等。蚜虫可选用36%啶虫脒水分散粒剂5 000～6 000倍液防治；红蜘蛛可用3.4%甲氨基阿维菌素苯甲酸盐微乳剂2 500～3 000倍液防治；黄守瓜可选用2.2%甲氨基阿维菌素苯甲酸盐微乳剂2 500～3 000倍液防治。

（八）及时采收

黄瓜必须适时采收嫩果，特别是根瓜要适时提早采收，一般开花后8～10d即可采收。采收标准是瓜条大小适宜，粗细匀称，花冠尚存带刺，宜勤采收。每667m² 春黄瓜产量4～6t。

拓展知识

黄瓜常见生理障害

任务二 西瓜生产

任务资讯

西瓜是葫芦科西瓜属的栽培种，一年生蔓性草本植物，又称为水瓜、寒瓜，原产于非洲南部的拉哈里沙漠。西瓜以成熟果供鲜食，也可蜜渍、酱渍，瓜瓤脆嫩多汁，营养丰富，是夏季重要的消暑果品，在我国主要分布在华北、长江中下游地区。

一、西瓜的植物学特征

1. 根 西瓜的根深而广，主根深达1m以上，侧根平展达4～6m，根群主要分布在10～30cm的耕层内。吸收肥水能力强，耐旱但不耐涝。纤细易断，再生力差，育苗时要注意保护根系。

2. 茎 西瓜的茎蔓生，草质，中空，被长茸毛。生长前期节间短，直立状生长，4～5节后节间逐渐增长，匍匐地面生长。茎节处着生叶片，叶腋着生苞片、雄花、雌花、卷须和根原始体。分枝性强，可形成3～4级侧枝。也有节间短的丛生类型。

3. 叶 真叶单叶互生，有深裂、浅裂和全缘叶等品种，2/5叶序，叶面有茸毛和蜡粉，蒸腾量小而耐旱。

4. 花 单性腋生，雌雄同株异花，主茎3～5节现雄花，5～7节形成雌花，此后与雄花相间形成。雌、雄花均具蜜腺，虫媒花，清晨开放，午后闭合。

5. 果实 有圆形、卵形、椭圆、圆筒形等，单果大的10～15kg，小的1～2kg。果面平滑，表皮绿白、绿、深绿、墨绿、黑色等，间有细网纹或条带。果肉有乳白、淡黄、深黄、淡红、大红等色，肉质分紧肉和沙瓤两种。果肉可溶性固形物一般可达10%～12%。

6. 种子 扁平，卵圆或长卵圆形，种皮较厚而硬，平滑或具裂纹，色泽白、黄、红、黑等，也有双色花籽和麻点等特征的种子。大籽类型的种子千粒重100～150g，中籽类型40～60g，小籽类型仅20～25g，籽用瓜可达150～200g。

二、西瓜生长发育对环境条件的要求

1. 温度 西瓜喜高温干燥，耐热，生育适温为25～30℃，30℃时同化作用最强，在昼夜温差较大（8～14℃）时利于果实膨大和糖分积累。极不耐寒，0～5℃时植株受冻，10℃时停止生长。种子发芽的最低温度为15℃，最高温度为35℃，适宜温度28～30℃；幼苗期和伸蔓期适宜温度分别为22～25℃和25～28℃。根系生长适宜温度为25～30℃，最低温度为8～10℃，根毛发生最低温度14℃。果实发育适温为28～30℃，温度过低会产生扁圆、皮厚、空心、畸形等果实。全生育期所需大于15℃的有效积温为2 500～3 000℃，其中果实发育需要有效积温800～1 500℃。

2. 光照 西瓜为喜光作物，光照充足，植株生长健壮，节间和叶柄较短，蔓粗，叶片大而厚、浓绿、花芽分化早，坐果率高；在10～12h的长日照下才能生育良好，但苗期短日照有利于雌花的形成。对光照度要求也高，光饱点为8万lx，光补偿点为4klx；植株正常生长发育要求每天光照10～12h，光照14～15h有利于侧蔓形成，8h可促进雌花形成，但不利于光合产物的积累。

3. 水分 西瓜喜湿、耐旱、不耐涝，0～30cm土层适宜的土壤含水量，幼苗期为田间持水量的65%，伸蔓期为70%，果实膨大期为75%左右。土壤含水量低于50%则植株受旱，影响正常生长和果实发育。西瓜要求空气干燥，空气相对湿度以50%～60%为宜。但花期授粉时，短时间较高的空气湿度有利于授粉、受精。据测定，形成1g干物质蒸发量达700g，1株西瓜在整个生育期约需消耗水分2 000L。

4. 土壤与营养 西瓜对土壤的适应性较广，各种土质均可栽培，但以土层深厚、排水良好、肥沃疏松的沙壤土最好。适宜的土壤pH5～7，总盐量在0.2%以下，轻度盐碱土壤上种植西瓜，可增加果实的含糖量，改进品质。西瓜忌连作，应实施6～10年轮作。西瓜需肥量较大。每生产1t果实需要氮4.6kg、磷3.4kg、钾4kg。增加磷肥可促进根系生长和花芽分化，提高植株的耐寒性。钾肥可以提高植株的耐病性。生产上三者的比例以3.28∶1∶4.23为宜。此外，施肥时应有机肥与无机肥配合，氮、磷、钾配合。西瓜对钙、镁的吸收也较多，如果实膨大期缺钙可增加枯萎病的发生，引起脐腐病、果实发生硬块等生理病害，缺镁则易引起叶枯病。

5. 气体 根系好气，生长适宜的氧分压为18%。二氧化碳饱和点在1 000μL/L，在设施栽培中补充二氧化碳，可提高叶片的光合能力，提高西瓜的产量和品质。

三、西瓜的生长发育周期

西瓜全生育期为100～120d，分为4个时期。

1. 发芽期 从种子萌动至子叶平展，第一片真叶露心，在25～35℃下需7～10d。这个时期的生长主要靠胚中的贮藏养分，其特点是根系生长显著快于地上部分。

2. 幼苗期 从第一片真叶显露至5～6片真叶显露为幼苗期，又称团棵期。在适宜的温度下需15～18d。这个时期生长的特点是地上部生长缓慢，根系发育快。在农业技术上应采取中耕和轻施提苗肥，以促进幼苗生长及器官的分化。

3. 成蔓期 从幼苗出现卷须、抽蔓到蔓匍匐生长为成蔓期。这时生长的特点是节间伸长，地上部生长显著变快。从吐须抽蔓起，生长开始变快至蔓长达30cm，着地匍匐生长后生长迅速加快，侧蔓相继发生，先后出现雄花和雌花，同时根系也迅速发展，在20～25d根系和叶片布满畦间。这时是西瓜营养生长的主要时期，需要满足适当的肥水条件，保证蔓叶健壮生长，为结成大果打好营养基础。

4. 开花结果期 从留果节位雌花开放到果实成熟为开花结果期，需30～40d。果实的生长可分为3个时期。

（1）坐果期。自留果节位雌花开放至子房开始膨大退毛为止，需4～5d。

（2）果实生长盛期。又称膨瓜期，指从退毛至果实定形，需18～25d。

（3）变色期。又称成熟期，自果实定形至成熟，需10d左右。

就西瓜蔓叶生长与开花结果发育的关系来说，可将以上4个时期概分为营养生长和生殖生长两个时期，在这两个时期中，营养生长与生殖生长是各有主次的，在开花结果前，营养生长起主导作用，必须有适当成长的蔓叶，才能发育成大的果实。但是，如果营养生长过旺，使大量营养物质用于蔓叶生长的消耗，又会影响雌花和果实的发育。

当坐果以后，生殖生长起主导作用，这时大量养分用于果实生长，蔓叶生长缓慢下来，甚至逐渐趋于衰老，在果实发育时期，要防止蔓叶早衰。因此，营养生长和生殖生长是互相联系、互相影响的，在西瓜栽培管理过程中，必须采取适当的技术措施，把蔓叶生长和开花结果辩证地统一起来才能达到高产稳产的目的。

相关链接

（一）西瓜的类型

从栽培的角度看，西瓜可分为以下5个生态型。

1. 华北生态型 主要分布在华北温暖半干旱栽培区（山东、山西、河南、河北、陕西及苏北、皖北地区），是中国特有生态区。果实以大中型为主，中熟或晚熟，瓤肉软或沙质，种子较大。代表品种有郑州2号、郑州3号等。

2. 东亚生态型 主要分布在中国东南沿海和日本。适宜湿热气候，生长势较弱，果型号小，早熟或中熟，种子中等或小。代表品种有马铃瓜。

3. 新疆生态型 主要分布在新疆等西北干旱栽培区。果实以大果为主，晚熟种，生长势强，坐瓜节位高，种子大，极不耐湿。代表品种有吐鲁番白皮瓜。

4. 俄罗斯生态型 主要分布在俄罗斯伏尔加及中下游和乌克兰草原地带。适应干旱少雨气候，生长旺盛，多为中晚熟品种，肉质脆，种子小。代表品种有小红子。

5. 美国生态型 主要分布在美国南部。适应干旱沙漠草原气候，生长势较强，为大果型晚熟种，含糖量高。代表品种有灰查理斯顿。

（二）西瓜的品种

1. 早佳（84-24） 植株生长稳健，坐果性好，开花至成熟28d，果实圆形，单果5～

8kg，瓜果绿色，底覆青黑色条斑，皮厚0.8～1cm。果肉粉红色，肉质松脆，多汁，中心糖度约为12%，边缘糖度9%，品质佳。耐低温、弱光照，一般每667m² 产量可达3t。

2. 黑美人 由农友（中国）种苗有限公司选育。中早生，生育强健，果实长椭圆形，果皮黑绿色，有不明显黑色斑纹，外观优美，果皮薄而坚韧，耐贮运，不易空心，单果约3kg，肉色深红，肉质脆爽，糖度约12%，最高可达14%，适应性广。

3. 小兰 由农友（中国）种苗有限公司选育。极早生，上市早，结果力强，果实圆球形至微长球形，皮色绿淡，底覆青色狭条斑，单果约2kg，瓤肉黄色晶亮，肉质细嫩多汁，风味优美，唇齿留香，皮薄。

4. 浙蜜5号 由浙江大学农学院园艺系选育。植株长势稳健，坐果性好，开花至成熟32d，较耐贮运，果实高圆形、光滑圆整，单果5～6kg，皮厚约1cm，皮深绿，覆墨绿色隐条纹，果肉红色，中心可溶性固形物含量12%，边缘9%，品质佳，较抗病，肥水不足时，果形偏小。一般每667m² 产量3t左右。

5. 拿比特 果实椭圆形，果形稳定，果皮薄，花皮、红瓤，单果约2kg。早熟小型杂交种，连续结果性好，肉质脆嫩，中心可溶性固形物含量12%以上。一般每667m² 产量3t左右。

6. 美都 由杭州浙蜜园艺研究所等单位选育。开花至果实成熟约40d，一般单果5kg以上；果实圆球至高球形，果皮绿色，覆有墨绿条纹，如果实膨大期遇低温，果皮底色和条纹会加深，果肉桃红色，甜而多汁，中心可溶性固形物11%～12%；果皮较早佳略硬，较耐贮运。幼苗期及生长前期长势弱，遇低温抗性差，易发病死棵。低温期留果易造成果实空心、皮厚。第一生长周期每667m² 产量3 050kg，比对照早佳增产17.3%；第二生长周期每667m² 产量3 100kg，比对照早佳增产14.8%。

7. 早春红玉 极早熟小型红瓤西瓜，春季种植5月收获，坐果后35d成熟；夏、秋种植，9月收获，坐果后25d成熟。长椭圆形，绿底条纹清晰，植株长势稳健，果皮厚0.4～0.5cm，瓤色鲜红，肉质脆嫩爽口，中心糖度12.5%，单果2kg，商品性好。早春低温光下，雌花的形成及着生性好，但开花后遇长时间低温多雨易花粉发育不良，也存在坐果难或瓜形变化等问题。

（三）西瓜的栽培季节与方式

根据播种上市时间，西瓜栽培可分为普通栽培和反季节栽培，普通栽培多在3—4月播种，7月集中上市。反季节栽培主要有以下几种方式。

1. 大棚早熟栽培 12月至翌年2月播种，1月下旬至3月中旬移栽，4月下旬至6月中旬上市。

2. 高山或夏秋作栽培 5月播种，8月至9月上旬上市。

3. 秋季保护地延后栽培 7月至8月上旬播种，国庆节前后至11月上市。

播种期南北差异很大，可根据当地的气候条件决定，一般须在当地晚霜期过后，地温达15℃左右时方能露地直播或定植。若育苗移栽，苗龄20～30d，2～3片真叶时定植，嫁接育苗时苗龄还可适当延长。

计划决策

以小组为单位，获取西瓜的相关信息后，研讨并获取工作过程、工具清单、材料清单，了解安全措施，填入工作任务单（表5-5、表5-6、表5-7），制订西瓜生产学习方案。

（一）材料计划

表5-5 西瓜生产所需材料单

序号	材料名称	规格型号	数量

（二）工具使用

表5-6 西瓜生产所需工具单

序号	工具名称	规格型号	数量

（三）人员分工

表5-7 西瓜生产所需人员分工名单

序号	人员姓名	任务分工

（四）生产方案制订

（1）西瓜品种与种植制度。西瓜品种、种植面积、种植方式（间作、套种、是否换茬等）。

（2）所需的农业生产资料。种子、肥料、农药、生产工具、农膜、嫁接夹、竹竿架、绳等。

（3）田间生产的具体内容制订。田间生产方案的内容包括西瓜从种到收的全过程，具体包括以下几方面的内容。

①整地作畦。整地的时间、质量，作畦的规格、所用工具、工作顺序等。

②种子处理。按照种子特性，结合当地生产情况，确定播种前种子处理措施。

③播种。确定播种时间、播种密度、播种量、播种方式及所用生产资料的准备。

④田间管理。肥水管理、环境调控、植株调整、花果期调控。

⑤病虫草害防治。病虫害诊断、防治时期、防治方法、药品名称、药剂类型、药品用量、施用方法、所用工具等。

⑥采收。收获田块面积、产量、收获时期、收获方法、使用工具。

（4）资金预算。土地、设施租金，农资费用，劳动力费用，管理费用等。

（5）讨论、修改、确定生产方案。

（6）购买种子、肥料等农资。

组织实施

以小组的形式在学习工作单的引导下，完成专业知识学习，开展西瓜生产演练，并记录实施过程中出现的特殊情况或调整情况。

（一）整地作畦

选择向阳背风、地势高燥、土层深厚疏松、排灌畅通、地下水位低、水质良好、交通便利、远离污染且旱地5～8年、水田5年未种过西瓜的地块为宜。瓜地应在冬前深翻晒垡，畦南北向，在定植前15d前平碎土垡，精细整地，高畦栽培，畦宽4.5～5m或2～2.5m，结合整地每667m^2施腐熟厩肥1.5t、三元复合肥30kg、过磷酸钙25kg、硫酸钾15kg或腐熟饼肥100kg加有机复混肥150kg。

（二）播种育苗

1. 品种选择 设施栽培可选用西瓜早佳（84-24）、小兰、早春红玉、拿比特、夏铃；露地栽培可选用西农8号、卫星2号、8714、浙蜜5号、黑美人等。

实地调查或查阅资料，了解当地西瓜主栽品种、类型及特性，填入表5-8中。

表5-8 当地西瓜主栽品种、类型及特性

栽培品种	栽培类型	品种特性

2. 播种 选择具有优良品种特性、粒形整齐饱满的种子，去掉杂籽和瘪籽。

露地栽培可直播或育苗。地温15℃时播种，育苗应提前播种，育成2～3片真叶幼苗，于平均气温18℃时移栽，生育期较露地提早15～20d。

早熟设施栽培都用育苗。绝对苗龄约30d，以3～4片真叶为宜。露地栽培在3月下旬播种，气温已回升，应用小拱棚即可；设施栽培育苗期在1—2月严寒期，应用大棚套小棚覆双层膜保温，底设电加温线增温。

育苗过程用55℃水温浸种2～4h，洗净沥干，盛入容器在30℃内催芽。选晴天播种，苗床排放营养钵要求平紧，充分浇水，种子平放，芽向下，盖土1cm厚，覆地膜和棚膜保湿增温。

3. 苗期管理 出苗前密闭，高温促进发芽出土，70%种子出苗时揭地膜并通风降温，日温20～25℃，夜温16～18℃，防止胚轴伸长。第一真叶出现后升温促进生长，日温25～28℃，夜温18～20℃。在温度许可情况下通风，增加光照时间和光照度，栽植前7～10d降温锻炼，提高适应性。苗床前期控水，随通风量的增加，土壤蒸发加大，应予浇水，但以不降低土温为原则，并要防止空气湿度过高。

嫁接栽培具有明显的抗病（主要是枯萎病）、增产效果，可以缩短西瓜的轮作期限。以云南黑籽南瓜或瓠子为砧木，嫁接方法与黄瓜接近，靠接、插接皆可。嫁接后应注意保湿、保温和遮阳。

（三）定植

在平均气温稳定在18℃以上，或10cm土温稳定在15℃时选择晴天定植。

种植密度与栽培目的、品种及整枝方式有关。大棚早熟西瓜栽培大多采用稀植长季栽培，一般每 667m^2 种植 250～350 株，每畦种 1 行，以便整枝理蔓，延长采收期。普通早熟栽培的每 667m^2 种植 400～500 株，地膜加小拱棚双膜覆盖栽培的每 667m^2 种植 450～550 株，高山西瓜每 667m^2 种植 500～600 株；秋延后栽培种植密度为每 667m^2 种植 500～600 株。

定植前淘汰病苗、弱苗，再按秧苗大小分等划片种植，使幼苗生长整齐，便于分片管理。定植前 1 天将营养钵浇透水，定植时脱钵带土定植；在定植时，按株距打好定植孔，撒施辛硫磷颗粒剂 5～10g，瓜苗连土放入定植孔中，营养钵土面略高于畦面，周围封好土，使其紧密无隙。定植深浅适宜，一般覆土后子叶距地面 1～2cm，切不可过深或过浅。定植后用 0.2%尿素液加 90%敌磺钠可湿性粉剂 500 倍液浇好定根肥水，然后搭小拱棚保温。定植后 1 周发现死苗，应立即补种，如发现僵苗，可用植物动力 2003 稀释成 100 倍液或生根冲施肥浇施，促进幼苗生长。

（四）田间管理

1. 肥水管理 追肥以轻施苗肥、巧施出蔓肥、重施结果肥为原则。基肥充足的条件下，坐瓜前可不施追肥。苗肥以稀人粪尿 2～3 次，每次每 667m^2 用量 180～260kg，蔓长 30～50cm 时在畦向一侧距根 50cm 处开沟，深约 15cm，每 667m^2 施饼肥 45～70kg 或腐熟鸡鸭粪 450～700kg。头瓜坐果后是追肥的关键，可分 2 次施。幼果坐稳，鸡蛋大小时每 667m^2 施 45%三元复合肥 10kg，加硫酸钾 5～7.5kg；瓜碗口大小时施壮果肥，施 45%三元复合肥 10kg。此外，可用 2%～3%的过磷酸钙浸出液或 0.2%尿素和 0.2%磷酸二氢钾混合液进行根外追肥。如需延长生长季节，以后每采一批瓜，追肥 2～3 次，每次用量三元复合肥 10kg、硫酸钾 5kg，也可用冲施肥。追肥时将化肥溶解于水，采用滴管追施，实现肥水一体化，提高追肥效果，并叶面喷施 0.2%～0.3%的磷酸二氢钾。

对于水分管理，掌握“前期控制水分，中后期适时适量灌水”的原则，整个生育期以排为主，适当灌溉。瓜农在西瓜生产实践中总结出浇水“三看”经验，即“看天、看地、看苗”。①看天。视天气和气温状况采用不同的浇水方法。早春应在晴天上午浇水，以防止降温过多；温度升高后应以早、晚为宜，特别是高温期应避免中午浇水，以免引起根系损伤，蔓叶枯萎。②看地。即根据地下水位高低、土壤类型和土壤含水量多少确定适量浇水。③看苗。根据苗的长势和叶片颜色适时浇水。中午时叶片舒展有光泽，叶色淡，则水分充足，而瓜蔓顶端下垂，叶片萎蔫，则水分不足，要注意及时浇水。

2. 中耕、除草、培土 中耕宜浅培土，应在植株抽蔓前结合除草进行。培土可防止植株被风吹动，保证顺利生长，又可排水良好，保持土面干燥，以防止病虫害的发生。

3. 植株调整 大棚早熟栽培一般采用“一主二侧”三蔓整枝、留一瓜的方式进行整枝，具体方法为主蔓长 60～80cm，侧蔓长 15cm 左右时进行整枝留蔓，即留 1 条主蔓，2 条早期发生的健壮侧蔓，剪除其余侧蔓，并理好蔓，蔓间距 20cm 左右。结瓜蔓（一般为主蔓）向畦中间分布，其余 2 条作营养蔓分布于结瓜蔓外侧，蔓与蔓之间均匀合理分布在畦面。以后每 3～5d 理枝理蔓 1 次，连续整枝 3～4 次，整枝后及时清理棚内残物。露地西瓜地膜覆盖栽培一般采用三蔓整枝，每 667m^2 保留有效蔓 1 500 根；当瓜蔓长到 50cm 以上时开始压蔓，以后每 3～5 节压 1 次，共压 3～5 次。西瓜秋延后栽培如爬地栽培采用三蔓整枝法，留主蔓和 2 条生长健壮的侧蔓，或主蔓摘心留 3 条健壮子蔓；立架式栽培一般采用双蔓整枝法，留 1 条主蔓，在主蔓 3～5 节留 1 条侧蔓，主蔓吊立，侧蔓爬地，其余侧蔓待长到 15cm 长时打掉。

4. 授粉、坐果、留瓜 为了提高坐果率，可进行人工辅助授粉。人工授粉的作用一是促进坐果，二是控制留果节位。选子房大而正，瓜柄直而粗的雌花坐瓜，早熟栽培以主、侧蔓第 2～3 雌花，露地栽培以主蔓第三雌花，侧蔓第二雌花，多蔓整枝以主侧蔓第 3～4 雌花为宜。授粉时气温以在 21～25℃时最佳，15℃以下或 35℃以上都不利于受精。一般在坐果节雌花开放后 2h 以内进行，授粉时间应在清晨 9：00 以前，授粉方法可采用对花法或毛笔蘸粉法两种。有条件的可在大棚内放养蜜蜂（熊蜂）辅助授粉，一般每 667m^2 用熊蜂 1 箱。

根据栽培密度、瓜型大小、整枝方式及肥水条件确定留瓜个数。栽植密度小，可适当多留瓜；密度大，每株可适当少留瓜，中型西瓜每株每批留果 1～2 个。授粉后 7d，幼果呈鸡蛋大小时，表明瓜已坐住，应采取疏果措施，摘除低节位、子房发育不全、授粉不良、生长畸形以及受机械损伤的幼果。

西瓜成熟前 10～15d，选晴天下午翻瓜 1 次，使瓜全面受光，着色均匀，以提高商品质量。同时用干燥稻草或果垫垫果，使果实生长周正、瓜面色泽均匀。

（五）病虫害防治

西瓜的主要病害有猝倒病、立枯病、炭疽病、枯萎病、蔓枯病、疫病、病毒病、白粉病、细菌性果腐病、根线虫病等；主要虫害有潜叶蝇、黄守瓜、蚜虫、红蜘蛛、种蝇、小地老虎、粉虱等。防治的方法是掌握病虫发生规律，以防为主，用农业综合防治与药剂防治相结合。枯萎病可用瓠瓜、南瓜等砧本嫁接防病。

（六）采收

西瓜自播种到收获为 80～120d，果实成熟度与品质有关，须及时采收。适度成熟的果实瓤色好，多汁味甜；生瓜品质低劣；过熟则肉质软绵，食味下降。

判断果实成熟度的方法：一是计算坐果日数和积温数。早熟品种 28～30d，需要有效积温 700℃，中熟品种 33～35d，晚熟品种 35d 以上，需要有效积温 1 000℃。二是观察形态特征。果柄茸毛脱落变稀疏为成熟果，同节卷须枯萎 1/2 为熟瓜，但因植株长势强弱有异。果实表面纹理清晰，果皮具有光滑感，着地面底色呈深黄色，果脐向内凹陷，果洼处收缩，均为果实成熟的形态特征。三是听音。以手托瓜，拍打发出浊音为熟瓜，发出清脆音的为未熟瓜。四是相对密度法。把果实放于水中，下沉为生瓜，上浮为过熟瓜，略浮于水面为适熟瓜。以上形态鉴别应综合考察，一般凭经验掌握。

拓展知识

西瓜产品分级标准

无籽西瓜栽培要点

西瓜、甜瓜栽培简明农事历

任务三　甜瓜生产

任务资讯

甜瓜为葫芦科甜瓜属中幼果无刺的栽培种，一年生蔓性草本植物，又称为香瓜、果瓜。甜瓜的起源中心是热带非洲的几内亚，经古埃及传入中东、中亚和印度。中国、朝鲜是东亚薄皮甜瓜的次生起源中心，土耳其是西亚厚皮甜瓜的次生起源中心，伊朗、阿富汗、土库曼斯坦和中国新疆是中亚厚皮甜瓜的次生起源中心。

一、甜瓜的植物学特征

1. 根　甜瓜的根系发达，入土深，主要根群分布在15～25cm的土层内，具有较强的耐旱和耐瘠能力。厚皮甜瓜的根系较薄皮甜瓜的根系强健，分布范围更深、更广，耐旱、耐瘠能力较强；薄皮甜瓜的根系耐低温、耐湿性优于厚皮甜瓜。此外，甜瓜的根系还具有好氧性强、发育早、再生能力差、具一定的耐盐碱能力等特点。

2. 茎　甜瓜的茎蔓生，中空，有条纹或棱角，具刺毛。分枝能力强，主蔓第一节发生的侧蔓长势较弱，故双蔓整枝时，一般不选留该条侧蔓，主要靠子蔓和孙蔓结瓜。

3. 叶　子叶2片，长椭圆形。真叶为单叶，互生，无托叶。叶形多呈钝五角形、心脏形或近圆形，全缘或5裂，绿色或深绿色，叶面均有刺毛。

4. 花　甜瓜的花腋生，花冠黄色，有雄花、雌花、两性花3种花型。雌雄同株，雄花单生或簇生，雌花子房下位，单生，无单性结实能力。主蔓上雌花出现较晚，侧蔓上一般1～2节处就有雌花。虫媒花，异花授粉。上午5:00—6:00开花，午后谢花，花期短。

5. 果实　甜瓜的果实为瓠果，圆形、椭圆形、纺锤形或长筒形等。果皮白色、绿色、黄色或褐色，厚薄不等。有些品种的瓜表面上分布有各种条纹或花斑。果皮表面光滑或有裂纹、棱沟等。果肉白色、橘红色、绿色、黄色等，质地软或脆，具有香味。薄皮甜瓜果实较小，单果500g以下，厚皮甜瓜果实较大，单瓜1kg以上。

6. 种子　甜瓜的种子为披针形或长扁圆形，表面光滑，黄、灰白或褐红等色。薄皮甜瓜种子较小，千粒重5～20g，厚皮甜瓜种子较大，千粒重30～80g。种子的使用寿命为5～6年。

二、甜瓜生长发育对环境条件的要求

1. 温度　甜瓜喜温耐热，生育适温为25～35℃。种子发芽的适宜温度为30～35℃，最低温度15℃，最高温度为42℃；幼苗期适温20～25℃，低于10℃停止生长，低于7.4℃发生冷害；根系生长的适温为22～25℃，最低温度为8℃，最高温度为40℃，根毛发生最低温度为14℃；茎、叶生长的最适昼温为25～30℃，夜温16～18℃，长时间13℃以下或40℃以上生长发育不良；开花期的最适温度为20～30℃，最低温度为18℃；果实生长以昼温27～30℃，夜温15～18℃，昼夜温差13℃以上为宜。厚皮甜瓜适温范围比薄皮甜瓜略高一些。

从种子萌发到果实成熟，全生育期所需大于15℃有效积温，早熟品种为1 500～1 750℃，中熟品种为1 800～2 800℃，晚熟种2 900℃以上，其中结果期所需积温占全生育期40%以上。

2. 光照 甜瓜喜光怕阴。光补偿点为4klx，光饱和点55～60klx。厚皮甜瓜喜强光，耐弱光能力差，而薄皮甜瓜则对光照度的适应范围较广。光照时数影响性型分化，每天光照12h，植株分化的雌花最多；光照14～15h，侧蔓发生早，植株生长快；光照不足8h，生长发育受影响。甜瓜植株生育期对日照总数的要求因品种而异，早熟品种要求日照总时数为1 100～1 300h，中熟品种为1 300～1 500h，晚熟品种在1 500h以上。

3. 水分 甜瓜耐旱力强，同时，因植株茎、叶生长较快，果实硕大，需水量多。0～30cm土层适宜的土壤含水量，苗期和伸蔓期为70%，开花结果期80%～85%，果实成熟期为55%～60%，低于50%则植株受旱，尤其前期供水不足影响营养生长和花器的发育，雌花蕾小，影响坐果；而土壤过湿，则易发生营养生长过旺、推迟结果、沤根等现象。果实形成期需水最多，但土壤水分过多，延迟果实成熟和降低果实的含糖量、风味和耐贮性。甜瓜要求空气干燥，适宜的空气相对湿度为50%～60%。空气潮湿则生长势弱、坐果率低、品质差、病害重。空气湿度过低，则影响营养生长和花粉萌发，使受精不正常，造成子房脱落。

4. 土壤与营养 甜瓜对土壤的适应性较广，但以土壤pH7～7.5、土层深厚、排水良好、肥沃疏松的壤土或沙壤土为最好。甜瓜的耐盐碱性较强，幼苗能在总盐碱量1.2%的土壤上生长，但以土壤含盐量在0.74%以下，生长好，品质佳。甜瓜忌连作，应实行4～6年的轮作。甜瓜需肥量大，每生产1t果实需氮2.5～3.5kg、磷1.3～1.7kg、钾4.4～6.8kg，增施磷肥可促进根系生长和花芽分化，提高植株的耐寒性，增施钾肥可提高植株的耐病性。甜瓜各个生育期对营养元素的要求不同，应根据植株的生育期和植株生长状态施肥，基肥以磷肥和农家肥为主，苗期轻施氮肥，伸蔓期适当控制氮肥、增施磷肥，坐果后以速效氮肥、钾肥为主。

三、甜瓜的生长发育周期

甜瓜全生育期一般为80～120d，分为发芽期、幼苗期、抽蔓期和结瓜期4个时期。

1. 发芽期 从种子萌动到2片子叶充分展开，第一片真叶露心，约需10d。

2. 幼苗期 从第一片真叶露心到第4片真叶完全展开，约需30d。

3. 抽蔓期 从第四片真叶展开到留瓜节的雌花开放，需20～25d。

4. 结果期 从留瓜节的雌花开放到果实成熟，早熟品种需30d左右，中熟品种需40d左右，晚熟品种需50d左右。

相关链接

（一）甜瓜的类型

甜瓜通常分为薄皮甜瓜和厚皮甜瓜两种类型。

1. 薄皮甜瓜 生长势弱，植株较小，叶面有皱。瓜较小，单果500g左右。果皮较薄，平均厚0.5mm以内，光滑柔嫩，可以带皮食用。果肉厚1～2cm，香味淡，含糖量低，品质一般，不耐运输和贮存。适应性强，较耐高湿和弱光照，抗病性也较强。我国栽培比较普遍，主要进行露地栽培。代表品种有黄金瓜、金玉、白玉、美浓、梨瓜等。

2. 厚皮甜瓜 植株长势强或中等，茎粗，叶大、色浅，叶面较平展。果实较大，单果1～5kg。果皮较厚而硬，一般皮厚3～5mm，果面光滑或有网纹，果肉厚2.5～5cm，质地细软或松脆多汁，有浓郁的芳香，含糖量11%～17%，口感甜蜜，种子较大，不耐高湿，需要较大的昼夜温差和充足的光照。代表品种有玉姑、翠蜜、流星雨、东方蜜1号、东方蜜

2号、黄皮98-18等。

（二）品种

1. 哈翠 植株长势较强，蔓粗壮，子、孙蔓均可结果。春季大棚栽培果实开花到成熟45d，高温期果实开花至成熟35d；果面光滑，果实椭圆形，果形指数1.4左右，平均单果2kg，成熟果底色淡黄附绿色条斑；果肉厚3cm，果肉白色，中心可溶性固形物含量16%。

2. 玉姑 Honey Dew型洋香瓜，结果力强，高产量，不脱蒂，贮运力强。生育甚为强健，早熟，糖度高而稳定，尤其在高温期日夜温差小的季节，糖度及品质仍相当稳定。比蜜世界更耐高温。果实高球形，果皮白色，果面光滑或有稀少网纹；果肉淡绿色而厚，子腔小，单果通常在1.2～1.8kg，可溶性固形物含量15%～18%，肉质柔软细腻。开花后38～45d成熟，适于露地及塑料大棚栽培。

3. 哈蜜红 春季全生育期105d左右，夏秋季全生育期90d左右，从开花到成熟春季40d、夏秋季38d左右。果实椭圆形，果皮奶黄色，有稀疏网纹；果肉橘红色，肉质脆嫩爽口；单果1.5kg左右，果肉厚4.5cm左右，可溶性固形物含量17%。适合于南方设施栽培条件下生长，在多湿、低温弱光下生长良好，畸形果极少、果实成熟时不易裂果，抗病性极强，秋季栽培后期不易早衰。

4. 东方蜜2号 哈密瓜型甜瓜新品种，属中熟品种。春季栽培全生育期约120d，夏、秋季栽培约90d，果实发育期45d左右。植株生长势较强，坐果整齐一致，耐湿、耐弱光、耐热性好，综合抗性好。果实椭圆形，黄皮覆全网纹，平均单果1.3～1.5kg，耐贮运；果肉橘红色，肉厚3.4～3.8cm，肉质松脆细腻，中心可溶性固形物含量16%以上，口感风味佳。

5. 黄金瓜 早熟，全生育期70～75d，耐湿性强，抗白粉病，孙蔓结果，果实短椭圆形，皮色金黄，有10条银白色棱沟，脐小而平；单果0.4kg，果肉雪白，厚1.5～1.8cm，质脆味香，中心可溶性固形物含量12%，果实发育25～30d；露地及小拱棚覆盖均可，每667m^{2}产量2.5～3.5t。

6. 甬甜5号 由宁波市农业科学研究院选育。植株长势较强，叶片心形、近全缘，单蔓整枝条件下子蔓结果，适宜的坐瓜节位为第12～15节的子蔓。果实椭圆形，果形指数约1.5，果皮乳白色，果面有隐形棱沟、微皱，单果约1.8kg；果肉厚3.9cm左右，果肉橙色，中心可溶性固形物含量14.8%；高肥力条件下成熟果具稀细网纹。春季大棚栽果实发育期36～40d，全生育期100d左右，秋季果实发育期35～38d，全生育期94～96d，田间表现抗蔓枯病。

7. 沃尔多 早中熟厚皮甜瓜，全生育期140～150d，春季设施栽培果实发育期39d。植株长势稳健，坐果性好，果实高圆形，果形指数1.1，果面光滑，果皮白色，附生少量细毛，果柄基部有浅绿斑；果肉白色，肉质细腻，果肉厚4cm，中心可溶性固形物含量16.1%，果实品质好，风味佳，单果1.3～1.7kg；中抗蔓枯病，中抗白粉病。

8. 银蜜58 植株蔓生、生长势强，株型紧凑，叶片绿色，子蔓结果，最适宜的坐瓜节位为子蔓第8～15节。春季果实发育期35d，全生育期110d。单果1.8kg，果实高圆形，果形指数1.1左右，白皮白肉，不易裂果，耐低温性好；中心可溶性固形物含量15.8%，肉质松软，多汁、酥软可口；中抗白粉病、霜霉病。

（三）甜瓜的栽培季节和方式

网纹甜瓜对外界条件要求严格，生育期内要求晴天多、气温高、日照充足、雨水少，空气较干燥、昼夜温差大。甜瓜的主要栽培方式和季节安排见表 5-9。

表 5-9 甜瓜主要栽培方式和季节安排

栽培方式	保护设施	适用品种	播种期	秧苗大小	定植期	始收期
春季露地栽培	地膜覆盖或双膜覆盖	薄皮甜瓜	3月中下旬至4月	3片真叶	4月下旬至5月上中旬	7月
大棚早熟栽培	地膜+大棚	厚皮甜瓜	12月中旬至翌年2月上旬	3片真叶	1月中旬至3月中下旬	4月下旬至5月上中旬
秋季栽培	地膜+大棚	厚皮甜瓜	7月中下旬	1~2片真叶	7月下旬至8月上旬	10月中旬至11月

计划决策

以小组为单位，获取甜瓜作物的相关信息后，研讨并获取工作过程、工具清单、材料清单，了解安全措施，填入工作任务单（表 5-10、表 5-11、表 5-12），制订甜瓜生产学习方案。

（一）材料计划

表 5-10 甜瓜生产所需材料单

序 号	材料名称	规格型号	数 量

（二）工具使用

表 5-11 甜瓜生产所需工具单

序 号	工具名称	规格型号	数 量

（三）人员分工

表 5-12 甜瓜生产所需人员分工名单

序 号	人员姓名	任务分工

（四）生产方案制订

（1）甜瓜品种与种植制度。甜瓜品种、种植面积、种植方式（间作、套种、是否换茬等）。

(2) 所需的农业生产资料。种子、肥料、农药、生产工具、农膜、嫁接夹、竹竿架、绳等。

(3) 田间生产的具体内容制订。田间生产方案的内容包括甜瓜从种到收的全过程，具体包括以下几方面的内容。

①整地作畦。整地的时间、质量，作畦的规格、所用工具、工作顺序等。

②种子处理。按照种子特性，结合当地生产情况，确定播种前种子处理措施。

③播种。确定播种时间、播种密度、播种量、播种方式及所用生产资料的准备。

④田间管理。肥水管理、环境调控、植株调整、花果期调控。

⑤病虫草害防治。病虫害诊断、防治时期、防治方法、药品名称、药剂类型、药品用量、施用方法、所用工具等。

⑥采收。收获田块面积、产量、收获时期、收获方法、使用工具。

(4) 资金预算。土地、设施租金，农资费用，劳动力费用，管理费用等。

(5) 讨论、修改、确定生产方案。

(6) 购买种子、肥料等农资。

组织实施

以小组的形式在学习工作单的引导下，完成专业知识学习，开展甜瓜生产演练，并记录实施过程中出现的特殊情况或调整情况。

(一) 整地作畦

1. 选地 甜瓜忌连作，土壤过黏过湿、酸性、地下水位高、低洼易渍水的地块不宜种植，应选土层深厚、肥沃疏松、地势较高燥、地下水位低、排水良好的沙质壤土或壤土栽培，与瓜类蔬菜实行4～5年轮作。

2. 整地、施基肥 前作收后，早深耕、晒白、风化，酸性土壤用石灰改良。在施肥时，基肥用量以占总施肥量的1/3～1/2为宜。采用沟施或穴施，每667m^{2}施腐熟有机肥（如鸡粪）3t或商品有机肥300kg、过磷酸钙15～20kg、三元复合肥25kg，宜全层撒施。

3. 作畦 作畦方式取决于栽培方式。8m宽标准大棚采用爬地栽培的做成3畦，立架栽培的做成5～6畦。整地作畦时，必须使棚内畦面高出棚外土面，棚内沟浅于棚外沟。

整地、施基肥和作畦应在定植前15～20d完成。

(二) 播种育苗

1. 品种选择 选用适应性强、较耐高湿和弱光照、抗病性较强的品种，薄皮甜瓜如黄金瓜、白玉等，厚皮甜瓜有哈翠、甬甜5号、沃尔多、银蜜58、抗病F3800、玉姑、哈蜜红、东方蜜2号等。

实地调查或查阅资料，了解当地甜瓜主栽品种、类型及特性，填入表5-13中。

表5-13 当地甜瓜主栽品种、类型及特性

栽培品种	栽培类型	品种特性

2. 播种及培育壮苗 厚皮甜瓜育苗移栽：第一，营养土消毒，应针对瓜类苗期病害进行药剂消毒；第二，营养土要求养分充足，土壤通透性好，以园土、腐熟有机肥、谷壳熏炭按 4∶3∶3 的比例混合为参考标准，保证浇水后表面不积水，不板结；第三，要求在大棚内加热育苗。

播种时，可先播种于育苗盘内，待子叶展开时，移苗到直径 10cm 的育苗钵内，也可直接播种到育苗钵中，每钵 1 粒。

播种后的温度管理：苗床温度白天控制在 30℃左右，夜间控制在 15～20℃，3d 后即可齐苗；出苗后，白天温度控制在 20～25℃，夜间控制在 15℃左右；随着秧苗的生长，应逐渐降低温度，以便秧苗能适应定植后的环境，特别是定植前 7d 左右，应将苗床温度降低到白天 22℃左右，夜间不低于 15℃。一般经过 35d 苗龄，秧苗长至 4～5 片真叶时即可定植。

薄皮甜瓜直播终霜期后，选晴天催芽播种，株行距（40～50）cm×（65～70）cm，播后覆盖地膜。

3. 苗期管理 播种后到幼苗出土，保持 35℃的高温；幼苗出土到第一片真叶展开，白天 20～25℃，夜间 15～18℃；幼苗 1 片真叶后，白天 25～30℃，夜间 17～18℃；幼苗 4～5 片真叶到定植前 7～10d，这段时间不能缺水；定植前 7～10d，进行抗寒锻炼。

嫁接育苗：可选用抗逆性强的南瓜、短丝瓜等作砧木，以减少枯萎病的危害；嫁接后要严格保持高湿（接近饱和湿度）、高温（白天 25～28℃，夜间 15～8℃），防止日光直射；7～10d 接穗成活后开始通风，靠接、舌接的切断砧木根部，喷药预防苗期病害；第三片真叶出现后加强炼苗，定植前 7～10d，苗床温湿度应接近定植时的大棚环境。

移苗：播种后 7～10d，2 片子叶平展时移入营养钵，适当浅栽。

（三）定植

气温稳定通过 10℃即可定植，定植宜在冷尾暖头的晴天进行。

薄皮甜瓜采用苗龄约 10d，具 1 片真叶的小苗移植，定植应选择在晴天无风的上午进行，如果采用地膜覆盖，结合小拱棚可再提前 10～15d 定植。按株距 50cm 或 60cm 在地膜上划“十”字形口，用小铲挖成 8cm×8cm 小穴，然后放入小苗，浸透定植水，3～4d 后查苗、补苗。

厚皮甜瓜春季大棚栽培甜瓜一般于 12 月至翌年 2 月播种，1—3 月定植。小拱棚栽培一般于 2 月底至 3 月初播种，3 月底—4 月初定植，一般当秧苗具 4～5 片真叶时即可定植。定植密度应根据栽培方式、整枝方式确定。爬地栽培者，若采用双蔓整枝，则每畦种 1 株，株距 30～33cm，每个标准大棚种 180～200 株；搭架栽培者，每畦种 2 行，株距 35～40cm（单蔓整枝）或 45～50cm（双蔓整枝）。

定植后覆盖地膜，有条件的可在膜下铺设滴灌装置，然后搭小拱棚保温。

（四）田间管理

1. 薄皮甜瓜 定植后施 2～3 次淡肥，并多次中耕，以提高土壤的温度，促进根系生长。抽蔓以后在植沟两侧培土 1 次，铺上稻草。

薄皮甜瓜的整枝：通常主蔓留 10～12 叶，以促进蔓的形成和提早结果，并在枝叶茂密处适当摘除部分侧蔓，以利通风，减少病害，提高坐果率。也有在幼苗 4～5 叶摘心，留 3～4 条子蔓，子蔓留 2～3 叶摘心，孙蔓 1～2 节形成雌花，利用孙蔓结果。果形较大的品种应在 2 叶期主蔓摘心，同时摘除第二片真叶，使第一节叶腋抽生子蔓，子蔓 5～8 叶时摘心，从子蔓上部选留 3～4 条孙蔓，当每条孙蔓具 12～15 叶，其基部 1～2 节叶抽出的曾孙蔓上幼果坐稳时，进行第三次摘心，或将孙蔓顶端压入土中。在整枝的同时进行引蔓和压蔓，避免蔓叶重叠，以充分利用空间，提高同化效能。

坐果后可在株间施复合肥，如果多次留果，应增加施肥的次数，以保持植株的长势，延长结果。

2. 厚皮甜瓜

（1）温度管理。定植后 5～7d 密闭大棚和小拱棚保温，以促进缓苗，若晴天中午温度高于 35℃，可对大棚小通风。缓苗后适当通风降温，温度控制在白天 28℃左右，夜间不低于 13℃。开花坐果后，白天温度保持在 30～35℃，夜间 15～18℃。

（2）追肥。第一次追肥可在定植后的营养生长期或开花后，在开花后 15d 再追肥 1 次，进入果实成熟期一般不再追肥。但对晚熟或采收期长的甜瓜品种，后期还可适当追施一次磷、钾肥。

（3）水分管理。厚皮甜瓜对水分条件要求严格，定植时浇水促进成活，活棵则控水，然后结合生育增加水量。一般在晴天上午 10:00 开始到下午 1:00 灌水，有滴灌装置的每次滴 15min 左右，一般 1 周滴 1～2 次，以滴水后畦不湿而沟底出现潮湿现象为准。在授粉前应控水，只要保持土壤潮湿即可，果实膨大期（网纹品种出现网纹时），则增加水量，成熟期再次控水，以提高品质和耐贮性。为了降低空气湿度，应用地膜全畦覆盖，采用滴灌和高畦沟灌，避免漫灌，空气湿度控制在 50%～70%，克服徒长、多病。放蜂或人工授粉，促进坐果。

（4）整枝。甜瓜以子、孙蔓结果为主。通常采用摘心，促进分枝和雌花形成，整枝方式分单蔓、整枝双蔓。单蔓整枝摘除 10 节以下子蔓，以 10～15 节子蔓结果，有结实花子蔓留 2 叶摘心。无结实花子蔓自基部剪除，主蔓 25 节摘心。双蔓整枝 3 叶摘心，留 2 子蔓平行生长，摘除子蔓 10 节以下孙蔓，选 10～15 节孙蔓结果，具结实花蔓留 2 叶摘心，无结实花蔓自基部摘除，子蔓 20 节后摘心。整枝应掌握前紧后松。单蔓结果少，但容易控制，果型大，种植密度增加 1 倍，产量增加，立架栽培单蔓、双蔓向上延伸，爬地栽培则双向延伸。

（5）人工授粉和选留果。在确定结果枝以后，在雌花开花当天上午 10:00 以前，进行人工辅助授粉，授粉后挂标签，记录授粉日期，以方便确定采收期。一般授粉后 4～5d 即可确认是否坐果成功，然后进行第一次选果，把畸形的或有损伤的幼果摘除，待幼果长到直径 4～5cm 时进行第二次选果，并确定最后坐果。

吊果与铺垫稻草：立式栽培的待幼果长至直径约 10cm 应进行吊果；爬地栽培的在坐果枝下铺垫稻草等，使果实不直接接触土壤，提高果实的商品性。

（五）病虫害防治

甜瓜整个生长期的主要病害有立枯病、霜霉病、炭疽病、白粉病、疫病、枯萎病等，虫害有蚜虫、蓟马、线虫、瓜蝇、红蜘蛛等。霜霉病在 6 月上旬盛发，白粉病主要在后期高温干燥的条件下盛发，应采取“预防为主，综合防治”的措施。

（六）采收

薄皮甜瓜判断成熟度的标志：①果实具有本品种的色泽和香味；②果实表面出现小裂纹，近果梗处有环状或放射状裂纹；③果梗形成离层，果实容易脱落；④果肉组织开始变软，果实顶部轻压时发软，相对密度降低等。一般在雌花开花后 25～30d 采收，早熟栽培 6 月初上市。

厚皮甜瓜果实成熟特征为果面出现品种特有的光泽、发出香味，果肉富有弹性，瓜柄附近茸毛脱落，果顶脐部开始发软。但在采收时，最好要根据果实的坐果日期和品种熟性来确定合适的采收期。一般春植坐果后40～55d，夏秋植30～45d成熟，采收后甜瓜须经一定时间后熟，经后熟后果皮变薄，果实硬度下降，风味会明显变好，特别是网纹甜瓜的后熟更为重要，一般需要后熟3～7d。

拓展知识

甜瓜产品分级标准

东方蜜甜瓜栽培技术

任务四　苦瓜生产

任务资讯

苦瓜为葫芦科苦瓜属中的栽培种，一年生攀缘性草本植物，又称为凉瓜、金荔枝。苦瓜果实含有一种糖甙，具有特殊的苦味，故名苦瓜。苦瓜起源于亚洲热带地区，广泛分布于热带、亚热带和温带地区。14—15世纪传入我国，苦瓜栽培现已分布于全国，以广东、广西、海南、福建、台湾、四川等地较为普遍。近10年来，随着人民物质生活的提高和对苦瓜营养价值及药用价值的了解，喜食苦瓜的人越来越多，市场对苦瓜的需要日益增加，苦瓜已成为一种档次较高的大众化食用蔬菜。

一、苦瓜的植物学特征

1. 根　苦瓜的根系比较发达，侧根多，主要根群分布全表土层的20～30cm。

2. 茎　苦瓜的茎攀缘，蔓生，五棱，浓绿色，被茸毛。主蔓各节腋芽活动力强，易发生侧蔓，侧蔓各节腋芽又能发生下一级侧蔓，形成比较繁茂的蔓叶系统，各节上还有花芽和卷须，卷须单生，茎上易生不定根。

3. 叶　子叶出土后，发生初生叶1对，叶对生，盾形，绿色；以后的真叶为互生，掌状深裂，绿色，叶背淡绿色，一般具5条放射状叶脉，叶长16～18cm、宽18～24cm，叶柄长9～10cm，黄绿色，柄有沟。

4. 花　苦瓜的花单生，雌雄同株异花，植株一般先发生雄花，后发生雌花；主蔓发生第一雌花的节位因品种和环境条件而不同，侧蔓发生雌花的节位较早。早晨开花，以3:00—5:00为多。雌花具花瓣5片，黄色，子房下位，花柄中部有一苞片。

5. 果实　苦瓜的果实为浆果，表面有多数瘤状突起，果实的形状有纺锤形、短圆锥形、长圆锥形等，表皮有浓绿色、绿色、绿白色和白色，成熟时橙黄色，果肉开裂。

6. 种子　苦瓜的种子为盾形，淡黄色或黑色。外有鲜红色肉质组织包裹，味甜，可食用。种皮较厚，表面有花纹。每果含种子20～30粒，千粒重150～180g。

二、苦瓜生长发育对环境条件的要求

1. 温度 苦瓜喜温和，耐热，不耐寒。种子发芽适温30～35℃，20℃以下发芽缓慢，13℃以下发芽困难。幼苗生长适温20～25℃，在25℃约15d便可育成具有4～5片真叶的幼苗，在15℃左右则需20～30d。30℃左右幼苗生长迅速，但易徒长。幼苗期温度稍低和短日照，可提早发生雌、雄花。开花结果期适于20℃以上，以25℃左右为适宜，在25～30℃时，坐果率高，果实发育迅速，而在生长后期，夜间温度低于10℃、白天温度15～20℃时，也能继续采收嫩果，直至初霜降临。

2. 光照 苦瓜属于短日照植物，幼苗期温度较低和短日照可提早发生雌花，大多数品种对日照长短要求不严格。苦瓜喜光不耐阴，苗期光照不足可降低其对低温的抵抗力。春播苦瓜如遇低温、阴雨，常常冻坏幼苗，开花结果期需要较强光照，充足的光照有利于提高坐果，光照不足常引起落花落果。

3. 水分 苦瓜是需要水分多的蔬菜，苦瓜喜湿而不耐涝，生长期间需要85%的空气相对湿度和土壤相对湿度。土壤积水容易烂根，叶片发黄，轻则影响结果，重则植株死亡。

4. 土壤与营养 苦瓜对土壤要求不严格，但以排水良好、土层深厚的沙质土壤或黏质土壤栽培为宜。苦瓜对土壤的pH以5.5～6.5最为适宜。三要素中以钾吸收最多，氮次之，磷最少，吸收比例约为3.4∶1∶4.6，这些养分绝大部分是在开花结果期吸收的，其中果实中的氮、磷、钾分别占氮总吸收量的1/3左右，占钾总吸收量的1/5～1/3，占磷总吸收量的1/3～1/2。果实对磷和镁的需求较多，其次是氮和钾，对钙的需要较少。

三、苦瓜的生长发育周期

1. 发芽期 自种子萌动至第一对真叶展开为发芽期，需5～10d。

2. 幼苗期 第一对真叶展开至第五真叶展开，开始抽出卷须，需15～20d，这时腋芽开始活动。

3. 抽蔓期 第五真叶至植株现蕾为抽蔓期，需7～10d。如果环境条件适宜，在幼苗期结束前后现蕾，便没有抽蔓期。

4. 开花结果期 植株现蕾至生长结束为开花结果期，一般需50～70d。

整个生长发育过程为80～100d，长江流域生长期较长，为150～210d，其中幼苗期和采收期较长。

相关链接

（一）苦瓜的类型

苦瓜以其皮色可分为绿色和白色两类，以其果形可分为纺锤形、长圆锥形、短圆锥形、长棒形、长球形等，以其果皮的瘤状突起可分为条状瘤、粒瘤、条粒瘤相间及刺瘤等类型，以其熟性分为早熟、中熟和晚熟等类型。

（二）苦瓜的品种

1. 翠妃 中早生，抗病性强，结果力强，易栽培；单果约0.6kg，果长约35cm，径约6cm；皮色黑青，棱沟深，瘤粒特多；苦味中，肉质脆嫩、清凉爽口。

2. 壁绿 由农友（中国）种苗有限公司选育。早生，生育强健，结果性好，栽培容易，产量丰高；果型端直修长，翠绿亮丽，外观极漂亮，粒中高圆；适收期果长约 45cm，果宽约 7cm，单果约 0.7kg；播种后约 65d 可开始采收。

3. 碧秀 由农友（中国）种苗有限公司选育。早生，生育强健，结果性好，栽培容易，产量丰高，果型端直美观，皮白绿色，肉淡绿色；果长约 35cm，径约 6cm，单果约 0.6kg；肉质脆嫩，苦味中。

4. 如玉 5 号 由福建省农业科学院良种研究中心选育。生长势强，分枝力旺盛；主蔓第一雌花着生于 12 节左右，从开花到商品瓜成熟 15～18d；商品瓜呈平蒂棒状，尾部稍尖；瓜长 29～35cm，横径 6.0cm，肉厚 1.1cm；瓜皮为深绿色、瓜皮纵条间圆瘤，单果 500g 左右；肉质脆嫩，苦味中等，回味甘甜。

（三）苦瓜的栽培季节和方式

苦瓜一般在春、夏、秋季栽培。长江流域春提早栽培指终霜前 30d 左右定植，初夏上市；春夏栽培指晚霜结束后定植，夏季上市；夏秋栽培指夏季育苗定植，秋季上市；秋延后栽培指夏末初秋定植，9 月底至 10 月初上市。苦瓜也有长季栽培，一般 3 月播种育苗，4 月上旬定植，5 月中下旬开始采收，一直采收至 11 月上旬。

计划决策

以小组为单位，获取苦瓜生产的相关信息后，研讨并获取工作过程、工具清单、材料清单，了解安全措施，填入工作任务单（表 5-14、表 5-15、表 5-16），制订苦瓜生产方案。

（一）材料计划

表 5-14 苦瓜生产所需材料单

序 号	材料名称	规格型号	数 量

（二）工具使用

表 5-15 苦瓜生产所需工具单

序 号	工具名称	规格型号	数 量

（三）人员分工

表 5-16 苦瓜生产所需人员分工名单

序 号	人员姓名	任务分工

（四）生产方案制订

（1）苦瓜品种与种植制度。苦瓜品种、种植面积、种植方式（间作、套种、是否换茬等）。

（2）所需的农业生产资料。种子、肥料、农药、生产工具、农膜、嫁接夹、竹竿架、绳等。

（3）田间生产的具体内容制订。田间生产方案的内容包括苦瓜从种到收的全过程，具体包括以下几方面的内容。

①整地作畦。整地的时间、质量，作畦的规格、所用工具、工作顺序等。

②种子处理。按照种子特性，结合当地生产情况，确定播种前种子处理措施。

③播种。确定播种时间、播种密度、播种量、播种方式及所用生产资料的准备。

④田间管理。肥水管理、环境调控、植株调整、花果期调控。

⑤病虫草害防治。病虫害诊断、防治时期、防治方法、药品名称、药剂类型、药品用量、施用方法、所用工具等。

⑥采收。收获田块面积、产量、收获时期、收获方法、使用工具。

（4）资金预算。土地、设施租金，农资费用，劳动力费用，管理费用等。

（5）讨论、修改、确定生产方案。

（6）购买种子、肥料等农资。

组织实施

以小组的形式在学习工作单的引导下，完成专业知识学习，开展苦瓜生产演练，并记录实施过程中出现的特殊情况或调整情况。

（一）品种选择

选择适合当地生产的优质高产、抗病虫、抗逆性强、市场适销的优良品种。

实地调查或查阅资料，了解当地苦瓜主栽品种、类型及特性，填入表5-17中。

表5-17 当地苦瓜主栽品种、类型及特性

栽培品种	栽培类型	品种特性

（二）培育壮苗

壮苗标准：株高10～12cm，茎粗0.3cm左右，4～5片真叶，子叶完好，叶色浓绿，无病虫害。

1. 营养土配方 无病虫源菜园土50%～70%、优质腐熟农家肥30%～50%，三元复合肥（15-15-15）0.1%。

将配制好的营养土均匀铺于播种床上，厚度10cm。按$1m^2$用福尔马林30～50mL，加水3L，喷洒床土，用塑料膜密闭苗床2d，揭膜15d后再播种。

2. 浸种催芽 浸种前用湿细沙轻轻搓擦种子，擦掉种壳上的蜡质，然后用55℃温水处理种子20～30min后捞出用清水洗净，用牙齿或尖嘴钳将苦瓜种子芽眼处种壳稍弄破，置于30～33℃温度下催芽，每天用温清水冲洗1次，种子70%露白即可播种。

3. 播种 播种前，先把装好的营养钵浇透水，然后播种，每钵1粒，播种后覆土1cm，然后紧贴钵面盖一层地膜，当幼苗开始拱土时，及时拆除地膜以防苗陡长。

4. 苗期管理

（1）温度管理。苦瓜播种后到出苗前，苗床内温度白天应保持在25℃左右，夜间保持在18～20℃，特别是早春，还要注意晚揭早盖，实时放风，定植前1周左右进行幼苗锻炼，使幼苗逐渐适应较低的自然环境温度，增强其抗寒、抗逆能力，达到壮苗目的。

（2）水肥管理。种子发芽和秧苗的生长都要有足够的水分，但水分过多，苗床过湿时，又会造成烂根或病害的流行，苦瓜苗期不长，在水分管理上更应注意使床土疏松湿润，水、气调匀，并且尽可能地降低苗床内空气湿度，苦瓜苗期追肥应视苗情而定，可定植前结合幼苗锻炼喷施1～2次1 000～1 500倍的叶绿精。

（3）光照管理。苦瓜喜强光，对光照敏感，弱光下秧苗易徒长，节间伸长，叶片薄，叶色淡绿，强光下秧苗矮壮充实，节间较短，茎粗叶厚，叶色浓绿，根系发育好，因此，在苗床光照管理上应使用新的塑料薄膜，争取阳光直接照射。

5. 炼苗 早春定植前7～10d适当降温通风，夏、秋逐渐撤去遮阳网，适当控制水分。

（三）整地施肥

选择深厚、肥沃、排灌方便、3～4年未种过瓜类作物的地块。前茬收获后及时清洁田园，深翻20～25cm。基肥以优质的农家肥为主，2/3撒施，1/3沟施，每667m^{2}施腐熟猪牛粪厩肥2～3t、复合肥20～30kg。施肥后整地作畦，宜作深沟高畦，畦高20～30cm，畦宽1.5m（连沟），如设施早熟栽培需提前10d盖好地膜。

（四）定植

1. 定植适期确定 当10cm土温稳定在15℃以上时为定植适期，此时也是春夏露地直播苦瓜的播种适期。

2. 定植密度 设施早熟栽培如玉5号等品种，畦宽（连沟）1.5m，株距80～100cm，每667m^{2}种植400～600株；种植璧绿等品种，因其分枝能力强，可稀植，单行种植，一般株距2m，行距3m，每667m^{2}种植100～120株。

（五）田间管理

1. 棚室温度 缓苗期白天温度为25～30℃，晚上不低于18℃；开花结果期白天温度在25℃左右，夜间不低于15℃。

2. 光照调节 苦瓜开花结果期需要较强光照，设施栽培宜采用防雾流滴性好的多功能膜，保持膜面清洁。

3. 湿度管理 苦瓜生长期间空气相对湿度保持60%～80%。

4. 二氧化碳 设施栽培可补充二氧化碳，浓度800～1 000μL/L。

5. 中耕除草 浇缓苗水后，待表土稍干不发黏时进行第一次中耕，近苗处宜浅耕，离苗远处宜深耕；第二次中耕可在第一次中耕后10～15d进行，这次中耕宜浅不宜深。当瓜蔓伸长达50cm以上时，根系基本布满全行间，一般不宜中耕，但要注意及时拔除杂草。

6. 追肥 春植苦瓜结果期长，除施足基肥外，应提高追肥量。在施肥方法上，应以分期施肥为原则，同时坚持水肥结合，以水促肥，定植成活后，即结合浇水追施少量速效化肥，每667m^{2}施10～20kg，作为提苗肥，促进根系发展。接着施1 500倍叶绿精速效性液肥，以淋根形式促进抽蔓，使蔓叶、花同时顺利生长，搭架前再追1次。搭架后，温度升高，植株生长加快，根系吸收能力大大增强，应适当提高用肥量。第一批雌花开放时，追施浓度20%左右的腐熟人畜粪1次，促进幼果生长发育，结合喷药在植株开花前1周喷施800～1 000倍开花精，此后每7～10d喷施1次开花精。第一批果实采收后，每667m² 施三元复合肥20～25kg。盛果期生长迅速，须继续追肥以适合开花结果和继续生长的需要。苦瓜栽培整个生育期追肥10～12次。

7. 水分管理 苦瓜叶、蔓生长最大，需水量也大，同时苦瓜根系较弱，不耐渍，在定植后，可适当灌溉促进成活；缓苗后选晴天上午浇1次缓苗水，然后蹲苗；根瓜坐住后结束蹲苗，浇1次透水，以后每5～10d浇1次水。盛果期遇高温，土壤水分要求更严，以湿润为主。

8. 整枝绑蔓 苦瓜应设立支架，支架的方式依各地习惯而异，常用的有人字架及棚架等。搭架后要绑蔓，蔓长30cm时绑1遍，结合绑蔓可进行整枝，主蔓0.8m以下的全部侧蔓全部去掉，茎蔓上棚后应斜向横走。植株发育的中后期，要摘除植株下部的衰老黄叶及一些侧蔓，以利通风透光，减少病虫害。

9. 疏花 有些品种如翠秀，其植株雌花率高，常连续发生数朵雌花，在合理整枝及充分水肥的同时，应根据需要适当摘除部分畸形雌花，控制单株挂果量，使养分集中供应，防止因水肥不足而产生化瓜和畸形瓜，以达丰产优质。当品种植株雄花发生太多时，在不影响授粉的情况下，也可摘除部分未开放的雄花，避免养分过多流失。

10. 人工授粉 苦瓜栽培前期温度低，授粉、受精不良，需要进行人工辅助授粉，下午摘取第二天开放的雄花，放于25℃左右的干爽环境中，第二天8:00—10:00去掉花冠，将花粉轻轻涂抹于雌花柱头上，每朵雄花可用于3朵雌花的授粉。

（六）病虫害防治

1. 病害防治 危害苦瓜的病害主要有白粉病、霜霉病和炭疽病等。白粉病、炭疽病可选用20%苯醚甲环唑微乳剂1 000～2 000倍液，霜霉病可选用72%霜脲锰锌可湿性粉剂800～1 000倍液、52.5%噁唑菌酮霜脲氰可分散粒剂2 000～3 000倍、50%烯酰吗啉可湿性粉剂1 000～1 500倍液均匀喷雾。

2. 虫害防治 危害苦瓜的虫害有蚜虫、小地老虎、黄守瓜和红蜘蛛等。蚜虫可用36%啶虫脒水分散粒剂5 000～6 000倍液喷雾防治，红蜘蛛可用3.4%甲氨基阿维菌素苯甲酸盐微乳剂2 500～3 000倍液喷雾防治，小地老虎可用40%辛硫磷乳油500～800倍液灌根防治，黄守瓜可用2.2%甲氨基阿维菌素苯甲酸盐微乳剂2 500～3 000倍液防治。

（七）采收

苦瓜一般花后12～15d为采收期。结果初期，每5～6d采收1次，盛果期每2～3d采收1次。其采收标准是：瓜肩上的瘤状突起比较饱满，瘤沟变浅，果皮转为有光泽，果顶颜色开始变淡。

拓展知识

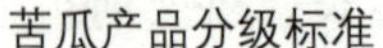
苦瓜产品分级标准

西葫芦、葫芦、丝瓜生产简介

项目六

XIANGMU 6

豆类蔬菜生产

学习目标

▶专业能力

（1）能够设计长豇豆、菜豆、菜用大豆生产方案。

（2）能够根据市场需要选择品种，培育壮苗。

（3）能够根据生产需要选择适宜的种植方式进行整地作畦，并适时定植。

（4）能够根据长豇豆、菜豆、菜用大豆生长的要求，适时播种、进行肥水管理、植株调整和花果护理。

（5）能够及时诊断长豇豆、菜豆、菜用大豆病虫害，并进行综合防治。

（6）能够采用适当方法适时采收长豇豆、菜豆、菜用大豆并能进行采后处理。

（7）能够组织实施生产计划，并制订无公害、绿色、有机长豇豆、菜豆、菜用大豆生产技术规程。

（8）能够评定产品质量。

▶方法能力

（1）具有信息采集、处理的能力。

（2）具有独立使用各种媒介完成学习任务，并有自主学习的能力。

（3）具有分析解决问题、接受应用新技术的能力。

（4）具有综合和系统思维，并有完成典型工作任务的能力。

（5）具有撰写技术报告、学习迁移的能力。

▶社会能力

（1）具有吃苦耐劳、诚实守信、爱岗敬业的职业精神。

（2）具有团队合作、沟通、语言表达能力。

（3）能够公正地自我评价和评价他人。

（4）具有环保意识、社会责任感、参与意识及自信心。

任务布置

该项目的学习任务为长豇豆、菜豆、菜用大豆生产，在教学组织时全班组建两个模拟股份制公司，每公司再分成 3 个种植小组，每小组分别种植 1 种蔬菜。以小组为单位，自主完成相关知识准备，研讨制订长豇豆、菜豆、菜用大豆标准化生产方案，按照修订后的生产方案进行长豇豆、菜豆、菜用大豆标准化生产，每小组完成 667m² 的生产任务。

建议本项目为 10 学时，其中 8 学时用于长豇豆、菜豆、菜用大豆生产的学习，另 2 学时用于各小组总结、反思、向全班汇报种植经验与体会，实现学习迁移。

具体工作任务的设置：

（1）获得针对工作任务的厂商资料和农资信息。

（2）根据相关信息制订、修改和确定长豇豆、菜豆、菜用大豆标准化生产方案。

（3）制订设施长豇豆、菜豆、菜用大豆绿色生产技术操作规程。

（4）根据生产方案，购买种子、肥料等农资。

（5）观察长豇豆、菜豆、菜用大豆的植物学特征。

（6）培育长豇豆、菜豆壮苗，菜用大豆直播技术。

（7）选择设施、整地作畦、适时定植（播种）。

（8）根据长豇豆、菜豆、菜用大豆生长的状态，进行肥水管理、植株调整和花果护理。

（9）识别常见的病虫害，并组织实施综合防治。

（10）采用适当方法、适时采收并按外观质量标准能进行采后处理。

（11）进行成本核算（农资费用、工资和总费用），注重经济效益。

（12）对每一个所完成工作步骤进行记录和归档，并提交技术报告。

豆类蔬菜为豆科中以嫩豆荚或嫩豆粒作蔬菜食用的栽培种群，除亚热带生长的四棱豆与多花菜豆可为多年生外，其余均为一年生或二年生草本植物。豆类蔬菜包括菜豆、豇豆、毛豆、豌豆、蚕豆、扁豆、刀豆、四棱豆、藜豆、莱豆、多花菜豆共 11 种，9 个属。

蚕豆、豌豆原产于温带，耐寒性较强，忌高温干燥，为半耐寒性蔬菜；其他豆类蔬菜皆原产于热带，不耐低温与霜冻，为喜温性蔬菜。

豆类蔬菜均为直根系，具根瘤，能固定空气中的游离氮合成氮素物质，供植物体营养并增加土壤肥力。根系再生能力弱，宜直播或护根育苗。要求土壤排水和通气性良好，pH5.5～6.7 为宜，不耐盐碱。除豌豆、蚕豆属长日照植物，喜冷凉气候外，其他均属短日照植物，喜温暖，不耐寒。菜豆、长豇豆、毛豆、豌豆由于适应能力强，南方各地普遍栽培，不但可以露地栽培，而且也适于设施栽培。

豆类蔬菜生产有以下特点：

（1）适应性广。豆类除豌豆、蚕豆外，均属短日照植物，但对光周期的反应不敏感，只要温度适宜，均能开花结果。以排水良好的、肥沃的沙质壤土为适宜。南方各地雨水多，均用深沟高畦，以利于排水及提高土温，促进根系发育。

（2）按需定肥。豆类蔬菜的直根发达，有不同形状的根瘤共生，自身具有固氮作用，可固定空气及土壤中的氮素供自身利用，对磷、钾的需求量较大。生产上提倡施用有机肥作基肥，但应注意不要使用未腐熟的有机肥，否则会导致烂种，影响产量和质量。

（3）宜行直播。豆类蔬菜种子富含蛋白质，易吸水，为直根系，具根瘤，但再生能力弱，宜直播或护根育苗。采用育苗时，定植时幼苗不宜过大，一般以基生叶平展为宜。

（4）植株调整。大部分豆类蔬菜为蔓生型，需搭架栽培，并进行整枝摘心，整枝程度较轻或不整枝。

（5）忌连作。豆类蔬菜具根瘤，能固定空气中的游离氮合成氮素物质，但同时会使土壤酸性加重，连作对产量和品质影响较大，也易造成病虫害加重，宜与非豆科作物实行2～3年轮作。

任务一　长豇豆生产

任务资讯

长豇豆是豆科豇豆属豇豆种中能形成长形豆荚的栽培种，是豇豆的一个亚种，又称为豆角、长角豆、带豆等。豇豆起源于西非，印度和中国是品种多样化的重要次生起源中心。长豇豆富含蛋白质、脂肪及淀粉，菜用嫩荚含蛋白质3%左右。长豇豆的嫩荚除鲜食外，可速冻、脱水、腌泡，老豆粒可代粮。长豇豆适应性广，且耐热，能越夏栽培，对缓解7—9月夏、秋季缺菜具重要作用。

一、长豇豆的植物学特征

1. 根　长豇豆为深根性蔬菜，主根明显，侧根稀疏，主根入土达80cm，根群主要分布在15～18cm的耕作层内，比菜豆弱。其根易木栓化，再生能力弱，有根瘤共生，根瘤稀少。

2. 茎　长豇豆的茎表面光滑，有直细槽，绿色或带紫红色，有蔓生、半蔓生和矮生3种，左旋性缠绕生长。蔓生种茎蔓生长茂盛，长达3m以上，生育期较长，须搭架栽培；矮生种其茎直立，其顶芽分化为花芽，生育期短，不用支架；半蔓生种介于两者之间。

3. 叶　长豇豆的叶分子叶、基生叶和三出复叶（少数为掌状复叶）。子叶为初期生长提供营养，出苗后随着养分消耗完毕，子叶会脱落；之后长出的为基生叶，菱卵形，对生；真叶为三出复叶，互生。其叶片光滑较厚，较耐旱。

4. 花　长豇豆的花为总状花序，每花序有花蕾4～6对，常成对结荚，蝶形花，花色有白、红、紫等，自花授粉。

5. 果实　长豇豆的果实为荚果，果荚细长，直条形，嫩荚多为绿色、紫红色或花斑彩纹等，荚长15～100cm，单荚5～25g，每荚平均含种子15粒。

6. 种子　长豇豆的种子呈肾形或弯月形，有紫红色、褐色、白色、黑色、花斑色和黑白相间等，千粒重50～250g。

二、长豇豆生长发育对环境条件的要求

1. 温度　长豇豆喜温暖，耐炎热不耐霜冻，对温度有较强的适应能力，能在15～35℃温度下生长，适宜温度为20～25℃。

长豇豆各生长发育期对温度要求如表6-1所示。

表 6-1 长豇豆各生育期对温度的要求

生长发育期	气温	地温	备注
发芽期	适温 25～30℃，最低温度 10℃	根系生长适温 24～30℃，15℃开始发生根毛	低于 18℃或高于 35℃导致落花落荚，低于 15℃生长受阻
幼苗期	适温 20～25℃，最低温度 15℃		
开花结荚期	适温 20～30℃，最低温度 15℃		

2. 光照 长豇豆属短日照作物，菜用豇豆多数品种对日照长短不敏感，但短日照下能降低第一花序节位，使开花结荚增多。秋季专用品种要求短日照，引种到北方作春季栽培，会推迟开花期。长豇豆喜光，豇豆光合作用饱和点为 35klx，光补偿点为 1 500lx，开花结荚期间要求日照充足，光照不足，落花落荚严重。矮生品种和半蔓生品种较耐阴，适于与高秆作物间套种。

3. 水分 长豇豆根系较深，吸水力强，叶面蒸腾量小，因而比较耐旱，但不耐涝。长豇豆的种子吸收水分达自身质量的 50%～60%时才能萌动，空气相对湿度以 70%～80%为宜，开花结荚期需水量较多，土壤干旱不利果荚发育，植株易早衰，水分过多也会引起徒长与落花落荚。

4. 土壤与营养 长豇豆对土壤的适应性较广，但以中性偏酸（pH6.2～7.0）、排水良好、疏松的沙质壤土及壤土为宜。过于黏重的土壤或低洼地，不利于根系和根瘤菌的发育。豇豆植株生长旺盛，生育期长，需肥量较多，但不耐肥。在施足基肥的基础上，还应少量多次追肥，防止脱肥造成早衰或“伏歇”现象。幼苗期因根瘤尚未充分发育，根瘤固氮能力较弱，故必须供给一定数量的氮肥，但应配合施用磷、钾肥，防止偏施氮肥造成茎、叶徒长。伸蔓期和初花期根瘤成熟，固氮活性强，一般不施氮肥，以免影响根瘤菌活性。开花结荚后，需肥量大，植株吸收氮、磷、钾元素迅速增加，此时根瘤虽然成熟，但根瘤数量及其固氮活性会随生育进程而迅速下降，仍应适量施入氮肥。增施磷肥可促进植株生长和根瘤活动，使豆荚充实，产量增加；增施钾肥，可提高豆荚产量和品质。

三、长豇豆的生长发育周期

1. 发芽期 从播种至对生真叶展开为发芽期，需 5～10d。此时期主要靠子叶自身贮藏的营养供生长需要，对不良环境的忍耐力最弱，适宜的土壤温度与湿度最为重要。

2. 幼苗期 从对生真叶展开至第 4～5 片复叶展开、主蔓开始抽伸为幼苗期，需 15～30d。此时期正值花芽分化的关键时期，抽蔓前植株分化已达 15 节左右，腋芽也随之分化。幼苗期花芽分化及茎蔓形成的迟早与多少对熟性的影响很大。同时，健壮的秧苗对植株营养体的建立十分重要，必需适时补充少量速效性肥料，并防止遭受霜冻危害。

3. 抽蔓期 从第 4～5 片复叶展开、主蔓抽伸至开始开花为抽蔓期，需 15～20d。此时期是营养生长的重要时期，根、茎、叶进入快速增长，同时各节的花蕾或叶芽在不断发育中。栽培中要促进根系生长，防止茎蔓过度生长，以免花芽发育不良、花序不能正常抽伸或落花、落蕾。此时期控制土壤湿度与肥料施用格外重要。

4. 开花结荚期 从始花到采收完毕为开花结荚期，需 40～50d。这一时期茎蔓仍在生长，但营养主要供应大量开花与果荚发育的需要，此时营养不足极易出现早衰与落花落荚。

进入始花期应追施速效肥料，保持土壤湿润，促进植株健壮生长，保持良好的同化面积，同时，配施磷、钾肥对果荚发育至关重要。连阴雨或连续出现 35℃以上高温对开花、坐荚和果荚发育都极为不利。

相关链接

(一) 豇豆的类型

栽培种豇豆包括 3 个栽培亚种，作蔬菜栽培的有 2 个亚种。

1. 普通豇豆 荚长 10～30cm，幼荚初期向上生长，后随籽粒灌浆而下垂。植株多蔓性，常收干豆粒，作粮用、饲用及绿肥，也可作菜用。

2. 长豇豆 荚长 30～100cm，荚果皱缩下垂，以蔓性为主。以其嫩荚作蔬菜用，栽培品种最多。

(二) 长豇豆的品种

1. 之豇 108 由浙江省农业科学院选育。中熟，植株蔓生，生长势较强，不易早衰；叶色较绿，主蔓第五节左右着生第一花序，花蕾油绿色，荚长 70cm 左右，单荚 26.5g 左右，肉质致密；种子胭脂红色、肾形，百粒重约 15g；对病毒病、根腐病和锈病综合抗性好，较耐连作。秋季露地栽培播种至始收需 42～45d，花后 9～12d 采收，采收期 20～35d，全生育期 65～80d。每 667m^2 产量 1.8～2t。

2. 之豇 616 由浙江省农业科学院育成。植株蔓性，中熟，生长势中等，不易早衰，叶色绿，主侧蔓均可结荚，主蔓约第 5～6 节着生第一花序，单株结荚数 10 条以上，每花序可结 2～3 条；嫩荚绿色，荚长 65cm，单荚 27.3g，商品性好，肉质中等，种子红棕色，肾形，百粒重 16.3g；耐涝性强，中抗枯萎病。春季露地栽培，播种至始收约 57d，全生育期 84d；秋季露地栽培，播种至始收约 52d，全生育期 80d。每 667m^2 产量 1.9t。

3. 高产 4 号 由汕头市种子公司育成。植株蔓性，早熟，荚长 50～60cm，横径 0.8cm，绿白色，单荚 20g，肉厚，纤维少，抗病性强，结荚集中，每 667m^2 产量 2t。

(三) 长豇豆的栽培季节和方法

1. 春季栽培 2 月下旬至 3 月下旬育苗，3 月下旬至 4 月下旬定植，6 月上旬至 8 月中旬采收。

2. 秋季栽培 5 月中旬至 8 月初播种，7 月中旬至 10 月下旬采收。

计划决策

以小组为单位，获取豇豆生产的相关信息后，研讨并获取工作过程、工具清单、材料清单，了解安全措施，填入工作任务单（表 6-2、表 6-3、表 6-4），制订豇豆生产方案。

(一) 材料计划

表 6-2 长豇豆生产所需材料单

序 号	材料名称	规格型号	数 量

（二）工具使用

表 6-3 长豇豆生产所需工具单

序 号	工具名称	规格型号	数 量

（三）人员分工

表 6-4 长豇豆生产所需人员分工名单

序 号	人员姓名	任务分工

（四）生产方案制订

（1）长豇豆品种与种植制度。长豇豆品种、种植面积、种植方式（间作、套种等）。

（2）所需的农业生产资料。种子、肥料、农药、生产工具、农膜、竹竿架、绳等。

（3）田间生产的具体内容制订。田间生产方案的内容包括长豇豆从种到收的全过程，具体包括以下几方面的内容。

①整地作畦。整地的时间、质量，作畦的规格、所用工具、工作顺序等。

②种子处理。按照种子特性，结合当地生产情况，确定播种前种子处理措施。

③播种。确定播种时间、播种密度、播种量、播种方式及所用生产资料的准备。

④田间管理。肥水管理、环境调控、植株调整、花果期调控。

⑤病虫草害防治。病虫害诊断、防治时期、防治方法、药品名称、药剂类型、药品用量、施用方法、所用工具等。

⑥采收。收获田块面积、产量、收获时期、收获方法、使用工具。

（4）资金预算。土地、设施租金，农资费用，劳动力费用，管理费用等。

（5）讨论、修改、确定生产方案。

（6）购买种子、肥料等农资。

组织实施

以小组的形式在学习工作单的引导下，完成专业知识学习，开展长豇豆生产演练，并记录实施过程中出现的特殊情况或调整情况。

（一）整地作畦施基肥

豇豆忌连作，应选择土层深厚、肥沃疏松、排水良好的沙质壤土。前作收后翻耕晒白，每 667m^2 施腐熟有机肥 2～3t 或商品有机肥 1t，25%蔬菜专用肥 50kg 或 45%复合肥 30kg 作基肥，偏酸性土壤加施石灰 50kg。施肥方式：可畦面撒施后耙匀，也可条施后覆土或挖穴施。作成宽 1.5m（连沟）的高畦，沟深 25～30cm，覆盖地膜。

（二）培育壮苗

1. 品种选择 春季保护地栽培多采用早熟、丰产、耐寒、抗病力强、鲜荚纤维少、肉质厚、风味好、植株生长势中等、不易徒长、适宜密植的蔓生品种；南方多雨的春季露地栽培，生长势强、分枝多的品种易徒长，引起花序不抽伸或落花落荚，因此，采用分枝少（之豇 80）或叶片小的品种（之豇 28－2）较为有利；夏季高温、光照足，应选用光合能力强、耐热的品种（之豇 19）；秋季栽培时的气温从高温逐渐下降，直至长豇豆停止生长期，应选择苗期抗病毒病、耐高温、秋后耐较低温的品种（秋豇 512、紫秋豇 6 号）。

2. 播种育苗 豇豆一般采用直播。为抢早，特别是早春为防低温阴雨烂种、死苗，可采用保温苗床或营养土块（钵）育苗。江浙地区一般在 3 月下旬、华南地区在 2 月播种育苗。育苗前精选种子、灌足底水，每钵播 2～3 粒，扣棚保温保湿。出土后至移栽前，温度最好保持在 20℃左右。

育苗要点：每 667m^2 需要种子 150～200g；根再生能力弱，适宜小苗移栽，大苗必须采用营养钵护根；白天适宜的苗床温度为 25～28℃，播种覆土厚 1cm 左右，70％～80％的种子出土时，降温至 22～25℃，以控制下胚轴伸长；小苗移栽，苗龄 7～10d，大苗营养钵护根育苗，苗龄 25～30d。

一般于第一复叶开展前移植，营养钵育苗可适当延迟。选晴天进行定植。长豇豆采用直播方法，春播 3—5 月，秋播 6 月下旬至 8 月初。直播行株距（50～60）cm×（20～40）cm，每穴 2～3 株，每 667m^2 播 6 000 穴左右，约需种子 1.2kg。

（三）田间管理

1. 肥水管理 追肥要薄施勤施，通常每 7～10d 追肥 1 次，上竹架前以浓度 1％的尿素液为宜，上竹架后浓度可加大，结荚后要重施，每 667m^2 施复合肥 20kg 左右。开花期要控制水分，结荚后要经常保持土壤湿润，烈日时中午要淋水降温。

2. 插竹引蔓 当幼苗长到 20～25cm 时要插竹，插竹多用人字架，可防台风雨的袭击，减少倒伏。引蔓应在晴天下午进行，此时枝条不易折断。

3. 植株调控（整枝） 抹侧芽，将主蔓第一花序以下的侧芽全部抹除；打群尖，生长中后期，主蔓中上部长出的侧枝，及时摘心；打顶尖，主蔓长 2m 左右时打顶，以促进侧枝各花序上的副花芽形成。

（四）病虫害防治

长豇豆容易发生锈病、炭疽病等，可选择用 20％苯醚甲环唑微乳剂 1 000～2 000 倍液、250g/L 嘧菌酯悬浮剂 1 000～1 500 倍液喷雾防治。

长豇豆的虫害主要有豆野螟、潜叶蝇和蚜虫等，蚜虫可用 36％啶虫脒水分散粒剂 5 000～6 000 倍液防治；豆野螟可用 2.2％甲氨基阿维菌素苯甲酸盐微乳剂 2 500～3 000 倍液防治；潜叶蝇可用 75％灭蝇胺可湿性粉剂 2 000～3 000 倍液防治。

（五）采收

当嫩荚已饱满而种子痕迹尚未显露时为采收适期。春植豇豆，商品豆荚采收以花后 11～13d 为宜，而夏植豇豆以花后 9～11d 采收为宜。采收时不要损伤花序上的其他花蕾，更不能连花序柄一起摘下，应按住豆荚基部，轻轻向左右扭动，然后摘下。

拓展知识

蚕豆、豌豆生产简介

长豇豆产品分级标准

蚕豆产品分级标准

任务二　菜豆生产

任务资讯

菜豆是豆科菜豆属中的栽培种，又称四季豆、芸豆，原产中南美洲的墨西哥、秘鲁，公元前在美洲已普遍种植，16 世纪末引入中国。普通菜豆在中国经过长时期选择，其荚果产生了失去荚壁上硬质层，可食用的基因发生突变，演变成食荚菜豆，因此，中国是菜豆的次生起源中心。每 100g 嫩荚约含蛋白质 2～3.2g，还含有矿物质、维生素等其他成分；每 100g 干豆粒可含蛋白质 20～25g，不但营养丰富，而且食味鲜美。菜豆除用于鲜食和干粮用外，也可脱水干制、速冻或制罐。

一、菜豆的植物学特征

1. 根　菜豆的根系较发达，但根的再生能力弱。其主要吸收根群分布在 15～40cm 的耕作层内，菜豆的根瘤不很发达，出苗 10d 左右根部开始形成根瘤，开花、结荚初期是根瘤形成的高峰期。

2. 茎　菜豆的茎为草质茎，多棱形，表面有茸毛。茎的生长习性有无限生长（蔓生）和有限生长（矮生）两种类型。前者茎先端生长点为叶芽，主茎可不断伸展，达数十节，茎蔓性，呈左旋缠绕，高达成 2～4m，需支架。后者又有两种：一是矮生直立型，株高 40～50cm，茎直立，节间短，呈低矮的株丛，主茎长至 6～8 节后，生长点分化为花芽而封顶，此类型菜豆又称矮生菜豆；另一种类型主茎抽蔓 1～2m 时，其生长点分化为花芽而封顶，称为半蔓生型菜豆，也需搭架。

3. 叶　子叶出土，第一对真叶为对生单叶，呈心脏形。第三片及以后的叶为 3 片小叶组成的复叶，互生，小叶为阔卵形、菱形或心脏形。叶柄较长，基部有 2 片舌状小托叶，叶绿色，叶面和叶柄具茸毛。

4. 花　菜豆的花梗自叶腋抽生，总状花序，有白、黄、红、紫等色，花冠蝶形，里层龙骨瓣卷曲成螺旋状，内包裹着雄蕊和雌蕊。雌蕊花柱卷曲在螺旋形的龙骨瓣里，上密生茸毛，子房一室，内含多个胚珠，为典型的自花授粉作物。

5. 果实　菜豆的果实为荚果，圆柱形或扁圆柱形，全直或略弯曲。嫩荚多为绿色，少数为紫红色，成熟时荚黄白色，完熟时黄褐色。

6. 种子　菜豆的种子呈肾形，大粒，每荚种子 6～8 粒，颜色为黑、白、红、黄及花斑纹等，种子千粒重 250～700g。

二、菜豆生长发育对环境条件的要求

1. 温度 菜豆喜温，不耐高温和霜冻，矮生种耐低温能力比蔓生种强。因此，早春矮生菜豆比蔓生菜豆播种宜早些。种子发芽的适温为 20～30℃，高于 40℃和低于 10℃不能发芽；幼苗生长的适温为 15～25℃，低于 13℃严重影响地上部生长，短期 2～3℃下叶片失绿，但气温回升后，可恢复色泽，0℃受冻；高于 28℃，茎、叶生长明显不良，叶数减少，叶色变淡。根生长的最适地温 23～28℃，地温 13℃以下，幼苗不长，根少而短，基本不着生根瘤。根瘤生长适宜地温 23～28℃；花芽分化的适温为 20～25℃，气温低于 15℃或高于 30℃，易出现不完全花现象；开花结荚期的适温为 18～25℃。温度过高或过低会影响结荚数和荚果内的种子粒数。

2. 光照 菜豆属短日照植物，但不同品种对光周期的反应不同。中国栽培品种大多数属光周期不敏感型，对日照时间长短要求不严，只有少数品种属光周期敏感型。

菜豆为喜光植物，生长发育要求充足的光照，其光饱和点为 35klx，光补偿点为 1 500lx。弱光下，植株易徒长，而且植株同化能力大幅度降低。开花结荚期若遇弱光，花蕾数减少，而落蕾数、潜伏花芽数增加，开花数和结荚减少。进入开花结荚期的菜豆每天都开花，露地栽培如有连续 2 个阴天就会落花。由光照减弱造成的减产要比低温带来的影响更为明显。

菜豆的叶有自动调节接受光照的能力，借助叶柄茎部薄壁组织内膨压的改变，在早晨光弱时，叶面与光线呈直角，而中午与光线相平行。

3. 水分 菜豆耐旱不耐涝，植株生长适宜的土壤含水量为田间持水量的 60%～70%，开花结荚期对湿度要求严格，其适宜的空气相对湿度为 65%～80%，湿度过大或过小都会引起落花落荚现象。

4. 土壤与营养 菜豆对土壤条件的要求较高，最适宜在土层深厚、有机质丰富、排水和通气性良好的壤土或沙质壤土中栽培，合适的土壤 pH 为 6.2～7.0，不耐酸和盐碱，pH 小于 5.2 容易发生重金属中毒而造成植株矮化，叶片失绿。

菜豆根系较发达，吸收肥水能力较强，一生中从土壤中吸收钾最多，其次为氮和钙，磷最少。其中，矮生菜豆在生长初期钾、氮、钙的吸收量迅速增加，结荚期吸收量达到高峰，并维持一定的时期；蔓生菜豆因生长期较长，钾、氮、钙的吸收量较多，而且从生长初期至结荚期其吸收量一直在迅速增加。矮生菜豆和蔓生菜豆对磷的吸收一直很缓慢，特别是生长初期，吸收量非常小。

在根瘤形成后，大部分氮是由根瘤菌固定空气中的氮来提供的。不过，生长初期菜豆即开始大量迅速吸收氮素，而此时根瘤尚不发达，固氮能力还较弱。因此，氮肥宜早施，生产上可少量施用速效氮肥作种肥和提苗肥。提早追施氮肥，可促进发秧，减少落花，增加结荚数。蔓生菜豆结荚期长，需肥量大，而且结荚中后期根瘤数量和固氮活性迅速下降，结荚期要及时追施氮肥，以防早衰。

菜豆对磷素的吸收量小于钾和氮，但缺磷时，植株和根瘤生长不良，叶片变小，开花结荚减少，产量低，且荚内籽粒也少。微量元素硼和钼对根瘤菌活动有良好的作用。幼苗期和伸蔓期可喷洒 0.1%～0.2%硼砂或 0.05%～0.1%钼酸铵，有利于提高菜豆产量和品质。

三、菜豆的生长发育周期

1. 发芽期 由种子萌发到基生叶展开为发芽期，一般为10～15d。

2. 幼苗期 从基生叶展开到有4～5片真叶为幼苗期，需20～30d。初期根群建成，生长点开始分化花芽。

3. 抽蔓期 从4～5片真叶展开到现蕾开花为抽蔓期，需10～15d。

4. 开花结荚期 从始花到采收完毕为开花，历时45～70d。

相关链接

（一）菜豆的类型

一般按茎蔓生长习性，分为蔓生种和矮生种。

1. 蔓生种 主蔓无限生长，长达2～3m，每个叶腋均能抽生侧枝或花序，陆续开花。成熟晚，收获期长，产量高，品质优。

2. 矮生种 植株矮小直立，株高40～60cm。主茎生长至8节左右顶芽形成花芽，从各叶腋发生侧枝，侧枝发生数节后，其顶芽又形成花芽。生育期短，早熟，采收期集中，产量低。

（二）菜豆的品种

1. 矮早18 早熟种，春播生育期55～65d，秋播50～70d；株型较散，叶淡绿，红花，单荚5.02～5.8g，荚长10.7cm，荚尾部稍弯，荚皮层薄，品质佳；种子肉色带隐纹，百粒重50.6g；较抗锈病与炭疽病。

2. 浙芸3号 由浙江省农业科学院蔬菜研究所选育。植株蔓生，生长势较强，结荚性较好，花紫红色，主蔓第六节左右着生第一花序；每花序结荚2～4荚，单株结荚35荚左右；豆荚较直，商品嫩荚浅绿色，荚长、宽、厚分别为18cm、1.1cm和0.8cm左右，平均单荚约11g，豆荚商品性佳，食用品质优，耐热性较强；种子褐色，平均单荚种子数约9粒，种子千粒重260g；每667m^2产量为1.6t，适于春、秋季栽培。

3. 丽芸1号 由浙江省丽水市农业科学研究院选育。植株蔓生，中熟，生长势强，主蔓第5～6节着生第一花序，一般每花序6～9个花朵，花紫红色；商品嫩荚扁圆形、浅绿色，单荚约10.5g，每花序结荚2～6个，单株结荚50个左右；嫩荚不易纤维化，质地较糯；荚内种子6～8粒，种皮黑色，种子肾形，百粒重29.7g；播种至始收56～60d，商品嫩荚采摘期30d以上；田间表现抗热性较强；每667m^2产量为1.6t。

4. 丽芸3号 由浙江省丽水市农业科学研究院通过红花青荚与浙芸3号杂交，经多代系谱选育而来。植株蔓生，早中熟，生长势较强，第一花序着生于主蔓3～4节；花紫红色，结荚性好，豆荚浅绿色，豆荚直，扁圆形；豆荚商品性好，质地较糯，微甜，品质好；单荚10.5g，单株结荚数58.2条；露地栽培每667m^2产量2.6t；抗锈病，中抗炭疽病和枯萎病；适宜于春季大棚、露地栽培。

（三）菜豆的栽培季节和方法

南方地区春、秋两季播种，以春播为主。长江流域春播宜在3月中旬至4月上旬，华南地区一般在2—3月播种，秋季播种为8—9月。

计划决策

以小组为单位，获取菜豆生产的相关信息后，研讨并获取工作过程、工具清单、材料清单，了解安全措施，填入工作任务单（表6－5、表6－6、表6－7），制订菜豆生产方案。

（一）材料计划

表6－5 菜豆生产所需材料单

序 号	材料名称	规格型号	数 量

（二）工具使用

表6－6 菜豆生产所需工具单

序 号	工具名称	规格型号	数 量

（三）人员分工

表6－7 菜豆生产所需人员分工名单

序 号	人员姓名	任务分工

（四）生产方案制订

（1）菜豆种类与种植制度。菜豆品种、种植面积、种植方式（间作、套种、是否换茬等）。

（2）所需的农业生产资料。种子、肥料、农药、生产工具、农膜、竹竿架、绳等。

（3）田间生产的具体内容制订。田间生产方案的内容包括菜豆从种到收的全过程，具体包括以下几方面的内容。

①整地作畦。整地的时间、质量，作畦的规格、所用工具、工作顺序等。

②种子处理。按照种子特性，结合当地生产情况，确定播种前种子处理措施。

③播种。确定播种时间、播种密度、播种量、播种方式及所用生产资料的准备。

④田间管理。肥水管理、环境调控、植株调整、花果期调控。

⑤病虫草害防治。病虫害诊断、防治时期、防治方法、药品名称、药剂类型、药品用量、施用方法、所用工具等。

⑥采收。收获田块面积、产量、收获时期、收获方法、使用工具。

（4）资金预算。土地、设施租金，农资费用，劳动力费用，管理费用等。

（5）讨论、修改、确定生产方案。

（6）购买种子、肥料等农资。

组织实施

以小组的形式在学习工作单的引导下，完成专业知识学习，开展菜豆生产演练，并记录实施过程中出现的特殊情况或调整情况。

（一）整地作畦、施基肥

菜豆忌连作，应选择土层深厚、肥沃疏松、排水良好的沙质壤土。翻耕前施足基肥，每667m^2 施腐熟有机肥 1.5～2t 或商品有机肥 1t，25%蔬菜专用肥 50kg 或 45%复合肥 20～30kg，偏酸性土壤加施石灰 50kg。定植前 7～10d 浅耙 1 次后做宽 1.8m（矮性种）或 1.3m（蔓性种）的高畦，沟深 25～30cm，覆盖地膜。

（二）播种、培育壮苗

1. 品种选择 矮生菜豆可选用浙江矮早 18、农友早生，蔓生菜豆可选用浙芸 3 号、丽芸 1 号、丽芸 3 号等品种。

2. 播种育苗 播种前选粒大、饱满、无病虫的种子，晒 1～2d 再播种，可促使发芽整齐。为了防病，可用 1%福尔马林浸种 20min，后用清水冲洗再播种；也可用种子质量 0.3%的福美双拌种后播种。直播时，每穴 3～4 粒。矮生种行距 33～40cm，穴距 20～26cm；蔓生种行距 65～85cm，穴距 20～27cm，每畦种两行为 1 架。每 667m^2 用种量为 2～3kg。

育苗可采用小拱棚育苗，床中可用营养钵或营养土块点播。春季 5m^2 苗床可播种子 5～6kg。出苗后揭膜，注意通风换气，苗龄在 15～20d 带土移栽。

（三）定植

春季直播可在 3 月上中旬进行。长江流域常出现低温阴雨天气，造成春季菜豆烂种、死苗，所以多采用育苗移栽，一般春季早熟栽培在 2 月下旬至 3 月上旬育苗，这样可延长生长季节，提早上市，提高产量。华南地区春季直播在 1—2 月。秋季栽培一般都用直播法，长江流域在 7 月中旬至 8 月初播种，华南地区在 9—10 月播种。

（四）田间管理

1. 肥水管理 追肥遵循“前轻后重”的原则，即在真叶出现后开始追肥，每 667m^2 施尿素 2.5kg，施 1～2 次，开花结荚期追肥 3～4 次，每次每 667m^2 施复合肥 10～15kg、钾肥 10kg，另外，在开花期用磷酸二氢钾 0.3%的溶液喷施茎、叶，每 6～7d 喷 1 次，或用 5～25mg/kg 赤霉素喷茎顶端，能有效地防止落花落荚，增加产量。菜豆的排灌与长豇豆相似，要经常淋水，保持湿润，雨后注意排水。

2. 补苗、中耕、插架、引蔓 对缺苗或基生叶受伤、有病的幼苗应及时补换。中耕松土可快速提高地温和土壤透性，促进根生长和根瘤菌发育。第一次中耕锄草可在直播齐苗后，育苗移栽的应在缓苗后进行；第二次可在现蕾之前进行，蔓生菜豆在抽蔓之前进行。蔓生菜豆一般在抽蔓前进行立架，一般以人字架为好，插架后进行 1 次人工引蔓。

（五）病虫害防治

菜豆的病害和虫害与豇豆相似，防治方法可参照豇豆部分。另外，菜豆易受炭疽病的危害，可用75%百菌清可湿性粉剂500倍液、50%炭疽福美可湿性粉剂300倍液等喷施防治。

（六）采收

可在豆荚由扁变圆，颜色由绿变为淡绿，外表有光泽，种子略微显露或尚未显露时采收。一般情况下，开花后10～15d可采收嫩荚，若气温较低则在花后15～20d采收。

拓展知识

菜豆产品分级标准

任务三　菜用大豆生产

任务资讯

大豆是豆科大豆属的栽培种，为一年生草本植物，又称为毛豆、枝豆，原产中国，有4 000多年的栽培历史。菜用大豆以绿色嫩豆粒作为蔬菜食用，营养丰富，滋味鲜美，其供应期长达5～7个月，栽培用工少，产量稳定，既可鲜食，又是速冻出口的主要蔬菜之一。

一、菜用大豆的植物学特征

1. 根　菜用大豆的根系发达，直播的植株主根深可达1m以上，侧根开展度达40～60cm，育苗移植的植株根系受抑制，分布较浅。根再生能力弱，移苗应在苗较小时进行。根部有根瘤菌共生，为杆状的好气型细菌，固氮能力强。

2. 茎　菜用大豆的茎直立强韧，圆形有不规则棱角，上被灰白色至黄褐色茸毛，高50～70cm。嫩茎分绿色、紫色两种。一般绿茎开白花，紫茎开紫花。老茎灰黄或棕褐色。

3. 叶　子叶出土，第一对真叶是单叶，以后是三出复叶。小叶有卵圆、椭圆形，叶面披茸毛或无毛。

4. 花　菜用大豆的花小，白色或紫色，着生在总状花序上，花序梗从叶腋抽生，主茎和分枝的顶端着生花序者为有限结荚型；无顶生花序的植株可继续生长，为无限结荚型。优良菜用大豆品种大多是有限结荚型。花开前已完成自花授粉，天然杂交率在1%以下。

5. 果实　菜用大豆的果实为荚果，嫩荚绿色，被有灰白色或棕色茸毛，每荚含种子2～4粒，被白毛的嫩荚外观鲜绿，最受市场欢迎。

6. 种子　菜用大豆的嫩荚种子均为绿色，种子大，易煮酥；老熟种子呈黄、绿、紫、褐、黑等色。种子大小依品种而异，形状有肾形、圆形、扁圆形等，种子千粒重300～700g。

二、菜用大豆生长发育对环境条件的要求

1. 温度　菜用大豆是喜温性蔬菜作物，种子发芽的最低温度为6～8℃，适温为15～

25℃，30℃以上发芽快，但幼苗细弱。真叶出现前的幼苗能耐－4～－2.5℃的低温，－5℃时即受冻害，真叶展开后耐寒力减弱。生长期适温为20～25℃，花芽分化的适温为20℃左右，开花适温为期22～28℃，13℃以下不开花。昼夜温度超过40℃时结荚明显减少。生长后期对温度特别敏感，温度过高生长提前结束，温度骤降则种子不能成熟。

2. 光照 菜用大豆为短日照作物，第一片复叶出现时对短日照就有反应。南方的早熟品种对短日照要求不严，春、秋两季均可种植；晚熟种和北方的无限生长型品种多属短日照型，每天13h以上的日照会抑制开花结荚。北方品种南移可提早开花，但产量较低。南方品种北移时容易出现茎、叶茂盛，植株高大，开花延迟，甚至不能开花结荚。

3. 水分 菜用大豆需水较多，但耐涝性差，水分过多对根系和根瘤菌生长不良，土壤含水量为田间持水量的75%时生长最为适宜。从始花到盛花期为植株生长旺期，需水最多，干旱或多雨易引起落蕾落花。结荚到鼓粒期，如果土壤水分充足，则豆粒生长发育良好。

4. 土壤与营养 菜用大豆对土质要求不严，但土层深厚、排水良好、富含有机质的沙壤土更有利于菜用大豆的生长发育，适宜生长的pH为6.5～7。菜用大豆对磷、钾肥的反应敏感，磷肥可促进根瘤的活动，增加植株分枝数，减少落花，提早成熟；缺钾时叶片变黄，严重时全株枯黄而死。每生产100kg籽粒，约需氮8.5kg、磷0.84kg、钾3.04kg。菜用大豆对硼和钼的含量要求较高。

三、菜用大豆的生长发育周期

1. 发芽期 从种子吸水萌动到子叶展开时为发芽期。种子发芽前要吸收其本身质量1～1.5倍的水分。播种后若地温低、含水过多、氧气少，则容易引起烂籽。

2. 幼苗期 从子叶展开至第一朵花开放为幼苗期。第一对真叶及第一复叶陆续展开，当第二复叶展开时，复叶叶腋间开始分化胚芽，胚芽分为花芽和枝芽，分化能力强弱与幼苗健壮与否密切相关。从花芽分化到开花需25～30d。

苗期的生长中心是根、茎、枝、叶的发育，养分充足才能形成较多花芽及发育健全的花蕾。苗期适温为20～25℃。真叶出现前的幼苗较耐寒，真叶展开后耐寒力减弱。

为促进根群向土壤深层发展，需控制土壤相对湿度在60%～65%。吸收一定量的磷素有利幼苗生长和根瘤的繁殖与发育。

3. 开花结荚期 从第一朵花开放到嫩粒开始快速增大为开花结荚期。从始花到采收完毕，历时45～70d。菜用大豆的落花落荚率较高，一般为总花数的40%～60%，主要原因是营养物质供应不足、栽植过密、植株徒长，缺水缺肥及病虫害等。

4. 鼓粒期 从嫩荚开始快速增长至种子充分发育为鼓粒期。胚珠受精后，其子房壁发育成豆荚，初期是长度增加较快，约20d后荚的长、宽达最大值。受精后15d起籽粒干物重开始增加，一直持续到黄熟期。当豆荚鼓粒达80%、荚色翠绿色时为菜用大豆的采收期。

相关链接

（一）菜用大豆的类型

依菜用大豆的生长习性可分为无限生长类型和有限生长类型。无限生长类型的菜用大豆茎蔓性，叶小而多，顶芽为叶芽，开花期较长，产量较高，在东北、华北地区栽培较多；有限生长类型的菜用大豆茎直立，叶大而小，顶芽为花芽，花期较集中，成熟较早，在长江流域、华南地区分布较多。

依菜用大豆生长期的长短分为早熟、中熟、晚熟3种类型。早熟类型，短日性弱，生育期90d以内，以春播为主，5月下旬至6月下旬收获；中熟类型，生育期90～110d，7月上旬至8月上旬收获；晚熟类型，短日性强，生育期120d以上，9月下旬至10月下旬收获。

（二）菜用大豆的品种

1. 引豆9701 由浙江省农业厅（现农业农村厅）农作局从国外进口。早熟，春播出苗至采收鲜荚73d，株高30～35cm，叶深绿色，鲜荚深绿色，百荚鲜重220～230g，老熟荚黄褐色，种皮浅绿色，脐浅黄色，百粒重30～35g；有限结荚习性，株型较紧凑，结荚集中，鲜荚采收期弹性大，较耐肥抗倒，鲜荚豆粒蒸煮酥糯、微甜，风味好；每667m^{2}产鲜荚620kg。

2. 沪宁95-1 由上海市动植物引种研究中心从国外进口。早熟，植株长势中等，株高50cm，叶卵圆，花淡紫色，茸毛灰绿色，为有限结荚习性；生育期90d左右，主茎节数9～11节，侧枝3～4个；着荚密集，豆荚较大而饱满，荚长4.5～5cm，荚宽1.1～1.2cm；豆粒鲜绿、容易烧酥、口感甜糯、食味佳，鲜荚百荚重220g左右；每667m^{2}产鲜荚550～600kg。该品种耐寒性强，适于早春大小棚栽培。

3. 浙农6号 由浙江省农业科学院蔬菜研究所选育。长势较强，生育期（出苗至采鲜荚）86.4d，有限结荚习性，株型收敛，株高36.5cm，主茎节数8.5个，有效分枝3.7个；叶片卵圆形，白花，灰毛，青荚绿色、微弯镰形；单株有效荚数20.3个，标准荚长6.2cm、宽1.4cm，每荚粒数2.0粒，鲜百荚重294.2克，鲜百粒重76.8克；口感柔糯略带甜，品质优；每667m^{2}产鲜荚700kg，适于作春季菜用大豆种植。

4. 浙鲜9号 由浙江省农业科学院作物与核技术利用研究所选育。该品种生育期85d，有限结荚习性，株型收敛，株高33.8cm，主茎节数8.6个，有效分枝2.4个。叶片卵圆形，白花，灰毛，青荚淡绿色，弯镰刀形；单株有效荚数19.5个，标准荚长6.4cm、宽1.4cm，每荚粒数2.0粒，百荚鲜重316.7g，百粒鲜重88.6g；籽粒圆形，种皮绿色，子叶黄色，脐黄色；鲜豆口感香甜柔糯，每667m^{2}产鲜荚624.8kg，适于作春季菜用大豆种植。

5. 衢鲜5号 由衢州市农业科学研究所选育。秋播生育期80d；有限结荚习性，主茎较粗壮，叶片卵圆形，紫花，灰毛；单株有效荚32.0个，结荚性较好，百荚鲜重258.4g，百粒鲜重65.8g，标准荚长5.3cm、宽1.3cm；鲜荚绿色，商品性好，食味鲜，口感好；每667m^{2}产鲜荚分别为641.5kg，适于作秋季菜用大豆种植。

6. 萧农秋艳 由浙江勿忘农种业股份有限公司等单位从“六月半”系统选育的秋季菜用大豆。生育期78.8d，有限开花结荚习性；株型收敛，叶片卵圆形，紫花，灰毛，分布较密；豆荚弯镰形，鲜荚深绿色；单株有效荚27.7个，标准荚长5.5cm、宽1.3cm，百荚鲜重280.2g；籽粒为椭圆形，粒形较大，百粒鲜重81.7g，鲜豆口感香甜柔糯；种皮为淡绿色，种脐淡褐色，子叶黄色，幼苗茎基呈紫红色；每667m^{2}产鲜荚743.4kg，适于作秋季菜用大豆种植。

（三）菜用大豆的栽培季节和方法

长江以南各地，大多数可以在春、夏、秋季生产菜用大豆。一般春播可在2—4月播种育苗或直播，夏播4—6月，秋播6月下旬至8月初播种，华南地区秋播7—8月。

计划决策

以小组为单位，获取菜用大豆生产的相关信息后，研讨并获取工作过程、工具清单、材料清单，了解安全措施，填入工作任务单（表6-8、表6-9、表6-10），制订菜用大豆生产方案。

（一）材料计划

表6-8 菜用大豆生产所需材料单

序 号	材料名称	规格型号	数 量

（二）工具使用

表6-9 菜用大豆生产所需工具单

序 号	工具名称	规格型号	数 量

（三）人员分工

表6-10 菜用大豆生产所需人员分工名单

序 号	人员姓名	任务分工

（四）生产方案制订

（1）菜用大豆种类与种植制度。菜用大豆品种、种植面积、种植方式（间作、套种、是否换茬等）。

（2）所需的农业生产资料。种子、肥料、农药、生产工具、农膜等。

（3）田间生产的具体内容制订。田间生产方案的内容包括菜用大豆从种到收的全过程，具体包括以下几方面的内容。

①整地作畦。整地的时间、质量，作畦的规格、所用工具、工作顺序等。

②种子处理。按照种子特性，结合当地生产情况，确定播种前种子处理措施。

③播种。确定播种时间、播种密度、播种量、播种方式及所用生产资料的准备。

④田间管理。肥水管理、环境调控、植株调整、花果期调控。

⑤病虫草害防治。病虫害诊断、防治时期、防治方法、药品名称、药剂类型、药品用量、施用方法、所用工具等。

⑥采收。收获田块面积、产量、收获时期、收获方法、使用工具。

（4）资金预算。土地、设施租金，农资费用，劳动力费用，管理费用等。

（5）讨论、修改、确定生产方案。

（6）购买种子、肥料等农资。

组织实施

以小组的形式在学习工作单的引导下，完成专业知识学习，开展菜用大豆生产演练，并记录实施过程中出现的特殊情况或调整情况。

（一）品种选择

春季栽培选用早熟丰产品种，如引豆 9701、沪宁 95－1、浙农 6 号、浙鲜 9 号等，秋季栽培选用衢鲜 5 号、萧农秋艳等品种。

（二）育苗技术

1. 播前准备

（1）种子处理。播种前 3～4d，选粒大饱满的种子，剔除小粒、秕粒和有病斑、虫斑、破伤的种子，晾晒 1～2d，然后在 50～55℃水中浸种 10～15min，捞出备用。

（2）根瘤菌和钼酸铵拌种。用 200g 菌粉加水 2.5kg 拌已消好毒的种子，在根瘤菌拌种同时加入 1.5%的钼酸铵浸液，拌种后晾干即可播种。

2. 播种及管理 2 月上旬至 3 月上旬播种，播种应选择“冷尾暖头”的天气进行。播种前浇足底水。撒播育苗的，以豆粒铺满床面不相互重叠为度；营养钵育苗的，每钵播 3～4 粒，每 667m^2 播种量需 4～5kg。播后覆土 1～2cm，先铺一些稻草，再盖上地膜，扣小拱棚保温保湿，晚上需加盖草帘等材料保温，也可用电热畦育苗。一般 7～10d 即可出苗。出苗前不通风，出苗后要及时揭去地膜，适当通风降温，控制棚温白天 18～25℃，夜间 10～15℃。定植前 1 周进行低温炼苗。

壮苗指标：苗龄 15～20d，叶色深，子叶和第一对真叶完整，胚轴粗短。

（三）扣棚盖膜，整地作畦、施基肥

1. 扣棚盖膜 定植前 10d 左右进行，通过闷棚以提高棚内土温。

2. 整地作畦 定植前 3～4d 整地作畦，畦呈龟背形，畦宽 1.5m（连沟），畦高 20～22cm。

3. 施足基肥 菜用大豆营养生长期短，生殖生长期长，要重施基肥。一般每 667m^2 施入腐熟有机肥 2t、复合肥 40kg、过磷酸钙 60～70kg、钾肥 15～20kg 或草木灰 100～150kg，开沟深施或全层施肥，翻入土中，定植前 7～10d 施好。

4. 定植

（1）定植时间。菜用大豆在幼苗第一对真叶由黄绿色转为青绿色而尚未展开时定植，营

养钵育苗的可延至第二片复叶出现时移植。一般大棚套小棚加地膜栽培于 2 月下旬定植，大棚套小棚栽培于 3 月上旬定植，以上两种保护地栽培方式遇强冷空气均要加盖草帘、无纺面等覆盖物。

（2）栽培方法与密度。每畦种 4 行，每穴 3～4 株，穴距 20～22cm，每 667m² 种 10 000～15 000 株。

（3）定植方法及注意事项。定植前对菜用大豆秧苗要进行 1 次防病、治虫、施肥，做到带肥、带药、带土坨定植。定植时保持秧苗根坨面与畦面相平，定植后浇好点根肥。

（4）盖地膜。定植后即行盖地膜，要求破口要小，扶苗出膜的操作要轻，地膜要拉紧铺平，紧贴地面，种植孔四周用土压牢。

为防杂草，可选用黑地膜，或定植前每 667m² 用氟乐灵或丁草胺 75～100mL 配水喷洒畦面。

（四）田间管理

1. 温度 定植后 3～5d 不通风，以保温保湿，促进还苗，还苗后白天保持 24～30℃，夜间 18～24℃，白天当棚内温度超过 30℃时，要通风换气，避免烤伤秧苗。随着秧苗的生长发育，大棚要逐渐延长通风时间，加大通风量，3 月后外界温度开始转暖，更要注意通风降温，防止菜用大豆植株徒长，4 月初揭膜。

2. 间苗补苗 当秧苗定植缓苗活棵后，即可间苗补苗。间苗淘汰弱苗、病苗和杂苗，每穴留 2～3 株，至少 2 株；发现缺株，即移苗补栽，并浇活棵水 2～3 次，保证补苗后秧苗成活。

3. 追肥 菜用大豆具有根瘤菌固氮作用，但在根瘤菌尚未形成的生长初期，仍需追肥，以在初花期施氮肥最有效，一般每 667m² 施尿素 12.5～20kg，进入开花结荚期再重追 1 次肥，每 667m² 施尿素 5～10kg、草木灰 100～150kg、过磷酸钙 5kg，以确保菜用大豆结荚充实饱满。为了提高和加速植株对磷的吸收，可用浓度为 2%～3%的过磷酸浸出液喷洒叶面，每次每 667m² 用 50kg 左右，每 10d 喷 1 次，连续喷 2～3 次。菜用大豆钾肥不足时，容易发生“金镶边”，造成植株小叶先端边缘发黄，严重时植株枯死，可在早晨露水未干时，顺风向菜用大豆植株上撒草木灰数次，每次每 667m² 撒施 50kg。

4. 水分管理 幼苗期一般不浇水，以促进根系下扎；开花后浇水宜少，若湿度过大，易落花落荚；结荚后需水量增加，地干即浇水，以促进果荚生长，否则也易引起落花落荚，增加秕粒和秕荚，降低产量，但也忌水分过多，否则引起徒长，造成植株生长不良。菜用大豆耐涝性差，在多雨季节要及时排水，以防田间积水而受涝害。

5. 防止徒长，增加结荚 菜用大豆植株发生徒长则落花落荚，秕粒、秕荚增多，降低产量。可以摘心防止其徒长，摘心宜在开花初期，将植株顶心摘去 1～2cm 即可。

（五）防病治虫

1. 病害防治 菜用大豆的病害主要是锈病。可选用 400g/L 氟硅唑乳油 4 000～5 000 倍液、10%苯醚甲环唑水分散粒剂 800～1 200 倍液防治。

2. 虫害防治 菜用大豆常见的害虫有大豆食心虫、黄条跳甲和豆荚螟等。大豆食心虫和豆荚螟可选用 3.4%甲氨基阿维菌素苯甲酸盐微乳剂、2.2%甲氨基阿维菌素苯甲酸盐微乳剂 2 500～3 000 倍液防治，黄条跳甲用 36%啶虫脒水分散粒剂 800～1 000 倍液喷雾防治。

（六）采收

一般在豆粒饱满，豆荚仍为绿色时采收。分批采收，共采收 2～3 次。在傍晚或早晨时采收，品质最佳。每 667m^2 产量可达 500kg 以上。

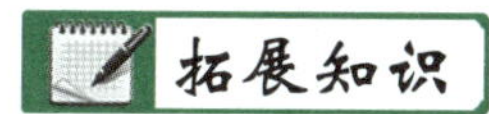

豆芽制作

项目七

XIANGMU 7

白菜类蔬菜生产

学习目标

▶专业能力

(1) 能够设计大白菜、结球甘蓝、花椰菜、茎用芥菜生产方案。

(2) 能够根据市场需要、生产季节及当地的生产条件选择适宜生产的优良品种。

(3) 能够根据不同的栽培季节进行整地作畦，并适时种植。

(4) 能够根据大白菜、结球甘蓝、花椰菜、茎用芥菜的吸肥特点及不同的生长阶段，适时进行肥水管理。

(5) 能够及时诊断大白菜、结球甘蓝、花椰菜、茎用芥菜病虫害，并进行综合防治。

(6) 能够采用适当方法适时采收大白菜、结球甘蓝、花椰菜、茎用芥菜，并能进行采后处理。

(7) 能够组织实施生产计划，并制订大白菜、结球甘蓝、花椰菜、茎用芥菜绿色标准化生产技术规程。

(8) 能够评定产品质量。

▶方法能力

(1) 具有信息采集、处理的能力。

(2) 具有独立使用各种媒介完成学习任务，并有自主学习的能力。

(3) 具有分析解决问题、接受应用新技术的能力。

(4) 具有综合和系统思维，并有完成典型工作任务的能力。

(5) 具有撰写技术报告、学习迁移的能力。

▶社会能力

(1) 具有吃苦耐劳、诚实守信、爱岗敬业的职业精神。

(2) 具有团队合作、沟通、语言表达能力。

(3) 能够公正地自我评价和评价他人。

(4) 具有环保意识、社会责任感、参与意识及自信心。

任务布置

该项目的学习任务为大白菜、结球甘蓝、花椰菜、茎用芥菜生产，在教学组织时全班组建两个模拟股份制公司，每公司再分 4 个种植小组，每小组分别种植 1 种蔬菜。以小组为单位，自主完成相关知识准备，研讨制订大白菜、结球甘蓝、花椰菜、茎用芥菜标准化生产方案，按照修订后的生产方案进行大白菜、结球甘蓝、花椰菜、茎用芥菜标准化生产，每小组完成 667m^2 的生产任务。

建议本项目为 30 学时，其中 28 学习用于大白菜、结球甘蓝、花椰菜、茎用芥菜生产的学习，另 2 学时用于各小组总结、反思、向全班汇报种植经验与体会，实现学习迁移。

具体工作任务的设置：

(1) 获得针对工作任务的厂商资料和农资信息。

(2) 根据相关信息制订、修改和确定大白菜、结球甘蓝、花椰菜、茎用芥菜标准化生产方案。

(3) 制订大白菜、结球甘蓝、花椰菜、茎用芥菜绿色生产技术操作规程。

(4) 根据生产方案，购买种子、肥料等农资。

(5) 观察大白菜、结球甘蓝、花椰菜、茎用芥菜的植物学特征。

(6) 根据不同的生产季节整地作畦，选择适宜的畦的规格并适时进行种植。

(7) 根据大白菜、结球甘蓝、花椰菜、茎用芥菜植株长势，加强肥水管理。

(8) 识别常见大白菜、结球甘蓝、花椰菜、茎用芥菜病虫害，并组织实施综合防治。

(9) 采用适当方法、适时采收大白菜、结球甘蓝、花椰菜、茎用芥菜并按外观质量标准能进行采后处理。

(10) 进行成本核算（农资费用、工资和总费用），注重经济效益。

(11) 对每一个所完成工作步骤进行记录和归档，并提交技术报告。

任务一　大白菜生产

任务资讯

大白菜为十字花科芸薹属芸薹种中能形成叶球的亚种，一、二年草本植物，又称为结球白菜、黄芽菜、包心白菜等，起源于中国，是由普通白菜长期自然变异和人工选择进化而来的。据考证，大白菜栽培历史较短，自元代之后历经清朝年间仅 500～600 年。国外大白菜均是由我国传入的，外国称大白菜为“中国大白菜”。大白菜营养丰富、易栽培、产量高、耐贮运，是我国南北各地主要栽培的菜类。

一、大白菜的植物学特征

1. 根　大白菜是二年蔬菜，随着植株的生长，形成发达的浅根系，主根深可达 1m，但主要吸收根群分布于距地表 10～30cm 处。要求土层有良好的通透性。根系再生力强，可直播或移栽。直播的根系发达，病虫害感染率低，往往比移栽的产量高；移栽的没有主根，根量大，侧根多。

2. 茎　在营养生长期，大白菜的茎短缩，呈短圆锥形或球形，粗 4～7cm。在春播和秋播条件下，短缩茎的长短与冬性强弱呈负相关，即短缩茎越长冬性越弱，而短缩茎的粗细与单株重呈正相关，这可作为评价品种冬性强弱和个体产量的参考依据。所有球叶和外叶均生长在短缩茎上，形成一个硕大的叶球。到了生殖生长期，短缩茎顶端抽生高 60～100cm 的花茎，有明显的节和节间，花茎淡绿至绿色，表面有蜡粉。

3. 叶 大白菜一生中先后发生下列各类叶，且形态各异。

（1）子叶。2 片，对生，肾形至倒心脏形，有叶柄，叶面光滑。

（2）基生叶。2 片，对生于基部子叶节以上，与子叶垂直排列成“十”字形。叶片长椭圆形，叶缘有锯齿，表面有茸毛，有明显的叶柄，无叶翅。

（3）中生叶。着生于短缩茎中部，互生，第一个叶环较小，构成幼苗叶，第二、第三叶环的叶片较大，构成莲座叶，是叶球形成期的主要同化器官。每个叶环的叶数依品种而异，有 2/5（5 叶绕茎 2 周成一个叶环）和 3/8 的叶环（8 叶绕茎 3 周成一个叶环）。叶片倒披针形至阔倒圆形，无明显叶柄，有明显叶翅。叶片边缘波状，叶翅边缘锯齿状。

（4）顶生叶。着生于短缩茎的顶端，互生，构成叶球。球叶是大白菜营养物质的贮藏器官，色淡黄或白色，叶环排列如中生叶，但因拥挤而不规律，外层叶较大，内层叶渐小。品种间球叶数目差异较大，一般在 40～80 片。球叶互生，抱合方式有褶抱、叠抱、拧抱 3 种。

（5）茎生叶。着生于花茎和花枝上，互生，叶腋间发生分枝。花茎基部叶片宽大，似中生叶但较小，上部的叶片渐窄小，表面光滑，有蜡粉，具扁阔叶柄，基部抱茎。

4. 花 大白菜的花为总状花序，完全花，“十”字形花冠。花黄色，虫媒花，开花的顺序是由基部向顶部开放，单株一般有 1 000～2 000 朵花，花期 20～30d。

5. 果实 大白菜的果实为长角荚果，授粉后 30～40d 种子成熟，成熟的角果纵裂，种子着生于两侧膜胎座上。果实先端陡缩成“果喙”，其中无种子。

6. 种子 大白菜的种子球形，红褐色或褐色，少数黄色，无胚乳，千粒重 2～4g，种子使用年限 2～3 年。

二、大白菜生长发育对环境条件的要求

1. 温度 大白菜为半耐寒性蔬菜，喜温和与冷凉的气候，生长适温为 12～22℃，高于 25℃、低于 10℃时生长不良，能耐短期－2℃的低温，30℃以上、5℃以下停止生长；耐轻霜而不耐严霜，有一定的耐热性，耐热能力因品种而异，有些品种可在夏季栽培。其光合适温为 25℃。

不同变种或类型对温度的要求不同，散叶变种耐寒和耐热性较强，半结球变种耐寒性较强，花心变种则耐热力较强，结球变种对温度的要求较其他变种则相对严格。在不同生态型中，直筒型及各次级类型对温度有较强的适应性，平头型次之，卵圆型适应性较弱。

不同生育期对温度的要求有差异。

（1）发芽期。要求较高的温度，种子在 8～10℃即能缓慢发芽，但发芽势较弱，发芽适温为 20～25℃，26～30℃时发芽迅速，但幼芽虚弱。

（2）幼苗期。对温度的适应性较强，既可耐一定的低温，又可耐高温，在高温下生长不良，易发生病毒病，以 22～25℃为最适。

（3）莲座期。此时期是形成光合器官的主要时期，以 17～22℃为宜，莲座叶生长迅速强健，温度过高莲座叶徒长孱弱，容易发生病害，温度过低则生长缓慢而延迟结球。

（4）结球期。此时期是产品器官形成期，对温度要求较为严格，适宜的温度为白天 15～

22℃，夜间 5～12℃，一定的温差有利于养分积累和产量的提高。

（5）休眠期。为使呼吸作用及蒸腾作用降低到最小限度，以减少养分和水分的消耗，以 0～2℃为宜，低于－2℃发生冻害，5℃以上容易腐烂。

（6）抽薹期。以 12～16℃为最适。

（7）开花结荚期。月均温 17～20℃为宜，15℃以下不能正常开花和授粉、受精，30℃以上的高温使植株迅速衰老，不能充分长成种子。在高温时还可能出现畸形花，不能结实。

总之，大白菜在营养生长时期温度宜由高到低，而生殖生长时期则宜由低到高。大白菜为种子春化型蔬菜，冬性不强，一般萌动的种子在 2～10℃下经过 15～20d 即可通过春化，而在发芽期、幼苗期、莲座期只要遇到较长时间的低温，也能完成春化。

此外，大白菜完成营养生长阶段还要求一定的积温。一般早熟品种为 1 200～1 400℃，中熟品种为 1 500～1 700℃，晚熟品种为 1 800～2 000℃。

2. 光照 大白菜要求中等强度的光照，光补偿点为 750～1 500lx，光饱和点为 4 万～5 万 lx，光合强度为 11～23mg・dm^{-2}・h^{-1}。一定的光照度范围内，随光照度的增高光合强度增大。光照度为 1 万～1.5 万 lx，温度 15～20℃时，光合效率最高。所以秋播不宜过早，避免强光对其影响，后期要尽可能减少对光照有影响的因素，促进光合作用的提高。大白菜为长日照植物，通过春化的植株需要在长日照条件下通过光照阶段，才能抽薹、开花、结籽。

3. 水分 大白菜生长期间需水量大，适宜的土壤湿度为 80%～90%，适宜的空气湿度为 65%～80%。不同生育期的蒸腾量与需水量，随生育进程而逐渐增强，幼苗期蒸腾作用虽不大，但因根群还不发达，吸水能力很弱，需保持土壤湿润；莲座期叶面积迅速增大，蒸腾作用强，需水也大增加；结球期需水量最多，必须保证土壤有充足水分，但结球后期要适当控制水分，以提高贮藏性，防止裂球；开花结荚期，土壤水分要充足，但要防止雨水过多，影响开花结荚和采留种。

4. 土壤与营养 大白菜对土壤的适应性较强，但以土层深厚、肥沃、疏松、保水、保肥、透气、排灌良好的沙壤土、壤土和黏壤土为宜。由于沙土或沙壤土保肥保水力弱，栽培大白菜往往结球不紧实，产量低；黏土虽然有较强的保肥保水能力，栽培大白菜易获高产，但产品含水量大，品质差，且易感软腐病。大白菜对大量元素的吸收以钾最多，氮、钙次之，吸收的磷、镁量较低。每生产 1t 鲜菜约吸收氮 1.861kg、磷 0.362kg、钾 2.83kg、钙 1.61kg、镁 0.214kg，其比例约为 5：1：7.8：4.5：0.6。对微量元素需铁最多，每生产 1t 鲜菜约需铁 20.84g、锌 2.21g、锰 1.41g、铜 0.19g。结球初期功能莲座叶内氮、磷、钾含量与大白菜产量呈显著的正相关关系，即莲座叶内的氮、磷、钾含量越高，其产量就越高。

三、大白菜的生长发育周期

大白菜秋播后，年内完成营养生长期，冬季通过发育，完成花芽分化，翌年春暖时抽薹、开花、结实，完成生殖生长期。

1. 营养生长时期 主要指大白菜从播种到叶球形成这一阶段。

（1）发芽期。从播种到第一片真叶展开为发芽期，一般需 7～8d。

（2）幼苗期。中、晚熟品种从第一片真叶展开到第 8～10 片真叶长大，早熟品种至第 6～8 片真叶长大，全株大于 1cm 以上叶片共有 12～16 片时为幼苗期。这些叶片按一定的开展角排列成圆盘状，俗称团棵，这是幼苗期结束的临界特征。此期需 16～18d。

（3）莲座期。从团棵至外叶全部展开，心叶开始包心为止，需 23～25d。

（4）结球期。从心叶抱合到叶球充分膨大，达到采收状态时为结球期，需 45～60d。此期可分前、中、后期 3 个时期。结球前期外层球叶迅速生长，形成叶球轮廓，称抽筒；结球中期内层球叶迅速生长充实叶球内部，称灌心；结球后期叶球体积不再增大，只是继续充实叶球。结球前、中期是大白菜产量形成的关键时期，产量的 80%～90%由此两时期形成。

（5）休眠期。大白菜结球后期遇到低温，长发育过程受到抑制，由生长状态被迫进入休眠状态。如遇适宜条件，可不休眠或随时恢复生长。

2. 生殖生长时期 从现蕾到抽薹、开花、结果、种子成熟为生殖生长阶段，此阶段可分为抽薹期、开花期和结荚期 3 个时期。

（1）抽薹期。从抽薹至开始开花为抽薹期，需 20～25d。

（2）开花期。从始花到基本谢花为开花期，需 15～20d。

（3）结荚期。花谢后，果荚生长迅速，种子不断发育、充实，最后达到成熟为结荚期，需 25d 左右。

一般来说，大白菜的营养生长和生殖生长阶段是不能截然划分的，因为在营养生长过程中，已开始孕育生殖器官，即营养生长与生殖生长是同步进行的。

相关链接

（一）大白菜的类型

按照进化过程、叶球形态和生态特性将大白菜亚种分为 4 个变种：散叶变种、半结球变种、花心变种和结球变种。

1. 散叶变种 为大白菜的原始类型，不形成叶球，食用莲座叶，抗逆性强，品质较差，已逐渐淘汰。

2. 半结球变种 叶球松散，球顶开放，呈半结球状态。耐寒性较强，对肥水要求不严格，莲座叶和叶球同为产品。多分布在东北、西北等高寒地区。代表品种有山西大毛边等。

3. 花心变种 植株矮小，能形成坚实的叶球，球顶不闭合，球叶顶端为白色、淡黄色或黄色，且向外翻卷，形成花心。早熟，生长期 60～80d，较耐热，可用于秋季早熟栽培及春季栽培。代表品种有北京翻心白、济南小白心、北京小杂 56 等。

4. 结球变种 是大白菜的高级变种，能形成坚实的叶球，球顶近于闭合或完全闭合。品质好，产量高，耐贮藏，栽培最普遍。

（1）根据叶球的形状和生态分类，该变种又分为卵圆型、平头型、直筒型 3 种类型。其特点见表 7-1。

（2）根据植株结球早晚以及栽培期长短可分为早熟、中熟、晚熟品种。

①早熟品种。从播种到收获 40～60d，耐热性强，不耐寒，多作夏季栽培。

②中熟品种。从播种到收获 60～80d，产量高，较耐热也较耐寒，多作秋菜栽培。

③晚熟品种。从播种到收获 90～120d，产量高、单株大、品质好，耐寒不耐热，主要作秋、冬、春栽培。

（3）按照叶色，大白菜还可以分为青帮型、白帮型、青白帮型 3 种类型。青帮品种与白帮品种相比抗逆性一般较强，水分含量少，干物质含量多，因而耐贮。

表 7-1 大白菜 3 种叶球形状比较

类型	叶片	叶球	球形指数（叶球高度/直径）	生态型	代表品种
卵圆型	叶片较薄，毛较多，叶色绿或较绿	叶球卵圆形，球顶尖或钝圆，近于闭合，球叶倒卵圆形，褶抱	1.5 左右	海洋性气候生态型，多数品种生长期 100～110d，喜温暖湿润的气候条件，不耐热，不抗旱	福山包头等
平头型	叶片中等厚，毛较少，叶色绿或淡绿	叶球上大下小，呈倒圆锥形，球顶较平，完全闭合，球叶横倒卵圆形，叠抱	接近 1	大陆性气候生态型，多数品种生长期 90～100d，喜气候温和、昼夜温差较大、阳光充足的环境	洛阳包头等
直筒型	叶片较厚，无毛，叶色深绿	叶球细长圆筒形，顶平下尖，球顶尖，球叶倒披针形，近于闭合	3 以上	海洋性与大陆性气候交叉生态型，对气候适应性强，在海洋性及大陆性气候区均能生长良好，多数品种生长期 60～90d	天津青麻叶等

（二）大白菜的品种

1. 早熟 8 号 由浙江省农业科学院蔬菜研究所选育。早熟，生长期 55～60d；株高约 32cm，开展度 50cm；外叶阔倒卵圆形、色绿，中肋长约 25cm、宽约 5cm、色白；叶缘波状，叶面无毛、微皱；叶球叠抱、矮桩形，球叶绿白色，紧实，顶圆，高约 26cm，横径约 18cm，净重 1.0～1.5kg，净菜率 70%左右，商品性好，品质佳；田间表现较抗病。可兼作小白菜栽培，每 667m^2 产量 3.5t。

2. 浙白 6 号 由浙江省农业科学院蔬菜研究所选育。植株半直立，株高 24cm，开展度 20cm；叶浅绿色，叶面光滑，无茸毛，叶柄白色，叶长 30.2cm、宽 18.0cm，叶质柔嫩，质糯、风味佳、品质优；单株 60g，每 667m^2 产量 2.4t；对软腐病、霜霉病、黑斑病抗性强；耐寒性强，耐抽薹性较好，较耐热耐湿；生长势旺，一般播种后 30d 可陆续采收，高温季节 25～30d 采收，冬春季 40～60d 采收；适宜我国长江流域及东北、华北、西南地区作苗用型大白菜栽培。

3. 浙白 8 号 由浙江省农业科学院蔬菜研究所选育。早熟，播种到收获 55d；株型小而紧凑，半直立，株高约 35cm，开展度 40cm；叶色浅绿、叶面光滑无毛、宽白帮；叶球叠抱、矮桩形，球高约 27cm，横径约 16cm，球形指数 1.7，单球 1.5～2.0kg；外叶少，净菜率 70%以上；耐热性较强，结球紧实，商品性好，品质优；高抗病毒病、黑斑病，抗霜霉病、软腐病；每 667m^2 产量 5.1t；高温结球性好，适宜我国华北及长江流域地区露地栽培，是国庆节前后上市的理想品种。

4. 双耐 由浙江省农业科学院蔬菜研究所选育。生长势强，株型紧凑，叶色浅绿，叶面光滑、无毛；叶片厚、口感糯、品质优良；抗病毒病和软腐病，高抗霜霉病和黑斑病；较耐抽薹，生长势旺，生长速度快；一般播种后 30d 可陆续采收，高温季节播种后 25～30d 采收；适宜苗用型大白菜栽培。

5. 改良青杂 3 号 由青岛国际种苗有限公司选育。中晚熟，植株披张，开展度 86.4cm，株高 44.8cm；外叶绿色，叶面较皱，叶脉细，叶柄薄而平，浅绿色；叶球短圆筒形，浅黄绿色，球顶圆，叠抱，叶球高28.6cm，叶球直径24.7cm，球叶65片，单球4.5～5kg；每667m² 产商品菜6.5～7t；风味品质好，对三大病害抗性强，耐贮藏。

（三）大白菜的栽培季节

我国的大白菜生产以秋季栽培为主，近年来，随着耐寒与耐热大白菜品种的育成，大白菜春、夏栽培也有了迅速发展，目前已基本可以做到周年生产。

1. 秋冬大白菜 秋冬季气候温和冷凉，是大白菜最适宜栽培的季节，播种期以8月中旬至9月上旬为宜，以选用优质、抗病、丰产的中晚熟品种为宜。

2. 春大白菜 在早春或春末播种育苗，4—5月上市，克服春末夏初蔬菜供应淡季，增加蔬菜花色品种的栽培方式，春大白菜栽培主要是解决早春低温及长日照引起的抽薹以及后期高温造成的不结球和病虫严重等现象，此季除应选用冬性强、早熟、耐热抗病、高产、优质的品种外，还要根据各地的气候采取电热温床育苗，做好生长前期保温等工作，以防止其发生先期抽薹的现象。

3. 夏大白菜 夏大白菜5—8月均可分期、分批播种，最适时期为6月初至7月底，可直播也可育苗移栽，可从8月小株上市到10月成株上市，品种应选择早熟耐热抗病的品种，如早熟5号等。

4. 早秋大白菜 播种期介于夏大白菜和秋冬大白菜之间，具有一定的抗热性，生育期为55～60d，于国庆节前后上市，早秋大白菜前期处于高温、干旱季节，易发生病毒病、干烧心病，后期易感染软腐病，虫害发生严重，防病、治虫是早秋大白菜栽培的关键。

计划决策

以小组为单位，获取大白菜生产的相关信息后，研讨并获取工作过程、工具清单、材料清单，了解安全措施，填入工作任务单（表7-2、表7-3、表7-4），制订大白菜生产方案。

（一）材料计划

表7-2 大白菜生产所需材料单

序 号	材料名称	规格型号	数 量

（二）工具使用

表7-3 大白菜生产所需工具单

序 号	工具名称	规格型号	数 量

（三）人员分工

表 7-4　大白菜生产所需人员分工名单

序　号	人员姓名	任务分工

（四）生产方案制订

（1）大白菜品种与种植制度。大白菜品种、种植面积、种植方式（间作、套种、是否换茬等）。

（2）所需的农业生产资料。种子、肥料、农药、生产工具、农膜等。

（3）田间生产的具体内容制订。田间生产方案的内容包括大白菜从种到收的全过程，具体包括以下几方面的内容。

①整地作畦。整地的时间、质量，作畦的规格、所用工具、工作顺序等。

②种子处理。按照种子特性，结合当地生产情况，确定播种前种子处理措施。

③播种。确定播种时间、播种密度、播种量、播种方式及所用生产资料的准备。

④田间管理。肥水管理、环境调控、植株调整、花果期调控。

⑤病虫草害防治。病虫害诊断、防治时期、防治方法、药品名称、药剂类型、药品用量、施用方法、所用工具等。

⑥采收。收获田块面积、产量、收获时期、收获方法、使用工具。

（4）资金预算。土地、设施租金，农资费用，劳动力费用，管理费用等。

（5）讨论、修改、确定生产方案。

（6）购买种子、肥料等农资。

组织实施

以小组的形式在学习工作单的引导下，完成专业知识学习，开展大白菜生产演练，并记录实施过程中出现的特殊情况或调整情况。

（一）选地、整地作畦及施基肥

1. 选地整地　不宜连作，也不宜与其他十字花科蔬菜轮作，宜选择前作是葱蒜类，其次是瓜、豆、茄果类的地块。

应选择地势平坦、排灌良好且土层深厚、疏松、肥沃的壤土或轻黏土，前茬作物腾茬后，立即清除田间病残组织及杂草，清洁田园。

2. 施足基肥　种植前深翻土地，以 20～25cm 为宜。耕地之前每 667m^2 可施腐熟有机肥 4～5t、饼肥 100kg、磷肥 15～20kg。施用基肥要注意有机肥的腐熟，特别是夏季若采用尿素或新鲜人粪尿作基肥则软腐病发生率高。基肥可采用整地前撒施或沟施，施后最好隔 2～3d 再播种。

3. 深沟高畦　施肥后进行深翻，细耙、作畦，要求畦面龟背状，畦宽高 100～120cm，沟宽 20～30cm，畦深 20cm。

（二）直播与育苗

夏大白菜及早秋大白菜生产上一般采用直播或营养钵育苗。播种时先在播种的穴位内浇足底水，然后进行播种，一般每穴播 3～4 粒种子，要注意将播下的种子均匀分布在穴内，防止聚成一堆，然后覆上 0.5cm 厚肥沃疏松的细土，覆土后可采用遮阳网或稻草进行覆盖，待苗出土后要将其及时掀掉。每 667m² 播种量一般 20～30g。

春大白菜多为育苗移栽，一般 4 叶 1 心期为适栽期，每 667m² 播种量一般为 10～15g。

（三）合理密植

春大白菜株行距以（35～40）cm×50cm 为宜（每 667m² 栽 2 500～3 000 株），夏大白菜株行距以 30cm×40cm 为宜（每 667m² 栽 3 000～3 500 株），早秋大白菜行株距以（45～50）cm×（40～50）cm 为宜（每 667m² 栽 2 700～3 000 株），秋冬大白菜株行距以（40～50）cm×（50～60）cm 为宜（每 667m² 栽 1 500～2 500 株）。

（四）田间管理

1. 间苗定苗 对于直播的，待幼苗出土后要及时进行间苗，一般进行 2～3 次。间苗以幼苗之间不拥挤为度，原则是“分次间苗，早间苗，晚定苗”。

（1）第一次间苗。在拉十字期进行，将出苗迟、子叶畸形、生长衰弱和拥挤在一起的幼苗拔除。

（2）第二次间苗。待幼苗长至 4～5 片真叶时进行，选留叶片形状和颜色与本品种特性一致的幼苗，剔除杂苗。

（3）第三次间苗。在幼苗长具 5～6 片真叶时进行，苗间距应达到 10cm 左右。

直播的大白菜在团棵期定苗。每次间苗、定苗后应及时浇水，防止幼苗根系松动影响吸水而萎蔫。

2. 中耕除草 一般在封行前进行 2～3 次，特别是雨后需及时做好中耕，以满足大白菜根系好氧的特性，中耕时需注意前期深后期浅，离根部近的浅，离根部远的深。

3. 肥水管理

（1）水分管理。一般从播种到定苗要浇水 5～6 次，播种后 1 次，齐苗后 1 次，间苗 3 次，定苗 1 次。间苗后接着要浇水，使土壤与根系能紧密结合。幼苗期应掌握小水勤浇的原则，莲座期随生长量增大，形成大量的功能叶和 4～5 级根系，需要较多的水分。浇水的原则是土壤要见干见湿，结球的前中期生长量最大，是需水分最多的时期，要保持土壤湿润，此时缺水，则结球不良，一般每 5～7d 浇水 1 次。结球后期需水量减少，在收获前 5～7d 应停止浇水，以利于贮存。浇水应和追肥相结合，一般追肥后要紧接着浇透水 1 次，便于根系的吸收利用。幼苗期以浇为主，莲座期和结球期采用沟灌，沟灌要注意用跑马水，掌握水为畦高的 7 成，且不能过夜。

（2）肥料管理。

①幼苗期。一般每 5d 浇水 1 次稀薄肥水（10%～20%腐熟人粪尿或 0.2%尿素肥水）。

②莲座期。前期施 1 次重肥，每 667m² 可采用 15kg 尿素＋20kg 复合肥。

③结球期。一般在结球前期每 667m² 用 1～2t 腐熟人粪尿＋15kg 复合肥＋20kg 氯化钾。

大白菜还可以采用根外追肥，一般在莲座期和结球前期先后喷 3～5 次 0.5%～1%的尿素和磷酸二氢钾混合液，每次间隔 7～10d，在 16:00 以后无风天气喷施。

4. 束叶 为了减少大白菜收获时的机械损伤和避免叶球受冻害，可在采收前 10～15d 将外叶扶起，用稻草等在离叶球顶 10～15cm 处把外叶捆起。

（五）病虫害防治

1. 病害防治 大白菜生产中的病害主要有霜霉病、病毒病、软腐病、黑腐病等。

（1）大白菜霜霉病。主要危害叶片，病斑初呈淡绿色，渐变为黄色至黄褐色，多角形或不规则形，叶背面病斑上产生白色霜状霉层，病斑枯干呈暗褐色，以菌丝体在种株体内越冬，环境条件适宜便可萌发侵染寄主。孢子囊通过气流、风雨传播进行再侵染。低温高湿有利发病，春、秋季多雨（露、雾）或田间湿度大时，病害易流行。

防治措施：①选用抗病品种；②用种子质量的 0.3%的 25%甲霜灵可湿性粉剂拌种，进行种子消毒处理；③采用高畦栽培，合理密植，加强田间管理，降低田间湿度；④及时在叶面喷洒 72%霜脲·锰锌可湿性粉剂 800 倍液、72.2%霜霉威水剂 600～800 倍液或 52.5%噁唑菌酮 2 000 倍液交替用药，每隔 7～10d 喷 1 次，连喷 3 次。上述锰、锌的混剂可兼治黑斑病。在霜霉病、白斑病混发地区，可选用 60%乙膦铝或多菌灵可湿性粉剂 600 倍液。

（2）大白菜病毒病。大白菜的整个生长期均可受害。苗期，尤其 7 叶前是易感期。7 叶后受害明显减轻。受害心叶表现明脉或叶脉失绿，继而呈花叶及皱缩，重病株均矮化；莲座期发病叶皱缩，叶硬脆，常生许多褐色斑点，叶背主脉畸形，不能结球或结球松散；结球期发病较轻，叶片有坏死褐斑；开花期发病则抽薹迟，影响正常开花结实。病毒在田间十字花科蔬菜、菠菜、田间杂草上越冬或寄生。在幼苗期 7～8 叶前如遇高温干燥气候，则蚜虫大量发生，病毒易流行。

防治措施：①选用抗病品种；②重病区适当推迟播种，加强苗期水分管理；③在育苗时用防虫网或银灰色膜避蚜，及时用药剂防蚜；④发病初期叶面喷施 0.5%菇类蛋白多糖水剂（抗毒剂 1 号）300 倍液、1.5%十二烷基硫酸钠·硫酸铜·三十烷醇乳剂 1 000 倍液。20%盐酸吗啉胍可湿性粉剂 200 倍液或吗呱·乙酸铜可湿性粉剂 500 倍液等，每隔5～7d 喷 1 次，连续 2～3 次。

（3）大白菜软腐病。大白菜从莲座期至包心期发生，依病菌侵染部位不同，而表现不同的症状。如从根部伤口侵入，则破坏短缩茎的输导组织，造成根颈和叶柄基部呈黏滑湿状腐烂，外叶萎蔫脱落以至全株死亡；病菌由叶柄基部伤口侵入，病部呈水渍状，扩大后变为淡褐色软腐；病菌从叶缘或叶球顶端伤口侵入，引起腐烂。干燥条件下腐烂的病叶失水变干，呈薄纸状，腐烂处有恶臭是本病特征。田间病株和带菌的留种株、土壤、病残体是本病的初侵染源。病原细菌通过雨水灌溉水和昆虫传播。大白菜结球期低温多雨，植株伤口过多，则发病严重。多在包心期开始发病，病株由叶柄基部开始发病，病部初为水浸状半透明，后扩大为淡灰褐色湿腐，病组织黏滑，失水后表面下陷，常溢出污白色菌脓，并有恶臭，有时引起髓部腐烂。

防治措施：①种子灭菌，用 4%抗霉菌素 120（蔬菜专用型）200 倍液浸泡大白菜种子 10h，晾干后播种；②土壤消毒，用 40%土壤菌虫净（具有杀菌、灭虫和抗重茬三效合一的作用）与细土按 1∶20 的比例拌成药土，均匀撒施于整理好的墒面上，再播种；③作物生长期药剂防治，在发病前或发病初期喷喷洒杀菌剂，药剂有 72%硫酸链霉素 3 000 倍液、硫酸链霉素·土霉素 4 000 倍液或乙基大蒜素 500 倍液。喷药时应着重喷洒接近地面的叶柄及茎基部，对已开始发病的植株及其周围健株更应重点喷洒。一般每隔 6～7d 喷 1 次，连续喷 3～4 次。

（4）大白菜黑腐病。幼苗染病后子叶呈水渍状，根髓部变黑，幼苗枯死。成株染病引起叶斑或黑脉，叶斑多从叶缘向内扩展，形成 V 形黄褐色枯斑，病部叶脉坏死变黑；有时病菌沿脉向里扩张，形成大块黄褐色斑或网状黑脉。病原细菌随种子或病残体遗留在土壤中或采种株上越冬。大白菜生长期主要通过病株、肥料、风雨或农具等传播蔓延。

防治措施：①选用抗病品种，从无病田或无病株上采种，进行种子消毒；②适时播种，不宜播种过早，收获后及时清洁田园；③发病初期喷洒杀 72%硫酸链霉素可溶性粉剂、硫酸链霉素·土霉素 100～200mg/L 或 14%络氨铜水剂 350 倍液等，但对铜制剂敏感的品种须慎用。

2. 虫害防治 虫害有蚜虫、菜青虫、小菜蛾、斜纹夜蛾、黄曲条跳甲、小菜蛾等。蚜虫、跳甲，采用黄板诱杀、防虫网隔离，或选用 36%啶虫脒水分散粒剂 5 000～6 000 倍液喷雾防治；小菜蛾、斜纹夜蛾，选用 3.4%甲氨基阿维菌素苯甲酸盐微乳剂 2 500～3 000 倍液、5%氯虫苯甲酰胺悬浮剂 1 000 倍液或 0.5%依维菌素乳油 1 000 倍液喷雾。

（六）及时采收

外叶有 1/3 边缘枯焦，结球紧实为采收适期，要防止过迟采收导致脱帮、炸裂、腐烂或病害发生。每 667m^2 产量：50～70d 的早熟种 2.5～3t，80～90d 的中熟种 3.5～4t，100d 以上的晚熟种 4.5～5t。

拓展知识

大白菜的先期抽薹

大白菜缺素症及其防治方法

大白菜产品分级标准

小白菜生产简介

任务二 结球甘蓝生产

任务资讯

结球甘蓝为十字花科芸薹属甘蓝种中顶芽或腋芽能形成叶球的一个变种，又称为卷心菜、包心菜、包菜、洋白菜、圆白菜、莲花白、椰菜等，原产于地中海至北海沿岸，是由不结球的野生甘蓝演化而来的。结球甘蓝栽培历史悠久，是我国南北各地普遍栽培的大宗蔬菜之一。

一、结球甘蓝的植物学特征

1. 根 结球甘蓝为须根系，根系发达，但入土不深，主要分布在30cm深的土层中，横向伸展半径可达80cm，因此不耐干旱。根系的再生能力强，适宜育苗移栽，同时容易发生不定根，可用腋芽扦插法繁殖。

2. 茎 营养生长期结球甘蓝的茎短缩，短缩茎有在叶球外着生外叶的外短缩茎和叶球内着生球叶的内短缩茎之分，内短缩茎也叫中心柱，内短缩茎越短，叶球抱合越紧实，冬性也强。植株通过春化后抽生花茎，花茎高大，可生分枝，主侧枝上形成花序。

3. 叶 结球甘蓝的叶的形态因生长时期不同有显著的变化。子叶呈肾形，基生叶呈瓢形，随后发生的叶片逐渐加大，呈卵圆或圆形。初生叶与幼苗叶有明显的叶柄，莲座叶叶柄逐渐消失，叶面有灰白色蜡粉。球叶为黄白色或绿白色，有圆球形、圆锥形、扁圆形。花茎上的茎生叶小，心形，无叶柄或叶柄很短。

4. 花 结球甘蓝的花为复总状花序，淡黄色，完全花，异花授粉，自交常产生自交不亲和现象，单株有效花期30～40d。

5. 果实和种子 结球甘蓝的果实为长角果，圆柱形，表面光滑，内有膈膜，种子着生在膈膜两侧，授粉后40～55d种子成熟。种子为红褐色或黑褐色，圆球形，无光泽，近种脐处有双沟，千粒重3.3～4.5g。种子一般使用年限为2～3年。

二、结球甘蓝生长发育对环境条件的要求

1. 温度 结球甘蓝的适应性比大白菜强，喜温和冷凉的气候，不耐炎热，对温度的要求一般以15～25℃为最适宜，但在各个生长时期而有所不同。种子的发芽适温为18～25℃，适温下2～3d即可出苗。健壮的幼苗能耐较长时间－2～－1℃及短期－5～－3℃的低温，经低温锻炼的幼苗可耐极短期－10～－8℃的严寒，对25～30℃的高温，幼苗也有一定的适应能力。20～25℃时适宜外叶生长，结球期适温为15～20℃，温度高于25℃，叶球松散，品质、产量下降。成熟叶球能耐短期－5℃左右的低温。抽薹开花要求较高的温度。

结球甘蓝为绿体春化型蔬菜，幼苗需要长到一定大小，如早熟品种具有3片叶、茎粗0.6cm以上，中晚熟品种具有6片叶、茎粗0.8cm以上，才能感受低温通过春化。春化的适宜温度为10℃以下的低温，以2～5℃完成春化最快。不同的结球甘蓝品种，通过春化对低温的要求及所需的低温时间存在一定的差异，一般早熟品种要求的温度高、范围宽，中、晚熟品种则相反。春化要求的低温时间，早熟品种为30～40d，中熟品种为40～60d，晚熟品种为60～90d。在适宜的温度范围内，温度越低，通过春化需要的时间越短。

2. 光照 结球甘蓝是喜光蔬菜，光饱和点为4万lx，光补偿点2klx。在光照不足的条件下，幼苗期表现为茎部伸长，成为高脚苗，莲座期表现为基部叶萎黄，提早脱落，新叶继续散开，结球延迟。因此在育苗和定植时，密度不宜过大，以防止光照不足。结球甘蓝为长日照植物，植株在长日照条件下抽薹开花。

3. 水分 结球甘蓝根系较浅，叶片蒸腾量大，因而对土壤水分要求严格，不耐干旱，适宜的土壤相对湿度为70%～80%，空气相对湿度为80%～90%。空气干燥、土壤干旱时植株生长缓慢，影响结球。

4. 土壤与营养 结球甘蓝对土壤的适应性较强，从沙壤土到黏壤土均能种植，并有一定

的耐盐碱能力，但以疏松透气，保肥保水力强，pH5.5～6.5的中性及微酸性壤土最为适宜。

结球甘蓝较耐肥，且需肥量大，幼苗期、莲座期需氮素较多，结球期钾、磷需求量相对增加，其施肥比例是N：P：K=3：1：4。如果氮肥多，而配合的磷、钾肥适当，则净菜率高。缺钙易发生干烧心。

三、结球甘蓝的生长发育周期

结球甘蓝第一年完成营养生长，形成叶球，经冬季低温通过春化后，翌年在春、夏季长日照和适温条件下抽薹、开花、结籽，完成生殖生长。

1. 营养生长时期

（1）发芽期。从种子萌动到第一对真叶显露，在适温下需8～10d。

（2）幼苗期。从第一对真叶显露到第一个叶环的叶片全部展开（俗称团棵），夏、秋季需30d左右，冬、春季需50d左右。

（3）莲座期。从团棵到开始包心，展开15～24片叶，早熟种需20～25d，中晚熟种需30～40d。莲座叶数一般早熟品种为15～20片，中熟品种为20～30片，晚熟品种为30片以上。

（4）结球期。从开始包心到叶球形成，早熟品种需20～25d，中、晚熟品种需30～35d。球叶数因品种而异，早熟品种为30～50片，中熟品种为50～70片，晚熟品种需70片以上。

2. 生殖生长时期

（1）抽薹期。从春季种植定植到花茎长出为抽薹期，一般需25～30d。

（2）开花期。从始花到全株花落为开花期，一般需30～35d。

（3）结荚期。从花落到荚果成熟为结荚期，一般需30～40d。

相关链接

（一）结球甘蓝的类型与品种

结球甘蓝按叶片特征可以分为普通甘蓝、皱叶甘蓝和紫叶甘蓝3种，普通甘蓝依叶球形状及成熟早晚的不同，可分为以下3个基本生态类型。

1. 平头型 叶球顶部扁平，整个叶球成扁圆形。从定植到采收需70～100d，多为中熟或晚熟品种。如夏光、京丰1号等。

2. 圆头型 叶球顶部圆形，整个叶球成圆球形或高圆球形。从定植到采收需50～70d，多为早熟或早中熟品种。植株中等大小，结球紧实，球形整齐，品质好，成熟期较集中，冬性弱，春季栽培易先期抽薹。如中甘11、中甘12等。

3. 尖头型 植株较小，叶球顶部尖形，整个叶球如心脏形，小型者称鸡心，大型者称牛心。从定植到叶球初次收获需50～70d，多为早熟或中熟品种，适宜春季栽培。如绿锋、上海大牛心、鸡心等。

（二）结球甘蓝的栽培季节和方式

1. 春季栽培 10月上中旬或11月中下旬育苗，11月中下旬或翌年2月中旬至3月上旬定植，4月中旬至5月中旬或6月中旬至7月上旬采收。

2. 夏季栽培 5月上旬至6月上旬育苗，6月下旬至7月中旬定植，8—9月采收。

3. 秋冬栽培 6月下旬至8月中旬育苗，8月上旬至9月上旬或9月下旬至10月上旬定植，10月中旬至翌年4月中旬采收。

计划决策

以小组为单位，获取结球甘蓝生产的相关信息后，研讨并获取工作过程、工具清单、材料清单，了解安全措施，填入工作任务单（表7-5、表7-6、表7-7），制订结球甘蓝生产方案。

（一）材料计划

表7-5 结球甘蓝生产所需材料单

序 号	材料名称	规格型号	数 量

（二）工具使用

表7-6 结球甘蓝生产所需工具单

序 号	工具名称	规格型号	数 量

（三）人员分工

表7-7 结球甘蓝生产所需人员分工名单

序 号	人员姓名	任务分工

（四）生产方案制订

（1）结球甘蓝品种与种植制度。结球甘蓝品种、种植面积、种植方式（间作、套种、是否换茬等）。

（2）所需的农业生产资料。种子、肥料、农药、地膜、生产工具等。

（3）田间生产的具体内容制订。田间生产方案的内容包括结球甘蓝从种到收的全过程，具体包括以下几方面的内容。

①整地作畦。整地的时间、质量，作畦的规格、所用工具、工作顺序等。

②种子处理。按照种子特性，结合当地生产情况，确定播种前种子处理措施。

③播种。确定播种时间、播种密度、播种量、播种方式及所用生产资料的准备。

④田间管理。肥水管理、环境调控、植株调整、花果期调控。

⑤病虫草害防治。病虫害诊断、防治时期、防治方法、药品名称、药剂类型、药品用量、施用方法、所用工具等。

⑥采收。收获田块面积、产量、收获时期、收获方法、使用工具。

（4）资金预算。土地、设施租金，农资费用，劳动力费用，管理费用等。

（5）讨论、修改、确定生产方案。

（6）购买种子、肥料等农资。

组织实施

以小组的形式在学习工作单的引导下，完成专业知识学习，开展结球甘蓝秋冬生产演练，并记录实施过程中出现的特殊情况或调整情况。

（一）播种育苗

甘蓝前期生长缓慢，根系再生力强，适宜育苗移栽。6—7 月正值南方的高温季节，此期播种，不但阳光剧烈，温度高，并且还出现阵雨或暴雨，给秋冬甘蓝的育苗工作带来困难。因此，必须采取降温、防暴雨的措施，以保证培育壮苗。可应用遮阳网进行遮阳育苗，改土壤苗床直播育苗为营养钵或穴盘育苗。

1. 苗床设置 育苗场地宜选地势高燥、排灌方便、通风良好、土质疏松肥沃的地块，前茬应为非同科的蔬菜作物。土地要翻晒，施足充分腐熟的堆肥作基肥，切忌施用未腐熟的有机肥。

2. 设置凉棚 采用小拱棚或大棚进行覆盖遮阳网育苗。小拱棚覆盖遮阳网时，应在四周留出距地面 20～30cm 的空隙，使四周能通风。

3. 播种 采用 132 穴的育苗盘，将人工基质填入盘内，基质可用草炭、蛭石、砻糠灰、食用菌培养下脚料等，在每个孔穴中播种。

4. 浇水 为了防止播种后浇水对种子发芽出土的不良影响，可采用播种前灌水抢墒播种的方法。幼苗出土后，灌水量不可过多，对初出土的幼苗，每天浇水 1 次，以后隔天浇水 1 次。当幼苗具 3 片真叶，苗高 5cm 后，减少浇水次数。夏日浇水宜选天凉、地凉、水凉时进行。雨后苗床湿度过大时，可撒干土吸湿。凉棚育苗要避免床内湿度过大，以免引起幼苗徒长，甚至出现倒苗的不良现象。

5. 间苗 不分苗假植的，一般分 3 次间苗，以除去密苗、弱苗、劣苗为原则。最后 1 次间苗，按 6～7cm 的株行距留良苗 1 株。用营养钵或营养土块播种的，每钵（块）留良苗 1 株。壮苗的标准是子叶平展，基生叶对称而舒展，节间短，茎粗壮，叶片近圆形无缺刻，叶柄短，未受病虫危害等。第二、第三次间苗后，结合浇水施清水粪提苗，以后按幼苗生长情况和需要追肥。

（二）整地与施基肥

结球甘蓝怕涝，要求排水良好，宜采用窄高畦栽培。一般畦宽（连沟）1.4～1.5m，沟宽 30～40cm，畦高 20～25cm。结球甘蓝对三要素的吸收量以钾最多，氮次之，磷最少。每 667m^2 田块宜施腐熟有机肥 1.5～2t 作基肥。

（三）及时定植

当甘蓝苗具有 7～8 片真叶时要及时定植。定植过早，大田幼苗生长期长，不利于管理；定植过晚，幼苗老化，不利于高产稳产。定植时，适宜苗龄为 40d 左右，气温高，苗龄短，气温低，苗龄长。栽植距离因品种而异，尖头和圆头型品种可采用行距 60～70cm、株距 30～40cm；京丰 1 号等平头品种宜采用行距 80～90cm、株距 50～60cm。

(四) 田间管理

秋冬甘蓝要求养料足，追肥的重点是莲座叶生长的盛期和结球的前期和中期。追肥一般分 5 次进行：第一次在幼苗定植后新根发生时施提苗肥，用量较少，一般用稀薄的无害化粪肥；在莲座叶生长的初期，进行第二次追肥，提高肥料的用量和浓度，一般用稀释的无害化粪肥加氮肥；第三次于莲座叶生长盛期，在行间开沟，将有机肥料和氮、磷、钾化肥混合，施后封土灌水；在结球前期和中期再追肥两次，在结球后期一般停止追肥。在肥料的总用量上，要以氮、钾肥料为主，适当配合磷肥，一般每 667m^2 用无害化粪肥 1.5～2t、有机复合肥 50～75kg。

灌水结合进行追肥。在定植后气温高、降水量少的时期，要定期灌水。结球甘蓝喜湿，但也忌渍，每次灌水后须立即排除沟内余水，防止浸泡时间过长，发生沤根。叶球生长完成后，停止灌水，以防叶球开裂。

从定植到植株封行前，需进行 2～3 次中耕除草。原则是大雨或灌水后适时中耕除草以防土表板结或杂草滋生，中耕除草时须进行培土。

(五) 病虫害防治

1. 病害防治 结球甘蓝的主要病害有黑腐病和软腐病。在做好农业防治的同时，可选用 47%春雷·王铜可湿性粉剂 600～800 倍液、72%硫酸链霉素可溶性粉剂 4 000～5 000 倍液喷雾防治。

2. 虫害防治 结球甘蓝的主要虫害为菜青虫、小菜蛾、蚜虫等。在采用防虫网、杀虫灯、性诱剂、黄板等绿色防控技术的同时，菜青虫、小菜蛾可选用 5%氯虫苯甲酰胺悬浮剂 1 000 倍液、2.2%甲氨基阿维菌素苯甲酸盐微乳剂 2 500～3 000 倍液等农药防治；蚜虫可用 36%啶虫脒水分散粒剂 5 000～6 000 倍液等防治。

(六) 采收

一般说来，当叶球达到紧实时，即可采收，以免发生叶球破裂，被雨水侵袭或冻伤而引起腐烂，影响产量和品质。一般每 667m^2 可收叶球 3～4t，高产的可达 5～7.5t。

拓展知识

结球甘蓝产品分级标准

春、夏甘蓝栽培技术

紫甘蓝、抱子甘蓝简介

任务三 花椰菜生产

任务资讯

花椰菜是十字花科芸薹属甘蓝种中以花球为产品的一个变种，一年或二年生草本植物，又称为花菜、菜花，起源于地中海东部沿岸，19 世纪中叶传入我国南方地区，现在全国各地均有栽培。花椰菜极富营养，且风味独特，对丰富蔬菜花色品种起到了重要的作用。

一、花椰菜的植物学特征

1. 根 花椰菜的主根粗大，须根发达，主要根群分布于30cm表层土壤中。根系再生能力较强，故适合育苗移栽。

2. 茎 营养生长期茎短缩，较结球甘蓝粗，在形成花球前，茎上端增粗，暂时贮藏养分，茎上腋芽不萌发，阶段发育完成后抽生花茎，花茎形成若干分枝。

3. 叶 花椰菜的叶阔披针形或长卵形，营养生长期具叶柄，并有裂片，叶色浅蓝绿，表面具有蜡粉，显球时心叶自然向内卷曲，可保护花球免受日光直射变色或受霜害，一般的片叶构成莲座叶丛。叶在茎上的排列从第一片真叶着生起为3叶1层、5叶1轮的左旋形式排列。每片叶与茎轴的角度约为45°开张。从第一片真叶至叶球旁的心叶止，总共可生长30～40片叶，其大小形成两个相反方向梯度。从第一片真叶开始，叶片逐个更新扩大叶面积，近底层的叶片易于脱落，一般只有20余片成长叶形成营养叶簇。花椰菜叶簇是制造营养的器官，花球是营养贮藏器官。花球的大小与增长速度和营养同化器官的大小功能有密切关系。据报道，花球质量与叶质量、茎径呈正相关。

4. 花球 花椰菜的花球由肥嫩的花薹（主轴）、花枝和花序原基聚合而成。花球球面呈左旋辐射轮纹排列，轮数为5，正常花球呈半球形，表面呈颗粒状，质地致密。花器形成后，花球发展成为养分的贮藏器官。

花椰菜的花为复总状花序，完全花，花萼绿或黄绿色，花冠淡黄或黄色，4强雄蕊，子房上位，异花授粉，虫媒花。

5. 果实和种子 花椰菜的果实为长角果，先端喙状，成熟后爆裂，每个角果含十余粒种子，能单性结实。种子千粒重3～3.5g。

二、花椰菜生长发育对环境条件的要求

1. 温度 花椰菜属于半耐寒性蔬菜，喜冷凉气候，忌炎热又不耐霜冻，生长适温度12～13℃，但不同生育期对温度的要求不同，发芽适温为25℃左右，低限温度为2～3℃；幼苗期生长适温为20～25℃；莲座期生长适温为15～20℃，花球形成期适温为17～18℃，8℃以下花球生长缓慢，0℃以下花球易受冻，25℃以上花球形成受阻，花球易松散且细小。开花结荚期适温与花球形成期相似，温度高于25℃或过低时，影响正常授粉、受精，形成空荚。

花椰菜是绿体春化型植物，冬性的强弱品种之间差异较大，早熟品种冬性弱，晚熟品种冬性较强，对春化条件要求较严格。一般当茎径在6～8mm，可感应低温而春化。实践证明，早熟品种在适宜植株生长的条件下，花球也能形成及抽薹开花，如40d及60d花椰菜，许多地区均在夏季播种，初秋采收花球，这时的气温在20～25℃，但是如延至秋播极易产生早花现象。

2. 光照 花椰菜要求中等强度的光照，光补偿点为43.0μmol/(m^2·s)，饱和光强为1 095.0μmol/(m^2·s)，同时具有耐阴的特性。强光易使花球变黄，影响品质，所以应采取措施对花球适当遮阳。花椰菜属于低温长日照植物，但日照长短的影响不如低温影响那么明显，且品种之间有一定的差异。

3. 水分 花椰菜生长要求湿润的环境，耐旱、耐涝的能力较弱。在叶丛和花球形成过

程中要求水分充足，若炎热干燥，则叶小，生长不良，会提前显球，影响花球产量和品质。但花球形成期如果水分过多，会引起花球松散、花枝霉烂及沤根。

4. 土壤与营养 花椰菜对土壤的要求比结球甘蓝要严格，要求土壤疏松肥沃、土层深厚、排水便利、有机质含量高、保水保肥的壤土或轻沙壤土，最适土壤酸碱度为pH6.0～6.7。花椰菜喜肥耐肥，整个生长期需肥较多，前期营养生长需氮肥多，花球形成期氮、磷、钾肥应均衡供应。花椰菜对硼、钼、镁等微量元素很敏感，缺硼时生长点萎缩，叶缘卷曲，花茎中空或开裂，花球变锈褐色，味苦；缺钼时叶畸形，呈酒杯状或鞭状卷曲，生长迟缓；缺镁时叶变黄。

三、花椰菜的生长发育周期

花椰菜的生育周期与结球甘蓝相似，包括以下几个时期。

1. 发芽期 从种子萌动到子叶展开、真叶显露为发芽期，需5～7d。

2. 幼苗期 从真叶显露到第5～8片叶即第一叶序展开为幼苗期，早春约需60d，夏、秋约需30d，冬季约需80d。

3. 莲座期 从第一叶序完全展开到莲座叶全部展开为莲座期，需20～80d，所需时间长短因季节而异。

4. 花球形成期 从始现花球到花球长成采收为花球形成期，需20～25d，所需时间长短因品种、栽培季节而异。

5. 抽薹开花结荚期 从花茎伸长经开花到角果成熟为抽薹开花结荚期，所需时间长短因品种而异。

相关链接

（一）花椰菜的类型

花椰菜按花球质地的松散度可分为硬花（质地紧实）、散花（质地松散）及半散花（半硬花）等3种。根据花椰菜成熟期的迟早可分为早、中、晚熟3种类型。

1. 早熟品种 从定植至初收花球需40～60d的为早熟品种。植株一般较矮小；叶较小而狭长，色蓝绿，蜡粉较多；花球较小；植株较能耐热，但冬性弱；在长江流域及华南地区播种期以6月底至7月中旬为适宜。常见品种有白峰、庆农60天、庆农65天、庆农70天、华美65天、喜美60天等。

2. 中熟品种 从定植至初收花球需80～90d的为中熟品种。植株较早熟，品种高大，花球较大，紧实，品质好，产量较高；植株较耐热，冬性较强；长江流域一般于7月中旬至8月上旬播种，华南地区播种期在8月至9月上旬，为秋冬蔬菜。主要品种有文兴90天、庆农80天、超级雪王80天等。

3. 晚熟品种 从定植至初收花球需100d以上者为晚熟品种。一般植株高大，生长势强；叶片多宽阔，叶色较浓；花球大而致密；植株耐寒力强，冬性强，一般需经一段冷凉气温后始见花球；在长江流域及华南地区一般于8—9月播种，也有迟至10月上旬播种者，作为春花菜栽培。主要品种有庆农100天、庆农120天等。

（二）花椰菜的品种

1. 浙017 由浙江省农业科学院蔬菜研究所选育。属松散型品种，中早熟，定植至采收

65d左右；叶片长椭圆形，叶缘波状，植株部分叶片具叶翼，叶色深绿，蜡粉厚，株型紧凑，植株较直立，株高和开展度分别为50cm和70cm×70cm左右；花球扁平圆形、乳白，花梗淡绿，花球直径23cm左右，单球约1.2kg，适合鲜食和脱水加工；每667m^{2}产量2.6t。

2. 新花80天 由浙江省温州神鹿种业有限公司选育。株型较直立，株高57cm，植株开展度86.6cm×84.3cm；外叶21片左右，长椭圆形，叶缘锯齿浅，叶尖钝圆，叶色深绿，叶面蜡粉中等，内叶拧转，护球性好；花球紧实、洁白，半球形，单球约1.8kg，商品性优；从定植到始收85d左右，每667m^{2}产量3t。

（三）花椰菜的栽培季节

利用花椰菜早、中、晚熟品种花芽分化对低温要求不一样的特性，可排开播种，基本可做到周年供应。

1. 春花椰菜栽培 长江中下游地区春花椰菜于11月下旬至12月上旬于阳畦内播种育苗，2月下旬至3月上旬定植于露地，5月上旬至6月采收。采用地膜加小拱棚栽培，采收期可提前1个月左右。

2. 夏花椰菜栽培 在6月上旬至6月下旬采取遮阳网育苗，7月上旬至下旬定植，采收期在9月上旬至10月上旬，少数可提早到8月下旬采收，单产较低。

3. 秋花椰菜栽培 选用生育期在80～100d的中熟品种，80天品种在7月上旬至8月上旬采用遮阳网育苗，8月上旬至9月上旬定植，11—12月采收。

4. 冬花椰菜栽培 冬花椰菜120天品种于6月下旬至7月上旬遮阳网下播种育苗。8月上中旬定植于露地，12月至翌年2月采收；冬花椰菜240天品种7月下旬播种，9月上旬至下旬定植，4月上旬至5月上旬采收。

计划决策

以小组为单位，获取花椰菜生产的相关信息后，研讨并获取工作过程、工具清单、材料清单，了解安全措施，填入工作任务单（表7-8、表7-9、表7-10），制订花椰菜生产方案。

（一）材料计划

表7-8 花椰菜生产所需材料单

序　号	材料名称	规格型号	数　量

（二）工具使用

表7-9 花椰菜生产所需工具单

序　号	工具名称	规格型号	数　量

（三）人员分工

表 7-10 花椰菜生产所需人员分工名单

序 号	人员姓名	任务分工

（四）生产方案制订

（1）花椰菜品种与种植制度。花椰菜品种、种植面积、种植方式（间作、套种、是否换茬等）。

（2）所需的农业生产资料。种子、肥料、农药、地膜、生产工具等。

（3）田间生产的具体内容制订。田间生产方案的内容包括花椰菜从种到收的全过程，具体包括以下几方面的内容。

①整地作畦。整地的时间、质量，作畦的规格、所用工具、工作顺序等。

②种子处理。按照种子特性，结合当地生产情况，确定播种前种子处理措施。

③播种。确定播种时间、播种密度、播种量、播种方式及所用生产资料的准备。

④田间管理。肥水管理、环境调控、植株调整、花果期调控。

⑤病虫草害防治。病虫害诊断、防治时期、防治方法、药品名称、药剂类型、药品用量、施用方法、所用工具等。

⑥采收。收获田块面积、产量、收获时期、收获方法、使用工具。

（4）资金预算。土地、设施租金，农资费用，劳动力费用，管理费用等。

（5）讨论、修改、确定生产方案。

（6）购买种子、肥料等农资。

组织实施

以小组的形式在学习工作单的引导下，完成专业知识学习，开展花椰菜生产演练，并记录实施过程中出现的特殊情况或调整情况。

（一）整地作畦、施基肥

1. 整地作畦 要求选择排水良好、疏松肥沃的土壤，忌积水。夏秋与春季雨水多，宜采用 1～1.2m 宽的高畦，每畦种 2 行；冬季雨水少，可做 1.5～2m 的宽畦，每畦种 3 行。

2. 施肥 早熟品种生长期短，基肥应以速效性氮肥为主。中晚熟品种基肥应以厩肥并配合磷、钾肥料施用。每 667m^2 田块施厩肥 2.5～5t 或有机复合肥 300kg。花椰菜对硼、钼等微量元素十分敏感。缺硼时常引起花轴中心内部空洞，严重时花球变锈褐色，味苦，留种株的花枝不易松散，每 667m^2 田块可用硼砂或硼酸 50g 左右配成水溶液施于定植穴中。植株缺钼时表现为新叶成鞭状，或叶片缺绿，花蕾发育不良，每 667m^2 田块可用钼酸铵或钼酸钠 10g 左右配成水溶液施于定植穴。植株缺镁时会出现叶脉间黄化，用钙镁磷肥作基肥可以避免黄化。

（二）播种育苗

1. 品种选择

（1）早熟品种。从定植到开始采收花球需 40～60d，代表品种有雪峰、白峰、夏雪 40、夏雪 50、祁连白雪、申花 4 号。

（2）中熟品种。从定植到始收花球需 70～90d，代表品种有申花 6 号、厦花 80 天、龙丰特大 80 天。

（3）晚熟品种。定植后 90d 以上开始采收花球，代表品种有申花 5 号，神龙特大 180 天、220 天、240 天，一代神良 120 天等。

2. 育苗 由于花椰菜种子用量较少，所以育苗技术要精细些。夏季和秋初天气炎热，又多阵雨，应选择地势稍高、午后无烈日照射而通风凉爽之处作苗床，或于苗床上设置荫棚降温防雨。秋、冬季育苗因气温逐渐转凉，可选温暖避风之处作苗床。

播种通常采用撒播，夏季播种宜适当稀些。苗期为 30～60d，每 667m^2 播种量为 20～30g。育苗期要注意遮阳、挡雨，干燥时要经常浇水，幼苗具 3～4 片真叶时进行假植。如果条件适宜，播种后 2～3d 就出苗，5～6 片真叶时便可定植。

（三）定植

花椰菜定植的营养面积因品种而异。早熟品种通常在 1.5～2m（连沟）宽畦种 3 行，而 1～1.2m 宽畦种 2 行，其株距 30～40cm，每 667m^2 田块栽 2 500～3 000 株；中熟品种一般在 1～1.2m 宽畦种 2 行，株距 40～50cm，每 667m^2 田块栽 2 000～2 300 株；晚熟品种株距 50～60cm，每 667m^2 田块栽 1 600～1 800 株。

（四）田间管理

1. 水肥管理 早熟品种生长期短，而且一般是在高温条件下种植，对水肥要求迫切，因此应用速效性肥料分期勤施。中熟品种在叶簇生长时期，也应用速效肥料分期勤施；在花球形成时期，气温正适宜于生长发育，应当加重施肥量以促进叶和花球的生长。越冬生长的春花椰菜，在叶簇生长时期，应根据气候情况，注意水、肥管理，促进叶簇生长，为花球的早熟高产打好基础。在花椰菜临近结花球时，靠花球的一层叶片色泽较浅或蜡粉明显，这是花球发生的标志，应抓紧施 1～2 次速效肥，能明显地提高花椰菜的产量，并能促进成熟。

花椰菜在各个生长时期都应以氮肥为主，当进入花球形成期，应适当增施磷、钾肥料。一般早熟品种每 667m^2 田块用腐熟的粪肥 1.3～2t 或三元复合肥 50kg，中晚熟品种在早熟品种的基础上适当增加钾肥和氮肥的用量。硼和钼对花球形成有重要作用，在植株生长期间可用 0.1%～0.2%的硼砂和钼酸铵喷雾进行根外追肥。

花椰菜喜湿润，在全部生长过程中需要水分较多，叶簇旺盛生长和花球形成时期，是水分临界期，如不能及时满足其对水的需求，往往影响花球长大。因此，在高温久旱时，必须及时灌水，及时将余水排除，以免浸泡时间过长，引起沤根现象。春花椰菜一般不需灌水，在雨多的地区，需加强排水防渍。

2. 中耕除草 定植后 7～10d，进行中耕松土，近苗处宜浅，远苗处宜深，拔除杂草，也可用除草剂喷施。每次雨后应进行松土，植株封行前进行最后一次浅中耕、培土。

3. 培土及病虫害防治 参考结球甘蓝。

4. 盖花 是保证花椰菜品质的技术之一，一般在花球露出时进行。盖花的方法是当花球直径 5cm 时，可折弯外叶覆盖花球。

（五）采收

早熟品种在气温比较高时，花球形成快，20d 左右便可采收。中晚熟品种，在晚秋和冬季常需 1 个月左右，而晚熟品种在春季自现花球到采收需 20d 以上。

采收的标准是花球充分长大，表面圆正，边缘尚未散开。采收时，在花球下带几个叶片同时割下，这样可以保护花球，以便于包装运输。花椰菜的产量因品种和栽培季节、管理水平而异。一般早熟品种每 667m² 田块产量 750～1 500kg，中晚熟品种 2.5t 左右，高产的达 4t 以上。

拓展知识

花椰菜产品分级标准

西蓝花、松花菜、芥蓝简介

花椰菜花球产生异常现象原因及预防措施

任务四　茎用芥菜生产

任务资讯

芥菜类蔬菜是十字花科芸薹属芥菜种中的栽培种群，包括叶用芥菜、茎用芥菜、芽用芥菜、根用芥菜、薹用芥菜、芥子菜等变种，食用部分为叶、茎、根、花薹等，除供鲜食外，还是加工的主要蔬菜，著名的有四川的涪陵榨菜、宜宾芽菜、南充冬菜，浙江的雪里蕻、霉干菜，广东潮州的咸菜，福建的糟菜，云南昆明的大头菜，贵州独山咸酸菜。芥菜含有的葡萄糖甙，经水解后产生有挥发性的芥子油，具有特殊的辛辣味，并含有丰富的维生素、蛋白质、糖类和矿物质，芥菜里的蛋白质经腌制后水解产生大量的氨基酸，使加工后的产品香气横溢，滋味鲜美，深受民众的喜爱。

中国的芥菜现分为根芥、茎芥、叶芥、薹芥四大类，共有 16 个变种，具体分类的如下：

1. 主根肥大的肉质 ………………………………………………………… 大头芥
1. 主根不肥大肉质
  2. 茎肥大肉质
    3. 茎上侧芽肥大肉质 ………………………………………………… 抱子芥
    3. 茎上侧芽不肥大肉质
      4. 茎膨大呈棒状，茎上无明显的凸起物，形似莴笋 ……………… 笋子芥
      4. 茎膨大呈瘤状，茎上叶基外侧有明显的瘤状凸起 3～5 个 …………… 茎瘤芥
  2. 茎不肥大肉质
      5. 顶芽和侧芽抽薹早，花茎肥大肉质 ……………………………… 薹芥
      5. 顶芽和侧芽抽薹迟，花茎不肥大肉质

6. 营养生长期短缩茎上侧芽萌发成多数分蘖 …………………………… 分蘖芥
6. 营养生长期短缩茎上侧芽不萌发成分蘖
7. 叶宽大，叶柄短而阔
8. 叶柄或中肋上有瘤状突起 …………………………………………… 叶瘤芥
8. 叶柄或中肋上无瘤状突起
9. 叶柄和中肋宽大，叶柄横断面呈扁弧形
10. 心叶叠抱成球状 …………………………………………………… 结球芥
10. 心叶不叠抱成球状
11. 叶柄和中肋合抱，心叶外露 ………………………………… 卷心芥
11. 叶柄和中肋不合抱 …………………………………………… 宽柄芥
9. 叶柄较阔，中肋不宽大，叶柄横断面呈弧形 …………………… 大叶芥
7. 叶较小，叶柄长而窄
12. 叶片狭长，叶柄横断面近圆形
13. 叶缘深裂或全裂成多回重叠的细羽丝，状如花朵 … 花叶芥
13. 叶缘全缘 …………………………………………………… 凤尾芥
12. 叶片较短圆，叶柄横断面呈半圆形
14. 叶柄较叶片长，叶片呈阔卵形或扇形，掌状网脉…… 长柄芥
14. 叶柄较叶片短，叶片呈椭圆形或倒卵形，羽状网脉
15. 花较小，花瓣呈黄色 ……………………………… 小叶芥
15. 花较大，花瓣呈乳白色 …………………………… 白花芥

芥菜类蔬菜均为直根系，主根较细，主根群分布在30cm的土层中，根用芥菜主根特别肥大，成为食用的肉质根；茎用芥菜茎部肥大，有瘤状突起，抱子芥肥大茎上的腋芽特别发达，肥大的腋芽连肉质茎成为主食部分；包心芥菜叶片包心结球，叶柄基部肥大。花比白菜、甘蓝略小，但自花结实率较高，各变种之间可相互杂交。种子圆球形，红褐色或暗褐色，千粒重1g左右。

茎用芥菜又名青菜头、菜头，以肥大的肉质茎供食。茎用芥菜有茎瘤芥、笋子芥和抱子芥3个变种。茎瘤芥的腌制加工成品称为榨菜。茎用芥菜是普通芥菜在四川盆地分化而成的一个变种，其主产区为重庆和浙江，我国南方许多省市也有引种栽培。

一、茎用芥菜的植物学特征

1. 根 茎用芥菜为直根系，主根可入土30cm，侧根和须根范围较大，主要分布在0～30cm的土层内。

2. 茎 茎用芥菜的茎在幼苗期为短缩茎，有不明显的节，上生叶片，并具腋芽。进入莲座期后，在第二、第三叶序环茎伸长、膨大，并在节间形成瘤状突起。它的3个变种——茎瘤芥、笋子芥及抱子芥的形态各异，但其茎部均膨大形成肉质茎。

3. 叶 茎用芥菜出苗后，首先发生两片子叶，其后发生的两片基生叶与子叶形成“十”字形，真叶互生，一般每5片叶形成一个叶环，叶序为2/5，叶环数的多少与品种和播种期有关，以第二至第三叶环为主要功能叶。叶片有多种形状，如全碎叶、半碎叶、椭圆叶、倒卵叶等，有绿、深绿、紫红等多种颜色。

4. 花、果实、种子 茎用芥菜的花为复总状花序，典型十字花，花冠黄色，单株花数可达 2 000 朵以上；开花时间为 4:00—18:00，授粉最佳时间为 10:00—16:00。自交结实率高，各品种间可杂交。果实为长角果，每果实内有种子 10～20 粒。种子圆球形，红褐、暗红或红色，千粒重 1g 左右。

二、茎用芥菜生长发育对环境条件的要求

1. 温度 茎用芥菜喜冷凉湿润的环境，不耐霜冻、炎热。茎用芥菜生长适温为 15～25℃，其中苗期对温度的适应范围较广，较耐热和耐寒，适温为 20～25℃；瘤茎膨大期最适温度为 8～13.6℃，0℃以下肉质茎易受冻害；花芽分化的适宜气温为 20℃左右；现蕾、抽薹开花的最适宜的旬平均气温为 20～25℃。

2. 光照 茎用芥菜对日照要求不高，但光照时数对其生长发育有一定的影响。在温度低、日照较短，特别是昼夜温差大的环境下，更有利于养分转运贮藏而形成肥大的肉质茎。日照太长，不利于瘤状茎膨大。温暖的长日照条件有利于现蕾、抽薹、开花、结实。

3. 水分 茎用芥菜喜湿润环境，对水分总量要求不高，但较严格。根系入土浅，不耐干旱也不耐涝，要求土壤排水良好，保持土壤的湿润。水分过少会影响根系和植株营养生长，还会使蚜虫增多，不利于抑制病毒病。同时，也会影响品质，增加瘤茎的纤维，使之不适合加工；水分过多又会使植株生长柔弱，软腐病加重。

4. 土壤与营养 茎用芥菜宜选保水保肥力强、便于排灌的壤土。对土壤养分要求较高，3 种肥料的效应为氮＞钾＞磷，施肥的最佳组合为：氮 386kg/hm^2、磷 34kg/hm^2、钾 106kg/hm^2，但不能偏施氮肥，以防徒长和瘤状茎空心，肉质茎膨大对钙、镁、硫、硼、铁等也有一定的要求。

三、茎用芥菜的生长发育周期

1. 发芽期 由种子萌发到子叶展开为发芽期，此期所需温度以 20～25℃为宜，一般需 3～5d。

2. 幼苗期 从基生叶展开到有 4～5 片真叶为幼苗期，需 30～50d，浙江地区越冬露地生产苗期甚至长达 120d 以上。

3. 肉质茎膨大期 从 4～5 片真叶展开到瘤状茎充分成熟为肉质茎膨大期，需 50～100d。

4. 开花结实期 从始花到种子成熟为开花结实期，需 40～60d。

相关链接

（一）茎用芥菜的类型

茎用芥菜主要有茎瘤芥、笋子芥和抱子芥 3 个变种。

1. 茎瘤芥 茎肥大并有瘤状突起，其茎可分为缩短茎及膨大茎两部分。幼苗期为缩短茎，第二和第三叶序环膨大形成的肉质茎又简称瘤茎，生产上称菜头或青菜头，瘤茎短而肥大，柔嫩多汁，是鲜食及加工的主要部分，为做榨菜的原料，故也称鲜茎瘤芥为榨菜。

2. 笋子芥 又称棒菜、菜头或笋子青菜，其膨大茎伸长呈不同形状的棒形，肥大肉质，直立，茎上无明显的瘤状突起，形如莴苣，供鲜食用。

3. 抱子芥 又称儿菜、芽芥菜、抱儿菜。在膨大茎上，叶腋的侧芽发达，呈肥大的肉

质腋芽，以腋芽和膨大的茎供食用。代表品种有临江儿菜、川农1号。

（二）品种

1. 草腰子 四川涪陵地区的主栽品种。叶柄基部茎上有3个瘤状突，中间一个较大，成熟时有3层突起呈螺旋状，不太整齐；茎纵径14～18cm，横径10～12cm，膨大茎重500～750g，茎叶比约为0.7；叶形椭圆，绿色，叶面微皱叶基部全裂或半裂；耐肥，茎上易萌发腋芽，不易空心，不易未熟抽薹，品质较佳；较耐病毒病和软腐病，全生长期145d。

2. 甬榨2号 由宁波市农业科学研究院、浙江大学农业与生物技术学院等单位选育。半碎叶型，中熟，生育期175～180d，株型较紧凑，生长势较强，株高55cm，开展度39cm×56cm；叶片淡绿色，叶缘细锯齿状，瘤状茎近圆球形，茎形指数约1.05，单茎250g左右，膨大茎上肉瘤钝圆，瘤沟较浅，基部不贴地；加工性好，出成率较高；抽薹迟；每667m^2产量3.9t。

3. 三转子 重庆市地方品种。肉质茎短卵圆形，叶柄基部茎上有1～6个突起，不很规则，排列为三转得名；茎重500g左右，茎叶比为0.95，叶绿色，叶身狭长，叶基部有5～10对全裂片，叶柄短小，适应性强，茎易发腋芽和空心，不易负薹，全生长期152d。

（三）茎用芥菜的栽培季节

南方地区以秋季播种为主。重庆地区一般是在白露前后播种，发病较重的可适当延长至秋分时再播种；长江下游地区在9月上旬至10初播种，以幼苗越冬于翌春收获，肉质茎膨大期在3—4月。

计划决策

以小组为单位，获取茎用芥菜生产的相关信息后，研讨并获取工作过程、工具清单、材料清单，了解安全措施，填入工作任务单（表7-11、表7-12、表7-13），制订茎用芥菜生产方案。

（一）材料计划

表7-11 茎用芥菜生产所需材料单

序号	材料名称	规格型号	数量

（二）工具使用

表7-12 茎用芥菜生产所需工具单

序号	工具名称	规格型号	数量

（三）人员分工

表 7-13 茎用芥菜生产所需人员分工名单

序 号	人员姓名	任务分工

（四）生产方案制订

（1）茎用芥菜种类与种植制度。茎用芥菜品种、种植面积、种植方式（间作、套种、是否换茬等）。

（2）所需的农业生产资料。种子、肥料、农药、生产工具、农膜等。

（3）田间生产的具体内容制订。田间生产方案的内容包括茎用芥菜从种到收的全过程，具体包括以下几方面的内容。

①整地作畦。整地的时间、质量，作畦的规格、所用工具、工作顺序等。

②种子处理。按照种子特性，结合当地生产情况，确定播种前种子处理措施。

③播种。确定播种时间、播种密度、播种量、播种方式及所用生产资料的准备。

④田间管理。肥水管理、环境调控、植株调整、花果期调控。

⑤病虫草害防治。病虫害诊断、防治时期、防治方法、药品名称、药剂类型、药品用量、施用方法、所用工具等。

⑥采收。收获田块面积、产量、收获时期、收获方法、使用工具。

（4）资金预算。土地、设施租金，农资费用，劳动力费用，管理费用等。

（5）讨论、修改、确定生产方案。

（6）购买种子、肥料等农资。

组织实施

以小组的形式在学习工作单的引导下，完成专业知识学习，开展茎用芥菜生产演练，并记录实施过程中出现的特殊情况或调整情况。

（一）整地施肥

定植前 7～15d 深翻土壤，精细整地，畦宽 1.5m（连沟），沟深 0.2m，也可覆盖地膜。每 667m^2 施用腐熟有机肥 4m^3 和复合肥 50kg，整地时将肥料撒施，耕耙均匀。

（二）适时播种

播种期为 9 月上旬至 10 月上旬。每 667m^2 用种量为 0.4～0.5kg，可定植 1hm^2 左右。真叶 2 片时间苗 1 次，至 4 片真叶时再间苗 1 次，幼苗株行距为 6cm，苗床要经常保持湿润和严格防止蚜虫，以减少病毒病发病的机会。

（三）定植

定植苗龄一般掌握在 30d 左右，以苗有 5～6 片叶子时定植最适宜，一般在 10 月下旬至 11 月中旬定植。株距 25cm，行距 33cm，每 667m^2 定植 4 000～5 000 株。

（四）田间管理

定植缓苗后，松土除草1～2次。追肥宜前期、后期轻施，中期重施，使空心减少，提高产量和品质。生长前期多施氮肥，促进叶丛生长，到肉质茎膨大期应增施钾肥，促进养分向肉质茎运转。一般追肥3次，第一次在定植成活后至第一叶环形成前，第一叶环至第二、第三叶环形成时施第二次肥，肉质茎迅速膨大时再追肥1次。

（五）收获

茎用芥菜在菜头已充分膨大和出现绿色花蕾时采收，如果采收过迟，则菜头纤维发达，易空心，导致产品质量下降。重庆地区一般在立春至雨水，浙江省多于清明后4～5d采收。

拓展知识

抱子芥生产简介

项目八

XIANGMU 8

根菜类蔬菜生产

学习目标

▶专业能力

(1) 能够设计萝卜、胡萝卜生产方案。

(2) 能够根据市场需要、生产季节及当地的生产条件选择适宜生产的优良品种。

(3) 能够根据不同的栽培季节进行整地作畦，并适时种植。

(4) 能够根据萝卜、胡萝卜的吸肥特点及不同的生长阶段，适时进行肥水管理。

(5) 能够及时诊断萝卜、胡萝卜病虫害，并进行综合防治。

(6) 能够采用适当方法适时采收萝卜、胡萝卜，并能进行采后处理。

(7) 能够组织实施生产计划，并制订萝卜、胡萝卜绿色标准化生产技术规程。

(8) 能够评定产品质量。

▶方法能力

(1) 具有信息采集、处理的能力。

(2) 具有独立使用各种媒介完成学习任务，并有自主学习的能力。

(3) 具有分析解决问题、接受应用新技术的能力。

(4) 具有综合和系统思维，并有完成典型工作任务的能力。

(5) 具有撰写技术报告、学习迁移的能力。

▶社会能力

(1) 具有吃苦耐劳、诚实守信、爱岗敬业的职业精神。

(2) 具有团队合作、沟通、语言表达能力。

(3) 能够公正地自我评价和评价他人。

(4) 具有环保意识、社会责任感、参与意识及自信心。

任务布置

该项目的学习任务为萝卜、胡萝卜生产，在教学组织时全班组建两个模拟股份制公司，每公司再分两个种植小组，每个小组分别种植1种蔬菜。以小组为单位，自主完成相关知识准备，研讨制订萝卜、胡萝卜标准化生产方案，按照修订后的生产方案进行萝卜（胡萝卜）标准化生产，每小组完成667m^2的生产任务。

建议本项目为20学时，其中18学时用于萝卜、胡萝卜生产的学习，另2学时用于各“公司”总结、反思、向全班汇报种植经验与体会，实现学习迁移。

具体工作任务的设置：

(1) 获得针对工作任务的厂商资料和农资信息。

(2) 根据相关信息制订、修改和确定萝卜、胡萝卜标准化生产方案。

(3) 制订萝卜、胡萝卜绿色生产技术操作规程。

(4) 根据生产方案，购买种子、肥料等农资。

(5) 观察萝卜、胡萝卜的植物学特征。

(6) 根据不同的生产季节整地作畦，选择适宜的畦的规格并适时进行种植。

(7) 根据萝卜、胡萝卜植株长势，加强肥水管理。

(8) 识别常见萝卜、胡萝卜病虫害，并组织实施综合防治。

(9) 采用适当方法、适时采收萝卜、胡萝卜并按外观质量标准进行采后处理。

(10) 进行成本核算（农资费用、工资和总费用），注重经济效益。

(11) 对每一个所完成工作步骤进行记录和归档，并提交技术报告。

凡是以肥大的肉质直根为产品器官的蔬菜作物，统称为根菜类蔬菜。此类蔬菜主要包括十字花科的萝卜、芜菁、芜菁甘蓝、山葵，伞形科的胡萝卜、根芹菜、美洲防风，菊科的牛蒡、菊牛蒡、婆罗门参，藜科的根甜菜等。

根菜类蔬菜的产品耐贮运，可生食、炒食、腌渍和加工。其产品器官耐运输、贮藏、货架寿命较长。此类蔬菜不仅是冬、春季的主要蔬菜，而且因类型、品种多，年内可多茬栽培，基本上可实现周年均衡供应。根菜类蔬菜的产品器官营养丰富，富含糖类、多种维生素和矿物质，又多具食疗价值，有利于人体健康，颇受广大消费者欢迎。

肉质根在外部形态上可分为3个部分即根头（短缩茎）、根颈、根部（真根、本根），分别是由上胚轴、下胚轴、胚根上部发育而成的，这三部分的比例因种类、品种而异。根菜类起源于温带，均为耐寒或半耐寒性二年生蔬菜，适应性强，低温下通过春化阶段，长日照、较高温度下抽薹开花。除了根用芥菜、芜菁甘蓝、根甜菜等育苗移栽外，大部分采用直播栽培。根菜类为深根性蔬菜，产品器官生于地下，因而要求土层深厚、排水良好、疏松肥沃的壤土或沙壤土。

任务一　萝卜生产

任务资讯

萝卜是十字花科萝卜属中能形成肥大肉质根的一、二年植物，古称莱菔、芦菔，其原始种为起源于欧、亚温暖海岸的野萝卜，是我国最古老的栽培蔬菜之一，全国各地普遍栽培。

一、萝卜的植物学特征

1. 根　萝卜有发达的直根系，根系入土深。小型萝卜主根深度为60～150cm，大型萝卜可达180cm，主要根群分布在20～45cm的土层中。肥大肉质根是同化产物的贮藏器官，其形状、颜色、大小因品种而异。萝卜肉质根大者5～10kg，小者100～200g。真根部大的长型种入土深，要求土层深厚肥沃；真根部小的短型种，入土浅露肩多，对土壤要求不太严格。入土浅的萝卜易受冻，应早种早收，供应期限也短，反之耐寒性强。生产上种萝卜，应根据萝卜品种肉质根的不同，合理地安排季节和田块。肉质根的皮有白、粉白、紫红、青绿色，肉质根的颜色由花青素和叶绿素组合的不同而形成。

2. 茎 萝卜的茎在营养生长时期短缩成根头，其上生长叶片，生殖生长时期抽生花茎，花茎可分枝。

3. 叶 子叶肾形，第一对真叶匙形，在营养生长期叶丛生于短缩茎上，叶有板叶和花叶两种，叶色有绿、浅绿及深绿。叶柄和叶脉的色泽与肉质根的皮色或肉色有关，一般为绿色、粉红色及紫色等。叶丛伸展的方式有直立、半直立和平展3类，直立型的适合于密植，平展型的应稀植。

4. 花 萝卜的花为复总状花序，完全花，花为白色、紫色或浅粉色，白花为白萝卜，紫花为青萝卜，淡紫花或白花为红萝卜。异花授粉，虫媒花，留种时需隔离2km。开花的顺序是自下向上，先主枝后侧枝，全株开花期30～35d，每朵花开放期为3～5d。

5. 果实 萝卜的果实为长角果，每个果实内有种子3～8粒，成熟时不易开裂，故采种时可以整枝收获晾干。

6. 种子 萝卜的种子为不规则圆球形，浅黄至暗褐色，千粒重7～16g。种子使用年限为1～2年，但发芽力可保持5年。

二、萝卜生长发育对环境条件的要求

1. 温度 萝卜为半耐寒蔬菜，适宜在温和凉爽的气候条件下生长，种子在2～3℃时开始萌芽，发芽最适温度20～25℃；幼苗期对温度适应能力广而强，在25℃的高温与－3～－2℃低温下仍能生长；成长的植株适应性差，茎、叶生长温度为5～25℃，15～20℃时生长最好；肉质根生长的温度范围为6～20℃，适宜温度13～18℃。萝卜是低温感应的蔬菜，萌动种子、幼苗、肉质根生长及贮藏等时期可以接受低温影响而完成春化作用，其温度范围因品种而异。中国萝卜的品种通过春化的温度范围为1.0～24.6℃，在1～5℃时最易通过（一般1～2℃经20～40d即通过春化），因此春萝卜栽培时要选择冬性强，形成肉质根快的品种，以防止先期抽薹。

2. 光照 萝卜为喜光蔬菜。若光照不足，则叶片小，叶柄长，叶色淡，下部叶片因营养不良而提早枯黄脱落，使肉质根不能充分肥大而减产。短日照有利于肉质根的形成。萝卜是长日作物，完成春化的植株在12h以上的长日照条件下有利于植株开花、结果。

3. 水分 萝卜喜湿怕涝，不耐旱，生长过程中对水分的要求比较严格，是影响产量和品质的重要因素。萝卜不同生长时期需水量差异较大，发芽期土壤含水量以80%为宜；幼苗期以田间持水量的60%为好；莲座期适当控制灌水；“露肩”后，经常保持土壤湿润。据报道，一株肉质根为1kg的萝卜，其一生所需水分约5kg。在萝卜生长期间，水分不能太多，尤其是田间不能长时间积水。如果田间连续积水10h，则主根容易腐烂，导致植株死亡，或形成分叉的肉质根。此外，土壤水分供应不均，忽干忽湿，易导致肉质根开裂。

4. 土壤与营养 萝卜对土壤条件的要求比较严格。种植萝卜的地块要求土层深厚、保水和排水良好、富含有机质、疏松透气，深根性品种对于土壤的要求尤其严格。土质黏重，萝卜表皮不光洁；耕土层过浅、坚实或含有石砾、杂物等时，易发生歧根。土壤质地过软过松，相对持水性能较差，萝卜易空心，表皮光质较差，而易干燥的土壤会使萝卜肉质硬化，苦味增加。适宜的土壤 pH 为 5.3～7.0。

萝卜生长期长需肥量大，要求氮、磷、钾均衡供应。整个生育期间对三要素吸收的比例约为氮：磷：钾＝10：3：11，吸收以钾最多，其次为氮、磷、钙、镁。在肉质根膨大期，萝卜对磷、钾的吸收量增长最快，故生长盛期不能偏施氮肥。适量的硼对改善萝卜的品质有利。每生产 1t 萝卜，需吸收氮 2.1～3.1kg、磷 0.3～0.8kg、钾 2.5～4.6kg、钙 0.6～0.8kg、镁 0.1～0.2kg。

三、萝卜的生长发育周期

1. 营养生长期 分为以下 3 个时期。

（1）发芽期。从种子萌动到第一片真叶显露，需 5～7d。这一时期主要是靠种子内的贮藏营养生长，形成吸收根、子叶和第一片真叶。

（2）幼苗期。从第一片真叶显露到破肚，需 15～20d。所谓破肚，指由于次生生长，肉质根中柱开始膨大，但表皮和初生皮层不能相应地膨大，先从下胚轴处开裂，而后逐渐向上发展，经 5～7d，真叶有 5～7 片时，皮层才完全开裂。破肚后，幼苗期结束，肉质根开始膨大。

（3）肉质根形成期。肉质根形成期可分为肉质根膨大前期和肉质根膨大期两个时期。

①肉质根膨大前期（也称叶生长盛期或莲座期）。从破肚到根头显露即“露肩”为肉质根膨大前期，需 20～30d。这一时期地下部肉质根迅速膨大，地上部莲座叶生长量更大。

②肉质根膨大盛期。从露肩到收获为肉质根膨大盛期，需 40～50d。此期地上部叶丛生长减缓，地下部肉质根生长量加大，并逐渐超过地上部。肉质根的膨大是从大破肚开始的，大破肚是由于初生木质部内的次生分生组织的增加，薄壁细胞的加速增多而挤破初生表皮而产生的。播种后的 15～20d 开始破肚，要保证肉质根的充分膨大，大破肚后要特别注意肥水管理。

2. 生殖生长期 秋、冬季栽培的萝卜，在肉质根形成后，到冬季感受自然低温，通过春化阶段。但是由于此时气温逐渐降低，日照变短，未能抽生花薹，到春暖后在长日照下通过光周期，即抽薹、开花、结实。萝卜从现蕾至开花需 10～30d，开花至种子成熟需 30～50d。

相关链接

（一）萝卜的类型

中国栽培的萝卜有长羽裂萝卜（中国萝卜）和四季萝卜（樱桃萝卜）两个变种。萝卜的品种类型十分繁多，可依根形、根色、用途、收获期、栽培季节及对春化反应的不同等进行类型的划分。

1. 依春化反应划分

（1）春性类型。未处理的种子在 12.2～24.6℃自然条件下就能通过春化。南京春播（3 月 28 日播未处理的种子，以下同），大破肚前即现蕾。此类型品种主要在华南、西南各地种植，如广东的火车头萝卜、云南半截红及成都的半身红等品种。

（2）弱冬性类型。萌动的种子在 2～4℃中处理 10d，播种后 24～35d 即现蕾。南京春播，大破肚至露肩现蕾。多为分布在华北及长江流域的部分秋冬萝卜、冬春萝卜及夏秋萝卜品种，如四川的白圆根萝卜、杭州的浙大长萝卜、大缨洋红及钩白萝卜等。

(3) 冬性类型。萌动的种子在 2～4℃中处理 10d，播种后 35d 以上现蕾铃。南京春播，露肩前现蕾。多为分布在华北及长江流域的部分秋冬萝卜及春夏萝卜品种，如北京的心里美萝卜及南京的五月红萝卜等。

(4) 强冬性类型。萌动种子在 2～4℃中处理 40d，播种 60d 后现蕾。南京春播，肉质根长成后有部分现蕾。多为分布在长江中下游地区的部分冬春萝卜与青藏高原的夏秋萝卜，如武汉的春不老萝卜和拉萨的冬萝卜等。

2. 依栽培季节划分

(1) 秋冬萝卜。通常夏末秋初播种，秋末冬初收获，生长期 60～100d。此类型萝卜多为大型和中型品种，品种多，生长季节气候条件适宜，产量高，品质好，耐贮运。分青萝卜、红萝卜、白萝卜 3 类品种群。代表品种有北京心里美、德日 2 号、大红袍、通圆红 1 号、通圆红 2 号、京红 1 号、浙长大萝卜、美浓早生、浙萝 1 号等。

(2) 冬春萝卜。晚秋初冬 10 月播种，露地越冬，翌年春 2—3 月收获。其特点是耐寒性强，抽薹迟，不易糠心。代表品种有四月白、春雪、春不老萝卜。

(3) 春夏萝卜。3—4 月播种，5—6 月收获，生育期 45～70d。此类萝卜多为小型萝卜，产量不高，供应期短，并且生长期间能满足低温长日照的发育条件，如栽培不当，则容易未熟抽薹。所以，选育高产、供应期长及抽薹晚的品种是这类萝卜亟待解决的问题。代表品种有世农 YR1010、春作、春白 2 号、CR9646、白玉春等。

(4) 夏秋萝卜。夏种秋收，生长期 40～70d。耐热、耐湿。代表品种有夏抗 40、和风、浙江金华萝卜、60 早生、红玉、夏秋 55、短叶 13。

(5) 四季萝卜。多为扁圆形或长形的小型萝卜，生长期极短，生长期 20～45d。在露地除严寒酷暑季节外随时皆可播种。冬季可进行保护地栽培。四季萝卜较耐寒，适应性强，抽薹迟。代表品种有哈尔滨算盘子萝卜（又称樱桃萝卜）、荸荠扁萝卜等。

（二）萝卜的品种

1. 白雪春 2 号　由浙江省农业科学院蔬菜研究所选育。株高约 51.5cm，开展度约 72.7cm×71cm，生长势强，叶簇平展，叶片深裂，叶片绿色，叶脉浅绿色；肉质根长筒形，皮肉均白色，长 25～32cm，径粗 7.5～8.2cm，单根 1～1.3kg；生长期 60d 左右，肉质根不易分叉，须根少，根形漂亮，商品性好；耐抽薹，抗病毒病和霜霉病；每 667m^2 产量 5.2t。

2. 浙萝 6 号　由浙江省农业科学院蔬菜研究所选育。生长势强，叶丛开展，株高约 52cm，株幅 75.5cm；叶片长椭圆形，花叶，边缘全裂，叶色深绿，叶脉浅绿色，肉质根长筒形，白色，表皮光洁；须根少，较少畸形根，长 35～40cm，粗 8～8.5cm，单根 1.5kg 左右，1/4 左右露出土表，商品性好，适宜熟食或腌制；抗病毒病和霜霉病，耐抽薹，可露地春秋栽培；每 667m^2 产量春季栽培约 5t，秋季约 6t。

（三）萝卜的栽培季节

我国各地萝卜以秋季栽培为主，春季及夏季栽培也有一定的面积。近年来，萝卜保护地栽培逐步发展，利用各种保护设施可以在早春严寒季节进行萝卜生产。不同地区各类型萝卜的栽培季节如表 8-1 所示。

表 8-1 主要地区萝卜的栽培季节

地区	萝卜类型	播种期	生长日数（d）	收获期
上海	春夏萝卜	2月中旬至3月下旬	50～60	4月上旬至6月上旬
	夏秋萝卜	7月上旬至8月上旬	50～70	8月下旬至10月中旬
	秋冬萝卜	8月中旬至9月中旬	70～100	10月下旬至11月下旬
南京	春夏萝卜	2月中旬至4月上旬	50～60	4月中旬至6月上旬
	夏秋萝卜	7月上旬至7月下旬	50～70	9月上旬至10月上旬
	秋冬萝卜	8月上旬至8月中旬	70～110	11月上旬至11月下旬
杭州	冬春萝卜	9月上旬至10月上旬	90～120	12月至翌年3月
	夏秋萝卜	7月上旬至8月上旬	50～60	8月下旬至10月上旬
	秋冬萝卜	8月下旬至9月上旬	70～80	11—12月
武汉	春夏萝卜	2月上旬至4月上旬	50～60	4月下旬至6月上旬
	夏秋萝卜	7月上旬	50～70	8月下旬至10月中旬
	秋冬萝卜	8月中旬至9月上旬	70～100	11月上旬至12月下旬
重庆	冬春萝卜	10月下旬至11月中旬	100～110	2月中旬至3月
	夏秋萝卜	7月下旬至8月上旬	50～70	9月中旬至10月上旬
	秋冬萝卜	8月下旬至9月上旬	90～100	11月至翌年1月
贵阳	冬春萝卜	9月中旬	120	2月中下旬
	夏秋萝卜	5—7月	50～80	6月下旬至9月
	秋冬萝卜	8月中旬至9月上旬	90～110	11月中旬至12月
长沙	冬春萝卜	9月至10月上旬	140	2—3月
	夏秋萝卜	7—8月	40～60	8月中旬至10月
	秋冬萝卜	8月下旬至9月	100	11月至翌年1月
福州	冬春萝卜	9月上旬至11月上旬	90～140	1月至3月上旬
	秋冬萝卜	7月下旬至9月上旬	60～80	9月下旬至12月
南宁	冬春萝卜	10月下旬至11月中旬	90～100	2月下旬至3月下旬
	夏秋萝卜	7月下旬至8月上旬	70～80	9月下旬至10月下旬
	秋冬萝卜	8月下旬至9月中旬	70～90	11月上旬至12月中旬
广州	冬春萝卜	10—12月	90～100	1—3月
	夏秋萝卜	5—7月	50～60	7—9月
	秋冬萝卜	8—10月	60～90	11—12月

计划决策

以小组为单位，获取萝卜生产的相关信息后，研讨并获取工作过程、工具清单、材料清单，了解安全措施，填入工作任务单（表 8-2、表 8-3、表 8-4），制订秋冬萝卜生产方案。

（一）材料计划

表 8-2　萝卜生产所需材料单

序　号	材料名称	规格型号	数　量

（二）工具使用

表 8-3　萝卜生产所需工具单

序　号	工具名称	规格型号	数　量

（三）人员分工

表 8-4　萝卜生产所需人员分工名单

序　号	人员姓名	任务分工

（四）生产方案制订

（1）萝卜种类与种植制度。萝卜品种、种植面积、种植方式（间作、套种、是否换茬等）。

（2）所需的农业生产资料。种子、肥料、农药、生产工具、农膜等。

（3）田间生产的具体内容制订。田间生产方案的内容包括萝卜从种到收的全过程，具体包括以下几方面的内容。

①整地作畦。整地的时间、质量，作畦的规格、所用工具、工作顺序等。

②种子处理。按照种子特性，结合当地生产情况，确定播种前种子处理措施。

③播种。确定播种时间、播种密度、播种量、播种方式及所用生产资料的准备。

④田间管理。肥水管理、环境调控、植株调整、花果期调控。

⑤病虫草害防治。病虫害诊断、防治时期、防治方法、药品名称、药剂类型、药品用量、施用方法、所用工具等。

⑥采收。收获田块面积、产量、收获时期、收获方法、使用工具。

（4）资金预算。土地、设施租金，农资费用，劳动力费用，管理费用等。

（5）讨论、修改、确定生产方案。

（6）购买种子、肥料等农资。

组织实施

以小组的形式在学习工作单的引导下，完成专业知识学习，开展秋冬萝卜生产演练，并记录实施过程中出现的特殊情况或调整情况。

（一）土壤要求和茬口安排

要选择土层深厚的沙壤土，避免连作，黄瓜后作安排早熟的早秋萝卜，豇豆的后作安排晚熟的秋冬萝卜。

（二）整地作畦、施基肥

前茬忌十字花科蔬菜及番茄、辣椒等茄果类蔬菜，最好是瓜类或豆类蔬菜。整地要细致，要早耕多翻，结合施基肥进行深翻，打碎耙平。每667m^{2}田块施入腐熟厩肥2.5～5t，土、肥混合均匀，整平后，作深沟高畦。

（三）播种

适宜播种期为8月上旬至9月上旬。可以开沟条播，每667m^{2}田块用种量0.5～1kg，覆土后在沟内浇水，覆土约1.5cm，厚度要均匀一致。

（四）田间管理

1. 及时间苗、结合中耕培土 按照“早间苗，多次间苗，晚定苗”的原则，苗齐后进行第一次间苗，苗距3～4cm，2～3片真叶时第二次间苗，苗距10～12cm，5～6片真叶时定苗，大型品种苗距为20～30cm，中型品种苗距为15～25cm。

2. 合理灌溉

（1）发芽期。播种时要充分浇水，保持土壤湿润，保证出苗快而整齐。

（2）幼苗期。苗小根浅，要掌握“少浇勤浇”的原则，以保证幼苗出土后的生长。在幼苗破肚前时期内，要少浇水，促进根系向土层深处发展。

（3）叶部生长盛期。此期需水渐多，因此要适量灌溉，以保证叶部的发展。但也不能浇水过多，以防止叶部徒长，所以要适当控制水分，菜农的经验是“地不干不浇，地发白才浇”，此期浇水量较前为多。

（4）肉质根生长盛期。应充分均匀地供水，维持土壤相对含水量在70%～80%，空气相对湿度在80%～90%。

（5）肉质根生长后期。仍应适当浇水，防止糠心，这样可提高萝卜品质和耐贮藏能力。早春播种的萝卜，因气温低宜在上午浇水，浇后经太阳晒，夜间地温温不致太低；伏天种的萝卜，最好傍晚浇水，可降低地温，有利于叶中养分向根部积累。雨水多时要注意排水，田间不能积水。

3. 分期追肥 萝卜施肥的原则是基肥为主，追肥为辅，盖子肥长苗，追肥长叶，基肥长头。基肥充足而生长期短的萝卜，可以少施追肥；大型品种萝卜生长期长，需分期追肥，但要在肉质根生长盛期之前施用。在追肥时要做到“三看一巧”，即看天、看地、看作物，在巧字上下功夫，以求合理施肥，做到选择适宜的施肥时间。菜农的经验一般是“破心追轻，破肚追重”。第一次追肥在幼苗长出2片真叶时追施稀薄的农家液态有机肥；第二次追肥在进行第二次间苗中耕后追肥；大破肚时再追肥1次，浓度为50%的农家液态有机肥，每667m^{2}并增施过磷酸钙和硫酸钾5kg。中、小型号萝卜3次追肥后，萝卜迅速膨大，可不再追肥；大型的秋冬萝卜生长期长，到露肩时每667m^{2}追施硫酸铵20kg，至肉质根生长盛期再追施钾肥1次，如施草木灰宜在浇水前撒于田间，每667m^{2}撒施100～150kg，以供根部旺盛生长期的需要。

追施农家液态有机肥和化肥时，切忌浓度过大或离根部太近，以免烧根。农家液态有机肥必须经腐熟后使用，浓度适中，浓度过大，也会使根部硬化。一般应在浇水时对水冲施。农家液态有机肥和硫酸铵等施用过迟，会使肉质根的品质变差，造成裂根或产生苦味。

4. 中耕除草及培土 中耕宜先深后浅，先近后远，一般中耕结合除草进行，在封行前进行2～3次，注意雨后及时中耕。

肉质根长形且露出地面的品种，因为根颈部细长软弱，容易弯曲、倒伏，生长初期须培土，使其直立生长，以免日后形成弯曲的肉质根，到生长的中后期须摘除枯黄老叶，以利通风。

（五）病虫害防治

萝卜的病害主要有黑腐病、软腐病、霜霉病及病毒病等，虫害主要是蚜虫、菜青虫、菜螟、黄曲条跳甲等。

黑腐病可用47％春雷·王铜可湿性粉剂600～800倍液喷雾，病毒病可用8％宁南霉素水剂500～800倍液等进行预防，软腐病可用72％硫酸链霉素可溶性粉剂4 000～5 000倍液防治，霜霉病可用687.5g/L氟菌霜脲威悬浮剂600～800倍液或250g/L嘧菌酯悬浮剂1 000～1 500倍液喷雾。

蚜虫可用36％啶虫脒水分散粒剂5 000～6 000倍液喷雾防治，菜青虫、小菜蛾、斜纹夜蛾可用150茚虫威悬浮剂3 500～4 500倍液、5％氯虫苯甲酰胺悬浮剂1 000倍液等喷雾防治，黄条跳甲成虫用36％啶虫脒水分散粒剂800～1 000倍液喷雾或用40％辛硫磷乳油1 500倍液土壤处理。

（六）采收

当田间萝卜肉质根充分膨大，肉质根的基部已圆起来，叶色转淡渐变黄绿时，便应及时收获。

拓展知识

萝卜产品分级标准

萝卜肉质根品质劣变及其原因

任务二　胡萝卜生产

任务资讯

胡萝卜是伞形花科胡萝卜属胡萝卜种胡萝卜变种中能形成肥大肉质根的二年生草本植物，又称为红萝卜、丁香萝卜等，起源于中亚细亚、非洲及欧洲北部，元朝时经伊朗传入我国，现在南北各地均有栽培。胡萝卜适应性强，栽培容易，病虫害少，耐贮藏和运输，对调节市场供应有很大的作用。

一、胡萝卜的植物学特征

1. 根 胡萝卜根系发达，是直根系深根性蔬菜，最大根长可达1.6m，根系主要分布在

20～90cm 土层内。根系由肥大的肉质根、侧根、根毛三部分组成。肉质根由下胚轴和直根组成，外层为韧皮部，肥厚而发达，为主要的可食部分，大部分营养贮藏其中。根的中柱为次生木质部，含养分较少。肉质根上着生 4 列纤维侧根。肉质根的形状有长圆柱形、长圆锥形、短圆锥形等。根色有紫红、橘红、粉红、黄、白、青绿等。红色种含有大量的胡萝卜素，黄色种次之，白色种最少。

2. 茎 胡萝卜在营养生长期为短缩茎，着生在肉质根的顶端，其上着生叶丛。通过阶段发育后，在短缩茎上抽生花茎，花茎可分枝。

3. 叶 胡萝卜的叶片丛生于短缩茎上，为 3 回羽状复叶，叶柄细长，叶色浓绿，叶面积小，叶面密生茸毛。

4. 花 胡萝卜的花为复伞形花序，每个花序常有上千朵以上的小花，花期约 30d。完全花，白色或淡黄色，虫媒花。

5. 果实与种子 胡萝卜的果实为双悬果，以果实做播种材料。果实表面有纵沟，成熟时分裂为二，果皮革质有刺毛，并含挥发油，吸水困难，发芽率低，一般为 70%，所以播种后出苗慢。

种子无胚乳，千粒重 1.1～1.5g，种子使用年限为 2～3 年。胡萝卜种子发芽率低，一般仅 70%左右，原因：①种子在不良的环境下，往往无胚或胚发育不良；②果皮革质，透水性差，导致发芽慢，出苗迟。

二、胡萝卜生长发育对环境条件的要求

1. 温度 胡萝卜为半耐寒性蔬菜，其耐寒性、耐热性比萝卜稍强，因此可比萝卜早播种、晚收获。种子发芽适温为 18～25℃、经 10d 左右出苗。幼苗能耐－3～－2℃的低温；茎、叶生长适温为 23～25℃；肉质根膨大的适温为昼温 18～23℃、夜温 13～18℃，气温在 28℃以上、3℃以下，肉质根停止膨大；肉质根的颜色对低温敏感，胡萝卜素形成适温为 15.5～21.5℃；开花结实期的适温为 25℃左右。胡萝卜为绿体春化型蔬菜，植株长到一定大小后（具有 15～20 片叶），在 2～6℃的低温条件下经 40～100d 通过春化阶段。因此，胡萝卜春季栽培中先期抽薹现象较萝卜少。

2. 光照 胡萝卜的生长发育喜充足的光照。光照不足，叶片狭长，叶柄细长，产量和品质下降。胡萝卜为长日照植物，通过春化阶段后，需在 14h 以上的长日照条件下通过光照阶段，才能抽薹开花。

3. 水分 极耐旱，是根菜类中最耐旱的蔬菜，适宜的土壤湿度为 60%～80%，但水肥不足则影响肉质根膨大。发芽期要求土壤湿润以利于出苗；幼苗期和莲座期要求促控结合；肉质根膨大期需水多，但应均衡供水，防止过干过湿，出现裂根或劣质根现象；种株抽薹开花期和种子灌浆期需保持较均匀的土壤湿度，如果土壤水分不足，会影响种子产量；种子成熟阶段，又需要较低的土壤湿度。

4. 土壤与营养 适宜在土层深厚、肥沃，富含有机质，排水良好的壤土或沙壤土上栽培。黏重土壤或排水不良时，易发生歧根、裂根，甚至烂根。耕作层深至少 25cm。较耐盐碱，适宜土壤 pH5.0～8.0。如果土壤坚硬、通气性差、酸性强、易使肉质根皮孔突起，外皮粗糙，品质差，产量低。

胡萝卜需氮、钾较多，磷次之。生育前期需氮多，对磷也有一定的需求，到肉质根膨大

期需钾增多，叶面喷施硼肥可改进胡萝卜的品质，并有一定的增产作用。每生产1t产品，吸收氮、磷、钾的量约为氮3.2kg、磷1.3kg、钾5kg，比例约为2.5∶1∶4。

三、胡萝卜的生长发育周期

胡萝卜的生育周期分营养生长和生殖生长两个时期。第一年为营养生长时期，形成肉质根，北方地区经冬季贮藏、南方则露地越冬通过春化；第二年为生殖生长时期，即春季定植后，在长日照条件下通过光照阶段，抽薹开花结实。营养生长时期又可分为以下几个时期。

1. 发芽期 从播种到子叶展开真叶显露为发芽期，需10～15d。

2. 幼苗期 从真叶显露到出现5～6片真叶为幼苗期，需20～30d。此期幼苗生长慢，易受杂草危害。

3. 叶生长盛期 也称莲座期或肉质根生长前期，需30d。此期叶旺盛生长，发生12片左右的真叶；肉质根开始缓慢膨大，后期植株易徒长，所以要协调好地上部和地下部的生长平衡。

4. 肉质根膨大期 从肉质根开始膨大到收获为肉质根膨大期，需30～70d。此期新叶不断发生，下部老叶逐渐枯黄，肉质根迅速膨大。

相关链接

（一）胡萝卜的类型与品种

胡萝卜按照其肉质根的形状可分为长圆锥型、短圆锥型、长圆柱型3个类型，按其肉质根皮色可分为红、黄、紫3类。

1. 长圆锥型 多为中晚熟品种，根细长，先端尖，味甜，耐贮藏，肉质根长25～50cm。代表品种有汕头红、成都小缨子、山东济南蜡烛台等。

2. 短圆锥型 早熟，耐热，产量低，春季栽培抽薹迟，肉质根长15～20cm。代表品种有山东烟台五寸、华北及东北的鲜红五寸、山西二金红胡萝卜。

3. 长圆柱型 晚熟，根细长，肩部粗大，根先端钝圆，肉质根长30～40cm。代表品种有南京长红胡萝卜、浙江东阳黄种胡萝卜、黑田五寸、杭州红心等。

（二）胡萝卜的栽培季节

1. 秋季栽培 7月上旬至8月上旬播种，11月下旬至翌年2月下旬采收。

2. 春季栽培 3月上旬播种，5月下旬至7月上旬采收。

计划决策

以小组为单位，获取胡萝卜生产的相关信息后，研讨并获取工作过程、工具清单、材料清单，了解安全措施，填入工作任务单（表8-5、表8-6、表8-7），制订胡萝卜生产方案。

（一）材料计划

表8-5 胡萝卜生产所需材料单

序号	材料名称	规格型号	数量

（二）工具使用

表 8-6 胡萝卜生产所需工具单

序　号	工具名称	规格型号	数　量

（三）人员分工

表 8-7 胡萝卜生产所需人员分工名单

序　号	人员姓名	任务分工

（四）生产方案制订

（1）胡萝卜种类与种植制度。胡萝卜品种、种植面积、种植方式（间作、套种、是否换茬等）。

（2）所需的农业生产资料。种子、肥料、农药、生产工具、农膜等。

（3）田间生产的具体内容制订。田间生产方案的内容包括胡萝卜从种到收的全过程，具体包括以下几方面的内容。

①整地作畦。整地的时间、质量，作畦的规格、所用工具、工作顺序等。

②种子处理。按照种子特性，结合当地生产情况，确定播种前种子处理措施。

③播种。确定播种时间、播种密度、播种量、播种方式及所用生产资料的准备。

④田间管理。肥水管理、环境调控、植株调整、花果期调控。

⑤病虫草害防治。病虫害诊断、防治时期、防治方法、药品名称、药剂类型、药品用量、施用方法、所用工具等。

⑥采收。收获田块面积、产量、收获时期、收获方法、使用工具。

（4）资金预算。土地、设施租金，农资费用，劳动力费用，管理费用等。

（5）讨论、修改、确定生产方案。

（6）购买种子、肥料等农资。

组织实施

以小组的形式在学习工作单的引导下，完成专业知识学习，开展胡萝卜秋季生产演练，并记录实施过程中出现的特殊情况或调整情况。

（一）整地作畦、施基肥

胡萝卜耐旱性较强，怕积水，因此应选择土层深厚、疏松、肥沃、排水良好的壤土或沙壤土。精细整地，结合深翻，每 667m^2 施入腐熟厩肥 2～2.5t、复合肥 30～50kg，然后作畦，一般畦宽 1.5m（连沟），畦高 15～20cm。

（二）播种

撒播或条播均可，一般以撒播为多。条播每 667m^2 用种量为 200g，撒播每 667m^2 为 400～500g。播后覆土厚度要浅而且应均匀一致。播前先搓种子刺毛，以便于播匀，并易吸水，使出苗整齐。夏、秋播种每 667m^2 加入青菜种子 100g，与胡萝卜种子同播，利用青菜出苗快的特点进行遮阳，利于胡萝卜出苗，又可获得青菜秧苗。出苗前可用 33%二甲戊灵乳油 150～200mL 兑水 50kg 喷洒畦面，减少杂草。

（三）田间管理

当幼苗出齐后，应及时间苗，除去太密的苗、杂苗、劣苗和病苗，以防幼苗拥挤，光照不足。幼苗 1～2 片真叶时进行第一次间苗，3～4 片真叶时第二次间苗，5～6 片真叶时定苗，苗距为小型品种 10cm，大型品种 13～15cm。每次间苗时要拔除杂草。

出苗前应保持土壤湿润以利于出苗，苗期注意雨后及时排水。叶生长盛期应适当控水，防止幼苗徒长，肉质根膨大期土壤应保持湿润，一般保持 60%～80%的土壤湿度，如果供水不足，则根瘦小而粗糙，供水不匀，则引起肉质根开裂。生长后期应停止浇水。

胡萝卜的生长期长，除施足基肥外，还要追肥 2～3 次。第一次追肥在间苗后 20～25d，第二次追肥在定苗后进行。肉质根膨大时，可追施适量的腐熟人粪尿或磷、钾肥，以利于肉质根的形成。胡萝卜对土壤的溶液浓度很敏感，故施肥时切忌肥料浓度过高，在幼苗期土壤溶液浓度不宜高于 0.5%，成长的植株土壤溶液浓度最高为 1%。

（四）病虫害防治

1. 病害防治 胡萝卜主要的病害有黑腐病、软腐病、菌核病等。黑腐病、软腐病可用 72%硫酸链霉素可溶性粉剂 4 000～5 000 倍液、20%噻菌铜悬浮剂 500～700 倍液喷雾防治，菌核病可用 40%嘧霉胺悬浮剂 800～1 200 倍液、50%腐霉利可湿性粉剂 1 000～1 500 倍液喷雾防治。

2. 虫害防治 胡萝卜的虫害有蚜虫、茴香凤蝶等。蚜虫可用 36%啶虫脒水分散粒剂 5 000～6 000 倍液等防治，茴香凤蝶可选用 3%甲氨基阿维菌素苯甲酸盐微乳剂 2 500～3 000倍液、150g/L 茚虫威悬浮剂 3 500～4 500 倍液喷雾防治。

（五）收获

胡萝卜宜在肉质根充分肥大成熟时收获，一般于立冬前后收获，长江中下流地区 7—8 月播种的，早熟品种 10 月上中旬即可收获，晚熟品种可在 12 月采收。

拓展知识

胡萝卜产品分级标准

项目九

XIANGMU 9

薯芋类蔬菜生产

学习目标

▶专业能力

（1）能够设计马铃薯、姜、芋生产方案。

（2）能够根据市场需要选择品种，培育壮苗。

（3）能够根据生产需要选择适宜的种植方式进行整地作畦，并适时定植。

（4）能够根据马铃薯、姜、芋长势，适时进行环境调控、肥水管理、植株调整和化控处理。

（5）能够及时诊断马铃薯、姜、芋病虫害，并进行综合防治。

（6）能够采用适当方法适时采收马铃薯、姜、芋，并能进行采后处理。

（7）能够组织实施生产计划，并制订无公害、绿色、有机马铃薯、姜、芋生产技术规程。

（8）能够评定产品质量。

▶方法能力

（1）具有信息采集、处理的能力。

（2）具有独立使用各种媒介完成学习任务，并有自主学习的能力。

（3）具有分析解决问题、接受应用新技术的能力。

（4）具有综合和系统思维，并有完成典型工作任务的能力。

（5）具有撰写技术报告、学习迁移的能力。

▶社会能力

（1）具有吃苦耐劳、诚实守信、爱岗敬业的职业精神。

（2）具有团队合作、沟通、语言表达能力。

（3）能够公正地自我评价和评价他人。

（4）具有环境意识、社会责任感、参与意识，自信心。

任务布置

该项目的学习任务为马铃薯、姜、芋生产，在教学组织时全班组建两个模拟股份制公司，每公司再分3个种植小组，每个小组分别种植1种蔬菜，以小组为单位，自主完成相关知识准备，研讨制订马铃薯、姜、芋的标准化生产方案，按照修订后的生产方案进行马铃薯、姜、芋标准化生产，每个小组完成667m²的生产任务。

建议本项目为20学时，其中18学时用于马铃薯、姜、芋生产的学习，另2学时用于各小组总结、反思、向全班汇报种植经验与体会，实现学习迁移。

（1）获得针对工作任务的厂商资料和农资信息。

（2）根据相关信息制订、修改和确定马铃薯、姜、芋的标准化生产方案。

（3）制订设施马铃薯、姜、芋的绿色生产技术操作规程。

（4）根据生产方案，购买种子、肥料等农资。

（5）观察马铃薯、姜、芋的植物学特征。

（6）培育马铃薯、姜、芋壮苗。

（7）选择设施，整地作畦、适时定植。

（8）根据马铃薯、姜、芋的植株长势，加强田间管理（环境调控、肥水管理、植株调整、化控处理）。

（9）识别常见马铃薯、姜、芋的病虫害，并组织实施综合防治。

（10）采用适当方法、适时采收马铃薯、姜、芋，并按外观质量标准能进行采后处理。

（11）进行成本核算（农资费用、工资和总费用），注重经济效益。

（12）对每一个所完成工作步骤进行记录和归档，并提交技术报告。

薯芋类蔬菜包括马铃薯、山药、姜、芋、菊芋、草石蚕、豆薯、葛、魔芋等。该类蔬菜分别属于不同的植物科属，但产品器官都为地下肥大的块茎、根茎、球茎或块根，富含淀粉，还含蛋白质、脂肪、维生素及矿物质，营养丰富，耐贮藏和运输，并适于加工，在蔬菜的周年供应和淡旺季调节中具有重要地位。

薯芋类蔬菜生产有以下特点：

（1）除豆薯用种子繁殖外，其他都是利用营养器官进行无性繁殖，用种量大，繁殖系数低。

（2）播种后，种块上先萌芽，然后从芽上形成不定根。发芽条件严格，而且需要的时间较长，播种前一般对栽植材料要进行催芽。

（3）马铃薯、姜、芋要求中耕培土，山药要求土壤深翻，均需要使用大量的有机肥。

（4）产品器官都位于地下，要求土壤富含有机质、疏松透气、排水良好，并严防地下病虫害。

（5）在产品器官形成盛期，要求阳光充足和较大的昼夜温差，以利于物质积累。

（6）种块在栽培过程及贮藏期间易于感染病害，且自身的衰老也会影响生产，因此要有完善的留种、保种制度。

任务一　马铃薯生产

任务资讯

马铃薯为茄科茄属中能形成地下块茎的一年生草本植物，又称为土豆、洋芋、地蛋、山药蛋等，起源于南美洲的安第斯山脉及其附近沿海一带的温带和亚热带地区，经印第安人驯化，约有8 000年栽培历史，哥伦布发现新大陆后，才陆续传播到世界各地，1650年传入中国，是一种粮菜兼用作物。马铃薯含有大量糖类，同时含有蛋白质、矿物质（磷、钙等）、维生素等，可以做主食或蔬菜食用，也可以作辅助食品如薯条、薯片等，还可以用来制作淀粉、粉丝等，并可以酿造酒或作为牲畜的饲料。马铃薯适宜与其他蔬菜、粮食、果树等多种作物间作，能充分发挥地力，增产潜力较大。

一、马铃薯的植物学特征

1. 根 马铃薯为须根系，芽长3～4cm时，其基部发生初生根（芽眼根），构成主要的吸收根系，称初生根或芽眼根。以后随着芽的伸长，在芽的叶节上与发生匍匐茎的同时，发生3～5条根，长20cm左右，围绕着匍匐茎，称匍匐根。初生根通常先水平生长约30cm，然后垂直向下生长达60～70cm。匍匐根主要是水平生长。

2. 茎 马铃薯的茎分为地上和地下两部分。地上茎绿色或着生紫色斑点，主茎为假二叉分枝，以花芽封顶。茎上附着有波状或直的茎翼，是鉴别品种的标志。地下茎包括主茎的地下部分、匍匐茎和块茎。主茎地下部分具有6～8个节，节上叶片退化成鳞片状，叶脉中抽生匍匐茎，其尖端的12～16个节间短缩膨大形成块茎，与匍匐茎相连处称为薯尾或脐部，另一端称薯顶。块茎上分布着很多呈螺旋状排列的芽眼。薯尾芽眼较稀，薯顶芽眼较密，发芽势较强。

3. 叶 马铃薯的初生叶为心脏形单叶，而后发生的叶为奇数羽状复叶，复叶叶柄基部与主茎相连处着生的裂片叶称为托叶，有小叶形、镰刀形或中间形，依其形状较容易识别品种的特征。大部分品种主茎、叶由2个叶环（16片复叶）组成，加顶部2个侧枝上的复叶，构成马铃薯主要同化系统，早、中熟品种的产量大部分靠它们形成。叶片表面密生茸毛，一种披针形，一种顶部头状，它们有收集空气中水汽的作用，有些品种具有抗害虫的作用。

4. 花 马铃薯的花序着生枝顶，伞形或聚伞形花序。早熟品种第一花序开放、中晚熟品种第二花序开放时地下块茎开始膨大。小花5瓣，两性花，自花授粉作物，异花授粉率0.5%左右，一般白天开花，夜间闭合。大多数花花而不实，少数品种果实累累。为减少对块茎产量的影响，应在蕾期将其摘除。

5. 果实和种子 马铃薯的果实为浆果，球形或椭圆形。种子细小肾形，浅褐色，千粒重0.5～0.6g，有5～6个月的休眠期。

二、马铃薯生长发育对环境条件的要求

1. 温度 马铃薯不耐寒、不耐高温，喜冷凉。发芽适温为13～18℃；茎、叶生长最适温度为17～21℃，-3℃时植株将全部冻死，当温度低于7℃或高于42℃时，停止生长；块茎形成和生长适温为17～19℃，温度低于2℃或高于29℃时，停止生长；昼夜温差越大，对块茎生长越有利。

2. 光照 马铃薯是喜光作物，茎、叶生长需要长日照、强光照，块茎发生和膨大需短日照，一般每天光照时数在11～13h较适宜。早熟品种对日照反应不敏感，而晚熟品种则相反，必须通过生长后期逐渐缩短日照，才能获得高产。日照长短与光照度和温度有交互作用，高温、短日照和强光下块茎的产量往往比高温、长日照、弱光高。

3. 水分 马铃薯在不同的生育期对水分的需求不同，需水敏感期是现蕾期也即薯块形

成期，需水量最多的时期是孕蕾至开花期。一般每 667m^2 生产 2t 块茎，需水量为 280t 左右。发芽期要求土壤含水量至少应占田间持水量的 40%～50%；幼苗期要求土壤保持在田间持水量的 50%～60%，以利于根系向土壤深层发展；发棵期因植株生长发育快，前期土壤水分应保持在田间持水量的 70%～80%，后期降为 60%，以适当控制茎、叶生长；结薯期块茎加速膨大，地上部分茎、叶生长达到高峰，是需水量最多的时期，土壤水分应保持在田间持水量的 80%～85%；接近收获时，降至 50%～60%，促使薯皮老化利于收获。土壤含水量超过 80%对植株生长也会产生不良影响，盛期时后期土壤水分过多或积水超过 24h，块茎易腐烂，积水超过 30h 时块茎大量腐烂，超过 42h 时将全部腐烂。

4. 土壤与营养 马铃薯适宜在土层深厚、疏松透气、富含有机质、pH5.0～5.5 的酸性沙壤土中栽培，块茎的生长要求土壤供氧充足。马铃薯总的施肥原则是：施足基肥，早施追肥，增施钾肥；基肥用量应占总需肥量的 60%～70%。马铃薯需肥量较大，最喜有机肥，应于生育前期适量追施氮、磷、钾肥，以提苗发棵。马铃薯忌氯，喜铜和硼，于花期喷铜、硼混合液，有增产的效果，并能防病。一般每生产 1t 块茎需氮 5～6kg、磷 1～3kg、钾12～13kg。各生育期吸收的氮、磷、钾按总吸收量的百分比计：幼苗期分别为 6%、8%和 9%；发棵期分别为 38%、34%和 36%；结薯期分别为 56%、58%和 55%。

三、马铃薯的生长发育周期

马铃薯在生长过程中一般按顺序有规律地经历发芽期、幼苗期、发棵期、结薯期和休眠期 5 个时期 3 段生长的变化。

1. 发芽期 从块茎萌芽到出苗为发芽期，是主茎的第一段生长，一般春季需 25～35d，秋季需 10～20d。块茎要在完全通过休眠或者人为打破休眠后才能萌芽。这一段生长主要是芽的伸长、扎根及形成匍匐茎，为地上部生长和结薯奠定基础。

2. 幼苗期 从出苗至第 6～8 片叶展平为幼苗期，即团棵期，是主茎的第二段生长，一般需 15～20d。根系继续生长，匍匐茎完全形成，先端开始膨大，第二段以上的茎、叶分化也在此期完成。

3. 发棵期 从团棵至第 12～16 片展平，出现第一花序为发棵期，是主茎的第三段生长，需 25～30d。主茎、叶全部建成，分枝及分枝的叶也已形成，根系继续扩展，块茎大小已如鸽蛋。早熟品种第一花序开花，晚熟品种第二花序开花是发棵期结束的形态标志。所以，早熟品种从现蕾到始花，晚熟品种延长至第二花序开花，是马铃薯生长的一个转折阶段，即从以茎、叶生长为中心转移到以块茎生长为中心。

4. 结薯期 从主茎、叶展平至茎、叶变黄为结薯期，需 30～50d。以块茎膨大和增重为主。

5. 休眠期 块茎收获后，即使在适宜发芽的环境条件下仍然不能发芽，这一状态称为休眠。马铃薯的休眠属于生理性休眠，即自然休眠，是对不良环境的一种适应。休眠期的长短因品种而异，通常为 1～3 个月，同时还受温度、湿度和其他条件的影响。

相关链接

（一）马铃薯的类型

马铃薯依块茎的成熟期分为早熟、中熟、晚熟 3 种类型，其中早熟品种类型从出苗到块茎成熟为 50～70d，中熟品种类型为 80～90d，晚熟品种类型为 100d 以上。马铃薯还根据块茎休眠的强度和时间长短，分为无休眠期的；休眠期短的，块茎在 20～25℃条件下，收后 1 个月左右通过休眠；休眠期中等的，收后 2 个月左右通过休眠；休眠期长的，收后 3 个月以上通过休眠。二季栽培宜选用休眠强度弱和休眠期短的品种。

（二）马铃薯的品种

1. 中薯 3 号 早熟，株型直立，分枝少，长势强；花冠白色，块茎卵圆形，浅黄皮浅黄肉，芽眼浅，块茎大而整齐；不抗晚疫病，耐退化；丰产性好，一般 667m^2 产 2t 以上。

2. 东农 303 极早熟，株型直立，分枝中等；花冠白色，块茎长圆形，黄皮黄肉，大小中等，芽眼浅；中感晚疫病，抗花叶病，轻感卷叶病毒；丰产性好，一般每 667m^2 产 1.5t 以上。

3. 鲁引 1 号 早熟，株型直立，分枝少，茎紫褐色，长势强；花冠蓝紫色，块茎长形，大而整齐，黄皮浅黄肉，芽眼浅；易感晚疫病，不耐贮；丰产性好，一般每 667m^2 产1.7t 以上。

4. 中薯 5 号 由中国农业科学院蔬菜花卉所选育。早熟，生育期 60d；株型直立，株高 55cm，生长势较强；茎绿色，复叶大小中等，叶缘平展，叶色深绿，分枝数少；花冠白色，天然结实性中等，有种子；块茎略扁圆，淡黄皮淡黄肉，表皮光滑，大而整齐，芽眼极浅，结薯集中；较抗晚疫病、马铃薯 X 病毒病、马铃薯 Y 病毒病和马铃薯卷叶病毒病和花叶病毒病，生长后期轻感卷叶病毒病，不抗疮痂病；一般每 667m^2 产 2t 以上。

（三）马铃薯的栽培季节和茬口安排

1. 栽培季节 确定马铃薯栽培季节的总原则是把结薯期安排在土温 13～20℃的月份。春播一般考虑出苗后地上茎、叶不致受晚霜损伤的情况下尽可能提早播期，夏、秋播种则考虑尽量避免炎热和多雨天气而适当推迟播期。同时要求地上茎、叶在出苗后有 60～70d 的生长期，其中结薯期天数至少应有 30d 左右，才能确保丰收。

2. 茬口安排 马铃薯喜轮作，春薯利用秋季腾地早的作物茬，以及用葱蒜类、胡萝卜、黄瓜茬较好。与茄科蔬菜有共同病害，忌轮换作。大白菜地软腐病重，浇水多，收期晚，后茬地板结，马铃薯发棵缓慢，长势不强，易烂薯死苗。马铃薯秧棵矮小，早熟，喜冷凉，所以可以和各种高秆、生长期长的喜温作物如玉米、棉花、瓜类、中幼年果树等进行间套作，增收一季马铃薯。

计划决策

以小组为单位，获取马铃薯生产的相关信息后，研讨并获取工作过程、工具清单、材料清单，了解安全措施，填入工作任务单（表 9－1、表 9－2、表 9－3），制订马铃薯生产方案。

（一）材料计划

表 9－1 马铃薯生产所需材料单

序 号	材料名称	规格型号	数 量

（二）工具使用

表 9-2　马铃薯生产所需工具单

序　号	工具名称	规格型号	数　量

（三）人员分工

表 9-3　马铃薯生产所需人员分工名单

序　号	人员姓名	任务分工

（四）生产方案制订

（1）马铃薯种类与种植制度。马铃薯种类与品种、种植面积、种植方式（间作、套种、是否换茬等）。

（2）所需的农业生产资料。种子、肥料、农药、生产工具、农膜等。

（3）田间生产的具体内容制订。田间生产方案的内容包括马铃薯从种到收的全过程，具体包括以下几方面的内容。

①整地作畦。整地的时间、质量，作畦的规格、所用工具、工作顺序等。

②种子处理。按照种子特性，结合当地生产情况，确定播种前种子处理措施。

③播种。确定播种时间、播种密度、播种量、播种方式及所用生产资料的准备。

④田间管理。肥水管理、环境调控、植株调整。

⑤病虫草害防治。病虫害诊断、防治时期、防治方法、药品名称、药剂类型、药品用量、施用方法、所用工具等。

⑥采收。收获田块面积、产量、收获时期、收获方法、使用工具。

（4）资金预算。土地、设施租金，农资费用，劳动力费用，管理费用等。

（5）讨论、修改、确定生产方案。

（6）购买种子、肥料等农资。

组织实施

以小组的形式在学习工作单的引导下，完成专业知识学习，开展马铃薯生产演练，并记录实施过程中出现的特殊情况或调整情况。

（一）播前准备

1. 品种与种薯　选用抗病、优质、丰产、抗逆性强、适应当地栽培条件、商品性好的品种，如中薯 5 号等。

有条件的可选用脱毒种薯，种薯质量要求 150g 以上，老熟、薯形正常，无龟裂、无病斑、无芽眼增多和芽眉凸起现象，切开块茎切面无褐色网状坏死。

2. 种薯处理 在播种前15～20d，如果种薯还未解除休眠，可进行催芽处理。催芽可把马铃薯的物候期提早7～10d，催芽时间一般在当地马铃薯适宜播种期前20～30d进行。催芽的方法有切块催芽和整薯催芽。

（1）切块催芽。选择健康的、生理年龄适当的较大种薯切块，用切刀将块茎纵切为两半，切成带1～2个芽眼、质量为25～30g的薯块，切块时应保证每块都有芽眼，并尽量使更多的薯块带有顶部或其附近的芽眼，切块过程中淘汰病、烂薯和纤弱芽薯。一切刀每使用10min后或在切到疑似病薯时，用75%乙醇消毒。种薯切块后，用0.5～1mg/L的赤霉素液浸泡10min，然后，一层种薯一层土（或细沙）堆放，芽眼朝上，覆土厚度以不见薯即可；上方搭小拱棚覆盖，白天控制最高温度不高于20℃，晚上盖草保温，待芽长1.5cm左右播种，在催芽过程中淘汰病、烂薯和纤细芽薯，催芽时要避免阳光直射、雨淋和霜冻等。

（2）整薯催芽。若用整薯播种，可用浓度为10mg/L的赤霉素液浸泡10min。整薯催芽，薯块堆放2～3层为宜，并且每周翻1次，使受光均匀。

3. 整地作畦、施基肥 翻耕疏松土壤，要求耕作深度25～30cm层的土块细碎，然后以长度200cm（含沟）作畦，畦高30～35cm，沟宽40cm。

氮肥总用量的70%以上和大部分磷、钾肥作基肥施用。农家肥和化肥混合施用。根据土壤肥力，确定相应施肥量和施肥方法。中等肥力田，起好畦后在畦中央开沟，然后每667m^{2}施入腐熟有机肥1～1.5t、饼肥50kg、三元复合肥50kg，施肥后覆土平整畦面。

（二）合理密植

一般10cm土温为16～18℃时适宜播种。土温低而含水量高的土壤宜浅播，播种深度约5cm；土温高而干燥的土壤宜深播，播种深度约10cm。

地膜覆盖栽培有增温效应，一般较露地提高3～4℃，播种期可提早11～15d。长江中下游地区以1月下旬为宜。采用双膜覆盖栽培，可提早到12月中下旬播种。采用高畦双行栽培，平均行距50cm，株距23cm，每667m^{2}田块种6 000穴，用种量150kg。

（三）田间管理

1. 中耕除草 中耕除草一般进行两次：出苗70%时拔除畦面杂草，锄去畦边及畦沟杂草；封行前结合培土进行第二次中耕除草。注意：中耕除草宜浅不宜深，尤其是第二次中耕除草，越浅越好，深锄必然伤根、伤薯、罹病和减产。

对于地膜覆盖栽培，不必中耕除草，而要在出苗期及时破膜放苗，并用细土封好膜口，如遇低温寒潮，做好保温防寒。双膜覆盖栽培温度控制在20℃左右，避免20℃以上高温，断霜后拆除小拱棚。

2. 追肥 幼苗期要早追肥，追肥以速效氮肥为主，施肥后浇水。发棵期一般不追肥，需补肥时可在发棵早期，或等到结薯初期，切忌发棵中期追肥，否则会引起植株徒长。最后一次追肥应在现蕾期进行。根据植株生长情况也可进行叶面追肥，以尿素、磷酸二氢钾按2∶1的比例混用，浓度为0.3%。

3. 培土 地膜栽培一般不培土，露地栽培一般结合中耕除草培土2～3次。出齐苗后进行第一次浅培土，现蕾期高培土，封垄前第三次培土。

4. 灌溉和排水 在整个生长期土壤含水量保持在田间持水量的60%～80%。出苗前不宜灌溉，幼苗期应结合施肥早浇水；发棵期内不干不浇，块茎形成期及时适量浇水，块茎膨大期要保持土壤湿润，浇水时忌大水漫灌。在雨水较多的地区或季节，及时排水，田间不能有积水。收获前视气象情况 7～10d 停止灌水。

（四）病虫害防治

1. 主要病虫害 马铃薯的主要病害为晚疫病、青枯病等，主要虫害为蚜虫、金针虫、块茎蛾、地老虎、蛴螬等。

2. 生物防治

（1）保护天敌。创造有利于天敌生存的环境，释放天敌，如捕食螨、寄生蜂、七星瓢虫等。

（2）选择对天敌杀伤力低的农药。每公顷用 350～750g 的 16 000IU/mg 苏云金杆菌可湿性粉剂 1 000 倍液防治鳞翅目幼虫，用 0.3%苦参碱乳油 300～500 倍液防治蚜虫以及金针虫、地老虎、蛴螬等地下害虫，用 210～420g 的 72%硫酸链霉素可溶性粉剂 4 000 倍液或 3%中生菌素可湿性粉剂 800～1 000 倍液防治青枯病。

3. 物理防治 露地栽培可采用杀虫灯以及性诱剂诱杀害虫，保护地栽培可采用防虫网或银灰膜避虫、黄板（柱）以及性诱剂诱杀害虫。

4. 药剂防治

（1）晚疫病。在有利发病的低温高湿天气，用 70%代森锰锌可湿性粉剂 600 倍液、25%甲霜灵可湿性粉剂 500～800 倍液、58%甲霜·锰锌可湿性粉剂 800 倍液喷施预防，每 7d 左右喷 1 次，连续 3～7 次。注意交替用药。

（2）青枯病。发病初期用 72%硫酸链霉素可溶性粉剂 4 000 倍液、3%中生菌素可湿性粉剂 800～1 000 倍液、77%氢氧化铜可湿性微粒粉剂 400～500 倍液灌根，每 10d 灌 1 次，连续灌 2～3 次。

（3）蚜虫。发现蚜虫时用 5%抗蚜威可湿性粉剂 1 000～2 000 倍液、10%吡虫啉可湿性粉剂 2 000～4 000 倍液、20%的氰戊菊酯乳油 3 300～5 000 倍液、10%氯氰菊酯乳油 2 000～4 000倍液等药剂交替喷雾防治。

（4）金针虫、地老虎、蛴螬等地下害虫。可用 0.38%苦参碱乳油 500 倍液、50%辛硫磷乳油 1 000 倍液、80%的敌百虫可湿性粉剂，用少量水溶化后和炒熟的棉籽饼或菜籽饼 70～100kg 拌匀，于傍晚撒在幼苗根的附近地面上诱杀。

（五）采收

根据生长情况与市场需求及时采收。采收前若植株未自然枯死，可提前 7～10d 杀秧。收获后，块茎避免暴晒、雨淋、霜冻和长时间暴露在阳光下而变绿。

拓展知识

马铃薯种性退化及其防止措施

彩色马铃薯

马铃薯免耕栽培

任务二 姜生产

任务资讯

姜是姜科姜属中能形成地下肉质根茎的栽培种，多年生宿根性草本植物，多作一年生作物栽培，又称为生姜、黄姜，原产我国及东南亚一带，我国自古就有栽培，现在除了东北、西北地区外，其他地区均有栽培，其中山东、浙江、广东为主产区，尤其在山东的莱芜片姜，是我国的特产蔬菜之一。姜以地下肉质根茎为产品，根茎中因含有姜酚、姜油酮、姜烯酚和姜醇等物质而具有特殊的香辣味，可用做香辛调料，也可以加工成姜干、姜粉、姜汁、姜酒，并且能糖渍、酱渍，有健胃、祛寒、发汗之功效。

一、姜的植物学特征

1. 根 姜为浅根性植物，根系主要分布在表土30cm的范围内。姜的根可分纤维（须）根和肉质根两种，从幼芽基部发出的根为纤维根，是主要的吸收根系，姜母及子姜的茎节上发生的根为肉质根，兼具吸收和支持功能。

2. 茎 姜有地上茎和地下茎两种。地上茎直立生长，芽破土时茎端生长点由叶鞘包围，称假茎。假茎上有茸毛，基部略带紫色，内包有嫩叶，高80～100cm。地下茎即根茎，是姜贮藏养分的器官，节间短而密。姜的整个根茎是姜母及其两侧腋芽不断分枝形成的子姜、孙姜、曾孙姜等的组成体，其上着生肉质根、纤维根、芽和地上茎，是产品器官。地下根茎皮为黄色、淡黄色。种姜发芽出苗后，苗基部膨大形成的初生根茎，俗称姜母，姜母肉质，在其上发生的新根茎即子姜，由子姜而生孙姜，依次发生新的根茎，直至形成完整的根茎。

3. 叶 姜的叶为披针形，具有明显的筒状革质叶鞘，绿色，互生，排成二列。

4. 花 姜的花为穗状花序，长5～7.5cm，由迭生苞片组成，苞片边缘黄色。每个苞片都包被着单生的绿色或紫色小花，但栽培中极少开花，即使开花也不结实。

二、姜生长发育对环境条件的要求

1. 温度 姜喜温暖，不耐寒冷，也不耐霜冻。姜在日平均温度低于10℃时不能发芽，在15℃经15d可以解除休眠，16～20℃开始缓慢萌发，而以22～25℃最适，约需25d；30℃只需10d，生长虽快但幼芽瘦弱。催芽以变温处理为好，前期20～23℃，中期25～28℃，后期20～22℃。姜在茎、叶分枝生长时以25～28℃为适，但根茎生长时夜温宜较低，以白天22～25℃，夜间17～18℃为宜。气温在35℃以上，茎、叶生长受到抑制，植株逐渐死亡；20℃以下生长缓慢，15℃时停止生长，遇霜则茎、叶枯死。

2. 光照 姜既喜光又耐阴，但不同发育阶段对光照度要求不同，发芽期需要黑暗；幼苗期要求中等强度的光照；在植株发棵和旺盛生长期则需要较强光照。姜在幼苗期时光补偿点为800lx，光饱和点25klx，当光照度超过3万lx时，植株光合强度下降。所以幼苗期应给予散射击光，一般要遮阳。旺盛生长时期要80klx的光照，故当植株旺盛生长时，就应及时撤除遮阳物，使植株能较好进行光合作用。姜根茎的形成，对日照长短的要求不严格，无论长日照还是短日照片均可形成根茎。但以自然光照条件下的地上茎、叶生长较好，根茎较重。

3. 水分 姜为浅根性植物，根系不发达，不能利用土壤深层的水分，抗旱力弱，对土壤水分要求严格。发芽期要求土壤水分充足，以利于发根出苗。幼苗期，植株生长慢，生长量小，需水量少，但土壤应保持湿润。进入旺盛生长期后，生长速度加快，需要大量水分。但土壤过分潮湿或雨水过多，则往往引起徒长，并易诱发病害。

4. 土壤与营养 姜对土壤质地要求不严，沙壤土、黏壤土均可，以土层深厚疏松、肥沃富有机质、通气及排水良好的壤土为好，盐碱涝洼地不宜种姜。生姜对土壤酸碱度反应敏感，在中性或微酸性土壤中生长良好，pH 以 5～7 较为适宜，pH 过高或过低对茎、叶生长均有不良的影响。

姜喜肥耐肥，据研究，每生产 1t 根茎，需从土壤中吸收氮 5.22kg、磷 1.32kg、钾 5.25kg。生姜对养分的吸收以钾肥最多，氮肥次之，磷肥最少。对氮、钾敏感，缺氮时植株矮小，分枝少，叶片薄而色淡；缺钾时植株易早衰，对产量和品质影响较大。所以，增施氮、钾肥有利于提高姜的产量和品质。

三、姜的生长发育周期

生姜的生长发育周期包括发芽期、幼苗期、旺盛生长期和根茎休眠期 4 个时期。

1. 发芽期 从姜芽开始萌动到第一片真叶展开，在 22～25℃温度条件下需 40～50d。此期幼苗的生长主要靠种姜的贮藏养分。

2. 幼苗期 从第一片真叶展开到具有两个侧枝，以主茎和根系生长为主，需 60～70d。此期以促进根系发育、培育壮苗为主。

3. 旺盛生长期 此期分枝大量发生，叶数剧增，叶面积迅速扩大，根茎膨大加速，是产品器官形成的主要时期。前期以茎、叶生长为主，后期以根茎膨大为主。

4. 根茎休眠期 姜不耐寒，初霜期茎、叶枯死，根茎被迫进入休眠期。姜收获后，贮藏期间应保持 11～13℃和相对湿度为 85%～95%的条件，使其生理活动微弱，减少养分消耗，防止受冻与姜块失水干缩。

相关链接

（一）姜的类型

根据植株形态和生长习性可分为两种类型：一种是疏苗型，植株高大，茎秆粗壮，分枝少，叶深绿色，根茎节少而稀，姜块肥大，多单层排列，如莱芜大姜等；另一种是密苗型，长势中等，分枝多，叶色绿，根茎节多而密，姜球数多，呈双层或多层排列，如莱芜片姜、广东密轮细肉姜、浙江红爪姜和黄爪姜、贵州遵义大白姜、云南玉溪黄姜等。

（二）姜的品种

1. 莱芜片姜 山东莱芜地方品种。生长势强，株高 70～80cm，10～15 枚分枝，多者 20 枚以上；根茎肉质细嫩，辛香味浓，品质佳，耐贮运；单株根茎 300～400g，重者达 1kg。

2. 莱芜大姜 山东莱芜地方品种。植株高大，生长势强，株高 80～100cm，分枝数少，多为 6～10 枚；姜球数目少，但姜球肥大，外形美观，产量与片姜相近。

3. 红爪姜 浙江地方品种。植株生长势强，株高 60～80cm，姜块肥大，皮淡黄色，肉蜡黄色，芽带淡红色，纤维少，辛辣味浓，品质优；单株根茎 400～500g。

4. 黄爪姜 浙江地方品种。植株较矮，根茎节淡黄色，芽不带红色，节间短缩，肉质致密，辛辣味浓，品质优；单株根茎250g左右。

5. 红芽姜 福建地方品种。植株生长势强，分枝多，根茎皮淡黄色，芽淡红色，肉蜡黄色，纤维少，风味品质佳；单株根茎达500g左右。

6. 五指姜 浙江地方品种。外形美观，表皮光滑洁白带鹅黄色，嫩芽粗壮，呈浅紫红色，肉质细嫩，汁多渣少，香味浓郁、较辣、品质佳；单株根茎达500g左右。

（三）姜的栽培季节和茬口安排

姜的生长期长，我国各地种姜多为春季播种，霜前收获。播期南北不同，一般广东、广西等地1—4月可随时播种；江浙一带、安徽及两湖地区，多于4月下旬至5月上旬播种。若播种过早，地温低，出苗迟，易造成烂块死苗；播种过晚，生长期缩短，易造成减产。

利用设施栽培姜，可提前播种，延迟收获，提高产量。如地膜覆盖栽培可比常规栽培提前25d左右播种；拱棚覆盖栽培可提前50d左右播种；后期加拱棚覆盖可延迟15d收获。姜大棚栽培主要是进行春提早栽培，11月下旬至翌年2月上旬进行催芽，翌年1月中下旬播种（定植），5月下旬至6月采收。

计划决策

以小组为单位，获取生姜生产的相关信息后，研讨并获取工作过程、工具清单、材料清单，了解安全措施，填入工作任务单（表9-4、表9-5、表9-6），制订生姜生产方案。

（一）材料计划

表9-4 生姜生产所需材料单

序 号	材料名称	规格型号	数 量

（二）工具使用

表9-5 生姜生产所需工具单

序 号	工具名称	规格型号	数 量

（三）人员分工

表9-6 生姜生产所需人员分工名单

序 号	人员姓名	任务分工

（四）生产方案制订

（1）姜种类与种植制度。姜品种、种植面积、种植方式（间作、套种、是否换茬等）。

（2）所需的农业生产资料。种子、肥料、农药、生产工具、农膜等。

（3）田间生产的具体内容制订。田间生产方案的内容包括姜从种到收的全过程，具体包括以下几方面的内容。

①整地作畦。整地的时间、质量，作畦的规格、所用工具、工作顺序等。

②种子处理。按照种子特性，结合当地生产情况，确定播种前种子处理措施。

③播种。确定播种时间、播种密度、播种量、播种方式及所用生产资料的准备。

④田间管理。肥水管理、环境调控、植株调整。

⑤病虫草害防治。病虫害诊断、防治时期、防治方法、药品名称、药剂类型、药品用量、施用方法、所用工具等。

⑥采收。收获田块面积、产量、收获时期、收获方法、使用工具。

（4）资金预算。土地、设施租金，农资费用，劳动力费用，管理费用等。

（5）讨论、修改、确定生产方案。

（6）购买种子、肥料等农资。

组织实施

以小组的形式在学习工作单的引导下，完成专业知识学习，开展姜大棚早熟生产演练，并记录实施过程中出现的特殊情况或调整情况。

（一）整地作畦、施基肥

大棚早熟栽培姜应选择地势稍高、排灌方便、土层深厚、疏松肥沃的沙壤土种植。有条件的最好冬前深翻土壤，晒白、风化。定植前30d搭棚扣膜，并深翻1次，以提高地温和降低土壤含水量，同时做好棚间排水沟。姜产量高，需肥大，必须施足基肥，一般每667m² 优质有机肥施用量不低于5t。磷肥基施，结合耕翻整地与耕层充分混匀，适当补充钙、铁等中、微量元素。

（二）播种育苗

1. 选姜 选用抗病、优质、丰产、抗逆性强、商品性好的品种。要求姜种姜块肥大、丰满、皮色光亮、肉质新鲜不干缩、不腐烂、未受冻、质地硬、无病虫害。

2. 晒姜 将选好的种姜在催芽前选择晴天晒种，当姜肉变干、发白、稍有皱纹时停止晒种。晒种有利于降低种姜的水分含量和提高温度，有利于整齐发芽。

3. 催芽 可使种姜提早、整齐出芽，是姜大棚早熟栽培获得成功的关键技术之一。姜催芽方法很多，大棚早熟栽培可采用大棚酿热温床催芽，具体操作如下。

（1）催芽床准备。在大棚中间位置挖一宽1.2～1.5m、深30～35cm的凹床，长度依姜种多少而定。床底铺一层新鲜牛、猪栏肥作酿热物，并加少量水，踏实，厚度15cm左右，再在酿热物上覆盖4～5cm厚的细土。

（2）催芽及管理。将经晒种处理的种姜排放在准备好的催芽床内，种姜堆放厚度为10～15cm，铺一层稻草，盖上塑料薄膜，上搭小拱棚保温。整个催芽过程不揭大、小棚膜，夜间在小拱棚上加盖草帘保温。

催芽中止的标准：种姜在催芽过程中要经过萌动、破皮、节部逐渐产生轮纹等过程，姜的栽植一般以姜芽具第二、第三轮纹期为适宜，此时应中止催芽进入定植阶段。催芽期需

45d左右。

（三）定植

当10cm地温稳定在15℃以上时即可定植。大棚姜主要收鲜姜上市，生育期相对较短，单株产量低，因此要合理密植。每畦种4行，株距宜25～30cm，行距30cm左右。每个标准大棚种2 800株左右，种姜催芽结束即行定植。定植前在定植穴内浇水，并施适量的草木灰，定植时要求姜种个重50～75g，带1～2个短壮芽。将姜种平放在定植穴内，姜芽稍向下倾斜，以利于种姜下端发生新根，定植后覆土4～5cm，然后整平畦面覆盖地膜，搭小拱棚。

（四）田间管理

1. 温度管理 姜出苗前，密闭大、小棚膜，以利于保温，夜间需在小拱棚上加盖草帘。2月中下旬出苗后，及时划破地膜，使姜芽（苗）伸出地膜，以免灼伤幼嫩茎、叶。小拱棚采用日揭夜盖，大棚通风管理视天气情况而定，棚温不得超过35℃，特别是土壤湿度较高时，更应注意通风管理，以防徒长。3月下旬，温度升高，拆去小拱棚。5月上旬揭去大棚裙膜，保留顶膜覆盖。这种覆盖方式的作用有三方面：一是可以利用农膜的遮阳作用；二是可以防止暴雨危害；三是农事操作不受天气影响。

2. 水分管理 播种后，浇足底水，保证苗齐苗壮。幼苗期保证供水均匀，不可忽干忽湿，以免植株生长不良，新生叶片不能正常伸展而呈扭曲状态。进入生长盛期，需水量多，保持土壤相对湿度75%～80%。收获前3d浇最后一次水。

3. 追肥 姜需肥量大，除施足基肥外，应及时追肥。追肥分两次进行：第一次在齐苗后，主茎充分展开时进行，每667m^2施进口复合肥10kg；第二次在植株进入分蘖期进行，施进口复合肥10kg、尿素5kg。

4. 遮阳 姜喜阴，不耐强烈的阳光直射，以散射光对生长较为有利。4月下旬要在棚内搭遮阳棚遮阳。遮阳棚用竹竿、铁丝等搭成高1m左右的平棚，用遮阳网、草帘等作遮阳材料。多云、阴雨天气不遮阳，晴天9:00—16:00遮阳。也可间作玉米、丝瓜、苦瓜等，并利于地上部进行遮阳。

5. 中耕除草、培土 出苗后，地温尚低，浇水后中耕1～2次，并及时清除杂草。进入旺盛生长期，植株逐渐封垄，杂草发生量减少，根茎膨大速度加快，根系增多，不宜再中耕，有杂草及时拔除，以免伤根。

（五）病虫害防治

1. 炭疽病防治 可用80%的福·福锌可湿性粉剂800倍液喷雾防治。

2. 病毒病防治 可用20%吗胍·乙酸铜可湿性粉剂600倍液或1.5%烷醇·硫酸铜乳油1 000～1 500倍液喷雾防治。

3. 姜螟防治 可用52.25%氯氰·毒死蜱乳油或4.5%高效氯氰菊酯乳油1 500～2 000倍液或1.8%阿维菌素1 500倍液喷雾防治。

4. 小地老虎防治 用糖、醋、白酒、水和90%的敌百虫晶体按6∶3∶1∶10∶1调匀，撒于田间诱杀成虫；将炒香的麦麸或豆饼5kg，配以90%的敌百虫晶体200g，加水拌湿，撒于田间诱杀幼虫。

（六）采收

大棚姜宜早挖姜上市，当分蘖进行到第三、第四次时陆续采收。一般在5月下旬至6月上旬始收。

拓展知识

姜病虫害科学防治技术

姜的采收及留种技术要点

姜的种性退化与防止

任务三　芋 生 产

任务资讯

芋是天南星科芋属中能形成地下球茎果实的栽培种，多年生、湿生草本植物，在温带和亚热带常州作一年生栽培，冬季地上部枯死，以球茎或根状茎在地下越冬，又称为芋头、芋艿、毛芋等，原产于中国、印度及马来西亚半岛的热带沼泽地区。芋的原始种生长在沼泽地带，经长期自然选择和人工培育形成水芋、水旱兼用芋、旱芋等栽培类型。野生芋的球茎和叶柄均不发达，涩味浓，有的有毒，不能食用，一般具有匍匐茎，尖端形成小球茎，只作为繁殖器官。经过自然和人工选择，逐渐形成叶柄肥厚的叶用芋和球茎发达的茎用芋及多种栽培类型。

芋在世界各地均有分布，但以中国、日本及太平洋诸岛栽培最多。我国在珠江流域及台湾地区栽培最多，其次是长江流域，华北地区栽培较少。由于栽培技术改进，栽培区域向北方扩展。芋营养价值较高，块茎中富含糖类，属于粮菜兼用作物。芋的肥大叶柄及叶片也是良好的饲料。芋耐贮运，在解决蔬菜周年供应上有一定作用。芋病害少，栽培技术较马铃薯、生姜简单，深受生产者欢迎。

一、芋的植物学特征

1. 根　白色肉质纤维根，须根系，较发达，但根毛少，吸收力较弱，再生能力也较差，且不耐干旱。种芋催芽时，根着生在种芋顶端，即顶芽的基部。顶芽将来发育成母芋，故母芋上的根主要分布在中下部，中上部很少生根。子芋在生长过程中，顶芽易萌发，顶芽基部生根，故子芋上的根多分布在中上部。孙芋上很少长根。

2. 茎　芋的茎分为球茎和根茎两种，皆为地下变态茎。春季球茎顶芽萌发生长后，在其上端形成短缩茎，短缩茎在生长过程中逐渐膨大，形成新的球茎。球茎均在地下膨大，有圆形、椭圆形、卵圆形、长圆形等形状。球茎上有显著的叶痕环，节上有棕色鳞片毛，为叶鞘残迹。主球茎通称母芋。在正常情况下，母芋每节上的腋芽只有一个可能发育形成小球茎，通称子芋，以此类推可形成孙芋、曾孙芋、玄孙芋等。有的品种的腋芽也可发育成根茎，在根茎的顶端才膨大形成小的球茎。球茎和根茎皆可作繁殖器官。球茎的结构主要由基本组织的薄壁细胞组成，包括皮层及髓部，其中维管束分散，导管大，与叶片导管相通，直抵气孔、水孔附近，这是适应其湿生环境的结果。

3. 叶　芋的叶互生于茎基部，叶型大，长 25～90cm，宽 20～60cm，多为盾形，也有卵形或略成箭头形，先端渐尖。叶表面有密集乳突，积蓄空气，形成气垫，使水滴形成圆珠，不沾湿叶面。叶柄长 40～180cm，直立或披展，下部膨大成鞘，抱茎，中部有槽，呈绿、红、紫或黑紫色，常为品种命名的根据。叶片及叶柄有明显的气腔，木质部不发达，叶柄长而中空，叶大而不抗风雨。

4. 花 芋的花为佛焰花序，单生，短于叶柄，花柄颜色与叶柄基本相同，管部长卵形，檐部披针形或椭圆形，展开成舟状，边缘内卷，淡黄色至绿白色。芋在自然条件下很少开花，极少数品种，尤其是叶柄为绿色的多子芋，在个别年份能开花，花期一般在 8—9 月，华南地区也有在 2—4 月开花的。

5. 果实 芋的果实为浆果。种子近卵圆形，紫色，有繁殖能力。

二、芋生长发育对环境条件的要求

1. 温度 芋要求高温湿润的环境。在日平均温度 21～27℃，降水量 2 500mm 左右地区生长良好。生长适温 25～30℃，20℃以下生长缓慢，球茎在 13～15℃才开始发芽。不同类型的芋对温度要求不同，多子芋适应较低的温度，魁芋要求高温，并需较长的生长季节，以使球茎充分长大。所以中国大魁芋多产于珠江流域，而长江、黄河流域适宜栽培多子芋、多头芋。

2. 光照 芋较耐阴，甚至在较长时间荫蔽的散射光下，也能生长良好。强烈的日照加上高温干旱常致叶片枯焦，长日照有利于芋地上部分生长，短日照有利于地下球茎形成。不同光周期对母芋的影响较小，对子芋的影响较大，但都可形成球茎。

3. 水分 芋叶、根及叶柄组织均显示其湿生植物的特征，除水芋栽于水田外，旱芋也应选湿地栽培。芋喜湿，不耐干旱，生长期间，特别是生长盛期，不可缺水，干旱使其生长不良，叶片不能充分成长，造成严重减产。

4. 土壤与营养 栽培芋宜选保水力强、土层深厚的壤土或黏土，并要求土壤有机质含量达 1.5%以上，pH 以 5.5～7.0 为宜。芋喜肥耐肥，在芋的整个生长过程中，其吸收氮、磷、钾的比例约为 1.2∶1∶2，氮、钾肥供应充足，有利于其产量和品质的提高。

三、芋的生长发育及球茎形成

芋以球茎作繁殖材料，称为种芋，在适宜的温度和湿度条件下，种球萌发至第一片真叶开展，约 30d，为发芽期。

种芋发芽后，形成新株。随着植株的生长，顶芽基部短缩茎，逐渐膨大而成球茎，称为母芋。种芋因营养物质消耗而干缩，甚至腐烂。短缩茎每伸长一节，地面就长出 1 片叶，进行光合作用，制造养分。初期长出的叶片较小，至 6—8 月生长盛期所长的叶片最大，对产量的影响也最大。一般应保持 7～14 叶的健壮，以增强同化效能。

母芋每节均有 1 个腋芽。以母芋中下部节位的健壮腋芽形成球茎，称为子芋。子芋同母芋一样出土出叶，茎节上发根，如果生长季节和环境条件适宜，按此习性形成孙芋、曾孙芋。

长江以南地区，一般 7—9 月为球茎形成盛期。此期子芋膨大且不断发生孙芋及曾孙芋，到 10 月以后生长减缓，养分向球茎运输，球茎淀粉含量增多。子芋、孙芋发生的数量和所占比例依芋的类型和品种而异，其品质也有不同，如魁芋中的槟榔芋，子、孙芋较少，母芋比例高，品质最佳，其次为子芋，孙芋较黏滑；多子芋中的白梗芋，子、孙芋较多，比例高于母芋，品质最佳，而母芋品质欠佳。

相关链接

（一）芋的类型与品种

芋品种丰富，分叶柄用芋和球茎用芋两个变种。叶柄用芋以无涩味或淡涩味的叶柄为产品，如广东红柄水芋、浙江宁波水芋、四川武隆叶菜芋等；球茎用芋以肥大的球茎为产品。栽培上以球茎用芋为主，球茎用芋按母芋、子芋的发达程度及子芋的着生习性，分为魁芋、多子芋和多头芋类型。

1. 魁芋　母芋大，重达1.5～2kg，品质优于多子芋，粉质香味浓。喜高温，珠江流域及台湾地区普遍栽培。魁芋又包括以下几种。

（1）匍匐茎魁芋。母芋肥大，品质好，母芋上长出匍匐茎，顶端膨大的子芋不能食用，只能供繁殖用，如四川宜宾串根芋。

（2）长魁芋。母芋长圆筒形，子芋长柄或短柄，可食用，如福建筒芋（长柄）、福建竹芋（短柄）。

（3）粗魁芋。母芋椭圆形，无明显的柄，如台湾面芋、糯米芋，浙江奉化火芋等。

2. 多子芋　子芋多，无柄，产量和品质超过母芋，一般为黏性，其中有水芋，如宜昌白芋（属绿柄品种群）、宜昌红荷芋（属紫柄品种群）；旱芋，如上海白梗芋、广州白芽芋、福建青梗无芽芋（属绿柄品种群）、广东红芽芋、福建红梗无娘芋、台湾乌播芋；水旱芋，如长沙白荷芋（属绿梗品种群）、长沙乌荷芋（属紫柄品种群）。

3. 多头芋　球茎丛生，母芋、子芋、孙芋无明显的区别，相互密接重叠，质地介于粉质与黏质之间，一般为旱芋，如东九面芋、江西新余狗头芋、浙江金华切芋（属绿柄品种群）、福建长脚九头芋、四川莲花芋（属紫柄品种群）。

（二）芋的栽培季节和茬口安排

芋需高温，生长期长，故多为露地栽培。各地因纬度和海拔高度的差别，栽培季节差别较大。珠江流域的广西、广东在2—3月播种，四川、闽南地区3月初播种，长江流域在4月初播种，山东沿海地区4月上旬播种。当10cm土温稳定在8～10℃时播种，掌握在不受冻的情况下，适当早播，早发根，有利于提高产量。早熟品种于7—8月采收，迟熟的在霜前采收，生长期长200d以上。

芋忌连作，连作2年减产20%～30%。应进行3年以上的轮作，对前茬要求不严。

计划决策

以小组为单位，获取芋生产的相关信息后，研讨并获取工作过程、工具清单、材料清单，了解安全措施，填入工作任务单（表9-7、表9-8、表9-9），制订芋生产方案。

（一）材料计划

表9-7　芋生产所需材料单

序　号	材料名称	规格型号	数　量

（二）工具使用

表 9-8 芋生产所需工具单

序 号	工具名称	规格型号	数 量

（三）人员分工

表 9-9 芋生产所需人员分工名单

序 号	人员姓名	任务分工

（四）生产方案制订

（1）芋种类与种植制度。芋品种、种植面积、种植方式（间作、套种、是否换茬等）。

（2）所需的农业生产资料。种子、肥料、农药、生产工具、农膜等。

（3）田间生产的具体内容制订。田间生产方案的内容包括芋从种到收的全过程，具体包括以下几方面的内容。

①整地作畦。整地的时间、质量，作畦的规格、所用工具、工作顺序等。

②种子处理。按照种子特性，结合当地生产情况，确定播种前种子处理措施。

③播种。确定播种时间、播种密度、播种量、播种方式及所用生产资料的准备。

④田间管理。培土、肥水管理、环境调控、植株调整。

⑤病虫草害防治。病虫害诊断、防治时期、防治方法、药品名称、药剂类型、药品用量、施用方法、所用工具等。

⑥采收。收获田块面积、产量、收获时期、收获方法、使用工具。

（4）资金预算。土地、设施租金，农资费用，劳动力费用，管理费用等。

（5）讨论、修改、确定生产方案。

（6）购买种子、肥料等农资。

组织实施

以小组的形式在学习工作单的引导下，完成专业知识学习，开展芋生产演练，并记录实施过程中出现的特殊情况或调整情况。

（一）土地的选择和施基肥

宜选用有机质含量丰富、土层深厚、肥沃、保水的壤土或黏土。芋忌连作，须实行 3 年以上轮作。芋的生长期长，需肥量大，旱芋一般每 667m^2 施腐熟土杂肥 2.5～3t、三元复合肥 20～30kg，增施钾肥能增加球茎淀粉的含量和香气。

（二）种芋选择和育苗

1. 种芋选择 从无病田块中健壮株上选母芋中部的子芋做种。单种芋 50g 以上，顶芽和球茎充实，形状整齐。芋用种量大，每 667m^2 用种量一般为 50～200kg。

2. 母芋种用 母芋种用分为大母芋切块和培育小母芋种子球两种。

（1）母芋切块。整个母芋作种芋增产作用显著，母芋切块须进一步克服烂种等问题。

（2）小母芋的培育。槟榔芋繁殖系数低，部分小芋种用产量低，为了提高其利用率，将子芋假植 1 年培养成小母芋。

3. 催芽育苗 芋生长期长，催芽育苗可以延长生长季节，提高产量。通常在早春提前 20～30d 在冷床育苗，床温保持 20～25℃和适宜的湿度，床土不宜过厚，限制根系深入，便于移植。当种芋芽长 4～5cm，露地无霜冻时，及早栽植。

（三）栽植

当 10cm 土温稳定在 8～10℃时播种，掌握在不受冻的情况下，适当早播，早发根，有利于提高产量。

芋较耐阴，应适当密植。密植的增产效果显著。为了便于培土，一般采用宽行窄株距栽培法。种植多子芋以行距 80cm、株距 20cm 左右，每 667m^2 栽 4 000～5 000 株。芋宜深栽，便于球茎生长。覆土深度以自种芋至垄顶约 10cm，微露顶芽为准，过浅会影响发根。

（四）田间管理

1. 苗期管理 出苗前后应多次中耕、除草、疏松土层，以增进地温，促进生根、发苗，发现缺苗时要及时补苗。地膜覆盖栽培，当幼芽出苗时人工破膜，使幼芽露出土面，防止高温灼伤，并覆土压实膜口，提高地膜增温、保墒的效果。

2. 肥水管理 芋需肥量高，除基肥外，应采取分次追肥，以促进生长和球茎发育。追肥的原则是苗期轻，结芋时重。芋喜湿，忌干旱。前期气温较低，生长量小，维持土壤湿润即可，防止积水，以免影响根系生长。中后期生长旺盛及球茎形成发育时，需水分充足，应及时灌溉。高温季节时灌溉应在早、晚进行，中午灌溉易伤根。

3. 培土 培土能防止顶芽抽生，促进子、孙芋膨大，并增加侧根生长，增强吸收及抗旱能力，并调节温湿度。一般在 6 月地上部迅速生长，母芋迅速膨大，子、孙芋形成时开始培土。多子芋的子芋易萌发出土，可结合中耕、除草，再将土掩埋培土，一般进行 2～3 次，每次培土四周均匀，芋形才能端正。

（五）病虫害防治

1. 芋疫病 芋疫病主要侵染叶和球茎。植株感病后，叶面有不规则轮形纹斑，湿度大时斑上有白色粉状物，重时叶柄腐烂倒秆、叶片全萎，地下球茎部分组织变褐乃至腐烂。底洼积水、过度密植、偏施氮肥发病重。

防治方法：

（1）选用抗病品种，在无病地块留种。

（2）实行水旱轮作。旱芋采用高畦栽培，注意清沟排渍；及时铲除田间零星芋苗，烧毁病残物。

（3）施足底肥，增施磷、钾肥。

（4）可用 90%三乙膦酸铝可湿性粉剂 400 倍液、72.2%霜霉威盐酸盐水剂 600～800 倍液、70%乙铝·锰锌可湿性粉剂 500 倍液喷雾防治。

2. 芋软腐病 由种芋或其他寄主植物病残体带菌越冬，栽植后通过水从伤口侵入。其主要危害植株叶柄基部和球茎。叶柄基部感病，初生暗绿色水浸状病斑，内部组织逐渐变褐腐烂，叶片变黄，球茎染病后逐渐腐烂。发病重时病部迅速软化腐败终致全株枯萎倒伏，并散发出恶臭。在高温条件下容易发病。

防治方法：

（1）选用抗病品种，如红芽芋。

（2）实行 2～3 年的轮作。

（3）加强田间管理，施用腐熟有机肥，及时排水晒田。

（4）发现病株开始腐烂或水中出现发酵情况时，进行排水晒田，然后喷洒 47%春雷·王铜药剂防治，或用 1∶1∶100 的波尔多液、72%硫酸链霉素可溶性粉剂 3 000 倍液、30%氧氯化铜悬浮剂 600 倍液喷雾防治。

3. 单线天蛾 单线天蛾主要以幼虫食叶，咬成缺刻或穿孔，严重时仅剩叶脉。成熟幼虫为草绿色和灰褐色。以蛹在杂草丛中越冬。

防治方法：可采用人工捕捉幼虫或灯光、糖浆诱杀成虫，或用 5%氟虫脲悬浮剂 4 000 倍液、5%氟啶脲 1 500～2 000 倍液喷洒。

（六）采收

叶变黄衰败是球茎成熟的象征，此时采收淀粉含量高，品质好，产量高。但为了市场供应，也可提前或延后。长江流域早熟品种多在 8 月采收，晚熟种在 10 月采收。一般每 $667m^2$ 田块产量为 1.5～2t。

拓展知识

槟榔芋

项目十

XIANGMU 10

葱蒜类蔬菜生产

学习目标

▶专业能力

(1) 能够了解蒜、洋葱、韭菜的特征特性。

(2) 能够设计蒜、洋葱、韭菜生产技术方案。

(3) 能够根据市场需求选择适宜品种、种植方式和种植季节。

(4) 能够根据蒜、洋葱、韭菜的生长情况，适时进行环境调控、肥水管理等。

(5) 能够及时诊断蒜、洋葱、韭菜的病虫害，并进行综合防治。

(6) 能够适时采收蒜、洋葱、韭菜并能进行采后处理。

(7) 能够组织实施生产计划，并制订无公害、绿色蒜、洋葱、韭菜的生产技术规程。

(8) 能够对产品进行分级、评定质量。

▶方法能力

(1) 具有信息采集、处理的能力。

(2) 具有独立使用各种媒介完成学习任务，并有自主学习的能力。

(3) 具有分析解决问题、接受应用新技术的能力。

(4) 具有综合和系统思维，并有完成典型工作任务的能力。

(5) 具有撰写技术报告、学习迁移的能力。

▶社会能力

(1) 具有吃苦耐劳、诚实守信、爱岗敬业的职业精神。

(2) 具有团队合作、沟通、语言表达能力。

(3) 能够公正地自我评价和评价他人。

(4) 具有环保意识、社会责任感、参与意识及自信心。

任务布置

该项目的学习任务为蒜、洋葱、韭菜生产，在组织教学时全班分成8个种植小组，每小组4～5人，分别种植3种蔬菜中的1种，种植面积为333m^2。整个生产过程都是各小组独立完成，各小组也独立核算生产成本与效益，种植相同蔬菜的3个小组间要进行产量与效益的评比与分析。

建议本项目为20学时左右，其中8学时用于蒜、洋葱、韭菜生产的学习，另2学时用于各小组总结、评比、反思、向全班汇报种植经验与体会，实现学习迁移。

具体工作任务的布置：

（1）通过网络或农贸市场进行市场调研，收集农资信息和品种信息。

（2）根据相关信息制订、修改和确定蒜、洋葱、韭菜的标准化生产方案。

（3）根据生产方案，购买种子、肥料等农资。

（4）整地作畦、施基肥、播种或定植。

（5）学习与观察蒜、洋葱、韭菜等植物的特征。

（6）根据蒜、洋葱、韭菜的植株长势，进行适当的田间管理。

（7）识别常见蒜、洋葱、韭菜的病虫害，并实施综合防治。

（8）适时采收蒜、洋葱、韭菜，并按分级标准进行采后处理。

（9）计算产量，进行成本与经济效益的核算。

（10）对每一个所完成工作步骤进行记录和归档，一个小组提交一份技术报告，每个人提交一份工作报告。

葱蒜类蔬菜是中国栽培的重要蔬菜，主要包括韭菜、葱、分葱、洋葱、蒜、薤等，葱蒜类蔬菜富含糖类、蛋白质、矿物质、多种维生素及胡萝卜素，营养价值较高。另外，组织中还含有白色油脂状挥发性物质硫化丙烯，因而具有特殊的辛辣味，能增进食欲，还可以杀菌消炎，有较高的药用价值。

葱、洋葱、蒜的表皮有保护层，能防止水分蒸发和病菌的侵入，可经久贮藏和长途运输，一般贮藏期为2～5个月，在蔬菜周年供应中起重要作用。

葱蒜类蔬菜都是线状须根，无主根，根毛退化，吸收肥水能力弱，根系再生能力强，在植株生长过程中陆续从盘状茎上长出新根，根群分布的范围较少，也比较浅。故种植葱蒜类蔬菜的土壤要求疏松肥沃、保水保肥强，矿质壤土利于鳞茎膨大。

葱蒜类蔬菜以叶（韭菜、青蒜）和叶的变态器官如假茎（葱、韭葱）、鳞茎（蒜、洋葱）为产品。鳞茎和假茎的形成都受叶生长状况的影响，叶的长势好坏直接影响产量和品质。该类蔬菜其叶子有管状和带状两种，叶表有蜡粉能减少水分蒸发。叶片直立，叶面积大而占地小，适合于密植。

葱蒜类蔬菜的一个重要特点是叶子的分生组织在叶鞘的基部，所以在一片叶子中，顶端的组织较老，基部的组织较嫩，而在同一叶鞘中，叶鞘基部细胞的分生能力比先端的旺盛。因此，叶身先端收割以后，可以由基部继续伸长生长。正因为利用了这一特点，韭菜在一年内可以割多次。韭菜、蒜及葱的培土软化栽培，也是利用了这些特性。

葱蒜类蔬菜具有佛焰状总苞，子房上位，果为朔果，异花授粉，不同品种留种需隔离。种子黑色细小，种皮坚厚，吸水力弱，种子内贮藏养分少，寿命短，播种使用限期1年。

葱、洋葱、韭菜及韭葱等用种子繁殖，蒜、胡葱，薤等用鳞茎繁殖，分葱、香葱用分株繁殖，蒜和洋葱还可用气生鳞茎繁殖。

任务一 蒜生产

任务资讯

蒜是百合科葱属中以鳞芽为主构成鳞茎的栽培种，1～2 年生草本植物，又称为胡蒜、大蒜，起源于中亚地区，在我国已有 2 000 多年的栽培历史。蒜营养丰富，风味独特，用途广泛，耐贮运，具有杀菌、抑菌、抗病毒等医疗、保健功能，对高血脂、高血糖、心脏病及胃、肠、肝、肺、乳腺等癌症有减轻症状及治疗作用，其药用价值极高，深受人民喜欢。蒜在我国分布很广，种植面积和产量占世界的 2/3，在世界蒜贸易总额中占 60%～70%的份额。大蒜是我国优势极为显著的特色农产品之一。

一、蒜的植物学特征

一株完整大蒜植株包括根、鳞茎、叶、茎盘、花等。

1. 根 蒜属浅根性作物，弦线状，根毛极少，无主根。发根部位在短缩茎周围，外侧最多，内侧较少。根最长可达 50cm 以上，但主要根群分布在 5～25cm 耕层内，吸水能力弱，所以喜湿、耐肥、怕旱。秋播蒜一生有两个发根高峰：第一高峰期在播后出苗期，形成新根 15～40 条；第二发根高峰在春季旺盛生长期。

2. 茎 营养生长期茎短缩呈盘状，称为茎盘。节间极短，生长点被叶鞘覆盖，并不断分化叶原基。茎盘茎部和边缘生根，中央着生顶芽和叶，顶芽分化为花芽后抽生花薹，其顶部有总苞，总苞中能形成气生鳞茎，可作为播种材料。

3. 叶 蒜的叶由叶身及叶鞘组成。叶身未展出前呈折叠状，展出后扁平而狭长，为平行叶脉。叶互生，为 1/2 叶序，排列对称，表面有蜡粉，叶鞘管状，相互套合形成假茎，具有支撑和营养运输功能。叶部的分生组织在叶鞘茎部，为居间生长。一般假茎高度可达30～50cm，横径 1.5～2.5cm，叶身长 55～65cm、宽 2.5～4cm。

4. 花薹和花 蒜的花芽分化后从茎盘顶端抽生花薹（蒜薹）。花薹为圆柱形，长 60～70cm，包括花轴和总苞两部分，顶端为总苞，伞形花序，总苞内一般有花和气生鳞茎混生。多数品种只抽薹不开花，或可开花但花器退化不能结实和形成种子。气生鳞茎的结构与蒜瓣无本质区别，可作为播种材料，但因个体小，第一代常长成独头蒜，用独头蒜再播种，可形成分瓣的蒜头。

5. 鳞茎 蒜鳞茎也称蒜头，包括鳞芽、叶鞘和短缩茎 3 部分。鳞芽是大蒜的主要产品器官，在植物形态学上是短缩茎上的侧芽，由 2 层鳞片和 1 个幼芽所构成。外层为保护鳞片（保护叶），内层为贮藏鳞片（贮藏叶），肉质肥厚，为鳞芽的主要部分，其中包藏 1 个幼芽，顶端有发芽孔。保护鳞片在鳞茎膨大期由于养分转移逐渐干缩成膜状，包裹贮藏鳞片，防止水分蒸发。

二、蒜生长发育对环境条件的要求

1. 温度 蒜喜冷凉，其生长适宜温度为 12～26℃，种蒜通过休眠后，在 3～5℃开始萌芽，12℃以上萌芽迅速，适温为 16～20℃，超过 30℃将会强迫蒜种进入休眠，抑制蒜种萌发；幼苗期适温为12～16℃，高温下叶片易老化，纤维多，蒜苗品质降低。蒜植株在0.5℃低温下30～40d完成春化，诱导花芽分化，抽薹和鳞茎形成则要求温凉的气候，花茎和鳞芽发育适温为15～25℃，大于26℃，鳞茎进入休眠状态；鳞茎休眠期间，以贮藏在0℃左右的低温条件下为宜。蒜植株耐寒性较强，植株能耐受短期－10℃低温。蒜幼苗4～5叶期耐寒力最强，是秋播蒜最适宜的越冬苗龄。

2. 光照 蒜是长日照作物。完成春化的蒜在13h以上的长日照及较高的温度条件下才开始花芽和鳞芽分化，在短日照而冷凉的环境下，只发生茎、叶的生长，鳞芽形成将受到抑制。蒜不耐高温和强光，较强的光照可提高光合作用，但使叶片纤维增多。因此，培育蒜苗产品时，适宜弱光条件，在无光的条件下可培育蒜黄。

3. 水分 蒜具有耐旱的叶型和喜湿的根系，对水分反应敏感。适宜的空气湿度为45%～55%，不同生长发育时期对土壤湿度的要求不同。播种后要求土壤湿润，以利发根出苗和防止“跳瓣”。幼苗前期土壤湿度要小，以防烂种和提前退母；在后期适当提高土壤湿度，促进植株生长，缩短黄尖时间。蒜薹伸长期和鳞茎膨大期需水量加大，土壤应保持湿润。收获前应减少供水，以防烂瓣，降低品质。

4. 土壤与营养 蒜对土壤的适应性较强，但以土层深厚、富含有机质、保肥保水力强、pH5.5～6.0的沙壤土或壤土最适宜，土壤黏重时蒜头小而尖。蒜对盐碱比较敏感，开始减产和减产50%的土壤含盐量分别为1.00～2.85dS/m和5.60～7.80dS/m。

蒜对三要素的吸收量以氮素最高，其次是钾，磷最少。蒜头每667m^2产量1 416.25kg的高产田，需吸收氮21kg、磷肥5kg、钾19kg，氮、磷、钾的吸收比例约为1∶0.24∶0.9。

三、蒜的生长发育周期

蒜的生育周期分为以下几个时期。

1. 发芽期 从播种到初生叶展开为发芽期，需10～15d。此期蒜主要依靠种瓣的营养生长进行发根和幼芽生长。

2. 幼苗期 从初生叶展开到鳞芽和花芽开始分化为幼苗期，一般春播蒜约需25d，秋播大蒜可长达5～6个月。根系继续扩展，新叶到本期结束时分化完成，植株的生长也由依靠种瓣的贮藏物质逐渐过渡到依靠自身制造的光合产物，即实现自养。因此，种瓣内的营养慢慢消耗殆尽，种瓣渐渐干瘪成膜状，生产上称为退母或烂母。

3. 鳞芽及花芽分化期 从鳞芽及花芽开始分化到分化结束为鳞芽及茬芽分化期，约需10d。这一时期是蒜生长发育的关键时期，植株的生长点形成花原基，同时在内层叶腋处形成鳞芽。真叶长出7～8片，叶面积约占总叶面积的1/2，根系生长增强，营养物质加速积累，为蒜薹和蒜头的生长打下基础。蒜退母后，由于植株从异养转为自养，会暂时出现养分供应不足，造成叶片黄尖。黄尖时间越长，植株生长越慢。

4. 蒜薹伸长期 从花芽分化结束到采收蒜薹的一段时间为蒜薹伸长期，同时又是鳞芽膨大前期，约需30d。此期的特点是营养生长与生殖生长并进，蒜薹的生长与鳞茎膨大同时进行，所以植株的生长量很大。蒜薹生长起初较为缓慢，当蒜薹总苞顶端露出顶生叶出叶口时（生产上称为露缨或甩尾），生长速度加快，到蒜薹上部向一旁弯曲即打钩、总苞变白即白苞时，即可采收蒜薹。

5. 鳞茎膨大期 从鳞茎开始膨大到收获为鳞茎膨大期，约需50d，其中前30d与蒜薹伸长期重叠进行。采薹前，鳞茎生长比较缓慢，采薹后，鳞茎开始迅速膨大。叶片生长基本停止，并逐渐枯萎，叶片及叶鞘中的养分逐渐向鳞芽转移。一般采薹后 20d 开始收获鳞茎。

6. 休眠期 鳞茎收获后进入生理休眠期，需 20～75d，此后进入被迫休眠期。为了长期贮存，需要人为控制发芽条件。

相关链接

（一）蒜的类型

蒜按其鳞茎外皮的颜色可分为紫皮蒜、白皮蒜，按蒜瓣大小可分为大瓣蒜、小瓣蒜。

1. 大瓣蒜 每头蒜有 4～8 个蒜瓣，蒜皮以紫色为主，也有白色。外皮薄，易脱落，辛辣味浓，品质好，以生产蒜头和蒜薹为主。

2. 小瓣蒜 每头蒜有 9～20 个蒜瓣，也有更多者。蒜瓣细长弯曲，排成 2～3 层，蒜皮薄，辣味淡，抽薹率低，耐寒，产量较低，适宜作青蒜及蒜黄栽培。

（二）蒜的品种

1. 嘉定白蒜 蒜头肥硕结实，蒜瓣大而匀称，色泽洁白，味道辛香。

2. 江苏太仓白蒜 熟性偏早，属青蒜、蒜薹、蒜头兼用型。总叶数 13～14 片，蒜薹长 40cm，较粗，每头 6～9 瓣，圆而洁白，辣味浓。单株约 100g，蒜头平均 25～30g，蒜薹平均 25～28g。休眠期较长，不易早发芽，供应周期较长。

3. 云顶早蒜 蒜苗、蒜薹、蒜头兼用种。采薹时株高约 72cm，薹长约 68cm，薹粗 0.7cm，百薹 1.1～1.9kg。特早熟，生长期 180d。蒜头椭圆形，有蒜瓣 8～10 片，排列规则，高瓣，皮薄，平均瓣重 1.06g，耐热，耐旱，出芽早，抗寒能力较差，蒜味浓，品质外观俱佳。蒜薹每 667m^2 产 250kg 以上，蒜头每 667m^2 产 250kg 左右。

（三）蒜的栽培季节

长江流域及以南地区一般都采用秋播春收栽培形式。长江流域以南蒜主产区的播种期和收获期见表 10-1。

表 10-1 长江流域以南蒜主产区播种期和收获期

产 区	播种期	蒜薹收获期	蒜头收获期
广东	10 月中旬		3 月上中旬
广西玉林	10 月上旬	2 月下旬	3 月中旬
云南曲靖越州	8 月下旬至 9 月上旬	3 月中旬	4 月上旬
贵州毕节	8 月中下旬	5 月中下旬	6 月中下旬
四川成都	8 月下旬至 9 月上旬	3 月中旬	4 月上旬
湖北襄樊	8 月下旬至 9 月上旬	3 月中旬至 4 月上旬	5 月上中旬
江苏太仓	9 月下旬至 10 月上旬	4 月下旬至 5 月上旬	5 月下旬至 6 月上旬

另外，长江以南地区还有食用青蒜（蒜叶）的习惯，作为青蒜栽培的播种较早，可在 7—8 月播种，当年 9—10 月开始采收，直至翌年 3—4 月采收结束。

计划决策

以小组为单位，获取蒜相关信息后，商讨并获取工作过程、工具清单、材料清单，了解安全措施，填写工作任务单（表 10 - 2、表 10 - 3、表 10 - 4），制订蒜生产方案。

（一）材料计划

表 10 - 2 蒜生产所需材料单

序 号	材料名称	规格型号	数 量

（二）工具使用

表 10 - 3 蒜生产所需工具单

序 号	工具名称	规格型号	数 量

（三）人员分工

表 10 - 4 蒜生产所需人员分工名单

序 号	人员姓名	任务分工

（四）生产方案制订

（1）蒜种类与种植制度。蒜品种、种植面积、种植方式（间作、套种、是否换茬等）。

（2）所需的农业生产资料。种子、肥料、农药、生产工具、农膜等。

（3）田间生产的具体内容制订。田间生产方案的内容包括蒜从种到收的全过程，具体包括以下几方面的内容。

①整地作畦。整地的时间、质量，作畦的规格、所用工具、工作顺序等。

②种子处理。按照种子特性，结合当地生产情况，确定播种前种子处理措施。

③播种。确定播种时间、播种密度、播种量、播种方式及所用生产资料的准备。

④田间管理。培土、肥水管理、环境调控。

⑤病虫草害防治。病虫害诊断、防治时期、防治方法、药品名称、药剂类型、药品用量、施用方法、所用工具等。

⑥采收。收获田块面积、产量、收获时期、收获方法、使用工具。

（4）资金预算。土地、设施租金，农资费用，劳动力费用，管理费用等。

（5）讨论、修改、确定生产方案。

（6）购买种子、肥料等农资。

组织实施

（一）整地作畦、施基肥

栽培蒜的土地选疏松肥沃、排水良好的沙质壤土为适宜，前作以豆类、瓜类较好，忌连作，否则容易烂根，尤其在幼苗出土后，葱腐病危害使叶色变黄而枯死。

土壤深翻30cm，施足厩肥，做成畦连沟宽为1.4m高畦，土壤耕作精细，以利根系发育，播种前1周施腐熟有机肥2t。

（二）播种

1. 品种选择 生产蒜头和蒜薹以大瓣蒜品种为宜，如早薹蒜2号；作青蒜及蒜黄栽培以小瓣蒜为宜，如嘉定大蒜、苍山大蒜等。

2. 直播

（1）蒜瓣的选择及播种前的处理。作为播种用的蒜瓣，在播种前应进行选择与分级。严格的选择应从田间未采收前开始，特别要除去带有病毒的植株。采收以后，选择具有品种特征、蒜头圆正、大而无损伤的蒜头。

生产上为了打破休眠，促进发芽，可在播种前剥去蒜皮，或在播种前把蒜瓣在水中浸泡1～2d，此外，把蒜瓣放在0～4℃的低温下（生产上可利用冷库或冰块）处理1个月，可大大提早发芽。

（2）播种时期。蒜采用蒜瓣直播。作青蒜供食用栽培的，播种可在8月中旬，当年11月开始采收，至翌年2月采收结束。以蒜头供食用栽培的，播种期可在9月中旬，翌年4月下旬至5月上旬收蒜薹，6月可收蒜头。薹用栽培与蒜头栽培类似，只要蒜薹及时采收，无损于蒜头的产量。

（3）播种密度和播种量。播种方法是把蒜瓣插入土中，而微露尖端，不宜过深。收获蒜头时的株行距为（15～20）cm×（10～13）cm，或更密些。每667m^2播种量50～133kg。株行距越大，鳞茎单球质量也越大，越易发生畸形鳞茎。以采收青蒜为目的时，播种较密，株行距为12cm×（4～7）cm。

（三）田间管理

当苗出土3～6cm时，要开始施追肥，以氮肥为主。在青蒜生长期间，从8—9月到11—12月，要追肥2～3次，促进地上部的生长。地上部的生长量大，产量也越高。以采收蒜头为目的时，除在幼苗期施追肥外，于越冬前再追1次肥。到翌年春暖后，是蒜植株生长的旺盛期，要施1次重肥，以促进随后的蒜头膨大。蒜头开始膨大后，不宜施肥过多、过浓，以免引起鳞茎腐烂。促进蒜头的发育，要获得高产，必须在开始形成鳞茎时有较大的叶面积。

中耕除草工作在蒜苗出土后特别重要，当苗高10～15cm时，中耕可以深些；而当苗高30cm以上，中耕要浅些。一般中耕浇水都结合施肥。但到了翌年4—5月，鳞茎已经开始膨大，那时雨水多，应注意排水，不然容易引起蒜瓣开放。如果施氮肥过多，新生的蒜瓣幼芽，有再度生叶的可能，从而影响蒜头的品质及贮藏性。

（四）采收与产量

1. 青蒜采收 作为青蒜栽培时，栽植很密，青蒜的产量也较高。1次采收的，每667m^2产量为2～2.5t，分两次采收的总产量可达3～3.5t。

2. 蒜薹采收 蒜薹的采收方法有两种：一是用刀割开假茎，把薹折断取出，然后把蒜叶扭转覆盖伤口；二是用手把蒜薹直接抽出。每 $667m^2$ 产量可达 160～200kg。

3. 蒜头采收 在蒜薹采收后 20～30d 即可开始采收蒜头。如果不采收蒜头，它也会膨大，但产量会下降 15%以上。采收季节是雨水较多的季节，如果过迟不收，蒜头容易腐烂，采收后也易散开，不耐贮藏。

采收以后，在田间晾晒几天，然后捆编成束，在阴凉的地方堆藏或挂藏。蒜鳞茎有一定的休眠期。

拓展知识

独头蒜、复瓣蒜及散瓣蒜的产生与防止

任务二 洋葱生产

洋葱是百合科葱属中以肉质鳞茎为产品的二年生草本植物，又称为圆葱、葱头等，起源于中亚，近东和地中海沿岸为第二原产地。洋葱富含蛋白质、维生素及矿物质等，食用价值高。洋葱含有植物杀菌素（S-甲基半胱氨酸亚砜和 SH -丙基半胱氨酸亚砜），还含有前列腺素样物质及激活血溶纤维蛋白活性的成分，这些物质均有舒张血管、降脂、降压的作用，但过多食用会使红细胞受到破坏。

任务资讯

一、洋葱的植物学特征

1. 根 洋葱的根为弦状须根，着生于茎盘下部，无主根，分根性弱，无根毛，吸收能力和耐旱力较弱。根系入土深度和横展直径为 30～40cm，主要根群集中在 20cm 的耕作层内，属浅根性蔬菜。

2. 茎 营养生长时期茎短缩成圆锥体，称茎盘。茎盘下部为茎踵，鳞茎成熟后茎踵硬化。

3. 叶 洋葱的叶中空，横截面为半月形，由叶鞘和管状叶片两部分组成，直立生长，叶身呈管状，腹部凹陷。叶鞘抱合成假茎，基部增厚，逐渐膨大形成扁圆、圆球或长椭圆形鳞茎，鳞茎内部包含肥大的侧芽，外层为干缩的膜质鳞片，有紫红、黄、绿白等颜色。鳞茎的质量取决于增厚的叶鞘数及其厚度和鳞茎内的侧芽（鳞芽）数。鳞茎是营养贮藏器官和产品器官，在植物学上是枝条和叶的变态器官。

4. 花 通过阶段发育的洋葱可抽薹开花，花薹管状、中空，高 80～140cm，中部膨大，顶端着生伞形花序，花序外有总苞包被，内生小花 200～300 朵。花被 6 枚，白色至淡绿色。

两性花，雄蕊6枚，分2轮排列，花柱1枚，柱头尖而不膨大，子房3室，每室有胚珠2个，异花授粉，虫媒花。

5. 果实和种子 洋葱的果实为蒴果，每果含种子6粒。种子盾形，黑色，有棱角，外皮坚硬多皱，腹部平坦，脐部凹陷很深，千粒重3～4g，使用寿命1～2年。

二、洋葱对环境条件的要求

1. 温度 洋葱为耐寒性蔬菜。种子发芽最低温度为4℃，最高温度为33℃，适宜温度为12～25℃。幼苗生长适温为12～20℃，幼苗的抗寒能力较强，能耐－7～－6℃的低温。植株旺长期以20℃左右为宜，超过26℃则生长不良。根系在低于5℃时基本停止生长，其适温范围比地上部稍低，土壤温度在26℃以上有促进根系老化的作用。有的品种鳞茎肥大生长期之前，在对日照感应期间要求具备15～25℃的温度条件才有利于以后鳞茎肥大生长。短日照型早熟品种，鳞茎肥大生长适宜温度为15～20℃；长日照型中晚熟品种，鳞茎肥大生长期则需20～26℃。

多数洋葱品种的3～4片真叶、0.7cm以上茎粗的幼苗，在2～5℃低温条件下经60～70d完成春化。南方型品种在9～10℃低温下，约需40d就可通过春化；北方型品种在3～5℃低温下，要经过55～60d的时间才能完成春化。

2. 光照 洋葱种子在发芽过程中不需要光照。洋葱在生育期间适宜中等强度的光照，适宜光照度为2～4万lx。长日照是诱导抽薹开花和鳞茎形成的必要条件。延长日照时间可促进叶身和叶鞘上端的营养物质下移，加速鳞茎的发育和成熟。鳞茎形成对日照时数因品种而异，长日照品种需13.5～15h，短日照品种则需11.5～13h。另外，也有一些品种在形成鳞茎时对日照要求并不十分严格。一般北方品种大多属于长日照型品种，南方品种大多属短日照型早熟品种，故引种时必须注意。同一地区，不论春播或秋播、早栽或晚栽，高温长日季节来临都要进入鳞茎形成期，这就是洋葱晚播或晚栽减产的主要原因。

3. 水分 洋葱叶部耐旱，适于60%～70%的空气相对湿度，空气湿度大易诱发病害。洋葱的根系线，吸水能力弱，要求较高的土壤湿度，特别是叶片旺盛生长和鳞茎膨大时不能缺水，否则会降低产量。幼苗越冬前、早春返青后、鳞茎收获前均应控制浇水。鳞茎为耐旱性器官，土壤干旱可促进鳞茎提早形成。鳞茎贮藏要求低温、干燥的环境条件。

4. 土壤与营养 洋葱适宜于肥沃、疏松、保水力强、pH6～8的土壤，黏重土壤不利发根和鳞茎膨大。洋葱可适应轻度盐碱，但幼苗期对盐碱反应敏感，在盐碱地育苗易黄叶或死苗。洋葱喜肥，每生产1t鳞茎吸收氮2.0～2.4kg、磷0.7～0.9kg、钾3.7～4.1kg，吸收氮、磷、钾的比例约为1.6∶1∶2.4。幼苗期以氮肥为主，鳞茎膨大期增施钾肥，磷肥宜在幼苗期施用。

三、洋葱的生长发育周期

洋葱从播种到种子成熟可分为营养生长和生殖生长两个阶段，主要包括以下几个时期。

1. 发芽期 从播种到出现第一片真叶为发芽期，约需15d。

2. 幼苗期 从出现第一片真叶到定植为幼苗期。此期的长短因播种和定植季节不同而异。秋播秋栽，需40～60d；春播春栽，约需60d；秋播春栽，冬前需60～80d，越冬期需120～150d。

3. 叶片旺盛生长期 洋葱从定植返青一直到鳞茎开始膨大为幼叶的盛生长期，需 40～60d。

4. 鳞茎膨大期 从叶鞘基部开始增厚膨大到鳞茎成熟收获为鳞茎膨大期，需 30～40d。

5. 鳞茎休眠期 洋葱收获后即进入生理休眠期，需 70～40d。

6. 生殖生长期 作为采种的鳞茎，在秋季或早春定植后，在长日照条件下抽薹、开花和结实，从而完成其整个生育周期。

相关链接

（一）洋葱的类型与品种

栽培洋葱有普通洋葱及其两个变种，即分蘖洋葱、顶球洋葱。

1. 普通洋葱 我国栽培的洋葱多属于这种类型。生长强壮，每株一般只形成 1 个鳞茎，个体较大，耐寒性一般，多以种子繁殖。该类型按鳞茎的皮色又可分为以下 3 种。

（1）红皮洋葱。鳞茎呈圆球或扁球形，葱头外表紫红色，鳞片肉质稍带红色，直径为 8～10cm，耐贮藏、运输，休眠期较短，萌芽较早。华东各地普遍栽培，早熟至中熟的品种辣味较强，主要优良品种有北京紫皮洋葱、金华红皮洋葱、上海红皮洋葱等。

（2）黄皮洋葱。鳞茎呈扁圆球形、圆球形或椭圆形，直径为 6～8cm，葱头黄铜色或淡黄色，鳞片肉质，微黄而柔软，组织细密，辣味较浓，品质极佳，产量比红皮种略低，早中熟品种，耐贮运。主要优良品种有连云港 84-1、南京黄皮洋葱等。

（3）白皮洋葱。鳞茎小，扁圆形，葱头白绿至浅绿色，品质佳，产量低，适合于做脱水菜，多为早熟品种，如新疆的哈密白皮等。

2. 分蘖洋葱 每株分蘖成多个至 10 多个大小不规则的鳞茎。鳞茎铜黄色，品质差，产量低，耐贮藏。植株抗寒性极强，很少开花结果，多用分蘖小鳞茎繁殖。

3. 顶球洋葱 通常不开花结实，在花茎上形成 7～8 个至 10 多个气生鳞茎。用气生鳞茎繁殖，无须育苗。耐贮性和耐寒性强，适于严寒地区种植。可供加工腌制。

（二）洋葱的栽培季节

1. 秋播冬种、翌年夏季采收 这是我国长江和黄河流域普遍采用的方式。同时，由于气候条件符合洋葱本身的生长，产量也较高。

2. 春播春种、秋季采收 适合于夏季温度偏低和雨水较少的地区，采用短日类型或对日照要求不严格的品种。

计划决策

以小组为单位，获取洋葱生产的相关信息后，研讨并获取工作过程、工具清单、材料清单，了解安全措施，填入工作任务单（表 10-5、表 10-6、表 10-7），制订洋葱生产方案。

（一）材料计划

表 10-5 洋葱生产所需材料单

序 号	材料名称	规格型号	数 量

(二)工具使用

表 10-6 洋葱生产所需工具单

序 号	工具名称	规格型号	数 量

(三)人员分工

表 10-7 洋葱生产所需人员分工名单

序 号	人员姓名	任务分工

(四)生产方案制订

(1)洋葱种类与种植制度。洋葱品种、种植面积、种植方式(间作、套种、是否换茬等)。

(2)所需的农业生产资料。种子、肥料、农药、生产工具、农膜等。

(3)田间生产的具体内容制订。田间生产方案的内容包括洋葱从种到收的全过程,具体包括以下几方面的内容。

①整地作畦。整地的时间、质量,作畦的规格、所用工具、工作顺序等。

②种子处理。按照种子特性,结合当地生产情况,确定播种前种子处理措施。

③播种。确定播种时间、播种密度、播种量、播种方式及所用生产资料的准备。

④田间管理。培土、肥水管理、环境调控、植株调整。

⑤病虫草害防治。病虫害诊断、防治时期、防治方法、药品名称、药剂类型、药品用量、施用方法、所用工具等。

⑥采收。收获田块面积、产量、收获时期、收获方法、使用工具。

(4)资金预算。土地、设施租金,农资费用,劳动力费用,管理费用等。

(5)讨论、修改、确定生产方案。

(6)购买种子、肥料等农资。

组织实施

以小组为单位在学习工作单的引导下,完成专业知识学习,开展生洋葱生产演练,记录实施过程中出现的特殊情况或调整情况。

(一)整地作畦、施基肥

洋葱根系分布在 30cm 表土内,根的吸肥吸水力弱。为了有利于须根的发生及养分的吸收,应适当深耕。以含有机质多而保水力强的沙质壤土为宜,洋葱不宜在酸性土壤中生长,可在基肥中混入一定量的过磷酸钙以调节酸度,同时磷对洋葱的发根和幼苗生长均有重要的作用。另外,氮肥过多易引起徒长苗,造成定植后不易发根和缓苗。

（二）播种与育苗

秋播并以幼苗越冬。如果播种过早，在越冬时，幼苗生长过大，翌年有先期抽薹的可能；如果播种过迟，虽然翌年不会先期抽薹，但到鳞茎膨大时，植株过小，影响产量。具体的播种期因各地气候条件而不同。播种期总体来说越向南方越迟，越向北越早，如在江淮地区不宜早于 9 月下旬，杭州、上海一般要在 10 月上旬播种。

由于洋葱的种子细小，床土要求疏松、肥沃、保水力强，以便于子叶出土。一般为干播。苗床撒播要均匀而稀。$100cm^2$ 播种子 60 粒左右，可供 15 倍面积的大田使用。播种后，覆一层培养土或草木灰，再盖一层稻草或麦秆。

（三）定植

洋葱的定植时期一般在 11 月中下旬，最迟到 12 月上旬。这样，可以在严冬来临之前，已经缓苗及生长，不至于受冻。

定植时，要对幼苗加以选择及分级。一般以苗龄 50～55d、茎粗 0.6～0.8cm、株高 25cm、3 叶 1 心的苗较好。苗的优劣及大小关系到是否会导致先期抽薹，更关系到定植后的植株生长及鳞茎产量，最好加以分级。洋葱为叶直立，密植增产的效果明显。南北各地一般为行距 15～20cm、株距 10～15cm，定植深度以 2～3cm 为宜。如果栽得过深，鳞茎全部生长在土中，容易产生畸形；如果栽得过浅，鳞茎膨大后，露出土面过多，可能引起开裂，影响品质。

（四）田间管理

1. 分期追肥 除基肥以外，要多次施追肥。定植后 2 周左右的初次追肥，一般需施入全量的磷肥和适量的氮肥和钾肥，以促进根系的生长和地上部的生长。春暖（3 月）以后，植株开始生长，要施 1 次较重的追肥。4 月至 5 月上旬，是长江流域洋葱生长最旺盛的时期，也是需肥最多的时期。这时要重施 1～2 次氮肥和钾肥。此后，鳞茎逐渐成熟，要停止施肥及灌水，否则鳞茎中含水量高，不耐贮藏。另外，由于植株需硫量较多，应根据不同情况增施一些硫肥。

2. 灌溉及排水 洋葱在各个生长发育阶段，对水分的要求不同。南方各地雨水较多，大都结合追肥（粪肥）适当浇水。在春雨及梅雨期间，还要注意排水。

3. 中耕除草 洋葱根系浅，中耕宜浅，一般不超过 3cm，以免伤根。

（五）病虫害防治

危害洋葱最严重的病害是霜霉病，且在生长的各个时期都会发生。可用波尔多液、甲霜·锰锌、代森锰锌、三乙膦酸铝和百菌清等喷雾防治。

危害洋葱的地下害虫主要是白蛆（种蝇的幼虫），危害根部。用氨水和敌百虫等浇根有一定的防治效果。

（六）采收与贮藏

长江一带大部分地区均在 6 月上中旬开始采收。一般在鳞茎已充分膨大，叶子有大半枯萎而又未完全枯萎时为采收适期。采收的方法是在晴天连根拔起，在田间晒 3～4d，使外皮干燥，但不要暴晒过度。作为鲜菜食用的，可在晒干后，从假茎部留 6～10cm 处割断；作为通风挂藏的，则不割叶而捆编成束，然后挂于通风之处。

洋葱是耐贮藏的蔬菜，有一定的休眠期（品种间有长有短），在一般通风条件下，可以贮藏 5～6 个月。萌芽后会失去食用价值。

（七）留种

洋葱留种要经过3年：第一年秋播育苗，翌年6月收葱头挂藏至10月后栽到地里，第三年5—6月抽薹开花，6月采收种子。

留种用的葱头应大小适中，具有本品种特性、无病虫害，收获后挂藏。留种地应选地势高燥，排水良好，增施磷、钾肥，栽植株距30cm、行距50cm，距2km隔离留种，以免杂交退化。

开花前搭支架，防止倒伏，盛花期进行人工授粉可增加结实率，当花球露出黑色种子时，即可将花球剪下，放在通风室内阴干1周左右，再晒1～2d，然后搓出种子，晒干贮藏。

拓展知识

洋葱的先期抽薹

出口洋葱的标准与分级

任务三 韭菜生产

任务资讯

韭菜属百合科葱属中以嫩叶和柔嫩花茎为主要产品的多年生宿根草本植物，又称为草钟乳、懒人菜等，原产于中国。韭菜营养丰富，含有维生素、矿物质、糖类、蛋白质及纤维素，而且风味独特，能增进食欲，深受广大群众的喜爱。韭菜栽培方式多样，可同年生产、上市，除作蔬菜外，种子和叶等还可以入药，具有健胃、提神、止汗固涩、补肾助阳等药用功效。

一、韭菜的植物学特征

1. 根 韭菜的根为弦线状肉质须根，分吸收根、半贮藏根、贮藏根3种。着生在短缩茎基部。春季发生的吸收根和半贮藏根，可以发生3～4级侧根；秋季发生的贮藏根，不发生侧根。随着植株分蘖，生根位置在根茎上逐年上移，新老根系年年更换，使韭菜寿命得以延长。韭菜根系分布浅，根毛少，吸收水分和养分的能力较弱。

2. 茎 韭菜的茎分营养茎和花茎（花薹）两种，营养茎位于地下，花茎生于地上。一、二年生韭菜的营养茎呈扁圆锥体，称茎盘。茎盘顶端中心着生顶芽，周围为叶鞘，下部生根。随着韭菜年龄的增长和逐年分蘖，营养茎形成根茎，并以年均1.4～1.57cm的速度向地表延伸。韭菜根茎的生活年限为2～3年，多年生韭菜老龄根茎逐渐衰老而解体。营养茎是韭菜植株养分的重要贮藏器官，同时也是新根、新叶和蘖芽生长的分生组织。花茎由顶芽发育而成，只有健壮的有效分蘖，并感受低温和长日照后才能发生。

3. 叶 韭菜的叶分叶身和叶鞘两部分，簇生在根茎顶端，叶鞘抱合成假茎，基部膨大呈葫芦状。叶片扁平带状，表面覆有蜡粉，气孔陷入角质层内，属耐旱叶型。叶片具有不断分化、生长、衰老的特性，单株有效叶数经常保持5～9片，叶对称互生，是主要光合器官和食用部分。韭菜叶的分生带在叶鞘基部，收割后可继续生长。韭菜叶色深浅和宽窄随品种而异，但与栽培技术有密切关系，如经培土和遮光后，叶身、叶鞘可以伸长、黄化，组织柔嫩，品质提高。

4. 花 二年生韭菜进入生殖生长阶段，顶芽发育成花芽，每年可抽生花薹。花薹绿色，高26～75cm，三棱形，是食用器官之一。花薹顶端着生1个锥形花苞，苞内为伞状花序。一般抽薹15d左右苞被破裂露出小花，每花序有小花30～60朵，最多可达180朵。散苞后5～7d小花由外向内依次开放，两性花，白色，虫媒花，异花授粉，良种繁育时需注意隔离。

5. 果实和种子 韭菜的果实为蒴果，内有3～5粒种子，果实成熟时种子易脱落，故应及时收获。成熟种子黑色盾形，背部凸出，腹面凹陷，皱纹细密，种子寿命1～2年，千粒重4～6g。播种宜选用当年的新种子。

二、韭菜生产发育对环境条件的要求

1. 温度 韭菜喜冷凉，耐霜冻，能耐－5～－4℃低温。在东北严寒地区，－40℃也可露地越冬，翌年日均温3～4℃时即可返青萌发新芽；南方气候温暖地区叶片可以露地越冬。韭菜生长适温为12～24℃，但不同生育时期对温度要求是不同的。温室囤韭是利用根茎贮存的养分萌发新叶，所以在30℃下叶片仍能迅速生长。韭菜在适宜温度范围内，生长速度与温度高低成正比，即温度增高，生长速度加快，如露地韭菜从返青到收获第一刀需40d，第一刀至第二刀只需25d，温室的温度和湿度均高，18～20d就可收获1次。

2. 光照 韭菜在营养生长时期对光照反应不敏感，光照度适中才有利于养分的合成和积累。

3. 水分 韭菜根系吸收能力弱，要求土壤能经常保持湿润，土壤湿度以80%～90%为好。韭菜怕涝，土壤湿度过高易使根部缺氧腐烂，叶片发黄，影响当年和来年的生产。叶片要求空气相对湿度以60%～70%为好，如果湿度过高，叶片上易结露烂叶。韭菜对水分的要求也随不同发育阶段而异，种子发芽期和幼苗期需要水分较多，苗高10cm时，需水较少，在产品形成期的春季和光合作用旺盛的秋季，需要大量水分。

4. 土壤与营养 韭菜对土壤的适应性较强，在沙壤土、壤土、黏土上均可栽培，但以土层深厚、富含有机质、保水力强的土壤为宜。韭菜对盐碱土有一定的适应能力，成株能在含盐量0.25%的土壤中正常生长。

韭菜喜肥耐肥，栽培时要求基肥充足，春、秋两季要分期追肥，以氮肥为主，配施磷、钾肥，有助于提高产量、改善品质。韭菜对肥料的要求随不同生长时期而定，幼苗期很小，吸收能力弱，需少量勤施；营养生长盛期，尤其春、秋收割和积累养分的季节，需要分期适量多施；一年生的幼苗需肥较少，3～4年生的韭菜需肥量较多，5年以上的韭菜，为了延长生长年限，减缓衰老，施肥仍不可忽视。

三、韭菜的生长发育周期

韭菜的生长发育包括营养生长和生殖生长两个时期。

1. 营养生长时期

（1）发芽期。从播种到第一片真叶展开为发芽期，需15～20d。发芽温度低限为3℃，最适为15～18℃，高限为25℃。根据韭菜发芽缓慢和弓形出土的特点，要求细致整地，提高播种质量，保持土壤湿润，才能顺利出苗。

（2）幼苗期。从真叶显露到6～7叶为幼苗期，需40～80d，适温12～24℃。韭菜幼苗期地上部生长缓慢，植株瘦小，不断长出不定根，形成须根系。此期要保持土壤湿润，宜适时灌水，追肥1～2次，并注意除草、防蛆，促使健壮发育，苗高18～20cm时定植。

（3）营养生长盛期。定植缓苗后，生长量迅速增加，秋季日均温20℃左右时，光合作用旺盛，养分积累剧增，并开始分蘖，此时需要加强肥水管理。寒地秋末地上部逐渐枯萎，养分转运贮存于根茎中，被迫进入休眠，此过程称回根。韭菜地下根茎能耐受－40℃低温，翌年气温回升，土壤解冻，即返青生长和继续分蘖，生长量增加，为生殖生长奠定物质基础。

2. 生殖生长时期　二年生以上的韭菜营养、生殖生长交替重复进行。韭菜是绿体通过春化的作物，只有在植株长到一定大小、积累了一定营养物质，才能感受低温和长日照。南方地区如果秋播过晚，越冬时植株小，缺乏通过春化阶段所需的营养物质，则第二年仍是营养生长，直到第三年才能抽薹、开花、结籽。

韭菜抽薹、开花时需要消耗大量营养物质，影响当年植株生长和养分积累及翌年的产量和质量，所以除留种地外，应在抽薹后及时剪除花薹。

3. 衰老期　韭菜栽培5～6年后，由于新生根系和茎盘不断上移，吸收水分和养分困难，使植株生长势衰弱，分蘖力降低，进入老龄阶段。如果在栽培过程中精心管理，施肥和培土适宜，防治病虫及时，注意收割次数和留茬高低，养割结合，即可延缓衰老时期。

相关链接

（一）韭菜的类型与品种

韭菜在我国的栽培历史十分悠久，我国人民在长期的生产实践中选育出了许多优良的类型和品种，按食用器官可分为根韭、叶韭、花韭、叶花兼用韭4个类型。

1. 根韭　主要分布在云南等地，也称披菜、山韭菜、宽叶韭菜等，其须根粗壮肉质化，为主要的食用器官，可腌渍或煮食。很少形成种子，分蘖力强，分株繁殖，生长势旺，易栽培。

2. 叶韭　叶片宽厚、柔嫩，抽薹率低，以食叶为主。

3. 花韭　也称薹韭，叶片短小，质地粗硬，分蘖力强，抽薹率高，以采食花薹为主，主要分布在甘肃、广东、台湾等地。

4. 叶花兼用韭　与叶韭、花韭同属一种。叶片、花薹发育良好，均可食用，栽培普遍。按叶片宽窄可分为宽叶韭和窄叶韭。宽叶韭叶片宽厚，叶色绿或浅绿，纤维少，品质好，产量高，但香味稍淡，易倒伏，适合于露地、保护地及软化栽培。窄叶韭又称线韭，叶片细长，叶色深绿，纤维稍多，香味较浓，分蘖多，叶鞘细高，不易倒伏，耐寒、耐热，适合于露地及保护地栽培。

生产上使用的主要韭菜品种有汉中冬韭、天津大黄苗、寿光黄马兰、雪韭等。

（二）韭菜的栽培季节和繁殖方法

韭菜耐寒、耐弱光，适应性很强，所以长江以南地区四季均可露地栽培，长江以北地区冬季韭菜地上部枯萎，根茎在土壤保护下休眠。韭菜春、秋两季均可播种，冬季及早春可以在日光温室、塑料拱棚及阳畦等保护设施内进行青韭生产。

计划决策

以小组为单位，获取韭菜生产的相关信息后，研讨并获取工作过程、工具清单、材料清单。了解安全措施，填入工作任务单（表10－8、表10－9、表10－10），制订韭菜生产方案。

（一）材料计划

表10－8 韭菜生产所需材料单

序　号	材料名称	规格型号	数　量

（二）工具使用

表10－9 韭菜生产所需工具单

序　号	工具名称	规格型号	数　量

（三）人员分工

表10－10 韭菜生产所需人员分工名单

序　号	人员姓名	任务分工

（四）生产方案制订

（1）韭菜种类与种植制度。韭菜品种、种植面积、种植方式（间作、套种、是否换茬等）。

（2）所需的农业生产资料。种子、肥料、农药、生产工具、农膜等。

（3）田间生产的具体内容制订。田间生产方案的内容包括韭菜从种到收的全过程，具体包括以下几方面的内容。

①整地作畦。整地的时间、质量，作畦的规格、所用工具、工作顺序等。

②种子处理。按照种子特性，结合当地生产情况，确定播种前种子处理措施。

③播种。确定播种时间、播种密度、播种量、播种方式及所用生产资料的准备。

④田间管理。培土、肥水管理、环境调控、植株调整。

⑤病虫草害防治。病虫害诊断、防治时期、防治方法、药品名称、药剂类型、药品用量、施用方法、所用工具等。

⑥采收。收获田块面积、产量、收获时期、收获方法、使用工具。

（4）资金预算。土地、设施租金，农资费用，劳动力费用，管理费用等。

（5）讨论、修改、确定生产方案。

（6）购买种子、肥料等农资。

组织实施

以小组的形式在学习工作单的引导下，完成专业知识学习，开展韭菜生产演练，并记录实施过程中出现的特殊情况或调整情况。

（一）整地作畦、施基肥

韭菜1次栽植后，多年不再翻耕，而且在冬季可软化栽培。因此，在施足基肥的基础上，进行1次深耕，并以行距宽而丛距密的方式进行作畦整地。

（二）繁殖

由于分株繁殖的植株生长势不及用种子繁殖的植株，故生产上大多用种子繁殖。分别在春季或秋季进行播种育苗，当年秋季或翌年春季定植。种子必须是前一年或当年收的新鲜种子。每667m^2苗床的播种量为3～5kg，育成的秧苗可以供10倍左右面积的栽培所用。

（三）栽植方式与栽植密度

当幼苗生长到约20cm高时，在立秋处暑间，可以定植。如果是秋季播种的，则要以幼苗越冬，到翌年清明前后定植。定植时，对于幼苗要进行整理及选择，剪去过长的须根，有时还要剪去一部分叶子的先端，以减少蒸发，利于缓苗。韭菜都是丛栽的，每丛10～20株。具体的栽植密度因间作还是单作、品种的生长势、分蘖力的强弱及管理水平而决定。

（四）田间管理

秋季定植后，叶的生长迅速，分蘖力也较强，此时应该加强肥水管理，满足生长及分蘖的要求。在严寒以前，施1次重肥，以促进生长，使更多的营养物质运转到地下的根茎中积累起来，满足翌年春天发芽和生长的需要，一般不收割青韭。到2～3年以后，每年进行多次收割，每收割1次，施1次重肥，以促进叶的生长与分蘖。而且在每次收割以后，要培育一段时间，恢复生长，然后再收割，才能保持旺盛的生长，防止早衰。具体收割相隔时间的长短，视生长状态及温度高低而决定。进入收割年龄以后，必须注意培养地下根茎的生长，积累较多的养分。而且经过多年的生长、分蘖、跳根以后，植株互相拥挤，分蘖细小，产量下降，此时要及时清除老根、老叶，进行培土、施肥，促使恢复生长。

南方夏季高温闷热，不适于韭菜叶的生长。这个时期，不要收割，以保护植株过夏。这样，等到秋凉以后，又可以恢复生长。长江以南地区，韭菜的地上部虽可露地越冬，但在长江两岸地区，并不是完全无冻害，对于耐寒力弱的品种，可适当加盖稻草。

培土是韭菜管理中的一项重要工作，而培土又与跳根有关，收割的次数越多，跳根的距离越大。因而韭菜生长的年数多时，新根大部分都分布在土壤的表层，要每年培土。

（五）地下虫害的防治

烂根韭菜的根茎及叶鞘基部长期生长在土中，容易发生各种病害及虫害，主要的地下害虫是地蛆和蓟马等。要防治这些虫害，可于定植前或虫害发生前，用糖醋液诱杀成虫，也可用溴氰菊酯、氰戊·马拉硫磷乳油、辛硫磷、喹硫磷乳油等来防治，但应避免使用剧毒、高残留农药。引起烂根的原因，是韭菜枯萎病的危害，这种病菌在排水不良的土壤中，尤其是在夏季高温季节，暴雨以后，又遇猛烈的阳光容易发生。防治的方法主要是开沟排水，培育壮苗。

（六）采收

南方各地除了炎热的夏季以外，几乎周年都可采收青韭。长江一带，一般从春到夏，收割青韭 2～4 次。收割时都要留 3～5cm 的叶鞘的基部，以免伤害叶鞘的分生组织及幼芽，影响下一次的产量。7—8 月，气温高，生长慢，一般不收青韭，而只收韭菜薹；入秋以后，可收青韭 1～2 次或不收，以养根为主；到冬季，大都利用培土软化，采收韭黄。一般 $1hm^2$ 全年产量为 50t 左右。

韭菜的品质除与品种特性有关以外，还与温度、光照、水分及土壤营养有关。温度高，光照强，气候干旱而氮肥缺乏，则木质化的程度大，而糖类的含量低，所以一般以春、秋季采收的品质较好，尤其是在雨后，叶生长快，组织柔嫩。夏季高温季节，叶生长慢，纤维含量多，糖类的含量少，产量也较低。冬季用软化栽培的韭黄，纤维含量少而糖类的含量多，是蔬菜中的珍品。

拓展知识

韭菜的分蘖与跳根

韭菜软化栽培

项目十一 XIANGMU 11

绿叶菜类蔬菜生产

学习目标

▶专业能力

(1) 能够设计芹菜、莴苣的生产方案。

(2) 能够根据市场需要选择品种，培育壮苗。

(3) 能够根据生产需要选择适宜的种植方式，进行整地作畦，并适时定植。

(4) 能够根据芹菜、莴苣的长势，适时进行环境调控、肥水管理和化控处理。

(5) 能够及时诊断芹菜、莴苣病虫害，并进行综合防治。

(6) 能够采用适当方法适时采收芹菜、莴苣，并能进行采后处理。

(7) 能够组织实施生产计划，并制订无公害、绿色、有机芹菜、莴苣的生产技术规程。

(8) 能够评定产品质量。

▶方法能力

(1) 具有信息采集、处理的能力。

(2) 具有独立使用各种媒介完成学习任务，并有自主学习的能力。

(3) 具有分析解决问题、接受应用新技术的能力。

(4) 具有综合和系统思维，并有完成典型工作任务的能力。

(5) 具有撰写技术报告、学习迁移的能力。

▶社会能力

(1) 具有吃苦耐劳、诚实守信、爱岗敬业的职业精神。

(2) 具有团队合作、沟通、语言表达能力。

(3) 能够公正地自我评价和评价他人。

(4) 具有环保意识、社会责任感、参与意识及自信心。

任务布置

本项目的学习任务为芹菜、莴苣生产，在教学组织时为了增强学生的学习积极性和主动性，全班组建两个模拟股份制公司，开展竞赛，每公司再分两个种植小组，每小组分别种植1种蔬菜。

建议本项目为20学时，其中18学时用于芹菜、莴苣生产的学习，另2学时用于各

"公司"总结、反思、向全班汇报学习经验与体会，实现学习迁移。

具体工作任务的设置：

（1）获得相关资料与信息。

①熟悉芹菜、莴苣的生物学特性。

②熟悉芹菜、莴苣不同品种的特性。

③熟悉生产设施、环境条件。

④熟悉芹菜、莴苣生产的整个生产过程（生产方案的制订，种子、肥料等农资的准备，土地、设施的准备，播种育苗，整地作畦、施基肥，定植，田间管理，病虫害防治，采收及采后处理，总结反思）。

⑤熟悉培育壮苗、整地作畦、定植、田间管理、病虫害防治、采收等各阶段的质量要求。

⑥熟悉芹菜、莴苣的栽培制度。

⑦了解芹菜、莴苣的市场价格。

⑧了解芹菜、莴苣的生产新技术。

（2）制订、讨论、修改生产方案。

（3）根据生产方案，购买种子、肥料等农资。

（4）实施生产方案。

①培育壮苗。

②深沟高畦，施足基肥。

③适时定植（地膜覆盖）。

④加强田间管理（环境调控、肥水管理）。

⑤及时防治病虫害。

⑥适时采收芹菜、莴苣，并进行采后处理。

⑦观察芹菜、莴苣的生物学特性（植物学特征、对环境条件的要求）。

（5）成果展示，并评定成绩。

（6）讨论、总结、反思学习过程，撰写技术报告，各小组汇报学习体会，实现学习迁移。

（7）提交产品工作记录、小组评分单、个人考核单、小组工作总结、技术报告，材料整理并归档。

绿叶蔬菜指主要以柔嫩的绿叶、叶柄和嫩茎为食用部分的速生蔬菜，主要包括莴苣、芹菜、菠菜、蕹菜、苋菜、茼蒿、芫荽、茴香、叶甜菜、冬寒菜、苦苣、荠菜、菊苣、罗勒、菜苜蓿、紫苏、榆钱菠菜、番杏、落葵、紫背天葵等。这类蔬菜富含各种维生素和矿物质，是营养价值比较高的蔬菜，在蔬菜的周年均衡供应，品种搭配，提高复种指数，提高单位面积产量及经济效益等方面都占有不可代替的重要地位。

绿叶蔬菜类在生物学特性及栽培技术上有以下共同特点。

绿叶蔬菜种类多，对环境条件的要求各不相同，但大致可分为两大类：一类喜冷凉湿润，如菠菜、芹菜、莴苣、茼蒿等，其生长适温为15～20℃，能耐短期的霜冻，适宜于秋播秋收，春播春收或秋播翌年春收；另一类喜温暖而不耐寒，如苋菜、蕹菜、落葵等，生长适温为20～25℃，10℃以下停止生长，尤以蕹菜更喜高温，为夏季重要的叶菜之一，适宜春播夏收或夏播夏收，特别是对解决早秋淡季有重要作用。

多数绿叶蔬菜根系较浅，生长期短，因此对土壤和水肥条件的要求较高，适宜在土壤结构良好、保水保肥力强的地块种植，在施肥上要求勤施、薄施，以保证及时供给生长所需。

一般认为喜冷凉的绿叶菜类属低温长日照作物，但多数绿叶菜类如菠菜、莴苣的花芽分化并不需要经过严格的低温条件，但其抽薹开花对长日照却较敏感，在长日照下伴以高温便迅速抽薹开花，影响叶的生长，因而降低品质。相反，在短日照下伴以冷凉条件，则促进叶的生长，有利于产量和品质的提高。喜欢温暖的绿叶菜属高温短日照作物，如苋菜、蕹菜、落葵等在春播条件下性器官出现晚，收获期长；在秋播条件下，因日照渐短，性器官出现早，收获期较短，其生长和发育在较大程度上受光照长短的影响。不管是喜冷凉的还是喜温暖的绿叶菜，其栽培技术关键均在于避免易引起早期花芽分化的不良条件，防止未熟抽薹，促进营养器官的充分发育。

多数绿叶菜类的播种材料为果实或种子，其果皮或种皮较厚，需创造一定的条件，才能促进其发芽，因此常在播前进行种子处理。

任务一　芹菜生产

任务资讯

芹菜是伞形科芹属中形成肥嫩叶柄的二年生草本植物，又称为芹、旱芹、药芹菜，原产地中海沿岸及瑞典、埃及和西亚的高加索等地的沼泽地带。古希腊人最早栽培作药用，后作辛香蔬菜，驯化成肥大叶柄类型。芹菜由高加索传入我国，已有2 000多年的栽培历史，并逐渐培育成细长叶柄类型。芹菜适应范围广，目前全国各地都有栽培，尤其是近几年来，随着蔬菜生产不断发展，消费量不断增加，芹菜的栽培面积在全国各地也逐渐扩大，已成为我国城乡市民消费的主要绿叶蔬菜之一。

一、芹菜的植物学特征

1. 根　芹菜为浅根性根系，直播栽培的芹菜主根发达，移植栽培的因主根受损而促进了侧根的生长。根系一般分布在7～36cm的土层中，但主根群分布在7～10cm土层，横向分布30cm左右，所以吸收面积小，耐旱、耐涝力较弱。但主根可深入土中，并贮藏养分变肥大，主根被切断后可发生许多侧根，适宜于育苗移栽。

2. 茎　营养生长期茎短缩，随生长发育而开花抽薹，直立，高1～1.3m。

3. 叶　叶着生在短缩茎的基部，为奇数二回羽状复叶，每一叶有2～3对小叶和一片尖端小叶，叶柄较发达，为主要食用部分，长30～100cm，在叶柄表皮下有发达的厚角组织。在维管束附近的薄壁细胞中分布有油腺，分泌特殊香气的挥发油。茎的横切面呈近圆、半圆或扁形，叶柄横切面直径：中国芹菜为1～2cm，西芹为3～4cm。叶柄内侧有腹沟，柄髓腔大小依品种而异。叶柄有深绿色、黄绿色和白色等。深绿色的难于软化，黄绿色的较易软化。在高温干旱和氮肥不足情况下，厚角组织和维管束发达，使品质下降。在不良的栽培条件下，常致薄壁细胞破裂，叶柄空心，不充实，影响品质。

4. 花 芹菜的花为伞形花序，花小，黄白色，花冠有5个离瓣，虫媒花，异花授粉，但自交也能结实。秋播的芹菜春季抽薹开花。

5. 果实和种子 芹菜的果实为双悬果，有两个心皮，其内各含1粒种子。种皮呈褐色，粒小，有香味，千粒重0.4g。

二、芹菜生长发育对环境条件的要求

1. 温度 芹菜属耐寒性蔬菜，要求冷凉湿润的气候，生长适温为15～20℃，26℃以上生长不良，品质下降。但苗期耐高温，幼苗可耐−7℃的低温，长江中下游地区可安全越冬。种子于在4℃开始发芽，发芽最适温度为15～20℃，7～10d出芽，高温下发芽缓慢。

芹菜属于绿体春化型作物，一般中国芹菜4～5片叶、西洋芹菜7～8片叶才能感受低温，在2～5℃温度条件下，10～20d就可通过春化阶段，在长日照下通过光照阶段而抽薹开花。芹菜春播过早容易先期抽薹，而秋播的芹菜须经过冬季，翌年抽薹开花。

2. 光照 在营养生长阶段，芹菜对光照要求不太严格，幼苗期宜光照充足，生长后期光照宜柔和，以提高产量和品质。光对芹菜种子发芽有显著促进作用，芹菜种子在有光条件下比完全在暗处容易发芽。此外，芹菜种子在发芽过程中对氧的要求比其他种子高，因此，在浸种催芽过程中要经常（每2～3h）翻动种子，令其透气见光。西芹是对光照度要求较为严格的作物，生长期间不能有强烈的光照。

3. 水分 芹菜种子发芽期要求较高的水分，故在播种后床土要保持湿润。芹菜生长需要湿润的土壤和空气条件。特别是到营养生长盛期，地表布满了白色须根时更需要充足的湿度，否则生长停滞，叶柄中机械组织发达，品质、产量降低。

4. 土壤与营养 芹菜适宜在保水保肥力强、有机质含量丰富的土壤中生长。土壤酸碱度（pH）要求严格，以pH6.0～7.6为宜，芹菜要生长发育良好，必须施用完全肥料，初期缺氮、磷对产量的影响较大，后期需氮、钾肥。此外，芹菜对硼的需要较强，土壤中缺硼，常导致芹菜初期叶缘现褐色斑点，后期叶柄维管束有褐色条纹而开裂，可在芹菜定植后每公顷施用7.5～11.5kg硼肥。一般每生产50kg芹菜产品，其肥料三要素的吸收量为氮20g、磷7g、钾30g。

三、芹菜的生长发育特性

芹菜属于低温绿体春化型的长日照作物，需在幼苗期经受低温，而且苗龄比植株大小对通过春化影响更大，故春季栽培播种过早时容易抽薹。通常幼苗在2～5℃低温下，经过10～20d即可完成春化，以后在长日照条件下，通过光周期而抽薹。光的强度对芹菜的生长也有影响，弱光可促进芹菜的纵向生长，即直立发展，而强光可促进横向发展，抑制纵向伸长。

相关链接

（一）芹菜的类型和品种

根据芹菜叶柄的形态，分为中国芹菜和西洋芹菜两种类型。

1. 中国芹菜（本芹） 叶柄细长，高100cm左右。依叶柄的颜色分为青芹和白芹。青芹的植株较高大，叶片较大，绿色，叶柄较粗，横径1.5cm左右，香气浓，产量高，软化后品质较好；白芹的植株较矮小，叶较细小，淡绿色，叶柄较细，横径1.2cm左右，黄白色或白色，香味浓，品质好，易软化。叶柄有实心和空心两种。实心芹菜叶柄髓腔很小，腹沟窄而深，品质较好，春季不易抽薹，产量高，耐贮藏，代表品种有北京实心芹菜、天津白庙芹菜、山东恒台芹菜等。空心芹菜叶柄髓腔较大，腹沟宽而浅，品质较差，春季易抽薹，但抗热性较强，宜夏季栽培，代表品种有福山芹菜、小花叶和早芹菜等。

2. 西洋芹菜（西芹） 株型大，株高60～80cm，叶柄肥厚而宽扁，宽达2.4～3.3cm，多为实心，味淡，脆嫩，不及中国芹菜耐热。单株1～2kg。依叶柄颜色分为青柄和黄柄两大类型。青柄品种的叶柄绿色，圆形，肉厚，纤维少，抽薹晚，抗逆性和抗病性强，成熟期晚，不易软化，如意大利冬芹、夏芹、美国芹菜等。黄柄品种的叶柄不经过软化自然呈金黄色，叶柄宽，肉薄嫩脆，纤维较多，空心早，对低温敏感，抽薹早。

（二）芹菜的栽培季节和方式

近年在长江流域利用大、中棚栽培芹菜，有以下几种栽培方式。

1. 大、中棚秋（延迟）**芹菜栽培** 5—6月播种育苗，8月中下旬定植，10月下旬至11月上旬，天气转冷不适于芹菜生长时，大、中棚盖膜保温，11月上旬开始采收。

2. 大、中棚冬芹菜栽培 一般在7月上旬至8月上旬播种育苗，9月上旬至10月上旬定植，10月下旬至11月上旬及时扣棚膜，12月下旬至翌年2月上中旬采收，正好保证春节供应市场。

3. 大、中棚春（越冬）**芹菜栽培** 8月中旬至9月中旬播种育苗，10月中下旬定植，11月上旬气温逐渐降低时要及时扣棚膜，翌年3月上中旬开始收获，正好在“春淡”时上市供应。

4. 大、中棚夏芹菜栽培 又称伏芹菜栽培，春季断霜后至5月上中旬播种，6月上旬定植，6月下旬开始覆盖遮阳网，以减弱棚内阳光。覆盖遮阳网最好做到盖顶不盖边，盖晴不盖阴，盖昼不盖夜，前期盖后期揭。这一季芹菜正好在8—9月“秋淡”时收获。

大棚西芹的栽培大致上可分为秋冬季栽培和春季栽培。秋冬季栽培可在5月底、6月初至9月分批播种，5—6月播种者，可在11月至翌年2月采收；9月播种者可在翌年3—4月植株抽薹前采收。春季栽培可在12月中旬播种，一般在翌年6月进入高温季节前采收。

芹菜无土栽培多采用基质栽培，尤以岩棉栽培和基质槽式栽培较多。

计划决策

以小组为单位，获取芹菜生产的相关信息后，研讨并获取工作过程、工具清单、材料清单，了解安全措施，填入工作任务单（表11-1、表11-2、表11-3），制订芹菜生产方案。

（一）材料计划

表11-1 芹菜生产所需材料单

序 号	材料名称	规格型号	数 量

（二）工具使用

表 11-2 芹菜生产所需工具单

序 号	工具名称	规格型号	数 量

（三）人员分工

表 11-3 芹菜生产所需人员分工名单

序 号	人员姓名	任务分工

（四）生产方案制订

（1）芹菜种类与种植制度。芹菜种类与品种、种植面积、种植方式。

（2）所需的农业生产资料。种子、肥料、农药、生产工具、农膜等。

（3）田间生产的具体内容制订。田间生产方案的内容包括芹菜从种到收的全过程，具体包括以下几方面的内容。

①整地作畦。整地的时间、质量，作畦的规格、所用工具、工作顺序等。

②种子处理。按照种子特性，结合当地生产情况，确定播种前种子处理措施。

③播种。确定播种时间、播种密度、播种量、播种方式及所用生产资料的准备。

④田间管理。肥水管理、环境调控。

⑤病虫草害防治。病虫害诊断、防治时期、防治方法、药品名称、药剂类型、药品用量、施用方法、所用工具等。

⑥采收。收获田块面积、产量、收获时期、收获方法、使用工具。

（4）资金预算。土地、设施租金，农资费用，劳动力费用，管理费用等。

（5）讨论、修改、确定生产方案。

（6）购买种子、肥料等农资。

组织实施

以小组的形式在学习工作单的引导下，完成专业知识学习，开展芹菜生产演练，并记录实施过程中出现的特殊情况或调整情况。

（一）播种育苗

1. 品种选择 选用高产、优质、耐贮运的抗病品种，如津南实芹、金于夏芹、黄心芹等本芹品种，高犹它、文图拉、佛罗里达 638 等西芹品种。

2. 播种量 本芹每 667m² 播种量为 0.5～0.8kg，西芹每 667m² 播种量为 0.3～0.5kg。

3. 浸种催芽 将种子放入 20～25℃水中浸种 16～24h，将浸好的种子搓洗干净，摊开稍加风干后，用湿布包好放在 15～20℃催芽，4～5d 后 60%种子萌芽时即可播种。

4. 育苗床准备 选用肥沃园田土与充分腐熟过筛有机肥按 2∶1 的比例混合均匀，每立方米加三元复合肥 1kg，用 25%甲霜灵可湿性粉剂与 70%代森锰锌可湿性粉剂按 9∶1 混合，按每平方米用药 8～10g 与 4～5kg 过筛细土混合，播种时 2/3 铺在床面，1/3 覆盖种子上。

5. 播种 浇足底水，水渗后覆一层细土（或药土），将种子均匀撒播于床面，覆细土（或药土）0.5cm。

6. 苗期管理 出苗后，如果床土偏干，可早晚浇小水，保持床面潮湿。在 1～2 片叶期，可进行间苗，苗距 1.0～1.5cm，3～4 叶期进行分苗，苗距 6～8cm，有利于培育壮苗。当苗高 5～6cm 时，每 667m^2 施尿素 10～12kg，均匀撒施，随之浇水。在整个育苗期都要及时防治杂草，经常中耕松土，以促进根系发育。

（二）定植前准备

1. 施肥 基肥要施足，每 667m^2 施腐熟有机肥 2.5t 或商品有机肥 500kg、25%氮磷钾蔬菜专用肥 50kg。为了预防叶柄劈裂，每 667m^2 还应加施硼肥（硼砂）0.5kg。

2. 整地作畦 芹菜适宜于富含有机质、保水保肥力强的土壤。在肥料均匀普撒后，耕翻菜地 20cm 深后耙平，做成高畦，畦宽 1.3～1.6m。

（三）定植

在幼苗 5～6 片真叶，苗高 15～20cm 时，及时进行定植。本芹苗高 12cm 左右、具 4～5 叶即可栽植。夏末初秋播种的芹菜按 6cm 行株距定苗，较晚播种的可加大至 12cm 行株距定苗。西芹当幼苗具有 8～9 片真叶时即可定植，定植密度除应考虑品种特性外，主要应根据采收标准确定。如果采收大株西芹，则每畦种植 2 行，株距 25～30cm；若采收中株西芹，则每畦可栽 3 行，株距 20～25cm。定植时，秧苗不宜种得太深，以土壤不埋没秧苗的生长点为度。

（四）田间管理

1. 水分管理 定植后浇一次缓苗水，本芹各季定植活棵后，根据天气情况，隔一定时间要浇水，直至培土后停止。以掌握土壤略湿润、不使发白即可。高温季节浇水以早、晚为佳。总之，水分管理以轻浇勤浇为原则，防止漫灌。

西芹需水量大，充足的水分是高产优质的重要保证。夏秋季栽培者定植后第一周，每天早晚各浇水 1 次，以促进幼苗恢复生长；1 周后同样应保持土壤湿润，但宜采用沟灌或滴灌，尽量不用喷灌或浇灌，以减少叶斑病的发生。冬、春季栽培者定植初期宜在中午前后浇水，避免在早晨或傍晚浇水。

2. 施肥管理 芹菜属浅根系，加以栽培密度大，除施足基肥外，在追肥上应勤施薄肥，不断供给速效性氮肥和配合以磷、钾肥。大田生长期间，要追肥 2～3 次，促使良好生长。当芹菜长出 2～3 片真叶以后，可追施腐熟稀粪 1～2 次，最后 1 次追肥在培土前 5～7d。在芹菜旺盛生长的时候应重施追肥，足施氮肥，增施钾肥。

3. 温度管理 视天气冷暖情况，在强寒流到之前覆膜。棚膜宜选用无滴膜或防雾膜。覆膜后浇水宜选择在晴天，且浇水不可过多，保持土壤湿润即可，每次浇水后要及时放风排湿。午间温度高时要及时通风换气，温度过低时，加盖草苫和防雨膜。

芹菜空心原因及预防措施

（五）病虫害防治

芹菜主要病虫害有斑枯病、叶斑病、菌核病、蚜虫等。在用药剂进行防治病虫害时要严格控制农药的安全间隔期。芹菜主要病虫防治用药技术见表 11-4。

表 11-4 芹菜主要病虫害的药剂防治技术

防治对象	使用农药	使用方法	施药方法	安全间隔期（d）
斑枯病	75%百菌清可湿性粉剂	600 倍液	喷雾	10
	64%噁霜·锰锌可湿性粉剂	1 000 倍液	喷雾	7
叶斑病	77%氢氧化铜可湿性粉剂	600 倍液	喷雾	7
	30%苯醚甲环唑·丙环唑乳油	2 000 倍液	喷雾	7
	20%苯醚甲环唑微乳剂	1 500～2 000 倍液	喷雾	7
	430g/L 戊唑醇悬浮剂	3 000～4 000 倍液	喷雾	28
菌核病	25%嘧霉胺微乳剂	600～800 倍液	喷雾	3
	40%嘧霉胺悬浮剂	800～1000 倍液	喷雾	3
	50%啶酰菌胺水分散粒剂	1 000～1 500 倍液	喷雾	3
蚜虫	50%抗蚜威水分散粒剂	3 000 倍液	喷雾	10
	10%吡虫啉可湿性粉剂	1 500 倍液	喷雾	7

（六）采收

在植株高达 45cm 以上，且心叶直立向上，心部充实，外叶色鲜绿或黄绿色时，即可采收。一般除早秋播种间拔采收外，其他都一次采收完毕。夏末初秋或春季栽培每 667m² 产量为 1～1.5t，冬季采收每 667m² 产量为 3～3.5t。

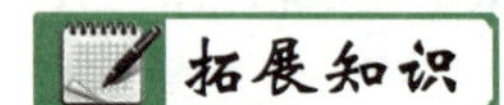

芹菜生理障碍

大棚番茄—芹菜—芹菜种植模式

任务二 莴苣生产

任务资讯

莴苣是菊科莴苣属中的 1～2 年生草本植物，以叶和嫩茎为主要产品器官，又称为千斤菜，按食用部分可分为叶用莴苣和茎用莴苣，原产于亚洲西部和地中海沿岸，由野生种演变而来。公元前 4500 年古埃及墓壁上有莴苣叶形的描绘。古希腊、古罗马许多文献上有关莴苣几个变种的记述，表明当时莴苣在地中海沿岸已普遍栽培。1492 年传到南美，16 世纪在欧洲出现结球莴苣，16—17 世纪有皱叶莴苣和紫莴苣的记载。

莴苣约在 5 世纪传入中国，11 世纪苏轼在《植物粗谈》中已有紫色莴苣的记载。在中国地理和气候条件的影响下莴苣又演变成特有的茎用类型——莴笋。元代司农司编撰的《农桑辑要》(1273 年) 中已记述了莴笋的栽培和加工方法。莴笋在我国南北各地普遍栽培，在长江流域是 3—5 月春淡季供应的主要蔬菜之一；温暖地区利用不同品种排开播种，分期收获，几乎可以周年供应。叶用莴苣在世界各国普遍栽培，主要分布于欧洲和美洲。

一、莴苣的植物学特征

1. 根 莴苣的根为直根系，直播的主根长可达 150cm，经育苗移栽以后主根多分布在 20～30cm 的土层内，侧根发生很多，须根发达。

2. 茎 莴苣的茎为短缩茎，但莴笋在植株莲座叶形成后，茎伸长肥大为笋状，是由胚轴发育的茎和花茎所形成。茎的外表为绿色、绿白色、紫绿色、紫色等，茎内部肉质有绿、黄绿、绿白等色。

3. 叶 莴苣的叶为根出叶，互生于短缩茎上，叶面光滑或皱缩，绿色、黄绿色或绿紫色，叶形有披针形、长椭圆形、长倒卵圆形等形状。叶用莴苣在莲座叶形成后，心叶因品种的不同，结成圆球、扁球、圆锥、圆筒等形状的叶球，叶缘波状、浅裂、锯齿形。

4. 花 莴苣的花为圆锥形头状花序，每花序有小花 20 朵左右，淡黄色，自花授粉，有时通过昆虫异花授粉，一般开花后 11～15d 种子成熟。

5. 果实与种子 莴苣的果实为瘦果，小而细长，为黑褐色或银白色，成熟后顶端有伞状冠毛，可随风飞散。种子千粒重为 0.8～1.2g。种子成熟后有一段时间的休眠期，贮藏 1 年后的种子发芽率有所提高。

二、莴苣生长发育对环境条件的要求

1. 温度 莴苣喜冷凉，忌高温，稍耐霜冻。种子发芽的最低温度为 4℃，但需时间较长，发芽的适宜温度 15～20℃，4～6d 可以发芽，30℃以上种子进入休眠状态，发芽受阻碍。所以在炎热高温的季节播种时，种子须进行低温处理，如在 5～18℃下浸种催芽，种子发芽良好。幼苗可耐－6～－5℃的低温，但成株的耐寒力减弱。幼苗生长的适宜温度为12～20℃，当日平均温度达 24℃左右时生长仍旺盛，但地表温度达 40℃时，幼苗根轴因受灼伤而倒苗。莴笋茎、叶生长时期适宜的温度为 11～18℃，较低的夜温和日夜温差较有利于茎部的肥大。如果日平均温度达 24℃以上，夜温长时间在 19℃以上时，易发生徒长导致茎部细长的现象。较大的植株遇 0℃以下的低温会受冻害而死亡。开花结实期要求较高的温度，在 22.3～28.8℃的温度范围内，温度越高，开花到种子成熟所需的时间越短，低于 15℃时，开花结实受到影响。

结球莴苣对温度的适应范围较莴笋小，既不耐寒又不耐热。结球莴苣结球期的适温为白天 20～22℃，夜间 12～15℃。温度过高，日平均温度超过 20℃以上，就会造成生长不良，出现徒长，不易形成叶球，或因球内温度过高引起心叶坏死腐烂。不结球莴苣对温度的适应范围介于莴笋与结球莴苣之间。

2. 光照 莴苣为喜光性植物，光照充足，生长健壮，叶片肥厚，嫩茎粗大。莴苣发育上为长日照植物，种子是需光种子，适当的散射光可促进发芽。

3. 水分 生长各阶段要有适宜的水分，才能正常生长。如幼苗期，勿过干过湿；发棵期应适时控制水分，进行蹲苗，促进根系向纵深生长，这样莲座叶得以充分发育。在莴笋茎部肥大或莴苣结球期，须水肥充足，以促进产品器官充分发育。

4. 土壤与营养 莴苣的根对氧气的要求高，在有机质含量丰富、保水保肥力强的壤土或沙壤土上根系发展很快，有利于水分、养分的吸收。结球莴苣喜欢微酸的土壤，以 pH 为 6 的土壤为最适宜。莴苣对土壤营养的要求较高，尤其是氮素更为重要，任何时期不可缺少，否则会抑制叶片分化，使叶片减少。缺磷则株小、低产，叶色暗绿，长势差。缺钾虽不影响叶序的分化，但影响叶的生长发育和叶片的质量。在莴苣结球和莴笋肥茎期，供给氮、磷的同时，也须维持氮、钾营养的平衡。

相关链接

（一）莴苣的类型与品种

按产品器官莴苣可分为茎用莴苣和叶用莴苣两类。

1. 茎用莴苣 即莴笋，为莴苣属莴苣种，能形成肉质茎的变种。根据莴笋叶片形状可分为尖叶和圆叶莴苣两个类型。各类型中依茎的色泽又有白色（外皮绿白）、青笋（外皮浅绿）和紫皮笋（紫绿色）之分。

（1）尖叶莴笋。叶片披针形，先端尖，叶簇较小，节间较稀，叶面平滑或略有皱缩，绿色或紫色。肉质茎为棒状，下粗上细，较晚熟，苗期耐热，可作秋季或越冬栽培。代表品种有四川正兴 3 号莴苣、四川种都牌冬青莴苣、杭州尖叶笋、上海尖叶等。

（2）圆叶莴笋。叶片长倒卵形，顶部稍圆，叶面皱缩较多，叶簇较大，节间密，茎粗大（中、下较粗，两端渐细），成熟期早，耐寒性较强，不耐热，多作越冬春莴笋栽培。代表品种有四川种都牌秋莴苣、杭州圆叶、上海小圆叶和大圆叶、成都二白皮、挂丝红等。

2. 叶用莴苣 叶用莴苣包括结球莴苣、皱叶莴苣和散叶莴苣 3 类。

（1）散叶莴苣。也称长叶莴苣，叶全缘或锯齿状，外叶直立，一般不结球，或有松散的圆筒形或圆锥形的叶球。根据其叶片颜色的不同，可分为绿色种和紫色种。前者有农友翠花、广东玻璃、登丰等品种，后者有红火花、太阳红等品种。

（2）皱叶莴苣。叶片深裂，叶面皱缩，有松散叶球或不结球。

（3）结球莴苣。叶全缘，有锯齿或深裂，叶面平滑或皱缩，外叶开展，心叶形成叶球。叶球圆、扁圆或圆锥形等。代表品种有美国的大湖、绿湖、凯撒等。

（二）莴苣的栽培季节和方法

莴苣喜冷凉气候条件，茎、叶生长最适温度 11～18℃，成株不耐寒，在长日照和高温条件下容易抽薹。在冬季较冷的地区以春季栽培为主；在冬季较暖和的地区，除春、秋栽培外，还可适当提前延后栽培。现依据收获期分为春、夏、秋、冬四季莴笋，近年来，通过利用保护地冬季防寒保温和夏季遮阳防雨降温栽培技术，莴笋可以做到排开播种，周年供应，不仅丰富了市场花色品种，又增加了经济收益。

叶用莴苣适应性强，可参考莴笋的栽培季节。结球莴苣对温度的适应范围较小，不耐低温和高温。

长江以南各地秋冬播种，春季收获或秋播冬收。广州冬季温和、较少冻害，播种期可从 8 月到翌年 2 月，9 月到翌年 4 月陆续收获，但以 10—12 月播种，而于 12 月至翌年 3 月收获为主要栽培季节。西南山区可春播夏收或秋播冬收。近年来在长江流域的一些地方，经过试验，根据叶用莴苣的生育期随各个时期温度变化和品种而不同，在夏季（6 月下旬至 9 月上旬）遮阳防雨，降温降湿，冬季（11 月至翌年 4 月上旬）采取多层覆盖等保护性措施，运用小批量多期播种（全年约20个播期，每15～20d播种1次）可以做到周年生产和均衡供应。

计划决策

以小组为单位，获取莴笋生产的相关信息后，研讨并获取工作过程、工具清单、材料清单，了解安全措施，填入工作任务单（表11-5、表11-6、表11-7），制订莴笋生产方案。

（一）材料计划

表11-5 莴笋生产所需材料单

序 号	材料名称	规格型号	数 量

（二）工具使用

表11-6 莴笋生产所需工具单

序 号	工具名称	规格型号	数 量

（三）人员分工

表11-7 莴笋生产所需人员分工名单

序 号	人员姓名	任务分工

（四）生产方案制订

（1）莴笋种类与种植制度。莴笋品种、种植面积、种植方式。

（2）所需的农业生产资料。种子、肥料、农药、生产工具、农膜等。

（3）田间生产的具体内容制订。田间生产方案的内容包括莴笋从种到收的全过程，具体包括以下几方面的内容。

①整地作畦。整地的时间、质量，作畦的规格、所用工具、工作顺序等。

②种子处理。按照种子特性，结合当地生产情况，确定播种前种子处理措施。

③播种。确定播种时间、播种密度、播种量、播种方式及所用生产资料的准备。

④田间管理。肥水管理、环境调控。

⑤病虫草害防治。病虫害诊断、防治时期、防治方法、药品名称、药剂类型、药品用量、施用方法、所用工具等。

⑥采收。收获田块面积、产量、收获时期、收获方法、使用工具。

（4）资金预算。土地、设施租金，农资费用，劳动力费用，管理费用等。

（5）讨论、修改、确定生产方案。

（6）购买种子、肥料等农资。

组织实施

以小组的形式在学习工作单的引导下，完成专业知识学习，开展春莴笋生产演练，并记录实施过程中出现的特殊情况或调整情况。

（一）整地作畦、施基肥

1. 土壤的准备 莴笋的根群不深，应选用肥沃、保水保肥力强和排水良好的土壤栽培，对病害猖獗的土壤应进行轮作。栽植地块应深耕晒土，以改进土壤的理化性质，并减少病害。

2. 深沟高畦，施足基肥 根据各地地形和间套作物情况，做1.3～2.6m的畦。在多雨的季节栽培宜做高畦，以利于排水，在寒冷地区可进行沟植，以防寒风。

栽培莴笋也宜于在翻耕时施入大量的厩肥、堆肥，特别是春莴笋，常于翌春套种其他春季蔬菜，尤须事先施足底肥。

（二）播种及育苗

要培育壮苗，首先应选用品质优良的种子，可用风选或水选法选取较重的种子，淘汰较轻种子。其次，适当稀播，以免幼苗拥挤，导致胚轴伸长和组织柔嫩，特别是在9—10月播种的春莴笋，当时气温温和、土温适宜、出苗容易，播种量尤不易多。一般每667m^2苗床的用种量750g左右，约可定植大田2.6hm^2。

苗床应以腐熟堆肥和粪肥为底肥，并适当配合磷、钾肥料。幼苗生长拥挤时应匀苗1～2次，使幼苗生长健壮。4～5片真叶适时定植，以免幼苗过大，胚轴过长，不易获得肥大的嫩茎。8月上旬播种的苗龄25d左右，9月播种的苗龄30～35d，10月播种的苗龄约40d，以定植时幼苗不徒长为原则。

（三）定植

定植距离因品种和季节而异。早熟品种行株距24cm×20cm左右，中、晚熟品种33cm×27cm左右。在气温较高不适于莴笋生长季节可适当密植，在适宜苗笋生长的季节可稀一些。莴笋幼苗柔嫩，定植时应多带土，以免折伤根系，并选择土壤湿度适宜或阴天进行，定植后及时浇水，以利于成活。

（四）施肥

一般莴笋追肥3～4次。定植成活后施肥1次，以利于根系和叶片的生长。进入莲座期，茎开始膨大，要及时追施重肥，以利于茎的膨大。此时脱肥，茎部变老而纤细，不易获得肥大的嫩茎，但莴笋不耐浓厚的肥料，最大浓度不超过一般粪肥的50%。追肥不宜过晚，过晚易致茎部开裂。越冬的春莴笋除在定植成活后追肥1次外，冬季不再追肥，避免在较冷的地区遭受冻害，开春暖和后应及时追肥，以促进叶片的生长和茎的膨大。在春季气温增高和干旱的情况下，应及时灌溉，并结合追肥，否则茎部迅速抽长而不膨大，影响产量和品质。一般在植株封行前及施肥前中耕和除草。

在莴笋栽培中，茎部较易发生细瘦徒长，其原因：一是受长日照高温的影响，导致早期抽薹；二是干旱缺肥；三是土壤水分过多或偏施氮肥。解决的途径是根据不同的栽培季节选用不同的品种，施用完全肥料，施用充足基肥，春前不偏施氮肥，并及时中耕保墒，使植株生长健壮。春后莲座叶形成、茎膨大或天气干旱时，应及时灌溉追肥，土壤水分过多应及时排水。

（五）病虫害防治

春秋季雨水较多时，莴笋常发生霜霉病、菌核病、灰霉病、叶斑病、病毒病等，主要虫害有蚜虫、蓟马、地老虎等。霜霉病、菌核病危害较大，严重影响产量。防治方法是注意通风和排水，降低空气和土壤湿度，避免连作，勿栽植过密及浇水过多，常浅锄，保持土表面干燥，摘除病叶，病虫害发生前用0.5%的波尔多液预防，及时挖掉病株，清除枯叶，集中烧毁。

（六）采收

莴笋的采收标准是心叶与外叶平，俗称平口，或现蕾以前为采收适期。这时茎部已充分肥大，品质脆嫩。如果收获太晚，花茎伸长，纤维增多，肉质变硬甚至中空，品质降低；过早采收则影响产量。

拓展知识

莴笋产品分级标准

结球莴苣产品分级标准

大棚莴苣—西瓜—丝瓜种植模式

项目十二

XIANGMU 12

水生蔬菜生产

学习目标

▶专业能力

(1) 能够设计茭白、莲藕、菱的生产方案。

(2) 能够根据市场需要选择品种，培育壮苗。

(3) 能够根据生产需要选择适宜的种植方式进行整地作畦，并适时定植。

(4) 能够根据茭白、莲藕、菱的长势，适时进行环境调控、肥水管理和化控处理。

(5) 能够及时诊断茭白、莲藕、菱的病虫害，并进行综合防治。

(6) 能够采用适当方法适时采收茭白、莲藕、菱，并能进行采后处理。

(7) 能够组织实施生产计划，并制订无公害、绿色、有机茭白、莲藕、菱的生产技术规程。

(8) 能够评定产品质量。

▶方法能力

(1) 具有信息采集、处理的能力。

(2) 具有独立使用各种媒介完成学习任务，并有自主学习的能力。

(3) 具有分析解决问题、接受应用新技术的能力。

(4) 具有综合和系统思维，并有完成典型工作任务的能力。

(5) 具有撰写技术报告、学习迁移的能力。

▶社会能力

(1) 具有吃苦耐劳、诚实守信、爱岗敬业的职业精神。

(2) 具有团队合作、沟通、语言表达能力。

(3) 能够公正地自我评价和评价他人。

(4) 具有环保意识、社会责任感、参与意识及自信心。

任务布置

该项目的学习任务为茭白、莲藕和菱生产，在教学组织时为了增强学生的学习积极性和主动性，全班组建两个模拟股份制公司，开展竞赛，每公司再分 3 个种植小组，每小组分别种植 1 种蔬菜。

建议本项目为 20 学时，其中 18 学时用于茭白、莲藕、菱生产的学习，另 2 学时用于各“公司”总结、反思、向全班汇报学习经验与体会，实现学习迁移。

具体工作任务的设置：

(1) 获得相关资料与信息。

①熟悉茭白、莲藕、菱的生物学特性。

②熟悉不同品种的特性。

③熟悉生产设施、环境条件。

④熟悉茭白、莲藕、菱生产的整个生产过程（生产方案的制订，种苗、肥料等农资的准备，土地、设施的准备，播种育苗，整地作畦、施基肥，定植，田间管理，病虫害防治、采收及采后处理，总结反思）。

⑤熟悉培育壮苗、整地作畦、定植、田间管理、病虫害防治、采收等各阶段的质量要求。

⑥熟悉茭白、莲藕、菱的栽培制度。

⑦了解茭白、莲藕、菱的市场价格。

⑧了解茭白、莲藕、菱的生产新技术。

(2) 制订、讨论、修改生产方案。

(3) 根据生产方案，购买种子、肥料等农资。

(4) 实施生产方案。

①培育壮苗。

②深沟高畦，施足基肥。

③适时定植。

④加强田间管理（环境调控、肥水管理）。

⑤及时防治病虫害。

⑥适时采收茭白、莲藕、菱并进行采后处理。

⑦观察茭白、莲藕、菱的生物学特性（植物学特征、对环境条件的要求）。

(5) 成果展示，并评定成绩。

(6) 讨论、总结、反思学习过程，撰写技术报告，各小组汇报学习体会，实现学习迁移。

(7) 提交产品工作记录、小组评分单、个人考核单、小组工作总结、技术报告，材料整理并归档。

中国栽培的水生蔬菜有莲藕、茭白、慈姑、水芹、荸荠、菱、芡、莼菜、蒲草、豆瓣菜、水芋等10余种，大多为中国原产。我国水生蔬菜主要分布在长江流域以南的水泽地区，黄河流域也有少量栽培，栽培的面积很广。广州珠江三角洲及江苏、浙江两省的莲藕，湖南、湖北的莲子，广东、广西的荸荠，江苏无锡的茭白，浙江嘉兴的无角菱，山东济南大明湖的蒲菜都是全国著名的特产。

水生蔬菜生产具有以下特点：

(1) 适宜水湿环境，不耐干旱。水生蔬菜生育期间都必须保持一定的水层，并要求水位的变化相对稳定，不可暴涨猛落；休眠期间也要保持充分潮湿的环境。

（2）根系不发达，根毛退化。由于水生蔬菜长期生长在潮湿的土壤或水中，吸水容易，以致根系的吸收能力减弱，根毛退化，因此要求在土层深厚、土质肥沃、富含有机质的土壤中栽培。

（3）喜温，生育期长。多数种类生育期长达150～200d，除豆瓣菜和水芹喜冷凉、耐轻霜外，其余水生蔬菜性喜温暖，必须安排在无霜期栽培。

（4）通气组织发达。水生蔬菜由于长期生长在蓄水的环境中，植株的机械组织都有不同程度的退化，通气组织发达，从叶片气孔进入的空气，能顺利到达植株的各个器官，以满足水下各部分组织生理代谢的需要。同时，植株茎秆较脆弱，栽培上要注意防风。

（5）多进行无性繁殖。除菱角、芡实用种子繁殖外，大多数水生蔬菜都采用无性繁殖，即利用球茎、根茎等营养器官进行繁殖，用种量大。

任务一 茭白生产

任务资讯

茭白是禾本科菰属多年生宿根性水生草本植物，又称为茭笋、茭瓜等，原产于中国。茭白由菰演变而来，距今已有3 000多年历史。茭自在我国分布较广，北至北京、南至广东均有栽培，但以太湖流域栽培历史最久，品种和种类最多，栽培面积最为集中，栽培技术也最为丰富，其次沿长江流域各省份及广东、福建、台湾也有一定栽培面积。由于茭白肉质茎洁白柔嫩，品质优良，又适宜于低洼水田种植，不与粮食作物争地，因此近年各地广泛引种，种植面积逐年扩大，并成为当地的主栽品种和脱贫致富的产业之一。

茭白主要以肉质嫩茎供食用，其肉质茎是由于体内寄生的一种食用黑粉菌分泌生长激素刺激花茎不能正常抽生而畸形膨大形成。肉质茎中含有蛋白质、糖类、纤维素以及维生素和矿物质等，营养丰富，味道鲜美。茭白的采收期夏季在5—6月，秋季在10月左右，对调剂淡季，丰富花色品种有一定的作用。茭白可保鲜和速冻加工，还出口日本、美国及欧洲国家等地。

一、茭白的植物学特征

茭白成长植株高150～200cm。地上部由叶片和由叶鞘紧紧包裹着的肉质茎（茭肉）组成，地下部由短缩茎、分蘖芽、匍匐茎、分枝芽和须根组成。

1. 根 茭白为须根系，较发达，主要分布在短缩茎的分蘖节和根状匍匐茎节上，一般根长20～70cm，粗1.2～2.0cm。新根白色，后转成黄褐色，具大量根毛。

2. 茎 茭白的茎有地上茎和地下茎之分。地上茎位于主茎和各分蘖的基部中心，呈短缩状，茎上可再发生分蘖。短缩茎发育到一定阶段，拔节抽长，在寄生其体内的食用黑粉菌分泌生长激素的刺激下，先端数节畸形膨大，形成肥嫩的肉质茎，即食用的茭白。不同品种的茭白，其肉质茎的形状、大小、颜色、光洁度和紧密度等均有明显差异。地下茎匍匐横生土中，其先端数节的芽，向上生长能形成新分株，称游茭，是茭白营养繁殖的主要材料。地上茎由叶鞘抱呈短缩状，俗称薹管，部分埋入土中，节上分蘖芽能产生多数分蘖，呈丛生状态。到冬季，地上部枯死，以根株留存土中越冬。茭白植株形态见图12-1。

3. 叶 茭白的叶片为长披针形，由叶片和叶鞘组成。叶鞘长40～60cm，互相抱合，叶片与叶鞘相连接处有三角形的叶枕，俗称茭白眼。此处组织柔嫩，病菌容易侵入，灌水时一般不能超过茭白眼。由于茭肉由叶鞘紧紧包裹，并在水中发育，因而十分白嫩。

茭白形成后，如不及时采收，则菌丝体继续蔓延，并形成黑褐色的厚垣孢子，茭白的组织呈现黑色斑点，并逐渐增大，形成黑条，进而形成孢子块，呈黑色粉末状，称为灰茭。此外，当分蘖生长趋于衰退，侵入黑粉菌菌丝的潜伏期比正常分蘖缩短，黑粉菌生长迅速，在肉质茎中较早形成黑粉厚垣孢子堆时，也能够形成灰茭。有些植株生长特别健壮，抗病力强，不被黑粉菌菌丝侵染，花茎不膨大，能正常抽薹开花，甚至结实，这种不能膨大的茭株称雄茭。雄茭不能形成茭白，灰茭不能食用，都没有生产价值，一旦发生应及早拔除。雄茭、正常茭和灰茭的茎部比较见图12-2。

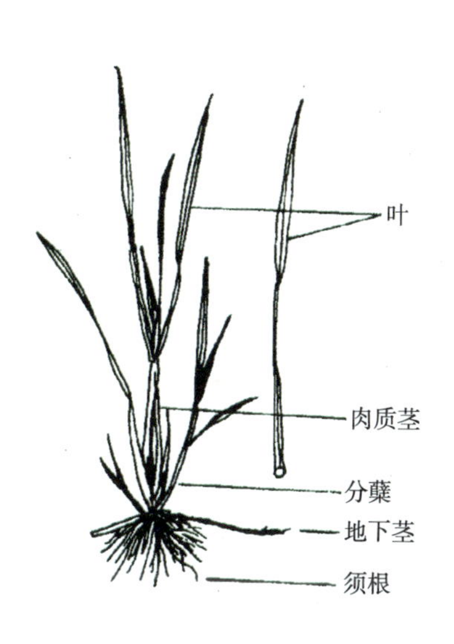

图12-1 茭白植株形态（雄茭）

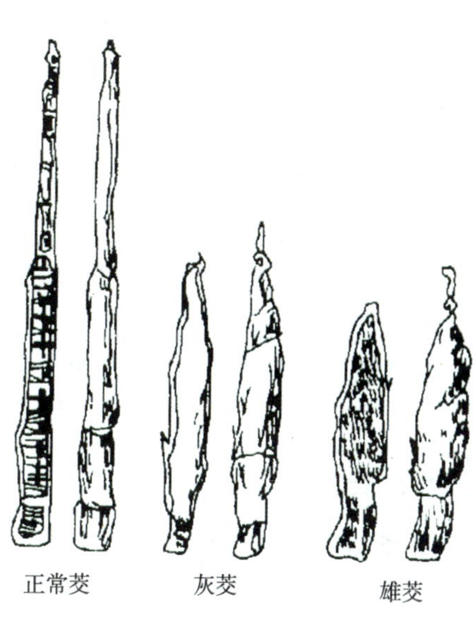

图12-2 雄茭、正常茭和灰茭茎的比较

二、茭白生长发育对环境条件的要求

1. 温度 茭白为喜温性蔬菜，5℃以上开始萌芽，生长适温为15～30℃；孕茭适温为15～25℃，低于10℃或超过30℃不能孕茭；15℃以下分蘖停止，地上部生长也逐渐停滞，5℃以下时地上部枯死，进入休眠阶段。

2. 水分 茭白为浅水性植物，整个生长期不能缺水，休眠期内也要保持土壤湿润。植株从萌芽到孕茭，水位应逐渐加深，一般从5cm逐渐加深到25cm，促进孕茭白嫩，水位最深不能淹没茭白眼，否则会降低产量和品质。往后水位宜逐渐排浅，保持土壤充分湿润过冬。

3. 光照 茭白一般要求阳光充足，不耐阴，但在夏季气温达到35℃，光照度超过5万lx时宜适当遮阳。茭白为短日照植物，只有在短日照条件下才能孕茭，一熟茭的品种至今仍保留这一特性；而两熟茭则对日照长短的反应已不太敏感，在长、短日照下都能孕茭。

4. 土壤与营养 茭白不宜连作，要求土层深厚达到20cm，土壤有机质含量达到1.5%，以黏壤土或壤土为宜，土质微酸性至中性。对肥料要求以氮、钾为主，适量配施磷肥，氮、磷、钾的适宜比例为 1∶0.8∶（1～1.2）。

三、茭白的生长发育周期

茭白一般不开花结实，以分株进行无性繁殖，其生长发育可分为萌芽期、分蘖期、孕茭期和休眠期 4 个时期。

1. 萌芽期 每年春季当气温回升到 5℃以上时，萌芽期水位保持 3～6cm，茭白越冬母株基部茎节及地下茎先端的休眠芽开始萌发，匍匐茎的萌芽比短缩茎早。出叶，发根，形成新苗，出苗至 4 片叶需 40～50d。

2. 分蘖期 一般气温升至 20℃以上，具有 4 片叶以上的新苗，从主茎基部叶腋中开始抽生分蘖，至地下、地上茎分蘖基本停止，主茎开始孕茭，需 120～150d。分蘖分有效分蘖和无效分蘖两种，第一次发生的分蘖及前期发生的第二次分蘖，都能孕茭为有效分蘖，后期发生的第二次分蘖，由于生长期短，多数为无效分蘖，不能孕茭。

3. 孕茭期 从茎拔节至肉质茎膨大充实为孕茭期。一般单株从开始孕茭到成熟采收经 15～20d，株丛孕茭期持续 35～50d。孕茭适宜的温度，随品种不同而不同，目前我国已形成了以江苏苏州为代表的低温孕茭型种群和以江苏无锡为代表的高温孕茭型种群的双季茭两大类型。茭白孕茭的标志为心叶缩短，有效分蘖茎开始由圆变扁，茎中下部开始膨大，在茭白眼处紧束。

4. 休眠期 地上部叶片全部枯死，从地上茎中下部和地下根茎先端的休眠芽越冬开始，至翌春休眠芽开始萌芽，需 80～120d。

相关链接

（一）类型

茭白依生产季节分为一熟茭（单季茭）和两熟茭（双季茭）两种。一熟茭遍布全国各地，两熟茭主要分布在江浙一带。

1. 一熟茭（单季茭） 春季栽种，当年秋天采收，以后每年 9—10 月采收 1 次。由于采收时正值农历八月，又称八月茭。优良品种有杭州一点红、象牙茭、绍兴美女茭、常熟寒头茭、蒋墅茭、广州大苗、贵州伏茭白、江西丰城茭、湖南青麻壳、陕西西安茭等。

2. 二熟茭（双季茭） 春季或夏季移栽，秋季采收，以老墩在田中越冬，翌春萌发后，夏季再收一季。优良品种有浙茭 2 号、浙茭 5 号、绍兴早茭、浙茭 911、苏州小蜡台、苏州中秋茭、无锡早夏茭、上海青茭、武汉 86-2、8937 等。

（二）品种

1. 一熟茭

（1）寒头茭。中晚熟，江苏苏州市地方品种，分蘖能力中等。叶片长披针形，色青绿；茭肉长 15～16cm，皮色带黄，单茭 50g 左右；苏州地区 9 月中旬开始上市，收获期 15d 左右。

（2）金茭 1 号。由浙江省金华市农业科学研究院和磐安县农业局等单位选育。早熟，长势较强，株高 2.5m 左右，茭体膨大 4 节，隐芽无色，壳茭 110～135g，叶鞘浅绿色覆浅紫色条纹；肉质茎。表皮光滑、白嫩；适宜生长温度 15～28℃，适宜孕茭温度 20～25℃，一般于8月中下旬采收，每667m^{2}产壳茭1.4t。在海拔200～400m茭白种植区可采用“一茬双收”的栽培模式，夏茭于6月中下旬采收，秋茭于10月采收。

（3）金茭2号。由浙江省金华市农业科学研究院和浙江大学蔬菜研究所等单位从水珍1号变异株中系统选育而成。为较耐高温、采收期较长、对光周期较不敏感的单季茭品种。株高2.2m左右，叶鞘浅绿色，茭肉梭形，茭体4节，表皮光滑，肉质细嫩，商品性佳。有两个比较集中的采收期：第一个采收期为6月下旬到7月中下旬，壳茭平均约120g，茭肉平均约95g，茭肉平均长17.0cm左右；第二个采收期为9月下旬到10月中旬，壳茭平均约98g，茭肉平均约76g，茭肉平均长16.4cm左右，每667m^{2}产壳茭2.2t。该品种适宜在水库库区下游种植。

（4）象牙茭。浙江省杭州市余姚地方品种。中熟，从定植到初收需160d；生长势强，植株直立，株高150～200cm，密蘖型，分蘖力弱；肉质茎呈长纺锤形，长20～25cm，横径4.0～4.5cm，色洁白，长而稍弯，形似象牙，故名象牙茭；茭肉约120g，肉质致密，无冬孢子堆，品质优。杭州地区于9月下旬至10月上旬上市，每667m^{2}产壳茭1.4t左右。

2. 两熟茭

（1）龙茭2号。由桐乡市农业技术推广服务中心、浙江省农业科学院植物保护与微生物研究所等单位选育。中晚熟，夏茭5月上中旬至6月中旬采收，秋茭10月底至12月初采收；植株生长势较强，株型紧凑直立，秋茭株高170cm，叶鞘浅绿色，长45cm左右，壳茭平均141.7g，肉茭95g，净茭率68%左右，膨大的茭体4～5节，肉茭长22cm；夏茭株高175cm，叶鞘绿色，长36cm，壳茭150g，茭肉110g，净茭率70%以上，膨大的茭体4～5节，茭肉长约20cm，茭肉白色。夏茭每667m^{2}产壳茭2.9t，秋茭每667m^{2}产壳茭1.5t。

（2）小蜡台。江苏省苏州地方品种。早熟；茭肉短圆形，皮色洁白，光滑，茭肉由4节组成，顶部呈螺旋状，形似蜡烛故名蜡台；肉质细嫩紧实，品质好；茭肉40～50g。该品种分蘖中等，分枝性强，游茭多。

（3）浙茭3号。由金华市农业科学研究院等单位选育。中熟品种；孕茭适温18～28℃，秋茭10月中下旬至11月中旬采收，夏茭5月中旬至6月中旬采收；株型较紧凑，叶鞘浅绿色间浅紫色条纹，秋茭平均高度197.7cm，叶鞘长48.9cm，夏茭平均高度181.8cm，叶鞘长49.8cm；秋茭壳茭平均107.9g，净茭73.2g，肉质茎长17.4cm、粗4.0cm，夏茭壳茭平均107.8g，净茭74.6g，肉质茎长19.2cm、粗3.9cm；肉质茎膨大3～5节，多4节，隐芽白色，表皮光滑洁白，肉质细嫩，商品性佳；秋茭平均每667m^{2}产壳茭1.5t，夏茭平均每667m^{2}产壳茭2.3t。

（4）浙茭6号。由嵊州市农业科学研究所和浙江省金华水生蔬菜产业科技创新服务中心从浙茭2号优良变异株中选育而成。植株较高大，秋茭株高208cm，夏茭株高184cm；叶色稍深，叶鞘浅绿色覆浅紫色条纹，孕茭适温16～20℃，春季大棚栽培5月中旬到6月中旬采收，露地栽培约迟15d，秋茭10月下旬到11月下旬采收；壳茭116g，净茭79.9g，茭肉长18.4cm、粗4.1cm；茭体膨大3～5节，以4节居多，隐芽白色，表皮光滑，肉质细嫩，商品性佳。秋茭平均每667m^{2}产壳茭1.6t，夏茭平均每667m^{2}产壳茭2.5t。

（5）鄂茭2号。由湖北省武汉市蔬菜研究所选育而成。茭肉洁白、光滑，商品性好；茭肉长20～21cm、粗3.5～4.0cm，茭肉90～100g。武汉地区秋茭9月上旬上市，夏茭于6月上旬上市，每667m^{2}产壳茭达2.5t。

（三）茭白的栽培季节与方法

1. 栽培季节 茭白生育期较长，以露地栽培为主。一熟茭都进行春栽秋收，2～3年再择田栽植，耐粗放管理，可利用水边、沟边、塘边零星种植。长江流域常在4月中下旬定植，9—11月采收。两熟茭有两种栽培形式：一种是4月下旬栽植，当年秋茭产量高；另一种是8月上旬栽植，翌年夏茭产量高。秋茭采收期略迟于一熟茭，晚熟品种多春栽，早熟品种多夏、秋定植。

2. 栽培方式 茭白一般都进行单作，且不宜多年连作，都在栽植1～2年后换茬。利用水田栽培，多与慈姑、水芹等水生蔬菜进行合理轮作。低洼水田可与莲藕、慈姑、荸荠、水芹、蒲菜等轮作。较高的水田常与水稻轮作，茭白与旱地蔬菜轮作可增产。常见四季茭茬口有：早稻→秋茭→夏茭→连作晚稻（两年四熟制）；秋茭→夏茭→早稻→秋茭→夏茭（两年五熟制）；早藕→秋茭→夏茭→早稻→荸荠（两年五熟制）。

计划决策

以小组为单位，获取茭白生产的相关信息后，研讨并获取工作过程、工具清单、材料清单，了解安全措施，填入工作任务单（表12-1、表12-2、表12-3），制订茭白生产方案。

（一）材料计划

表12-1 茭白生产所需材料单

序 号	材料名称	规格型号	数 量

（二）工具使用

表12-2 茭白生产所需工具单

序 号	工具名称	规格型号	数 量

（三）人员分工

表12-3 茭白生产所需人员分工名单

序 号	人员姓名	任务分工

（四）生产方案制订

（1）茭白种类与种植制度。茭白种类与品种、种植面积、种植方式。

（2）所需的农业生产资料。种子、肥料、农药、生产工具等。

（3）田间生产的具体内容制订。田间生产方案的内容包括茭白从种到收的全过程，具体包括以下几方面的内容。

①整地、施基肥。整地的时间、质量，施肥量、所用工具、工作顺序等。

②茭墩准备。按照种苗特性，结合当地生产情况，确定定植前种苗处理措施。

③栽种。确定栽种时间、播种密度、播种方式及所用生产资料的准备。

④田间管理。肥水管理、水层管理、剥黄叶等。

⑤病虫草害防治。病虫害诊断、防治时期、防治方法、药品名称、药剂类型、药品用量、施用方法、所用工具等。

⑥采收。收获田块面积、产量、收获时期、收获方法、使用工具。

（4）资金预算。土地、设施租金，农资费用，劳动力费用，管理费用等。

（5）讨论、修改、确定生产方案。

（6）购买种子、肥料等农资。

组织实施

以小组的形式在学习工作单的引导下，完成专业知识学习，开展茭白生产演练，并记录实施过程中出现的特殊情况或调整情况。

（一）种植前准备

1. 产地环境选择 种植田块一般选择交通方便、水源稳定且充足、土层深厚、土质肥沃、富含有机质、松黏适中的田块，同时水深能够人工控制。也可选用地势较低洼的水田，但水深不宜超过35～45cm。沙性土壤不宜种植茭白。

2. 整地、施基肥 前茬收获后，深翻20cm左右，整地同时，在茭田四周固筑田埂，高25～30cm，内侧拍实，防止漏水。

茭白植株高大，生长期长，需肥量大。整地时须施足基肥，每667m^2施腐熟有机肥1.5t、过磷酸钙50kg、硫酸钾20kg，或施三元复合肥（14－8－18）30～50kg，或施等养分的复混肥料。施肥后耕翻、耙细、整平，浇水至2～3cm。

（二）适时播种，培育壮苗

单季茭品种一般3月分墩栽植，8—9月采收茭白；双季茭迟熟品种采用春栽，当年收获夏茭白，早熟品种则采用夏秋栽，3月寄秧，7月底或8月初移栽大田，当年收获秋茭，来年收获夏茭。传统栽培中单季茭白采用分墩方式繁育种苗，近年来浙江缙云茭白产区已逐渐推广普及薹管寄秧育苗技术繁育种苗。

1. 分墩繁殖

（1）寄秧后分株繁殖。当年秋茭采收后将选好的种茭墩掘出并移到秧田中，通过秧田管理促进分蘖，翌年3月中旬至4月上旬分墩，将种墩用刀劈成若干个小墩定植到大田，由于此时分蘖苗少，一般将含1个老薹管的小种墩作为1棵定植苗。

（2）二段育苗法。3月上旬至4月上旬进行种苗培育，移栽前茭白田施用进口有机磷肥和碳酸氢铵，寄秧后，苗高20cm左右时分墩，将种墩用刀劈成含1～2个薹管的小墩移植到秧田，株行距 50cm×50cm。5 月中旬和 6 月中旬各追肥 1 次，肥水管理和病虫害防治同大田的方法。7 月上旬夏茭采收后挖墩，单株分蘖苗去叶后用于大田定植。但各地秋茭种植时间不一致，浙江北部茭区 7 月上中旬种植，浙江南部茭区 7 月下旬、8 月上旬种植，其他地区的双季秋茭种植时间可参考浙江省的秋茭种植时间或根据当地的气候条件确定。

（3）分株直接定植。夏、秋季茭白采收后将选中的种墩按薹管分株定植到大田，1 株含 1 个薹管。

2. 寄秧育苗

（1）传统寄秧育苗。寄秧育苗是将当年选定的留种母墩，在冬季休眠期移至茭秧田中寄植一段时间，春季分墩定植于大田，或春、夏分墩育苗，立秋前栽植。具体做法是：冬至前后齐泥割去地上部枯枝残叶，整墩或将部分老墩上的短缩茎（薹管）带分蘖芽距地面 5～7cm 连泥挖起，寄植于秧田。秧田与大田比例为 1∶5。

春季栽植育苗前，秧田每 667m² 施基肥 1～2t、过磷酸钙 40kg。按 3～7cm 墩距栽秧，每隔 1.1m 留出 80cm 的操作走道。栽植深度以墩泥与土面相齐为度。栽后灌 1～2cm 浅水。严寒时墩上盖草或搭小拱棚保暖。3 月上旬追肥 1 次，每 667m² 施入粪尿1.5t，并保持 3～6cm 水位。春季移栽前 1 周，除去长势过旺的秧苗，减少雄茭。清明前后直接分墩，种植于大田。

秋栽用苗应先分墩于秧田继续育苗。分墩宜在新茭苗长至 20cm 以上时，用快刀顺着分蘖纵切，每小墩带有老茎和健全分蘖苗 2～4 株，然后栽至秧田，苗距 25cm×25cm。栽植深度要浅，3～5cm 即可，以浇水后不浮起为度。栽植过深，发棵慢，分蘖减少，夏、秋季定植时起苗也困难。栽种时保持水位 1.5cm，成活后 3～6cm，以提高土温和水温，促早发分蘖和根系；小暑前后水位加深到 7～10cm；移栽前加深至 10～14cm，以降低地温。4 月底进行追肥，每 667m² 施入粪尿 1.5～2t，施肥后耘田 1 次。定植前 20d 和 1～2d 各剥黄叶 1 次。

（2）单季茭白“薹管寄秧”育苗法。该技术主要是利用茭白薹管（短缩茎拔节形成）上腋芽的分蘖特性，利用薹管寄秧育苗腾出茬口实行轮作，减少夏茭损失，提高秋茭纯度，同时又能解决用种量大的问题，其育苗效率比传统的繁苗方法提高 3～6 倍。

技术要点：9 月下旬至 10 月上旬单季茭白采收后，从选定的茭白母株中剪取长 30～60cm、具 3～6 节的薹管（短缩茎拔节形成）作为扦插材料。割母茭秆时，要在泥面下 2～3cm 处割断，并带有 1～2 个须根，及时整理薹管，剥去茭白叶鞘，露出芽后，即平铺寄插到预留的秧田（秧田与大田面积之比为 1∶10，畦宽 1.2m，留水沟 30cm），做到合理密植，薹管排放间距 2～5cm，保持秧田水位与畦面相平即可，寄后保持畦面无水，水沟有水，5～10d 后，薹管每一个节位分蘖芽都会萌发生根，抽出新的茭白苗。待芽抽出泥面后可适当增加灌水量。再过 14～21d，苗高达到 15～25cm 时，即可移栽至大田定植。1 根薹管一般可育 3～6 株苗。

（三）适时定植

双季茭白以夏、秋季定植为主，定植时间为 6 月下旬至 7 月下旬，宜在阴天或傍晚时进行。每 667m² 定植 900～1 500 墩，每墩 1～2 苗。宜单行或宽窄双行定植，宽行行距为 80～110cm，窄行行距 40～80cm，株距为 30～50cm。

定植时茭苗随起随种，起苗时尽量多带老薹管，以减少机械损伤。剪叶尖，留叶和叶鞘

40cm，剪切面保持倾斜。

定植前一周可放养浮萍，或将上茬经过暴晒的青茭叶覆盖在行间，以降低水温，提高成活率。定植时田间保持15～20cm水位，水温在35℃以下为宜。定植成活后耘田、除草，以后每8～10d再进行1次，至封行为止。

单季茭白在10月采用薹管育秧，11月插秧，年前有一定的生长量后越冬，越冬后早栽培早管理早上市。

年前未移栽的新田块，等秧苗越冬萌发后可在3月插秧或分墩种植，在海拔高的田块适当推迟插秧或分墩种植。插秧时挖起种墩，用刀劈成小墩，每墩带有老茎及健全的分蘖苗2～4个，施基肥后栽插，以老根入土10～15cm为宜，每667m² 定植1 300～1 800墩。

冬栽田疏除过密苗、徒长苗、弱小苗，空丛补缺。宜浅水湿润栽培，以利于增温。若遇寒潮，则应灌水保温。

（四）培土护茭

当双季茭白夏茭白开始孕茭，即植株茎部发扁、与水面交界处开始膨大时，进行培土，把行间的泥土培到已孕茭的茭株基部。培土要分株、分次进行，每墩看到一株孕茭培一株，并随着茭白不断生长、膨大不断培土，但培土高度不能超过叶枕（茭白眼）。由于植株孕茭有先后，在采收期还要边采收、边培土。培土护茭有以下几方面优势。

（1）产品质量明显改善。通过培土，有效阻隔阳光对茭壳的照射，使茭壳色淡、茭肉白净细嫩，商品外观性优。

（2）增产明显。茭白植株不易老化，且孕茭期相对延长，提高了产量。

（3）节约水资源，扩大了适种范围。与传统的深水护茭相比，采用培土护茭后，在孕茭期保持茭田3～5cm水位即可，因此只要能灌水的田块就可种植茭白，使茭白的适种范围扩大了。

（4）较好地抑制无效分蘖，降低孕茭节位。

（五）水分管理

茭白水分管理掌握“浅水栽插，深水活棵，浅水分蘖，中后期逐渐加深水层，采收期深浅结合，湿润越冬”的原则。但不同的栽培方式、不同的季节有所区别，在夏、秋季高温栽插宜用深水降温，夏季高温孕茭期宜深水护茭，早春促栽培宜采用浅水增温或培土促孕茭、护茭。

秋季定植后保持水位10～15cm，成活后及时补缺苗；之后水位逐渐降至5～10cm，施肥促分蘖，达到有效苗数后搁田控苗，一般根据植株长势每茭墩留苗10～15株，高温时期及孕茭期保持水位15～20cm。夏茭白孕茭采收期水深为20～30cm，秋茭白采收期水深为10～20cm，越冬期以茭白不干裂为宜。若遇0℃以下低温，则立即灌深水10～15cm。雨天注意排水，以不淹没茭白眼为宜。

秋茭白于9月下旬进入孕茭期，孕茭后施孕茭肥，水深10cm以上护茭。夏茭白应适期促孕茭，控制病虫害。保持5～10cm浅水位，耘田、摘除病叶，壅土使有效分蘖苗散开，促进孕茭。50%以上的植株孕茭后，施孕茭肥。

（六）及时追肥

肥料使用根据土壤肥力、植株长势和目标产量，应掌握“控氮、适磷、增钾”的平衡施肥原则。

单季茭白应促早分蘖，返青后10d左右追施萌芽肥，每667m² 施尿素5～10kg；返青后1个月施分蘖肥，每667m² 施尿素10kg、复合肥20kg，视长势隔10～15d，再施1～2次，每667m² 施尿素5kg、复合肥10kg；达到有效分蘖苗数后疏苗、搁田定苗，一般每667m² 总有效分蘖苗数控制在1.5万～2万株。茭白进入孕茭期，视茭白孕茭情况，每667m² 施复合肥30kg或等养分的复混肥料，收获20%～40%的茭白后视情况再追施1次。

双季茭白当年定植秋茭白，搁田与灌水相间进行，保持5～10cm深度的水位，秋茭植株成活后追施活棵肥，每667m² 施尿素5～10kg；定植后10～15d追施分蘖肥，每667m² 施尿素10kg、复合肥20kg，视长势隔隔10～15d，再施肥1～2次，每667m² 施尿素5kg、复合肥10kg。在9月上旬至10月中旬，50%以上的植株孕茭后施孕茭肥，每667m² 施复合肥25kg。

翌年夏茭白应促有效分蘖。耘田，除去弱小的分蘖苗，每茭墩留苗15～20株，一般每667m² 总有效分蘖苗数控制在2万～2.5万株。施分蘖肥，达到有效分蘖苗数后搁田，预防病虫害。夏茭施肥参考单季茭白施肥。

（七）防治病虫害

茭白主要的病害有锈病、纹枯病、胡麻斑病，虫害有二化螟、大螟、长绿飞虱等。二化螟蛀食茭白叶鞘、茎部和果肉，是茭白上危害最重的害虫，但随着种植类型的变化，茭白病虫害的发生情况有所变化，如高山茭白（海拔600m以上）、冷水茭白（水库水灌溉）和大棚栽培茭白，由于湿度大、气温适宜，病害尤其是茭折锈病的发生特别严重，而二化螟则相对较轻。茭白的病虫草害的发生危害及其防治措施见表12-4。

表12-4 茭白病虫草害的发生危害及其防治措施

病虫草害	危害特征	防治策略	化学防治	生物防治	农业防治	物理防治
二化螟	蛀心、造成枯心苗	保护天敌，结合物理防治，适时适量使用低毒低残农药，尤其是生物农药	6%烟碱·百部碱·印楝素乳油1 000倍、5%氟虫腈乳油1 000倍液	二化螟绒茧蜂，蜘蛛，青蛙，养鸭、养鱼	冬季齐泥割残株，春季清洁田边杂草，化蛹前排干田水，化蛹高峰深灌水杀蛹	频振式杀虫灯
大螟	蛀心、造成枯心苗	保护天敌，结合物理防治，适时适量使用低毒低残农药，尤其是生物农药	6%烟碱·百部碱·印楝素1 000倍、5%氟虫腈乳油1 000倍液	蜘蛛，青蛙，养鸭、养鱼	化蛹高峰深灌水杀蛹	
长绿飞虱	叶干枯、全株枯黄	前期尽量不用药，保护寄生性天敌	10%吡虫啉1 000倍、25%扑虱灵1 000倍、25%吡蚜酮可湿性粉剂300g/hm² 兑水750kg	稻虱缨小蜂、蜘蛛、青蛙	抗性品种	黄色粘虫板
锈病	黄色小斑点、叶片枯黄	防止偏施氮肥，提高抗病力，连续种植茭白2年后与其他作物轮作	15%粉锈宁1 500倍，三唑酮1 500倍（孕茭期慎用）		增施钾肥，及时清除病叶	
纹枯病	水渍状病斑、叶片枯黄		50%井冈霉素1 000倍		与其他作物轮作，保持通风	

（续）

病虫草害	危害特征	防治策略	化学防治	生物防治	农业防治	物理防治
胡麻斑病			50%多菌灵粉剂1 000倍、20%三环唑500倍		与其他作物轮作，清除病叶	
杂草	与茭株争养分	尽量人工除草和生物除草	丁草胺果粒剂1kg	养鸭、养鱼	人工除草	

（八）采收

茭白采收的标准是：3片外叶长齐，叶片、叶鞘交接处明显束成腰状，心叶短缩，孕茭部位显著膨大，叶鞘一侧因肉质茎膨大而裂开，微露茭肉。夏茭采收期间，气温高易发青，当叶鞘中部麦肉膨大而出现皱痕时即可采收。

茭白的适宜采收期，秋茭9—11月，夏茭5—7月。秋茭采收期气温逐渐下降，前期每4～5d采1次，后期每6～7d采1次；夏茭采收期气温逐渐升高，茭白生长快，易露出水面发青，每2～4d采1次。

采收时先将茭白与茎基部分开，秋茭齐薹管拧断，夏茭连根拔起，削去薹管，留叶鞘30cm，切去叶片上市。秋茭采收后期，若茭墩上的分蘖已全部结茭，墩上要留1～2支小茭白不采，留作通气，以免地下茎和老墩缺氧而死亡。

拓展知识

低海拔山区单季茭白一年收两茬栽培技术

中高海拔山区单季茭白割叶再生栽培技术

双季茭白秋茭节水灌溉栽培技术

双季茭白大棚地膜覆盖栽培技术

任务二 莲藕生产

任务资讯

莲藕是睡莲科莲属中能产生肥嫩根茎的栽培种，又称为莲、藕。莲藕按其专用性可分为藕莲、籽莲和花莲3类。藕莲以食用肥大的地下茎为主，亦称“菜藕”。籽莲以食用莲子为主。花莲则以观赏花朵为主，藕起源于中国和印度，《诗经》中有“彼泽之陂，有蒲与荷”的记载。在南北朝时期，莲藕的种植就已相当普遍了。莲藕在我国大部分地区有栽培，以长江三角洲、珠江三角洲、洞庭湖、太湖地区为主产区，通常以藕和莲子供食用。藕可供生食、熟食、加工制罐、速冻保鲜、制作蜜饯和藕粉等。其产品较耐贮藏和运输，深受国内外消费者的喜爱。

一、莲藕的植物学特征

1. 根 莲藕的根为须状不定根，着生于根茎的各节上，多数长10cm，生长期呈白色，藕成熟后变黑褐色。

2. 茎 莲藕的茎为根茎，通称莲鞭或藕鞭。种藕顶芽萌发后，抽生细长的根茎，先斜向下生长，然后在地下一定深度处成水平生长。莲鞭的分枝性较强，每节都可抽生分枝，即侧鞭，侧鞭的节上又能再生分枝。莲鞭一般多在10～13节开始膨大而形成新藕，通称结藕，新藕多由3～6节组成。其先端一节较短小，称为藕头，中间几节较长而肥大，称藕身，最后一节较细长，称为后把，合在一起，称为主藕。从主藕上抽生的分枝藕称为子藕，子藕上还可抽穗孙藕。主藕、子藕和孙藕，渐次短小，共称整藕或全藕。

藕的皮色白或黄白，散生淡褐色皮孔。藕体内有多条纵列的孔道，与莲鞭、叶柄中的孔道相通，叶柄中的孔道又与荷叶中心的叶脐相接，进行气体交换。

3. 叶 莲藕的叶通称荷叶，为大型单叶，由根茎各节向上抽生。具长柄，开始纵卷，以后展开，近圆形或盾形，全缘，顶生，正面绿色，有蜡粉，背面灰绿色。叶中心为叶脐，叶脉与叶脐相连，从叶脐向叶缘呈放射状排列。莲鞭抽生后最初发生2～3片叶较小，叶柄细弱，易弯曲，不能直生，叶片只有浮于水中或水面。浮于水中的叶称为钱叶，浮于水面的叶称为浮叶。以后抽生的叶逐渐高大，叶柄粗硬，柄上倒生刚刺，挺立出水，称为立叶。初期的立叶面积较小，叶柄较短，随着气温的上升，叶面积逐渐变大，叶柄伸长，形成上升阶梯形叶群。其后所生立叶的叶片又逐渐变小，叶柄变短，形成下降阶梯叶群。结藕前的一片立叶最高大，其叶柄刺多而锐利，因其下为新藕的后把，故称后把叶或后栋叶。后把叶的出现意味着地下茎开始膨大成藕。最后一片叶小而厚，叶色浓绿，叶柄短而细，光滑无刺或少刺，着生于新藕的节上，称为终止叶。因此，挖藕时，只要将后把叶和终止叶连成一直线，便可判断新藕着生的方向和位置。侧鞭的生长情况与主鞭相似。

4. 花 莲藕的花通称荷花，又称莲花。单生，白色或粉红色，两性花，雄蕊多数，花丝较长，花苞顶生。雌蕊柱头顶生，花柱短，子房上位，心皮多数，分离散生于肉质花托内。花一般自清晨开始开放，到下午3:00左右闭合，花期3～4d。早熟品种常无花，中晚熟品种主鞭自6～7叶开始至后栋叶为止各节与荷梗并生1花，或间隔数节抽生1花。主鞭开花的多少，与外界环境条件、种藕大小有关，土壤肥沃，种藕肥大，光照强、温度高时，开花较多；低温水深，种藕瘦小时，开花较少。

5. 果实、种子 莲藕的果实通称莲蓬，由花托膨大而成，其中分离嵌生莲子。莲蓬属假果，莲子才是真正的果实，成熟后果皮坚硬，革质，内具种子1粒，卵圆形或近圆形，果皮内为膜质种皮，较薄而软，剥去种皮，为两片肥厚的子叶，中间夹生绿色的胚芽，通称莲心。莲子成熟时，莲蓬呈青褐色。种子在适宜的环境中，寿命可长达千年。莲藕植株全形见图12-3。

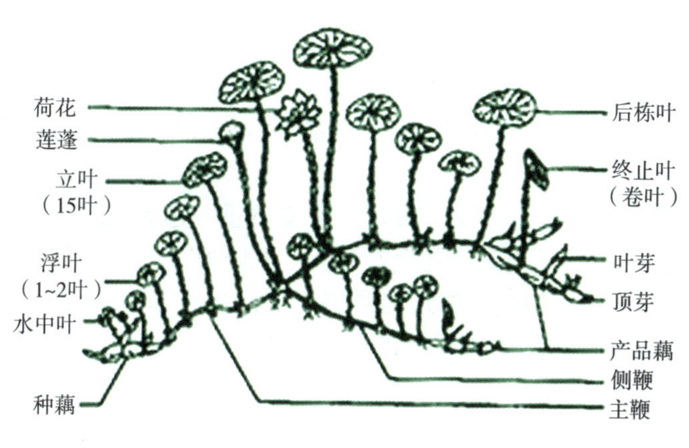

图 12－3　莲藕的形态

二、莲藕生长发育对环境条件的要求

1. 温度　莲藕喜温暖，不耐霜冻，其整个生育期多在 200d 左右，均须在无霜期内度过。春季气温 15℃时开始萌芽，生长适宜温度 20～30℃，结藕初期温度稍高以利于藕身膨大；后期要求昼夜温差大；休眠期要求 5℃以上温度。

2. 水分　莲藕水生，整个生长发育过程中均不可缺水。其中萌芽生长阶段要求浅水，水位 5～10cm 为宜。随着植株进入旺盛生长阶段，水位可以逐步加深至 50～100cm。以后随着植株的开花、结果和结藕，水位又宜逐渐落浅，及至莲藕休眠越冬，保持浅水或土壤充分湿润。

3. 光照　莲藕为短日照植物，生长和发育都要求光照充足，不耐遮阳。前期光照充足，有利茎、叶的生长；后期光照充足有利开花、结果和藕身的充实。

4. 土壤与营养　要求土壤有机质的含量 1.5%以上，土层深厚，保水保肥力较强，土壤 pH 在 5.6～7.5，以 6.5 左右最好。藕莲以氮、钾肥为主，磷肥配合；籽莲氮、磷、钾肥并重。

三、莲藕的生长发育周期

莲藕以种藕进行无性繁殖，生长发育一般可分为萌芽生长期、旺盛生长期、结藕和开花结果期等 3 个时期。

1. 萌芽生长期　当春季气温上升到 15℃时，种藕的顶芽、侧芽和叶芽开始萌发，长出莲鞭，并相继生成荷钱叶、浮叶和第一张立叶。本阶段一般需 30d 左右。

2. 旺盛生长期　从立叶长出开始到结藕前为旺盛生长期。此期气温迅速升高，在 20～28℃，茎、叶迅速生长，随着根茎伸长和分枝；叶片数也快速增加，直至主茎上抽生最高大的后栋叶。本阶段一般需 50～70d。

3. 结藕和开花结果期　营养生长后期开花，主茎和分枝先端先后膨大结藕，同时先后开花结果。藕莲结藕较大，开花结果较少或不开花，籽莲开花结果较多，但结藕较小。气温降至 15℃以下，立叶陆续枯黄，新藕在地下进入休眠越冬。本阶段一般需 80～90d。

相关链接

（一）莲藕的类型

莲藕的栽培种可分为藕莲、籽莲和花莲三大类。其中花莲属于水生花卉，藕莲和籽莲属于水生蔬菜。

1. 藕莲 以其肥大的地下茎即藕供食用。整支藕重一般在1kg以上，最重的可达4～5kg，开花较少，结实率较低。藕莲依其生态类型，可分为浅水藕和深水藕两类。

（1）浅水藕。适于低洼水田或一般水田栽培。水位多在20～40cm，最深不超过70cm。一般多为早熟品种，但也有部分中、晚期品种。代表品种有苏州花藕、合肥飘花藕、武植2号、宝应大紫红、鄂莲1号等。

（2）深水藕。相对浅水藕而言，能适应较深水层。一般要求水深30～50cm，最深不超过1～1.2m，多为中、晚熟种。代表品种有宝应美人红、鄂莲4号等。

2. 籽莲 以产莲为主，生育期较长，成熟较晚，结实率高，莲子较大，但结藕细小。需气候温暖而适中，因而在中国的分布地带狭窄，主要限于长江中下游以南与珠江流域以北地区。

3. 花莲 莲花极美，供观赏及药用，甚少结实，藕细质劣。优良品种有千瓣莲、红千叶、白万万、小舞妃等。

（二）莲藕的品种

1. 藕莲

（1）苏州花藕。江苏苏州地方品种。早熟，浅水田栽培；主藕3～4节，藕身较短，粗细均匀；表皮黄白色，肉白色，生食甜嫩，水分多。

（2）苏州慢荷。江苏苏州地方品种。早中熟，花白色，藕入泥深30cm左右，适宜浅水田栽和中水湖栽；亲藕藕身5～6节，表皮光滑，浅黄白色，肉白色，单支藕2.5～3kg；可生食和炒、煮。

（3）鄂莲1号。由湖北省武汉市蔬菜研究所育成。早熟，花较少，宜浅水田栽培，藕入泥深15～20cm；亲藕藕身6～7节，长130cm左右，直径6.5cm；皮色黄白，单支藕5kg左右。

（4）古荡藕。又称杭州白花藕，浙江杭州地方品种。早熟，浅水田栽培；亲藕藕身一般4～5节，圆筒形；皮黄白色，叶芽黄玉色；藕质脆嫩，味甜，宜生食，品质好。每667m^2产量为1.2～1.5t。

（5）鄂莲3号。由湖北省武汉市蔬菜研究所选育。早中熟，花白色，浅水田栽培，藕入泥深20cm；主藕藕身5节，粗长圆筒形；皮黄白色，品质好。

（6）扬藕1号。由江苏省扬州大学农学院选育而成。早中熟，花粉红色，浅水田栽培；亲藕藕身4～5节，圆筒形；皮玉白色，顶芽黄白色，叶芽黄绿色；藕质脆嫩，生熟食皆宜，品质好。

2. 籽莲

（1）鄂莲2号。由湖北省水产研究所与湖北省国营人民大垸农场育成。花粉红色，莲蓬伞形，底平面凸，蓬面较圆，心皮37枚；莲子卵圆形，黑褐色，千粒重1.5kg，出肉率70%左右；耐肥，耐深水，种藕繁殖；7—10月采收。

（2）太湖红花莲。江苏省苏州市地方品种。晚熟，花红色，是观赏和采收新鲜莲蓬及菜藕的兼用品种；8—10 月采收新鲜莲蓬，10 月至翌年 4 月采收菜藕；莲蓬圆锥形，较小，蓬面平，心皮 16～19 枚；莲子卵形，新鲜籽莲深绿色，老熟灰棕色，千粒重 1.2kg，品质中等；菜藕色洁白，亲藕藕身 4～5 节，每节较长，直径 4～5cm。

（3）湘莲 2 号。由湖南省农业科学院蔬菜研究所选育而成。花粉红色，心皮 30 枚，莲子卵圆形；浅水田栽，8—10 月采收。

（三）莲藕的栽培季节和方法

1. 栽培季节 莲藕多在炎热多雨季节生长。长江流域 4 月中旬至 5 月上旬栽植，7 月下旬开始采收；华南地区 2 月下旬栽植，6 月开始采收；夏季开始采收嫩藕，秋冬采收老熟藕。在越冬不致受冻的条件下，可暂留在田间，陆续采收到翌年春。其中籽莲多在江南地区种植，生育期较长，于夏、秋两季分次采收，冬前结束。

2. 藕的栽培模式 由于莲藕的土传病害较多，极易引起严重的连作障碍而导致减产，因此，藕不宜连作，常与其他水生蔬菜或水稻实行轮作。

（1）菜→藕→稻。11 月栽春芥菜，翌年 4 月收春芥菜，再栽早藕，7 月收早藕，插晚稻，11 月收晚稻，一年可三收。

（2）荸荠或慈姑→藕→秋茭→夏茭。第一年荸荠或慈姑留在田里过冬，翌年春将荸荠或慈姑收获后，4 月种藕，并在四周种茭秧。7 月收藕后，将茭秧栽满全田，9 月可收秋茭，收后留茭墩越冬，翌年 5 月可收夏茭。

（3）藕→茭→水芹。4 月栽藕时，四周栽上二三排一熟茭白，7 月收青荷藕，8 月栽水芹。10 月初收完一熟茭，扒去茭白老墩，再补种水芹。

（4）鱼、藕结合。4 月种藕于塘中，5 月底或 6 月初将鱼放入塘内，翌年 1 月可排水干塘，挖藕时同时收鱼。如鱼过小，可将鱼留在池中，待藕收完后，再放水养鱼。

（5）藕、鱼、茭。三年一换，九年一轮。一年种藕，当年种藕时，采用隔年抽挖办法，即留下 1/4 种藕，挖掉 3/4 上市；翌年发出新藕，秋后又再次抽挖；第三年秋、冬全部挖净；第四年至第六年全部养鱼，要放养部分草鱼，帮助除掉一些杂草，第七年到第九年种茭三年。

以上模式中，前三个适宜于在水田，后两个适宜于水塘。

计划决策

以小组为单位，获取莲藕生产的相关信息后，研讨并获取工作过程、工具清单、材料清单，了解安全措施，填入工作任务单（表 12－5、表 12－6、表 12－7），制订莲藕生产方案。

（一）材料计划

表 12－5 莲藕生产所需材料单

序 号	材料名称	规格型号	数 量

（二）工具使用

表 12-6 莲藕生产所需工具单

序 号	工具名称	规格型号	数 量

（三）人员分工

表 12-7 莲藕生产所需人员分工名单

序 号	人员姓名	任务分工

（四）生产方案制订

（1）莲藕种类与种植制度。莲藕种类与品种、种植面积、种植方式。

（2）所需的农业生产资料。种子、肥料、农药、生产工具等。

（3）田间生产的具体内容制订。田间生产方案的内容包括莲藕从种到收的全过程，具体包括以下几方面的内容。

①整地、施基肥。整地的时间、质量，施肥量、所用工具、工作顺序等。

②种藕准备。结合当地生产情况，选择适宜的种藕品种进行栽植。

③播种。确定播种时间、播种密度、播种量、播种方式及所用生产资料的准备。

④田间管理。水层管理、肥料管理、转藕稍等技术措施。

⑤病虫草害防治。病虫害诊断、防治时期、防治方法、药品名称、药剂类型、药品用量、施用方法、所用工具等。

⑥采收。收获田块面积、产量、收获时期、收获方法、使用工具。

（4）资金预算。土地、设施租金，农资费用，劳动力费用，管理费用等。

（5）讨论、修改、确定生产方案。

（6）购买种子、肥料等农资。

组织实施

以小组的形式在学习工作单的引导下，完成专业知识学习，开展莲藕生产演练，并记录实施过程中出现的特殊情况或调整情况。

（一）栽藕前的准备

1. 整田与施肥 稻田种藕，应先将稻田耕翻耘平，同时在第二次耕翻前将基肥施下，一般每 667m² 要施有机厩肥 3t，或人粪尿再加青草 2t、生石灰 80kg。

2. 催芽 挖种藕时，如果还不到适宜的栽种季节，或者到季节，但由于早春气温不稳定，为了使莲藕能迅速生长，可先将藕种堆放在室内或草棚中，堆高 150cm 左右，上覆草席，经常洒水，保持一定湿润，待顶芽长出、天气晴好时，再行栽种。

（二）栽种技术

1. 栽种密度 栽种密度因品种、肥力条件和收获季节而有差异。一般早熟品种稍密，晚熟品种稍稀；瘦田稍密、肥田稍稀。此外，需要提前收获者要加大密度。栽种数量，株行距为 200cm×300cm 到 50cm×150cm。每 667m^2 栽种 200～400 个芽头。

2. 栽种方法 将藕种先按一定行距摆放在田间，行与行之间各株摆成梅花形，四周芽头向内，其余各行也顺向一边，中间可空留一行，栽时将芽头插入泥中，尾梢翘出水面。深塘中栽藕，可将 2～4 支藕捆为一束，先浮于水面摆开，用脚分沟，用藕叉将藕种插入泥土中。藕种如不催芽要随挖随栽，防芽头干浆。

（三）田间管理

1. 追肥 可追肥 2～3 次。第一次在长出立叶 1～2 片时，每 667m^2 施用粪肥 2～4t 或尿素 15kg；第二次在封行前，施复合肥 20～25kg；第三次在后栋叶出现时施10～15kg 尿素。早熟栽培者可只施 2 次追肥。

2. 除草松土 在封行前要随时除掉杂草，在立荷 1～2 片时，施肥后可将藕种四周泥土用手或锄扒松，以利于莲鞭生长。松土除草时，应防止折断荷梗。

3. 转藕头 为了使莲鞭在田中分布均匀，并避免插入田埂，要随时检查莲鞭生长方向，向稀处转移。转藕头时，先将莲藕前一二节的泥土扒开，露出芽头及莲鞭，再用手将莲鞭托起调整方向，埋入泥土中，不要硬拉，以防莲鞭折断。转藕头时间以晴天下午为好。

4. 水层管理 一般藕田不可断水。水层深度应根据前期浅、中期深、后期又浅的原则加以控制。生长中间，气温高，当时荷梗也高，水深可达 20cm 以上。在枯荷后，如留种到翌年，应保持一定深度的水层，以防止土壤干裂，在寒冬冻坏地下茎，同时可避免干田后土块变硬，难以挖起。

（四）藕的覆盖栽培

为了莲藕提前上市，增加收入，可进行覆盖栽培。长江中下游地区，一般 2 月就要整地施足基肥，灌水 3～5cm 深，在 3 月上中旬播种，要提前 7～10d 盖好棚，以提高土温，棚架一般用竹架，棚中高 2.5m 左右，宽 3.5～4m，长度依田块而定，如果要提早至 2 月下旬播种，还要多层覆盖才能保温，即中棚下加盖小棚。盖棚时，要注意薄膜底边在泥中压实，棚上薄膜用铁丝压紧，以防大风将棚上薄膜掀起。盖棚后 7d 左右，选晴天边挖种藕边栽种于棚中。为了达到提早上市的目的，藕种一定要早熟种或早中熟品种，如鄂莲 1 号、鄂莲 3 号、东河早藕等，栽种密度，要比露地稍密，可保持每 667m^2 有 600 个芽头，每一棚中播下两行，棚中温度超过 30℃时，注意通风，在 5 月上中旬平均气温达 20℃，植株高 130cm，即可揭去薄膜；施 1 次复合肥或施 30kg 尿素。5 月下旬即开始采收，收时不要挖尽，可采大留小，至 7 月下旬，可全部收完，插晚稻。如果种水芹或豆瓣菜等可延至 8 月底收完。

（五）病虫害防治

1. 虫害 莲藕主要的虫害有斜纹夜蛾、蚜虫与稻食根叶甲。斜纹夜蛾应在 3 龄前幼虫未分散时，将有幼虫集在一起的荷叶摘除，深踩入泥，集中消灭，也可用 15%阿维菌素 2 000 倍液或 100%的烟碱乳油 2 000～2 500 倍液防治低龄幼虫。蚜虫从莲苗立叶至采收，均能危害，尤以 5 月至 6 月上旬危害严重，可用 36%啶虫脒水分散粒剂 5 000～6 000 倍液等防治。稻食根叶甲一般于 5 月上旬开始危害莲下茎幼嫩部分。可在冬季排干积水，促使越冬幼虫死亡，清除田间寄主，或于翌年5月初至6月，用菜饼粉深施田中，消灭幼虫。

2. 病害 莲藕主要的病害有莲腐败病及莲藕叶枯病。莲腐败病以预防为主。防治方法：实行轮作，田园清洁，施用石灰，增施磷、钾肥，增强植株自身抗病能力等；发病初期，用10%混合氨基酸络合铜乳剂200g拌干细土30kg撒施，或用50%硫菌灵800倍液、多菌灵500倍喷雾，连喷2～3次，可减轻控制此病。莲藕叶枯病，发病初期荷叶边缘表现出淡黄病斑，以后从叶肉发展至叶脉，病斑呈深褐色，全叶枯死。叶枯病除进行农业防治法外，发现早期喷70%硫菌灵800倍液有一定防效。

（六）采收与贮存

藕的采收分青荷藕与枯荷藕。收青荷藕正在炎夏，是为了供应淡季，同时再栽一季其他作物。这一茬藕的产量虽低但市价高。收青荷藕所用的品种，多是早熟品种，收青荷藕前1周，应割去地上荷梗，以减少藕表皮上的锈色，收青荷藕后，可将主藕在市场出售，而将较小的子藕栽在田块四周，田中栽一茬作物，冬季子藕仍留田中，以待翌年作为藕种，栽本田则有余。或青荷藕收大藕，留下小藕至9—10月再收。收老熟藕，可在秋冬收后上市，也可在翌年春季收后上市或作种藕。秋冬收获有两种办法，一是全田挖完，要求全部挖尽，这样一方面可防止残株带病，另一方面可防止遗留莲子翌年发芽，产生混杂现象；二是抽行挖藕，即挖去3/4面积，留1/4不挖，留下的1/4，即作为藕种，翌年藕芽萌发，长出新藕。后一种办法翌年长藕早，用早熟种如鄂莲1号，可在翌年5—6月即可采收新藕。值得注意的是无论挖青荷藕或枯荷藕，均要将水排浅，挖后再灌水。

藕在秋冬成熟后，可以不必挖起，就地贮存，随要随挖，一直可贮存到翌年4月藕开始发芽。在洗藕去泥时，不要擦破表皮，或不去净泥。广东菜场上的藕，常带一层薄泥，以保证藕的鲜嫩。如果远地运输，特别作种藕外运不能带泥时，不要硬刮，以防伤藕的老皮。可用水管冲洗，再用多菌灵1 000倍液浸泡3～5min，再放入珍珠粉中，装入聚乙烯薄膜袋，再装入纸箱中，这样在室温下（25℃以下）可保持60d不坏。

拓展知识

莲藕的繁殖方式

莲藕产品分级标准

籽莲栽培技术

任务三 菱 生 产

任务资讯

菱是菱科菱属中的栽培种，为一年生浮叶蔓性草本植物，又称为菱角、水栗，原产于中国，现在世界上广泛分布，但人工栽培的只有我国和印度。菱以种子中的种仁（菱米、菱肉）供食用。菱米中含有多种维生素和矿物质，还含有菱角甾四烯和谷甾醇。菱在水生蔬菜中最耐深水，在0.5～3.5m深的淡水中，只要水下土壤较肥，水位相对稳定，均可选用不同的品种进行种植，或与养鱼相结合以充分利用一部分较深的淡水水面资源。

碧花菱角满潭秋

一、菱的植物学特征

1. 根 菱的胚根在种子发芽后不久就停止生长，代之而起的为次生根。次生根有两种：一为土中根，是从植株茎蔓基部向地下抽生，为细长的弦线状须根，长达30～50cm，具有向地性，是植株的主要吸收根系，从土中吸收矿质营养；另一为水中根，是从水中茎蔓的各节上左右对称地抽生的两条短小的根须，含有叶绿素，能吸收水中养分，又能进行光合作用。菱的两种作用均很微弱。

2. 茎 菱的茎蔓性，细长，长可达2～5m，但不能直立，到近水面以后，节间密集，茎也增至较粗。主茎常发生分枝，分枝顶端形成比主茎上菱盘较小的分菱盘，较早的分枝上还可长出二次分枝和分盘，生长旺盛的菱株，每株可分枝10～20个。

3. 叶 水中叶狭长，互生，无叶柄，又称菊状叶；出水叶菱形到近三角形，具叶柄，一般叶片长、宽各约9cm，柄长5～13cm，叶表面翠绿有光，有发达的革质层，叶柄中、上部有膨大的海绵质气囊，囊中含空气，通称浮器，使叶得以漂浮水面。叶缘基部全缘，中、上部有疏锯齿。叶在茎上互生，但出水后节间缩短近轮生，镶嵌排列于水面，称菱盘，菱盘常可由40～60片叶组成，直径可达33～40cm，为菱的主要光合作用器官。

4. 花 菱的花腋生于菱盘内，由下而上每隔3～4片叶着生1朵小花，白色或淡红色。菱花出水开放，受精后没入水中结果。

5. 果实 菱的果实为坚果，通称菱角，果皮坚硬，绿色或紫红色，有四菱、二菱、无菱之分，呈馄饨状或元宝状。

6. 种子 每个菱角中含1枚种子，呈钝三角形，种皮膜质，无胚乳，有大、小子叶各1片，由一细小的子叶柄连接。

二、菱生长发育对环境条件的要求

1. 温度 菱喜温暖，不耐霜冻，必须在无霜期生长。种子在14℃以上和充分潮湿的条件下开始萌芽，植株生长，分枝和形成菱盘，以20～30℃为宜；而开花、结果则以25～30℃为宜。水温超35℃，则会影响受精和种子发育，造成花而不实或果实畸形。温度低于15℃，则生长基本停止，10℃以下则茎、叶迅速枯黄。

2. 光照 菱要求光照充足，不耐遮阳。对光周期的反应属于短日照作物，长日照有利于营养生长，短日照有利于开花结果。

3. 水分 菱在苗期要求水位较浅，以20～50cm为好。随着植株的成长和茎蔓的伸长，水位宜逐渐加深到1～1.5m。适应水深因品种而异，其中浅水菱类品种，不宜超过1.5～2m，深水菱类品种最深可达3～4m，但均只能适应逐渐加深和落浅，不耐猛涨暴降。

4. 土壤与营养 菱主要依靠土中根吸收水下土壤中矿质营养，要求土壤松软、肥沃，淤泥层达20cm以上，含有机质较多，pH5.0左右。要求氮、磷、钾三要素并重，特别在开花结果期，磷、钾充足时，开花结果多，抗病性增强；反之氮肥偏多，磷、钾不足，则易造成植株徒长，结果少，抗病性下降。

三、菱的生长发育周期

1. 萌芽生长期 从菱种开始萌芽生长，到植株主蔓出水，形成第一个菱盘为止为萌芽生长期。在水温14℃以上时开始萌芽，萌芽期要求水分充足，但水位宜浅，以20～50cm为宜。此期主要依靠种子的大子叶供应营养，需30～45d。

2. 旺盛生长期 植株出水到主茎和分枝分别形成菱盘并进入花芽分化为旺盛生长期。此期适温为20～30℃，要求光照充足，水位应逐渐加深，防止猛涨猛落，需60～70d。

3. 开花结果期 菱株主菱盘始花以后，大、小菱盘先后开花结果，营养生长逐渐停止，大部分果实先后发育成熟，约经过100d结束。花伸出水面开放，以早晚为多。授粉、受精后1d即凋萎，随即花梗向下弯入水中发育果实，果实成熟后脱落。此期适温白天为25～30℃，夜温15℃，短日照有利于开花结果，水位逐渐落浅，单果在开花后30～40d达到成熟。

相关链接

（一）菱的类型和品种

菱在植物分类学上包括两个种，即四角菱和两角菱，四角菱在中国南方长期栽培的选择中，分化出无角菱变种。在栽培学上常将菱分为两角菱、四角菱及无角菱3类。按其对水位深度适应性，又可分为深水和浅水两种生态型。其中深水生态型多为晚熟种，而浅水生态型则多为早、中熟种。

1. 四角菱 果实具两肩角和两腰角，均左右、前后对称，果皮薄，品质较好。四角菱有以下几个品种。

（1）馄饨菱。又称元宝菱，果皮绿色，皮薄质糯，适宜熟食。产于苏州、杭州一带。晚熟品种，当地于4月中旬播种机，6月中旬定植，9—10月采收。

（2）小白菱。果皮白绿色，种子淀粉多，茎蔓坚韧，抗风浪力强，宜深水栽培。产于江苏。中晚熟品种，当地于4月上中旬播种，8—10月采收。

四角菱还有江苏大青菱、水红菱、邵伯菱等品种。

2. 二角菱 果实有两角，肩角平伸或下弯，腰角退化，只留痕迹。果皮较厚，种子内可溶性糖较少，品质好。二角菱有以下几个品种。

（1）扒菱。果皮暗绿色，果形长大，两角粗长下弯，种子含淀粉多。成熟时果柄不易脱落，品质好。产于浙江、江苏等地。晚熟品种，皮壳较厚。一般在4月上中旬播种，9—10月采收。

（2）红菱。又称五月菱，产于广州郊区。早熟品种，叶面深绿色，叶背和根紫红色，果角细小，不弯。嫩果皮紫红色，皮薄软，果肉脆嫩，品质优。4月上旬播种，8月中旬至10月收获。

3. 无角菱 代表品种是南湖菱。果皮绿白色，皮薄。外形美观，风味佳。易落果，要求水位适中、土壤肥沃，抗风力较弱。4月上旬播种，8月中旬至11月上旬采收。

（二）菱的栽培季节和方式

中国各地的菱都是春种秋收，在无霜期中生长和结果，一般都单行种植。华南地区春暖较早，部分早熟品种常可于早春种植，夏季开始采收，陆续收到秋季。也有农户开始春季大棚种植菱角，5月中旬开始采收，直至11月中旬。各地由于种植水位深浅的不同，在生态环境和栽培技术上也有较大的差异，因而可分为浅水菱和深水菱两个栽培体系。

计划决策

以小组为单位，获取菱生产的相关信息后，研讨并获取工作过程、工具清单、材料清单，了解安全措施，填入工作任务单（表12-8、表12-9、表12-10），制订菱设施生产方案。

（一）材料计划

表12-8 菱生产所需材料单

序　号	材料名称	规格型号	数　量

（二）工具使用

表12-9 菱生产所需工具单

序　号	工具名称	规格型号	数　量

（三）人员分工

表12-10 菱生产所需人员分工名单

序　号	人员姓名	任务分工

（四）生产方案制订

（1）菱种类与种植制度。菱种类与品种、种植面积、种植方式。

（2）所需的农业生产资料。种子、肥料、农药、大棚、生产工具等。

（3）田间生产的具体内容制订。田间生产方案的内容包括菱从种到收的全过程，具体包括以下几方面的内容。

①整地施肥。整地的时间、质量，施肥量、所用工具、工作顺序等。

②种菱准备。结合当地生产情况，选择适宜的种菱品种进行栽植。

③播种。确定播种时间、播种密度、播种量、播种方式及所用生产资料的准备。

④田间管理。水层管理、肥料管理等技术措施。

⑤病虫草害防治。病虫害诊断、防治时期、防治方法、药品名称、药剂类型、药品用量、施用方法、所用工具等。

⑥采收。收获田块面积、产量、收获时期、收获方法、使用工具。

（4）资金预算。土地、设施租金，农资费用，劳动力费用，管理费用等。

（5）讨论、修改、确定生产方案。

（6）购买种子、肥料等农资。

组织实施

以小组的形式在学习工作单的引导下，完成专业知识学习，开展菱设施生产演练，并记录实施过程中出现的特殊情况或调整情况。

（一）田块选择

大棚田菱栽培，宜选择水源充足、水质洁净、高温季节水源有保证的田块，最好在水库排水渠附近。

（二）搭建大棚

采用 8m×30m 或 6m×30m 标准钢架大棚，大棚面积大，保温效果好。宜在 1 月中旬以前搭建完成备用。

（三）品种选择

大棚栽培田菱，宜选用早熟、优质、大果、抗病、生食与熟食兼用的优良品种。根据市场需求，主要以早熟性好、产量高、果肉利用率高的田菱 1 号等为主，红菱为辅。

（四）苗期管理

1. 播前准备 播种前彻底清除菱田中的杂物及杂草，排干水，进行土壤消毒，深翻整地，每 667m^2 施入 15kg 优质复合肥。

2. 育苗 11 月中旬至翌年 3 月上中旬选择避风向阳、排灌方便、土质较肥的田块作苗床；12 月中旬采用大棚育苗，扣棚覆膜。1m^2 育苗用种 500～700g。育苗田保持水位 5～10cm，随温度变化而定，气温高则水层可稍低。2 月底 3 月初是菱出苗到分枝的关键时期，温度需保持在 14℃以上。发芽后移至繁殖田大棚内，茎、叶长满田后分苗定植或再繁殖。

（五）大棚管理

1. 适时定植 大棚田菱定植时间，主要根据菱分枝情况及秧苗密集程度而定，一般在 3 月中旬。主茎菱盘形成（随着菱的生长，主茎上形成的菱盘浮出水面）即可移栽到大棚内种植，每平方米种植 2～3 株。定植前期保持 10～20cm 水位，有利增温；植株主茎形成菱盘后，特别是初花后，菱田水位提升到 35～40cm，防止水位大起大落。

2. 肥水管理 定植前将田水排干，每 667m^2 施入复合肥 35kg、钙镁磷肥 50kg，2d 后放水入田。3 月中下旬，田菱进入营养生长旺盛期，每 667m^2 施入 10.0～12.5kg 复合肥，促进植株分枝、分盘。植株开花结果期，根外追肥 3～4 次，每 10～15d 追施 1 次，在傍晚叶面喷施 0.2%磷酸二氢钾液。产果期需肥量大，可根据菱盘生长势确定施肥量及次数。同时结果期要经常采用优质流动活水灌溉，通过活水灌注，调节水温，促进开花坐果，同时减少田间病菌基数，提高菱角鲜洁度，提高菱果商品性。

3. 棚温管理 菱生长适温 20～30℃，菱开花结果适温 25～30℃。棚内温度超过 35℃，易造成结果率下降。4 月中旬菱生殖生长逐渐旺盛，需随时掌握棚温变化，棚内温度要控制在 35℃以下。当室外温度稳定在 20℃以上时，卷起棚膜。

4. 分盘管理 生长初期，植株分盘少，种植株数多，当植株初花时达到菱盘密接，水面不露空隙为好，菱盘相互密接处应适时疏理，剪去后期生长的小菱盘，每平方米保留15～20个直径30cm以上大菱盘，摘去多余小菱盘。并及时理顺和拨正菱盘，改善通风透光条件；菱田生长过旺，应及时分苗，否则植株过密，特别是7—9月高温闷热天气，易造成水下缺氧，而引起落花落果。在菱生长旺盛期及时活水流灌，调节水温，增加氧气，并通过采菱翻动菱盘，搅动水面，增加水中溶氧量。

（六）病虫害防治

大棚田菱病虫害以农业防治与物理防治为主，化学防治为辅。生产上应彻底清除上年留存的植物残枝烂根，同时进行土壤消毒，减少病原菌基数。在农业防治基础上监控整个生产过程，特别是高温高湿病害易发期，早发现、早防治。药剂防治可采用12.5%嘧霉胺乳油800～1 000倍液、20%三唑酮水剂800～1 000倍液喷施菱叶，每10～20d喷1次，发病田块每3～7d喷1次，连续喷2次，以控制病情蔓延。菱主要虫害有菱萤叶甲、菱紫叶蝉、斜纹夜蛾、小菜蛾和蚜虫，可采用黄板、性诱剂、杀虫灯等物理方法诱杀害虫，减轻虫害。斜纹夜蛾、小菜蛾用生物农药防治，主要是对性诱剂和灭虫灯漏杀害虫的补充，可选用0.3%印楝素乳油800～1 000倍液叶面喷雾，每5～7d施用1次；紫叶蝉、蚜虫可在清晨用10%吡虫啉2 000倍液喷雾防治。

（七）适时采摘

1. 生食菱角采摘标准 果实外表皮呈淡绿色，萼片脱落，尖角显露，果实部分硬化，用指甲掐果皮仍可陷入，此时采摘可溶性糖含量较高，菱肉嫩脆，风味甜美。

2. 熟食菱角采摘标准 果实尖角毕露，表皮呈黄白色，果实已充分硬化，果实与果柄连接处出现环行裂纹，极易分离，放入水中即下沉。

3. 采摘方法 采摘浅水菱角，从行间直接下水，拨分菱盘。采摘时，轻提菱盘、轻摘果实、轻放菱盘，逐盘采摘。采后及时冲洗，注意护色保鲜，防止高温暴晒。采收初期每3～5d采收1次，采收盛期每2d采收1次。9月以后，随着气温降低，果实成熟速度减缓，每7d左右采收1次。

（八）留种

选用皮薄、角细、果大、果形均匀、四角垂直的菱角留种。种菱在贮藏过程中，喜温暖湿润环境，不耐霜冻，0℃以下易受冻，12月采收后把种菱放入1.0～1.5m深池塘中袋装贮藏或贮藏于清洁、流动的水域中，防止冬季水温过低造成种菱冻害。

荸荠生产简介

项目十三

XIANGMU 13

多年生及杂类蔬菜生产

学习目标

▶专业能力

(1) 能够设计芦笋、竹笋、草莓的生产方案。

(2) 能够根据市场需要选择品种，培育壮苗。

(3) 能够根据生产需要选择适宜的种植方式进行整地作畦，并适时定植。

(4) 能够根据芦笋、竹笋、草莓的长势，适时进行环境调控、肥水管理和化控处理。

(5) 能够及时诊断芦笋、竹笋、草莓的病虫害，并进行综合防治。

(6) 能够采用适当方法适时采收芦笋、竹笋、草莓，并能进行采后处理。

(7) 能够组织实施生产计划，并制订无公害、绿色、有机芦笋、竹笋、草莓的生产技术规程。

(8) 能够评定产品质量。

▶方法能力

(1) 具有信息采集、处理的能力。

(2) 具有独立使用各种媒介完成学习任务，并有自主学习的能力。

(3) 具有分析解决问题、接受应用新技术的能力。

(4) 具有综合和系统思维，并有完成典型工作任务的能力。

(5) 具有撰写技术报告、学习迁移的能力。

▶社会能力

(1) 具有吃苦耐劳、诚实守信、爱岗敬业的职业精神。

(2) 具有团队合作、沟通、语言表达能力。

(3) 能够公正地自我评价和评价他人。

(4) 具有环保意识、社会责任感、参与意识及自信心。

任务布置

该项目的学习任务为芦笋、竹笋、草莓生产，在教学组织时为了增强学习积极性和主动性，全班组建两个模拟股份制公司，开展竞赛，每个公司再分 3 个种植小组，每个小组分别种植 1 种蔬菜。

建议本项目为20学时，其中18学时用于芦笋、竹笋、草莓生产，另2学时用于各“公司”总结、反思、向全班汇报学习经验与体会，实现学习迁移。

具体工作任务的设置：

(1) 获得相关资料与信息。

①熟悉芦笋、竹笋、草莓的生物学特性。

②熟悉不同品种的特性。

③熟悉生产设施、环境条件。

④熟悉芦笋、竹笋、草莓生产的整个生产过程（生产方案的制订，种子、种苗、肥料等农资的准备，土地、设施设备的准备，播种育苗，整地作畦、施基肥，定植，田间管理，病虫害防治、采收及采后处理，总结反思）。

⑤熟悉培育壮苗、整地作畦、定植、田间管理、病虫害防治、采收等各阶段的质量要求。

⑥熟悉芦笋、竹笋、草莓的栽培制度。

⑦了解芦笋、竹笋、草莓的市场价格。

⑧了解芦笋、竹笋、草莓生产的新技术。

(2) 制订、讨论、修改生产方案。

(3) 根据生产方案，购买种子、肥料等农资。

(4) 实施生产方案。

①培育壮苗。

②深沟高畦，施足基肥。

③适时定植（地膜覆盖）。

④加强田间管理（环境调控、肥水管理、花果调控）。

⑤及时防治病虫害。

⑥适时采收芦笋、竹笋、草莓，并进行采后处理。

⑦观察芦笋、竹笋、草莓的生物学特性（植物学特征、对环境条件的要求）。

(5) 成果展示，并评定成绩。

(6) 讨论、总结、反思学习过程，撰写技术报告，各小组汇报学习体会，实现学习迁移。

(7) 提交产品工作记录、小组评分单、个人考核单、小组工作总结、技术报告，整理材料并归档。

中国栽培的多年生及杂类蔬菜种类很多，主要有竹笋、芦笋、黄花菜、百合、香椿、枸杞、草莓、黄秋葵、襄荷、菜用玉米、菜蓟、辣根及食用大黄等。中国是除芦笋、菜蓟、辣根、黄秋葵、草莓外杂类蔬菜的原产国或原产国之一，有着悠久的栽培历史。在漫长的栽培过程中，有些蔬菜在特定的生态环境下，逐步形成了若干优良品种和特产区，如浙江、福建等的菜用竹笋，甘肃省兰州的百合等。

任务一 芦笋生产

任务资讯

芦笋又称为石刁柏、蚂蚁杆等，百合科天门冬属，是食用嫩茎的多年生草本植物，原产亚洲西部和欧洲一带，2300年前已被栽培，清朝末传入我国。芦笋嫩茎营养丰富，维生素及钙、磷等含量较多，含有的天门冬酰胺和天门冬氨酸对心脏病、高血压、肾结石、糖尿病，克服疲劳等均有一定的疗效。嫩茎肥嫩细腻，清爽可口，气味芬芳，既能单独烹制，也可配荤配素，经凉拌、炒、煮、烧、烩做成多种菜式。除鲜食外还能大量制成罐头，或制成冻芦笋、芦笋汁、芦笋饮料及芦笋药片等。芦笋病虫少，适应性强，易栽培，目前已发展成为人们所喜爱的蔬菜副食品。

一、芦笋的植物学特征

1. 根 芦笋的根着生于地下茎的节上，肉质，粗4～6cm，根群发达，入土深可达120～130cm，主要分布在33cm左右的土层中，分纤细根和肉质根两种。纤细根又称吸收根，是萌发后形成的根，长度短，寿命只有几个月，是初期生长的吸收水分和矿物养料的器官，每年更新一次。在根与茎之间形成地下短缩茎，地下茎的节间上，向下生长肉质根也称条状根。随着年龄的增长，肉质根越来越多。肉质根是贮藏器官，为来年的幼茎生长提供养分，寿命较长，一般为6年。

2. 茎 芦笋的种子发芽形成初生茎，以后在纤细根与初生茎间形成短缩的地下茎，地下茎是变态茎，节间短，扁平状，节上有鳞芽，鳞芽密集形成鳞牙群，随着多年的生长，地下茎分枝增多，鳞芽群数目也相应地增加，幼龄的植株地下茎常水平生长，每年长3～5cm，成年植株地下茎的分枝错综复杂，其生长中心点常向上移位。一边趋向地表，一边向四周发展。株龄越长，其下部短缩茎由于空气、营养条件的恶化越趋向衰老。每年应适当培土，施有机肥有延缓衰老的作用。地上茎除初生茎外，均由鳞芽群的鳞芽萌发而形成，呈圆柱形，青绿色，任其生长可达到100～200cm，粗0.5～5cm，茎上互生分枝，节上有薄膜状退化叶。

3. 叶 芦笋的地上茎能多次分枝，分枝节上叶脉处纵生着5～8条绿短小针状枝，称拟叶，实为变态茎。芦笋没有真正的叶子，所以拟叶中含叶绿素，是光合作用的主要器官。

4. 花 芦笋雌雄异株，一般比例为1∶1（偶尔也有2%以下的雌雄同株），雌株高大，雄株较矮小。花小，钟形，花柄曲生，花被6裂，雄蕊6枚，雌花绿白色，雄花较雌花长而色浅。虫媒或风媒花。

5. 果实 芦笋的果实为浆果，圆球形，直径7～8mm，幼果青绿色，成熟后为红色。

6. 种子 子房3室，每室有1～2粒种子，种子大且黑色坚硬，略为半圆球形或稍有棱角，千粒重20g左右，发芽势弱，生产上宜用新种子。

二、芦笋生长发育对环境条件的要求

芦笋适应性强，温度要求不严格，以夏季温暖、冬季冷凉的气候最为适宜。一年中有适合光合作用的较长季节，又有一定时间的休眠期，养分积累多，消耗少。春季的嫩茎质量

好，采收期长，产量也高。

1. 温度 芦笋适宜的生长温度为 25～30℃，种子发芽最低温度为 5℃，春季地温回升到 5℃以上鳞芽萌动，10℃以上才能出土，15～17℃时，嫩茎数量多，质量也较好，为采收期的最适温度。气温超过 30℃时几乎停止生长，采收期遇温度突然下降，产量也随着降低，地温过低使抽生缓慢，会有苦味。

2. 光照 芦笋需充足的光照。生长发育期间如果光照充足，植株健壮，病害也少。芦笋的嫩茎多在下午伸长较快而上午缓慢。绿芦笋因见光机会多，其嫩茎的生长速度要比白芦笋快。芦笋栽培地要选开阔地，植株行向与主风向平行有利于通风，可以增强光合作用，减少病虫害。

3. 水分 芦笋由于根深，拟叶针状，是耐干旱怕水涝的植物。地下水位高或积水，会影响土壤氧气而使吸收根、鳞芽不发生，并产生腐烂现象，也易产生茎枯病；若水分不足，尤其在嫩茎采收期，干旱使嫩茎发生少而细，粗纤维增多，品质变劣。

4. 土壤 芦笋根系入土深而广，对土壤适应范围广，除强酸、强碱、地下水位过高的土壤外均可生长，但吸收根吸收力不强，因此土壤疏松、肥沃、通气、土层深厚、地下水位低、排水良好的沙壤土或壤土最为适宜，pH6～6.7 范围内根系发育旺盛，采白芦笋和雨水多的地区应选择沙壤土。

三、芦笋的生长发育周期

根据芦笋植株形态特征的不同变化，将芦笋的生命生育周期分为幼苗期、幼年期、成年期和衰老期 4 个生育时期。

1. 幼苗期 从种子萌发出土到定植称为幼苗期，需 3～4 个月。种子萌发，最先由胚根向下长出幼根，并延伸成为第一次根，接着顺序发生各级侧根。当幼根长达 1cm 时，在其根基部出现小突起，这是将形成地下茎的最初标志。不久从此长出第一次地上茎，其后地下茎向水平方向延伸，并在节的腹部长出又粗又长的不定根。随着地下茎的延伸，在其节的背部顺次发生地上茎，高度顺次升高，肉质根依次增粗。地下茎呈单列式，其上鳞芽初为单芽，至后期才发展到顶端出现鳞芽群，有时可有 2～3 个鳞芽群。

2. 幼年期 幼年期指从幼苗移栽至采收初期的 1 年。肉质根已达固有粗度，地上茎高度和粗度都已达到品种特性所固有的程度，地下茎不断发生分枝，并在根部中心有少量重叠现象，嫩茎产量逐年提高，细茎逐渐减少，但易出现畸形笋。一般肉质根不会出现枯萎、更新现象。此期植株处于旺盛生长状态，是重要的养根阶段。

3. 成年期 此期内株丛较快地向四周扩展，地下茎重叠交错，早年发生的肉质根不断枯萎，但在老的地下茎上仍会发生新的肉质根。发生的新嫩茎粗细均匀，畸形笋大为减少。

从第一年采收至嫩茎进入盛产期之前，需 2～3 年。此期处于边产笋、边生长，产量虽不大，但需精心管理。

从第四年起至第十二年进行采收，第八年左右是产量最高峰，需处理好采收嫩茎和养根的矛盾，不宜过量采收而消耗贮藏根中的养分。

4. 衰老更新期 衰老期指芦笋的产量和品质迅速下降至丧失再继续作为经济作物栽培价值的时期。此期内植株向四周的扩展速度也迅速减缓，而在中心部位的地下茎已上升至表土，出现大细茎、细笋，继而出现衰亡，并逐渐向外扩展，整个株丛的生长势明显减缓，嫩笋产量明显下降，最终丧失栽培价值。

相关链接

（一）芦笋的类型和品种

1. 类型 按照嫩茎抽生的早晚，芦笋可分为早、中、晚3种类型，早熟类型嫩茎多而细，晚熟类型嫩茎少且粗。芦笋根据其嫩茎的颜色可分为白芦笋和绿芦笋两种。

2. 品种

（1）玛丽·华盛顿。由美国加利福尼亚大学育成。早熟，植株高大，生长势强，嫩茎形态好，大小整齐，见光后由白变绿，笋头圆净，鳞片紧密，高温也不松散，抗性和适应性强，但笋质粗，适宜加工成罐头。

（2）加州大学309。由美国加州大学培育而成。植株高大，生长旺盛，较丰产，茎基数发生较少，但幼茎较玛丽·华盛顿肥大，大小整齐，扁头少外观美，色泽浓绿，质地细嫩，品质较优，适宜鲜食；抗锈病能力强，抗茎枯病能力较弱，不耐潮湿和干旱，多水易烂根，干旱使嫩茎缩小而成颈状，要求精细栽培管理。

（3）加州大学711。植株生长健壮，较加州大学309为佳，丰产性强，幼茎中等大小，头部与茎部大小一致，形状端正，品质优良；抗锈病能力强，较耐湿，抗茎枯病能力中等，是采收白笋的好品种。

（4）鲁芦笋1号。我国第一个芦笋杂交品种，由山东省潍坊市农业科学院采用有性杂交与组织培养相结合选育而成。该品种年生长期240d左右，平均茎高200cm，笋条直，色泽洁白，质地细嫩，包头紧。

（二）芦笋的栽培季节和方式

1. 春季栽培 2月下旬至4月中旬保护地育苗，5月上旬至7月上旬定植，翌年春季先采笋后留母茎。

2. 夏季栽培 5月上旬至7月上旬露地播种育苗，6月下旬至8月中旬定植，翌年春季先留母茎后采笋。

3. 秋季栽培 8月下旬至9月上旬露地育苗，翌年春季定植，秋季少量采笋。

计划决策

以小组为单位，获取芦笋生产的相关信息后，研讨并获取工作过程、工具清单、材料清单，了解安全措施，填入工作任务单（表13-1、表13-2、表13-3），制订芦笋生产方案。

（一）材料计划

表13-1 芦笋生产所需材料单

序 号	材料名称	规格型号	数 量

（二）工具使用

表 13-2 芦笋生产所需工具单

序 号	工具名称	规格型号	数 量

（三）人员分工

表 13-3 芦笋生产所需人员分工名单

序 号	人员姓名	任务分工

（四）生产方案制订

（1）芦笋种类与种植制度。芦笋种类与品种、种植面积、种植方式。

（2）所需的农业生产资料。种子、肥料、农药、生产工具、农膜等。

（3）田间生产的具体内容制订。田间生产方案的内容包括芦笋从种到收的全过程，具体包括以下几方面的内容。

①整地作畦。整地的时间、质量，作畦的规格、所用工具、工作顺序等。

②种子处理。按照种子特性，结合当地生产情况，确定播种前种子处理措施。

③播种。确定播种时间、播种密度、播种量、播种方式及所用生产资料的准备。

④田间管理。肥水管理、环境调控。

⑤病虫草害防治。病虫害诊断、防治时期、防治方法、药品名称、药剂类型、药品用量、施用方法、所用工具等。

⑥采收。收获田块面积、产量、收获时期、收获方法、使用工具。

（4）资金预算。土地、设施租金，农资费用，劳动力费用，管理费用等。

（5）讨论、修改、确定生产方案。

（6）购买种子、肥料等农资。

组织实施

以小组的形式在学习工作单的引导下，完成专业知识学习，开展芦笋生产演练，并记录实施过程中出现的特殊情况或调整情况。

（一）播种育苗

种子在10℃以上开始发芽，但发芽缓慢，稍遇天气不好易烂种，以20～30℃为宜，生产上应选择地温达15℃左右播种。

育苗的圃地应选择排水良好、肥沃的壤土或沙质壤土。每 667m² 施入腐熟有机肥2.5t、45%三元复合肥 50kg，拌匀后撒施于床面，耕翻入土。春季采用小拱棚覆盖，营养钵育苗，每钵播 1 粒种子，播后即盖上 0.5～1cm 厚细土。夏、秋季可采取条播方式，苗地准备畦宽 1.5m，在床面与畦垂直方向每 20cm 开 1 条播种沟，沟深 2～3cm，在沟内浇足底水后每隔 8cm 播 1 粒种子，播后盖上 0.5～1cm 厚的松土，播完后畦面覆盖 1 层薄稻草。

春季小拱棚育苗，芦笋出苗率达 50%时，要及时通风换气，特别是晴天中午棚温超过 30℃时，要揭膜降温，气温稳定在 20～30℃时，揭去薄膜；秋季播种后应在稻草上适当浇水保持床土湿润，50%以上幼苗出土时揭掉稻草或地膜，齐苗后揭去遮阳网。当幼苗出现分蘖后要及时清除田间杂草，每 20d 左右除 1 次草，并追肥 2～3 次，每次每 667m² 追施 45%三元复合肥 8～10kg。

育大苗需 5～6 个月，地下有 10～15 条条状根，苗高 35～45cm；育小苗需 2～3 个月，苗高 20～25cm。

（二）整地、施基肥

芦笋生产要求土层深厚、土质疏松、保水保肥力强，以富含有机质的微酸性沙壤土最好。种植芦笋的大田应深翻 30～40cm，并耙平耙碎表土，清除杂草和异物。全面施肥，每 667m² 施腐熟有机肥 4t、45%三元复合肥 50kg、3%辛硫磷颗粒剂 4kg，施于沟中，上面盖一层土后再定植。

（三）定植

白芦笋按 1.6～1.8m，绿芦笋按 1.3～1.5m 作畦，畦中间开宽 40～50cm、深 30～40cm 的定植沟，小苗栽在距地面 7～10cm 处，每隔 50cm 单株或双株定植。

定植苗一般选用一年生苗，苗应大，芽数多，肉质根较粗，横径达 0.4cm，根数 10～20 根，已枯的地上茎也较粗，休眠芽头较大。大苗定植期宜在秋末冬初休眠期进行，小苗定植在 5 月上旬至 6 月上旬梅雨季来临前。起苗时应注意不伤根，起出的苗要随起、随修、随栽，定植的株距 30～50cm，行距 1.33m 左右，每 667m² 栽 110～140 株，按要求将苗排入沟内，要求幼苗的鳞芽朝同一方向，舒展根系，覆土 5～6cm，夯实，然后浇水，使根土密接以利于成活，成活后多次培土 2cm，使根部土面略高土平面，呈馒头形。

（四）田间管理

1. 施肥 芦笋对三要素的需要量以氮最多，钾、磷次之，所以定植活苗后，施 1 次淡水粪或每公顷施尿素 45kg、氯化钾 37.5kg，隔 2 个月再施 1 次，入秋后加大肥量，宜在春、夏、秋分进行追肥，定植后 1～2 年的幼龄期施肥量为成年期的 30%～50%，3～4 年为 70%，第 5 年后按成年期标准施，冬季或早春应重施 1 次有机肥，采笋期追施氮素化肥 2～3 次，采笋结束后，除去培土应追施 1 次复壮肥，一般最后一次追肥应在霜前两个月，以免不断发生新梢，妨碍根部的养分积累，留母茎栽培的成年期能提早 1～2 年，施肥量也相应地改变。

2. 中耕、除草 杂草滋生或久雨土壤板结，要及时除草松土。

3. 排水与灌溉 高温季节，地下茎和条状根生长快，呼吸强度大，一定要注意排水，及时松土，才能保证土壤氧气充足，多雨季节也要加强排水，防止积水而使茎芽腐烂和茎枯病，适时灌水对提高产量，增进品质十分重要。栽培时应使土壤含水量达到田间持水量的 70%～80%，否则易使嫩芽纤维增加，停止采笋后，为使植株生长正常，还须注意灌水，否则嫩茎萌发迟，植株生长滞育，枝梢枯焦，光合作用难以顺利进行，影响营养的积累。特别应注意冬前灌冻水，一定要灌足、灌透，这对提高来春嫩茎的产量甚为重要。

4. 疏枝、清园 芦笋每丛一年生长 20～30 条新茎，以保持 15 条为宜。弱茎、有病害茎应及时除去，过于繁茂的枝叶也可疏去部分枝叶，并把枯、残叶及时清除，留下健壮、粗大、无病虫侵染的枝叶。夏季、冬季还应及时清除所有茎、叶，每次疏枝、清园时，都要把枝叶搬出种植地深埋或烧掉，以防止病虫害的传播。

5. 搭架 芦笋茎秆高细，枝叶繁茂，在植株徒长和大风吹垄时，容易倒伏，妨碍光合作用，引起病害蔓延，严重影响第二年产量，特别是秋季雨后更甚。所以除培土外，对采收绿芦笋的，可在雨季前开沟排水和拉铁丝支撑茎、枝，以防倒伏。

6. 培土 平时中耕时要适当培土。白芦笋栽培需要注意培土，培土在采收前 10～15d，在 10cm 深处的土温达 10℃左右开始，过早培土会使芦笋迟出；过迟培土，部分嫩茎易变色。培土要用细土，分两次完成，应先用耕耘机将行间的土打碎，晒 2～3d 再培，土要干燥、疏松，适当拍实有利于出笋，培土厚度以 25～30cm 为宜，可使芦笋嫩茎软化，生产洁白柔嫩的优质产品，采收绿芦笋的，应保持地下茎上部有 15cm 的土层，嫩茎采收结束即要耙开土，让基部晒 2～3d 后，再恢复到培土前的状态。

（五）采收

嫩茎采收期自 4 月上旬至 8 月，绿芦笋嫩茎长 20～25cm，粗 1.3～1.5cm，色泽淡绿色，有光泽，嫩茎头较粗，鳞片包裹紧密，品质好，采收时，用刀将嫩茎自近地面处割下，用湿布擦净附着在嫩茎上的泥沙。白芦笋采收在早上黎明时进行，培土垄上出现裂缝，潮湿处将有出土的芦笋，扒开土壤，按嫩茎位置，用刀至笋头下 17～18cm 处切断，用土填平收割后的空洞，采收的嫩茎应注意避光，可用潮湿黑布覆盖，以防阳光照射变色，遇高温时芦笋生长快，1d 可收 2 次，每 $667m^2$ 芦笋产量一般为 300～500kg，留母茎栽培每 $667m^2$ 产量在 1.3t 以上。

拓展知识

芦笋的留种

任务二 竹笋生产

任务资讯

竹笋又称为竹胎、竹肉、竹芽、竹萌等，是禾本科竹亚科多年生常绿植物，以肥嫩的茎和鞭梢供食用。我国食用竹笋已有数千年历史，竹笋一直作为高档蔬菜之一，味道鲜美，营养价值高，素有味冠素之美称。竹笋具有促进肠的蠕动、帮助消化、防止便秘等作用。鲜笋与肉、鱼等荤菜炒、煮烧食皆宜，还可进行加工，为广大消费者所喜爱。

一、竹的植物学特征

散生型笋竹的植物学性状如下。

1. 根 由地面下竹竿的竿基节间上形成垂直向下的须根，称为竹根，铅丝状，不产生侧根，根端有纤维状根毛。第二种须根长在竹鞭上，称鞭根。这类根的根系大，是竹类生长中重要的吸收器官。

2. 茎 竹的茎由地上茎的竿茎和地下茎的竿基、竿炳、竹鞭组成。竿茎直立，圆锥形，分二环节，环间有芽；竿基节上有须根，为竹根，起固定竿茎作用；竿柄是竿基下端与竹鞭连结的部分，节密生，光滑不生根。

3. 鞭 与竿柄相连的地下茎为竹鞭。竹鞭在土中水平生长，分布于10～40cm土层中，鞭上有节，节间上有鞭根，能形成笋芽。竹鞭先端为鞭梢，肉质柔嫩，切下可食用，称为鞭笋。

4. 枝 由箨环与竿环节间的侧芽发育成枝。每节生2枝，有大、小之分，分别为主枝和次生枝，枝条中空有节，每节生小枝，小枝上长叶。

5. 叶 叶片着生在小枝上，互生成两行。竹叶分叶鞘与叶片两部分，上面还有叶舌、叶耳。一般散生竹的叶片每年脱落1次，而毛竹在新竹形成的第一年是1年脱1次，以后每2年脱1次。

6. 花与果实 花为总状花序，小花有内、外稃各1片，雄蕊3～6枚，雌蕊1枚，含1胚株。果实不开裂，为颖果，具1粒种子。

二、竹生长发育对环境条件的要求

1. 温度 竹喜温怕冷，故我国南方盛产竹。竹生长最适温度是年均温16～17℃，夏季平均在30℃以下，冬季平均在4℃左右。麻竹和绿竹要求年平均温度18～20℃，1月平均温度在10℃以上。

2. 水分 要求较湿润的环境，抗旱力弱，干旱会抑制营养生长而促进生殖生长，导致开花死亡；过湿对根系不利，切忌积水，以免地下根茎腐烂。

3. 光照 竹对光照的适应范围广泛。

4. 土壤与营养 竹适于土层深厚、疏松肥沃、排水和透气良好，中性或微酸性的土壤，适宜pH为4.5～7。凡是土层薄、石砾、土质过黏的都不适宜竹的生长，会影响产笋量。

相关链接

（一）竹的类型和品种

我国竹有22个属200余种。任何竹都能产笋，但可作蔬菜食用的竹笋，必须组织柔嫩，无苦味、恶味。下面介绍我国几种主要笋用竹。

1. 毛竹 又称楠竹、江南竹，是我国栽培面积最大，经济价值最高的竹种。竹茎高10～15m，横径10～15cm，竹壁厚、质坚韧。每年3月下旬至5月采收的称为春笋，单个1～3kg。冬季采掘的称为冬笋，纺锤形，笋壳淡黄，被浅棕色毛，单个250～750g，夏、秋季的称为鞭笋，单个100～200g。

2. 早竹 又称早园竹、雷竹。早熟是它的特色，竹茎高4～5m，横径约4cm，为优良品种，一般不出冬笋，芽出土后收春笋。在杭州的主栽品种有紫头红、芦头青。

3. 麻竹 又称甜竹、大叶乌竹，是珠江流域和福建、台湾的重要笋用竹种。竹茎高20～25m，横径10～20cm。出笋期为5—11月。笋壳黄绿色，被暗紫色茸毛，圆锥形，单个重1kg，主要制笋干和罐头笋。

4. 绿竹 竹茎高6～10m，横径5～8cm，出笋期为5—10月。笋壳淡绿带黑，平滑无毛，短圆锥形，单个重150～600g。

5. 红哺鸡竹 又称为红笋。竹茎高5～6m，横径6～7cm。出笋期为4月中旬至5月中旬。质嫩味鲜是它突出的优点，笋壳底红褐色，表面光滑，单个重250～300g。

（二）栽培季节

11月至翌年3月上旬定植，1月上旬至2月上旬、3月下旬至5月上旬、7月下旬至8月中旬采收。

计划决策

以小组为单位，获取竹笋生产的相关信息后，研讨并获取工作过程、工具清单、材料清单，了解安全措施，填入工作任务单（表13-4、表13-5、表13-6），制订竹笋生产方案。

（一）材料计划

表13-4 竹笋生产所需材料单

序号	材料名称	规格型号	数量

（二）工具使用

表13-5 竹笋生产所需工具单

序号	工具名称	规格型号	数量

（三）人员分工

表13-6 竹笋生产所需人员分工名单

序号	人员姓名	任务分工

（四）生产方案制订

（1）竹笋种类与种植制度。竹笋种类与品种、种植面积、种植方式。

（2）所需的农业生产资料。种苗、肥料、农药、生产工具、农膜等。

（3）田间生产的具体内容制订。田间生产方案的内容包括竹笋从种到收的全过程，具体包括以下几方面的内容。

①整地、施基肥。整地的时间、质量，施肥量、所用工具、工作顺序等。

②种苗定植。确定定植时间、密度、方式、所用生产资料的准备。

③田间管理。肥水管理、环境调控。

④病虫草害防治。病虫害诊断、防治时期、防治方法、药品名称、药剂类型、药品用量、施用方法、所用工具等。

⑤采收。收获田块面积、产量、收获时期、收获方法、使用工具。

（4）资金预算。土地、设施租金，农资费用，劳动力费用，管理费用等。

（5）讨论、修改、确定生产方案。

（6）购买种子、肥料等农资。

组织实施

以小组的形式在学习工作单的引导下，完成专业知识学习，开展竹笋生产演练，并记录实施过程中出现的特殊情况或调整情况。

（一）种（母）竹的选择

一般选择1～2年生的生长健壮、分枝较低、无病虫害、竹竿胸径3～6cm的幼龄竹为母竹，挖母竹时不能扭伤竿柄部位，同时留笋芽尖朝竿柄方向的“来鞭”30～50cm，留笋芽芽尖方向离竿柄之后的“去鞭”60～100cm。为了防止风害和定植后的水分过分蒸发，去竹梢头，一般竹枝5～6盘，在切口上包上竹箨，以防雨水淋入后腐烂，丛生竹类可选择5～7年生的优良竹丛，挖出后进行分株，挑选优良分株作种竹。

（二）栽植

选择坡度不大的丘陵或排水良好的平地，若是丛生竹还须注意选择沙质土壤，黏重的土壤不宜栽培。每667m^{2}挖20～25穴，穴长1.5m、宽1m、深0.5m，穴内施入腐熟的有机肥与土拌和，在11月至翌年2月将选中的1～2年生嫩竹作为母竹，整株种于穴内，竹鞭放平，使根与土密接，先盖表土再盖底土，分层压紧，上铺高出土面3～5cm的松土，呈馒头形，保持竹鞭在地下30cm内，防止积水烂鞭，然后盖干草、枝叶等减少水分蒸发，并设立支架防风。

（三）田间管理

1. 松土与除草 郁闭前的新竹园易生杂草，每年除草、松土2次。第一次在梅雨前5—6月进行。过早除草对新竹不利，过迟易伤竹鞭。第二次在8月进行，此时趁草种未熟除之，以断草根。竹林郁闭后，每年7—8月除草1次。松土宜深，以增厚耕作层、多蓄雨水、抗旱和有利于鞭与根的发展。

2. 覆盖 覆盖物可利用竹叶、麦壳、谷壳、稻、麦秸秆等材料。覆盖时间应根据竹子笋芽形成的情况而定。笋芽发育早可以早覆盖，发育迟的可迟覆盖。据浙江临安的试验，雷竹以12月中下旬为宜，以保持10℃以上的地温，覆盖的厚度可在30～40cm，上面能覆盖薄膜，效果更好。覆盖40～50d后就可以采收。4月上中旬气温回升，应及时去掉覆盖物。

3. 施肥 新栽的竹园春夏间要施几次稀人粪尿和尿素，促进发根、发笋、抽鞭。秋季结合浅耕，每 $667m^2$ 施腐熟的厩肥 100kg，翻入土中。成株后每年挖笋后，将 1t 人粪尿施于挖笋处。冬前施厩、堆肥 1.5～2t 翻入土中。冬季可全面压 1 次河、塘泥，每 $667m^2$ 用 3～5t。

4. 灌溉和排水 南方雨季应及时排水，防止烂鞭。春、秋干旱应及时灌水，这对促进笋芽的发生有利。出笋时干旱易使笋干瘪死亡，夏季干旱影响发鞭。

5. 母竹的选留、更新 选留的笋应粗壮、生长势强、无病虫害，同时使竹株均匀分布；选留期应在旺笋期后，江浙一带宜在清明与谷雨之间。竹林成园后要年年更新，选健壮的春笋养成新竹，于冬季砍去生长衰弱的老竹。

6. 钩梢 新竹生长当年 10—11 月，截去竹竿的先梢，以抑制竹的顶端优势，促进长鞭和发笋。

（四）病虫害防治

竹类主要虫害有竹螟、竹蝗、笋蝇等，前两种虫食竹叶，后一种危害竹笋。生产上应清洁竹园、松土除草，减少虫害的发生。也可用敌敌畏、敌百虫等农药进行防治。竹类的主要病害有枯梢病和水枯病，这两种病害也是检疫的对象，发病区要进行隔离。可喷施百菌清、硫菌灵等农药进行防治。

（五）采收

3 月下旬至 5 月上旬可采收春笋；夏、秋竹鞭生长旺盛，可在 7 月中下旬采收鞭笋；冬季可采收冬笋。管理质量高的毛竹笋用林，每 $667m^2$ 年产毛笋 0.5～1t、鞭笋 5～10kg、冬笋 15～20kg。

拓展知识

竹笋生产上存在的问题

任务三 草莓生产

任务资讯

草莓是蔷薇科草莓属中能形成浆果的栽培种群，为多年生草本植物，又称为地莓、菠莓。草莓果具有高价值的营养，其中维生素 C 含量比柑橘高 3 倍，比苹果、葡萄分别高 10 倍以上。在日本，草莓被称为“活的维生素丸”。草莓果除可鲜食外，还可以制成各种加工品。草莓的适应性很强，在全世界分布区域也很广，从热带至北极圈附近均可栽培。在我国，南到海南，北至黑龙江佳木斯，东起山东半岛，西至新疆石河子地区，草莓定植后均生长良好。

一、草莓的植物学特征

1. 根　草莓的根系是由不定根组成的须根系，着生在短缩茎上，主要分布距地表 20cm 深的表土层内。

2. 茎　草莓的茎分新茎、根状茎和匍匐茎。新茎是草莓植株当年萌发的短缩茎，呈背形，花序均发生在弓背方向，栽植时根据这一特性确定定植方向。新茎上轮生着具有叶柄的叶片，叶腋处有腋芽。腋芽具有早熟性，温度高时萌发成匍匐茎，温度较低时，萌发成新茎分枝。根茎是草莓多年生的短缩茎。匍匐茎是由新茎腋芽萌发形成的特殊地上茎，茎细，节间长，具有繁殖能力。草莓的芽可分为顶芽和腋芽。顶芽着生在新茎顶端，向上长出叶片和延伸新茎，当日平均气温降到 20℃左右，每天日照时间在 12h，草莓开始由营养生长转向生殖生长，花芽在这时期开始分化，这个过程一直要持续到日平均气温低于 5℃时为止。腋芽着生在新茎叶腋里，具有早熟性。

3. 叶　草莓的叶为三出复叶，叶柄细长，一般为 10～25cm，叶柄上多生茸毛，草莓的叶片呈螺旋状排列在节间极短的新茎上。生产上，在开花结果期要维持一定数量的功能叶。在实际的生产过程中，一定要定期摘除老叶、病叶、以减少养分的消耗和病害的传播。

4. 果实　草莓的果实是由花托膨大形成的，颜色由橙红到深红，果肉颜色多为白色、橙红色或红色。果实的形状为球形、扁球形、短圆锥形、圆锥形、长圆锥形、短楔形、楔形、长楔形、纺锤形等。草莓在开花后的 15d 内，果实生长比较缓慢，在开花后的 25d 内果实急剧生长，平均每天可增重 2g 左右，以后再次缓慢，直到开花后的 32d 开始进入成熟期，生长停止。

二、草莓生长发育对环境条件的要求

1. 温度　草莓植株不耐热，较耐寒。生长温度范围 10～30℃，适温 15～25℃；根生长最适地温 17～18℃，匍匐茎发生适温 20～30℃，35℃以上或－1℃以下，植株发生严重生理失调，但越冬时根茎能耐－10℃的低温。

2. 水分　草莓根系分布浅，植株叶片大，蒸腾量大，在整个生育期应有较充足的水分供给，但水量过大会影响根系正常生长。一般要求正常生长期间土壤相对含水量为 70%左右。草莓对空气湿度的要求也严格。一般空气湿度在 80%以下为好，湿度大易感染病害。

3. 光照　草莓是喜光植物，但又较耐阴，光补偿点为 500～1 000lx，光饱和点为 2 万～5 万 lx。

4. 土壤　草莓对土壤要求不很严格，可在各种土壤上生长，但疏松、肥沃、通气良好的土壤有利于丰产，土壤 pH 以 5.5～6.5 为宜。

三、草莓的生长发育特性

1. 花芽分化与发育　草莓的多数品种在低温、短日照条件下进行花芽分化，要求的温度范围是 5～27℃，适宜温度为 15℃左右，日照时数为 8～10h。当温度达 30℃以上或 5℃以下，不论日照长短，均不能分化花芽。不同品种间，花芽分化需要的低温和日照长短有差异。适当断根、摘除老叶、遮光、减少氮肥用量及短期低温处理等皆可促进花芽分化。

2. 开花、授粉与果实成熟　草莓在日平均温度 10℃以上开始开花，开花后 2d 花粉发芽率最高，花粉发芽适温 25～27℃。开花时间一般从上午 9 时到下午 5 时，以上午 9:00—11:00 为主。开花最适温度为 14～21℃，临界最高相对湿度 94%。温度过高过低、湿度过大或降雨均不开花，或开花后花粉干枯、破裂，不能授粉。雌蕊受精力从开花当日至花后 4h 最高，能延至花后 1 周。由昆虫、风和振动力传播花粉，授粉后花粉管到达子房时间为 24～48h。

果实发育成熟适宜日温 17～30℃，夜间 6～8℃，积温约 600℃。从开花到果实成熟，露地草莓一般需 25～30d 成熟。在日照较强和较低温度的环境中，果实所含芳香族化合物、果胶、色素和维生素 C 均较高。如果氮肥过多、植株过茂、授粉不良及通风较差，易使草莓果实发生异常果，雌蕊、雄蕊和花托变大或变形，结成鸡冠形、扁楔和蝶形等畸形果。

3. 生长发育周期

（1）萌芽和开始生长期。地温稳定在 2～5℃时，根一般比地上部分早 7～10d。抽出新茎后陆续出现新叶，越冬叶片逐渐枯死。

（2）现蕾期。地上部分生长约 30d 后出现花蕾。当新茎长出 3 片叶，而第四片叶还未全部长出时，花序在第四片叶的托叶鞘内显露。

（3）开化和结果期。从现蕾到第一朵花开放约需 15d，由开花到果实成熟又需 30d 左右。整天个花期持续约 20d。在开花期，根的延续生长逐渐停止，变黄，根茎基部萌发出不定根。到开花盛期，叶数和叶面积迅速增加。

（4）旺盛生长期。浆果采收后，植株进入迅速生长期，先是腋芽大果发生匍匐茎，新茎分枝加速生长，基部发生不定根，形成新的根系。匍匐茎和新茎大量产生，形成新的幼株，这一时期是草莓全年营养生长的第二个高峰期，可持续到秋末。

（5）花芽分化期。经旺盛生长后，在日均气温为 15～20℃和 10～12h 短日照条件下开始花芽分化。一般品种多在 8—9 月或更晚一些才开始分化，翌年 4—6 月开花结果。花芽分化一般在 11 月结束。

（6）休眠期。花芽分化后，由于气温逐渐降低，日照缩短，草莓便进入休眠期。休眠的程度因品种和地区而异，寒冷地区的品种休眠程度浅，温暖地区的品种休眠程度深。地温和短日照是决定草莓休眠的重要外界条件，其中短日照的时间长短影响最大。

相关链接

（一）草莓的类型

中国产草莓有 8 种，即东方草莓、西南草莓、野草莓、黄毛草莓、五叶草莓、纤细草莓、西藏草莓、裂萼草莓。中国目前广为种植的草莓（凤梨草莓）是由美洲产弗州草莓与智利草莓杂交选育而成，为 8 倍体种。

（二）草莓的品种

1. 红颊 又称红颜，是以幸香为父本，章姬为母本杂交育成的优质大果型草莓品种。该品种株型大，茎、叶色略淡，株高 28.7cm，株幅 25cm，花茎粗壮直立，花茎数少，花量也较少，休眠程度较浅，花穗大，花轴长而粗壮；果形大，平均单果 15g 左右；果实长圆锥形，果实表面和内部色泽均呈鲜红色，着色一致，外形美观，富有光泽，畸形果少；酸甜适口，可溶性固形物含量平均为 11.8%，香味浓，口感好，品质极佳。

2. 章姬 以久能早生与女峰两品种杂交育成。植株生长强健，较直立；匍匐茎发生量大，繁殖力强，花量较多，每花序着花 8～19 朵，坐果率高；果形呈长圆锥形，果色鲜红艳丽，果面光亮，果肉淡红色、细嫩多汁、浓甜美味；果柄特长，一般果柄长达 20cm 左右，平均单果 15～20g，可溶性固形物含量高达 14%～17%；休眠浅，早熟性好。

3. 甜查理（Sweet Charlie） 果实形状规整，圆锥形或楔形；果面鲜红色，有光泽，果肉橙色并带白色条纹，可溶性固形物含量 7%，香味浓，味甜，品质优；果实硬度中等，较耐贮运。平均单果 17g，丰产性强；抗灰霉病、白粉病和炭疽病，但对根腐病敏感；休眠期短，早熟品种。

4. 红玉 由杭州市农业科学研究院选育。该品种植株生长势强，直立，株高约 22cm，叶片长 9.6cm，叶宽 8.4cm，叶柄长 16.7cm，叶色浓绿；花梗长，花白色，花瓣数 5～6 枚，每花序着生 12～20 朵花；匍匐茎抽生能力强。采用大棚促成栽培，9 月上旬定植，10 月中旬开花，11 月下旬采收，果实发育期 40d 左右，采收期可延续至翌年 4 月。果大，平均单果达 23g，果形长圆锥形，红色，着色均匀，味甜，可溶性固形物含量 8.6%～14.8%；育苗期间炭疽病抗性为中抗，大棚生产期间灰霉病抗性为耐病，白粉病抗性为中抗。

5. 越心 由浙江省农业科学院园艺研究所选育。早熟，植株直立，生长势中强；株高 22cm，株冠幅 36cm，分蘖枝较多，叶片小；单个花序花朵数 12 个左右，单株花序 1～2 个，花序长；平均单果 16g，果实呈短圆锥形或球形，浅红色；果肉白色，多汁，风味极佳，可溶性固形物含量 12.5%，耐低温弱光，连续结果能力强，每 667m^2 产量达 2t。较抗炭疽病、灰霉病，较感白粉病，较耐蚜虫，适合观光采摘和就近销售。

6. 香野 又称隋珠，植株高大，较直立，长势强旺，叶片椭圆形，绿色，花梗较长；休眠浅，成花容易，花量大，连续结果能力强，早熟丰产；果实圆锥形或长圆锥形，平均单果 25g 左右，最大果超过 100g 大果有空心现象；果皮红色，果肉橙红色，肉质脆嫩香味浓郁，带蜂蜜味，含糖量 10%～14%，口感极佳，果实硬度大，耐贮运；抗性强，对炭疽病、白粉病的抗性明显强于红颜；匍匐茎数量偏少，育苗系数较低。

7. 桃熏 由日本食品产业技术综合研究机构野菜茶叶研究所和北海道产业研究中心共同育成的品种。母本是丰香与野生草莓（具有桃子般香味）杂交而成的久留米 IH1 号，父本为卡伦浆果与野生草莓杂交得到。植株强健，生长茂盛；叶片圆形，厚实深绿色，抗病性强；花大，花多，连续性强；果实为横纵比几乎相同的圆锥形，果皮完全成熟时为淡的桃白，果肉白色，有髓心；果实清甜，具有水蜜桃香味，果实硬度较软，比红颜草莓开花结果期偏迟、花期耐低温性弱。

（三）草莓的栽培季节和方式

在栽培方式上，草莓除露地栽培外，主要是设施栽培。其苗逐步向脱毒苗方向发展。

1. 露地栽培 在田间自然条件下，经过春、夏生长发育，秋季形成花芽，冬季自然休眠，翌年春暖长日照下开花，4—6 月采收。

2. 设施栽培 主要采用塑料大棚栽培，一般 8 月下旬至 9 月中旬定植，11 月下旬至翌年 5 月采收。

计划决策

以小组为单位，获取草莓生产的相关信息后，研讨并获取工作过程、工具清单、材料清单，了解安全措施，填入工作任务单（表 13-7、表 13-8、表 13-9），制订红颊草莓大棚生产方案。

(一) 材料计划

表 13-7 草莓生产所需材料单

序 号	材料名称	规格型号	数 量

(二) 工具使用

表 13-8 草莓生产所需工具单

序 号	工具名称	规格型号	数 量

(三) 人员分工

表 13-9 草莓生产所需人员分工名单

序 号	人员姓名	任务分工

(四) 生产方案制订

(1) 草莓种类与种植制度。草莓品种、种植面积、种植方式。

(2) 所需的农业生产资料。种苗、肥料、农药、生产工具、农膜、大棚、蜜蜂等。

(3) 田间生产的具体内容制订。田间生产方案的内容包括草莓从种到收的全过程，具体包括以下几方面的内容。

①整地作畦。整地的时间、质量，作畦的规格、所用工具、工作顺序等。

②种苗繁育。按照品种特性，结合当地生产情况，开展种苗繁育。

③定植。确定定植时间、定植密度、定植方式、所用生产资料的准备。

④田间管理。肥水管理、环境调控、花果调控。

⑤病虫草害防治。病虫害诊断、防治时期、防治方法、药品名称、药剂类型、药品用量、施用方法、所用工具等。

⑥采收。收获田块面积、产量、收获时期、收获方法、使用工具。

(4) 资金预算。土地、设施租金，农资费用，劳动力费用，管理费用等。

(5) 讨论、修改、确定生产方案。

(6) 购买种子、肥料等农资。

组织实施

以小组的形式在学习工作单的引导下，完成专业知识学习，开展草莓大棚生产演练，并记录实施过程中出现的特殊情况或调整情况。

（一）培育壮苗

壮苗标准：苗龄 40～50d，叶数 4 叶 1 心，根颈粗 0.8～1.0cm，根系发达，白根多，植株健壮，无病虫害，花芽分化早。

由于红颊草莓耐热性差，高温季节繁殖系数低，易感炭疽病及根腐病，育苗难度较大，必须采取避雨育苗技术。要点是育苗全程用避雨棚覆盖，高温期间另加遮阳网，畦面铺设软滴管，喷口朝上。3 月中下旬母本苗定植，8 月中旬移苗、假植。具体育苗措施如下。

1. 耕地准备 选择排灌便利、土质壤沙适中、前作非草莓的园地。在母株定植前 20d，全层施好基肥，一般每 667m^2 施腐熟有机肥 1～1.5t、复合肥 10～15kg，均匀撒施。做 1.5～1.8m 宽的龟背型畦面（其中沟宽 30cm、沟深 25cm）。

2. 母本苗定植 根据种苗供应时间及本地区气温条件，一般在 3 月中下旬选晴天将母本苗定植在育苗地。每畦中间种一行，株距分别为 0.5～0.6m，每 667m^2 种植 500～600 株。

3. 母本苗定植后管理

（1）植株整理。4—5 月必须随时摘除花蕾，以减少养分消耗，同时应及时理蔓，使匍匐茎引向畦两侧的空间延伸。当匍匐茎布满空间后，随时摘除重叠多余的匍匐蔓。8 月上中旬删去弱苗、小苗和近母株、根发黑的老化苗，挖掉母株苗（或摘除母株苗叶片），确保每株小苗有一定的空间，使苗株均匀分布、个体生长健壮。8 月中旬后一般应停止施肥（尤其是氮肥），控制水分，促进花芽分化。对长势旺的苗地，可进行断根等处理。

（2）温度管理。一般白天大棚内温度控制在 20～25℃，夜温控制在 12～18℃。定植初期 7～10d，大棚早晚密闭，提高土温，利于发根。4 月底至 5 月初开始，白天温度超过 25℃应掀起裙膜 0.8～1.0m，及时合理通风。夜温低于 12℃时，傍晚放下裙膜；夜温高于 15℃，晚上可不放下裙膜。7 月中旬至 8 月下旬，白天气温高于 32℃时，视植株生长情况，应适时覆盖遮阳网进行降温。

（3）水分管理。草莓既怕涝又不耐高温、干旱，整个生长期要求土壤湿润。育苗期间时有涝害，7—8 月易遇高温干旱，因此湿度管理十分重要。要做到深沟高畦、快排积水，及时灌溉，确保土壤湿润。畦面应铺设软滴管，滴管口朝上喷雾，畦面应保持湿润且无杂草。在没有安装软滴管的田块，当草莓植株中午出现萎蔫症状、地面发白时，应立即灌水抗旱。灌水宜在傍晚进行，一般灌半沟水，最多灌满沟的 2/3。视气候和土壤干旱程度可隔 5～10d 灌 1 次，确保田间畦土湿润，切不可大水漫灌和中午热地灌水，以免伤根死苗。

（4）及时施肥。成活后结合中耕除草可每 667m^2 施腐熟人畜粪尿 750kg 或复合肥 7.5kg，兑水 750kg 浇施，促进幼苗旺盛生长，以后追肥视苗而定，8 月中旬后原则上停止追肥，特别是不再施氮肥。

（5）病虫害防治。育苗期间常见病虫害有炭疽病、根腐病、白粉病、斜纹夜蛾、蛴螬、小地老虎等。防治上必须掌握“预防为主，抓住源头，控制发病中心”的策略。

（二）定植前准备

1. 土壤选择 选择水源方便、光照好的沙土或壤土种植，pH 以中性或弱酸性土壤为宜。

2. 土壤消毒 为了缓解土壤连作障碍的危害，在每年 7 月中旬（气温大于 30℃）开始对种植草莓的大棚进行土壤消毒，可采用生物熏蒸技术、石灰氮日光消毒技术和棉隆消毒技术等方法消毒。

生物熏蒸技术即利用十字花科芸薹属植物有机质在分解过程中产生的挥发性杀生气体抑制或杀死土壤中有害生物的土壤消毒方法。具体做法为：首先，按甘蓝残体 1.5kg/m^2＋新鲜厩肥 4.5kg/m^2 的比例混合均匀洒在土壤表面，将土地深耕，浇足量的水，然后覆盖塑料薄膜结合太阳能进行土壤消毒，30d 后揭膜透气。

石灰氮日光消毒具体操作：①均匀撒施石灰氮和未腐熟有机物。每 1 000m^2 施用稻草（最好铡成 4～6cm 小段，以利于翻耕）等未腐熟的有机物 1～2t、石灰氮 100kg，均匀混合后撒施于土壤表面。②深翻。用旋耕机将有机物和石灰氮颗粒均匀地深翻入土中（30～40cm 深度最好），以尽量增大石灰氮颗粒与土壤的接触面积。③作畦。土壤深翻、整平后作畦，尽量增大土壤表面积，以利于迅速提高土壤日积温，延长土壤高温的持续时间。④密封。用透明薄膜将土壤表面完全封闭，防止土壤中水分散失、温度降低，致使消毒效果下降。⑤灌水。从薄膜下往畦间灌满水，直至畦面充分湿润为止，但不能一直积水。⑥揭膜晾晒。消毒完成，翻耕土壤，晾晒 5～7d 后方可播种或定植。

棉隆消毒技术：首先整地，使土壤颗粒细小均匀，每 667m^2 施棉隆 25～30kg、新鲜厩肥 200kg，翻耕，然后覆膜灌水，保持 60%～70%的土壤含水量，闷棚 30d，种植前 15d 揭膜透气。

3. 整地作畦，施足基肥 定植前，每 667m^2 施入商品有机肥 0.5～1t 和菜饼肥 150～200kg，同时撒施三元复合肥 20kg。偏酸性的土壤可施生石灰、偏碱性的土壤可施硫黄粉加以调节。用石灰氮消毒处理的田块不施氮肥。

施基肥后翻耕耙平。宜按畦连沟 1m 放样，按畦面宽 60～65cm，沟面宽 35～40cm，沟深 30cm 开沟作畦，将畦面整成龟背形。土壤过湿或雨天不宜作畦。在移栽前 3～5d 每 667m^2 用 60%丁草胺 150mL 配 45kg 水或用 33%二甲戊灵 150mL 均匀喷雾，抑制杂草生长。

（三）适时定植

1. 定植适期 草莓定植应考虑苗花芽分化、种植地气温条件和品种长势强弱等，草莓苗处于形态分化期时为定植适期，同时种植地气温条件也适于草莓植株稳健生长。一般定植时间在 8 月下旬至 10 月上旬，栽植时尽量避免阳光暴晒，选择在晴天的早晨或傍晚进行。具体根据品种而定。

2. 定植密度 每畦种两行，行距 25～30cm，株距 18～25cm。株距视品种及栽培目标而定。

3. 定植方法 采用一畦双行、三角形方式。定植时，选用根系发达、根颈粗 0.8cm 以上、花芽分化的无病壮苗。草莓苗不可脱水、发热。将草莓苗弓背朝畦沟，深度以“上不埋心、下不露根”为宜，定植后及时浇足定根水；气温较高时要盖上遮阳网；定植后及时防控炭疽病、蓟马、斜纹夜蛾等。

（四）田间管理

1. 肥水管理

（1）追肥。视品种特性和长势情况追肥。抽生新叶后铺地膜前，每 667m² 追施平衡型三元复合肥 15～20kg，分 2～3 次施入。采用肥水一体化的，出新叶后每 667m² 滴施高氮型、高磷型水溶性肥 2～3kg 各 1 次，现蕾期施平衡型水溶肥 2～3kg，按≤0.4%浓度进行滴灌。果实膨大后，每隔 15～20d 用高钾型水溶性肥，按≤0.4%浓度进行滴灌，每 667m² 灌水量 500～800kg。结合喷药可追施叶面肥或施 0.2%液肥、补充中微量营养元素。结果后期，在 2 月中旬，追施一次平衡型肥，浓度≤0.4%，每 667m² 灌水量 1 000kg。

（2）水分管理。根据天气和植株生育情况进行灌水。定植后 1 周内至少早、晚各浇水 1 次，2 周内保持畦面湿润，至铺膜前采用滴管带灌水，应保持畦中心部潮湿；铺地膜后滴水 1 次，之后根据土壤墒情每隔 7～10d 滴 1 次，灌水宜在晴天上午进行。

2. 植株管理

（1）叶片管理。定植后出 2 片新叶时和铺地膜前，摘除贴近地面的老叶。现蕾时宜保持 5～6 片叶，结果期保持 8～10 片叶。

（2）除芽、整枝。在顶花序抽生前，长势强的品种，应清除萌发的分蘖芽，采用 1 个主枝（顶花序）、2 个侧枝（第二花序）、2 个侧枝（第三花序）的整枝方式。长势中庸的品种可保留萌发的蘖芽，整季保持 2～3 个侧枝。

（3）株高管理。通过种植日期、肥水、棚温等调控措施，防止植株生长过旺或滞长。

3. 棚室管理

（1）温湿度要求。棚内温度要求见表 13－10，适宜湿度为 40%～70%。

表 13－10 棚温要求

时期	上午	下午	夜间
10 月下旬	盖棚期，开放状态，不超过 30℃		最低温低于 8℃，闭棚
1 月至 12 月中旬	25℃左右	22～23℃	不低于 8℃
12 下旬至 2 月中旬（严冬期）	至 28℃时换气，保持 25℃左右	保持 23℃，至 15℃左右闭棚	不低于 5℃
2 月下旬至 4 月（气温回升期）	保持 25℃左右	20～23℃，夜温 5℃以上不闭棚	6～8℃，后期注意夜温过高

（2）保温。当最低温度在 8～10℃时，铺地膜、盖棚膜；≤5℃时加盖中棚膜保温；在－4～0℃时，采用双层膜保温；在－6～－5℃时，应再加盖小拱棚膜，或双层膜保温加其他加温措施；当最低气温≤－8℃时，应采用三层棚膜保温加其他加温措施。

（3）通风降湿。晴天按照棚温要求调节通风口大小；阴雨天及时通风，保持空气流动，降低湿度。

4. 花果管理

（1）防止畸形果。花茎短的品种在现蕾时喷 5～10mg/kg 的赤霉素，每 667m² 喷药液量为 15～30L。

（2）放养蜜蜂。草莓开花前 2d，每个单栋棚放养 1 箱蜂，置于距大棚北端 5m 处，蜂箱高出草莓植株30cm，蜂巢口朝南。连栋大棚按单栋棚比例增加放蜂量，中蜂、意蜂均可，但不可混放。用药应在花前或花后进行，避开盛花期用药。在第二花序开花期，应预防花果受冻，适当提高棚温，查看补充蜜蜂。

（3）疏花疏果。当6～7只幼果处于小拇指大小时进行。疏除畸形果、小花小果，根据市场需求、品种特性及长势，每花序留3～7只果。

（4）清洁化措施。平整沟面，并铺上地膜或者防水地布，在第一花序开花坐果后，用白网等垫在畦两侧地膜上。滴水时防止灌水过量渗入沟里。

（五）病虫害综合防治

1. 主要病害 草莓的主要病害有炭疽病、灰霉病、白粉病、黄萎病。

炭疽病是高温高湿型病害，主要发生在育苗期和定植初期；病害侵染最适温度为28～32℃，空气相对湿度90%以上。

灰霉病是草莓坐果期与采收期的重要病害，在田间常与白粉病混合发生。病菌喜潮湿环境，发病最适温度18～25℃，潜伏期7～15d。

白粉病病原菌借助气流或雨水扩散，侵染最适温度15～25℃，发病最适温度25～30℃，潜伏期5～10d。

黄萎病以菌丝体或厚垣孢子随病株残体在土壤中越冬，并可在土壤中存活6～8年。病菌可通过带菌苗、带菌土壤、堆肥及其他寄主在不同地区间传播，田间则主要通过灌溉、降水和农事操作等进行传播。土壤温度20℃以上、气温23～28℃为黄萎病发病的适宜条件，开花坐果期气温长时间低于15℃则易发病。

防治方法如下。

（1）农业防治。加强栽培管理，保持植株健壮生长。及时清除病叶、病茎、病果、病株等，并集中填埋。实施全园覆盖，防止畦沟内积水，做好通风，降低棚内湿度。

（2）化学防治。加强草莓园病虫观察，应在病害发病初期和害虫低龄期及时防治。重点做好生长前期至盖膜前后的病虫防治。使用农药提倡低容量、细喷雾，叶背面要仔细喷药。不同作用机制的农药品种宜交替轮换使用，严格遵守安全间隔期。

①炭疽病。在高温暴雨季节，每次暴雨前后及时施药，可选喷75%肟菌·戊唑醇水分散粒剂2 500～3 000倍液、250g/L嘧菌酯悬浮剂1 200倍液、10%苯醚甲环唑水分散粒剂1 000倍液等预防，每隔7d喷1次，连续进行防治，各种药剂宜交替使用，以免使植株产生抗药性。

②白粉病。在发病初期选用50%醚菌酯水分散粒剂3 000倍液、12.5%四氟醚唑水乳剂2 000倍液、1 000亿PIB/g枯草芽孢杆菌可湿性粉剂1 200～1 500倍液、30%氟菌唑可湿性粉剂1 000～2 000倍液喷雾，每隔7～10d喷1次，连续防治2～3次。

③灰霉病。花前选用50%啶酰菌胺水分散粒剂1 250倍液、42.4%唑醚·氟酰胺悬浮剂1 500倍液、400g/L嘧霉胺悬浮剂750～1 000倍液、80%克菌丹水分散粒剂600～1 000倍液、1 000亿PIB/g枯草芽孢杆菌可湿性粉剂667～1 000倍液等喷雾，每隔7～10d喷1次，连续防治2～3次。

④黄萎病。草莓定植时用70%敌磺钠1 000倍灌根，可降低表土中病菌含量，有效降低黄萎病发病率；及时铲除病株，同时对周围土壤进行消毒。

2. 主要虫害 草莓的虫害有蚜虫、红黄蜘蛛、蓟马、斜纹夜蛾和蜗牛等。

（1）物理、生物防治。9—10月，在草莓田间挂设斜纹夜蛾性诱捕器，高度为1.2m左右，每667m^2放置1～2只性诱剂，及时清理诱杀的蛾子、更换诱芯。11月上旬起每667m^2释放5～6瓶（每瓶25 000头）捕食螨防治螨类，一般每隔1个月投放1次。

（2）化学防治。

①草莓苗繁殖或假植育苗期，应加强对蚜虫的防治，减少病毒病传播。药剂可选用1.5%苦参碱可溶液剂800～1 000倍液或10%氟啶虫酰胺可溶液剂900～1 500倍液。

②红黄蜘蛛防治药剂可选用5%噻螨酮水乳剂1 500～2 000倍液、43%联苯肼酯悬浮剂1 800～2 000倍液、1.5%藜芦碱可溶液剂800～1 000倍液。

③蓟马可用60g/L乙基多杀菌素悬浮剂2 000倍液喷雾防治，每隔7d喷1次，连喷3次。

④斜纹夜蛾可用5%氯虫苯甲酰胺悬浮剂1 000倍液、10亿PIB/mL斜纹夜蛾核型多角体病毒悬浮剂600～900倍液喷雾防治。

⑤蜗牛可用6%四聚乙醛颗粒剂诱杀，每667m^2用量为500～650g。

（六）果实采收

草莓开花后30～35d成熟，当浆果成熟后，应及时采收，采收时间以清晨或傍晚为宜。就近销售的采收九成熟，销往外地采收八成熟，一般初熟时可每2d采1次，盛熟期应每天采1次。采摘方法是用手握住果实的中下部，轻轻提起并扭转，使果蒂与果梗连接处断裂，不要带梗采收。将果实按大小分级摆放于容器内，采摘的果实要求果柄短、不损伤花萼、无机械损伤、无病虫害，用有透气孔的硬盒包装。

拓展知识

大棚草莓—甜瓜种植模式

大棚草莓—再生西瓜种植模式

主要参考文献

陈杏禹，2010. 蔬菜栽培 [M]. 北京：高等教育出版社.

董红霞，2010. 绿色蔬菜生产技术 [M]. 北京：中国农业大学出版社.

韩秋萍，王本辉，2009. 蔬菜病虫害诊断与防治技术口诀 [M]. 杭州：浙江科学技术出版社.

韩世栋，2006. 蔬菜生产技术 [M]. 北京：中国农业出版社.

韩振海，陈昆松，2006. 实验园艺学 [M]. 北京：高等教育出版社.

胡繁荣，2003. 蔬菜栽培学 [M]. 上海：上海交通大学出版社.

黄晓梅，2015. 蔬菜生产技术（北方本）[M]. 3 版. 北京：中国农业出版社.

鞠剑峰，2006. 园艺专业技能实训与考核 [M]. 北京：中国农业出版社.

李崇光，包玉泽，2010. 我国蔬菜产业发展面临的新问题与对策 [J]. 中国蔬菜 (15)：1-5.

李振陆，2003. 植物生产综合实训教程 [M]. 北京：中国农业出版社.

李作轩，2004. 园艺学实践 [M]. 北京：中国农业出版社.

吕家龙，2001. 蔬菜栽培学各论（南方本）[M]. 3 版. 北京：中国农业出版社.

毛明华，2008. 蔬菜生产实用手册 [M]. 上海：上海科学普及出版社.

王迪轩，曹建安，谭卫建，2017. 图说有机蔬菜栽培关键技术 [M]. 北京：化学工业出版社.

王迪轩，高述华，曹建安，2017. 蔬菜程式化栽培技术 [M]. 北京：化学工业出版社.

王凤华，陈双臣，2007. 蔬菜标准化生产技术 [M]. 上海：上海科学技术出版社.

于锡宏，2005. 蔬菜生产技术与实训 [M]. 北京：中国劳动社会保障出版社.

郁樊敏，陈德明，2010. 蔬菜栽培技术手册 [M]. 上海：上海科学技术出版社.

张振贤，2003. 蔬菜栽培学 [M]. 北京：中国农业出版社.

浙江省农业技术推广中心，2008. 蔬菜标准化生产技术 [M]. 杭州：浙江科学技术出版社.

浙江省农业技术推广中心，2008. 西瓜、甜瓜标准化生产技术 [M]. 杭州：浙江科学技术出版社.

中国农业科学院蔬菜花卉研究所，2010. 中国蔬菜栽培学 [M]. 北京：中国农业出版社.

参考网络资源

365 蔬菜网：http：//shucai. ag365. com

长江蔬菜网：http：//www. cj. veg. com

华中蔬菜网：http：//www. hzshucai. com

上海蔬菜网：http：//www. shveg. com

中国番茄网：http：//www. tomato. com. cn

中国寿光蔬菜网：http：//www. sgshucai. com

中国蔬菜市场网：http：//www. china-vm. com

《中国蔬菜》杂志网站：http：//www. cnveg. org

中国蔬菜网：http：//www. vegnet. com. cn

图书在版编目（CIP）数据

蔬菜生产技术．南方本／胡繁荣主编．—2版．—北京：中国农业出版社，2019.10（2024.8重印）
“十二五”职业教育国家规划教材　经全国职业教育教材审定委员会审定　高等职业教育农业农村部“十三五”规划教材　浙江省普通高校“十三五”新形态教材
ISBN 978-7-109-26178-5

Ⅰ.①蔬…　Ⅱ.①胡…　Ⅲ.①蔬菜园艺—高等职业教育—教材　Ⅳ.①S63

中国版本图书馆CIP数据核字（2019）第251632号

中国农业出版社出版
地址：北京市朝阳区麦子店街18号楼
邮编：100125
责任编辑：吴　凯
版式设计：王　晨　　责任校对：吴丽婷
印刷：三河市国英印务有限公司
版次：2012年9月第1版　　2019年10月第2版
印次：2024年8月第2版河北第8次印刷
发行：新华书店北京发行所
开本：787mm×1092mm　1/16
印张：19.5
字数：470千字
定价：58.00元
